KB061320

한국 근대시사 톺아보기

이 명 찬

청운

참죽나무를 기리며

　중부 이남의 서해안 일대에서 〈죽〉 혹은 〈쭉〉으로 부르는 나무가 있다. 곁가지를 잘 만들지 않고 곧추 서 위로 죽죽 잘 자라니 〈죽〉 혹은 〈쭉〉이라 이름하였을 것으로 짐작된다. 태우면 자작자작 소리 나기에 〈자작〉이라 이름 지은 우리 조선(祖先)들의 명명법을 참고하면 이해가 쉽다. (옆길로 잠깐 새 보자. 그래서 필자는 〈솔〉이라는 말이 으뜸이나 머리라는 뜻의 한자 '수(首)'에서 기원하였을 것이라는 추정에는 아연 실색할 수밖에 없다. 한자를 수입하기 이전의 아득한 옛날부터 〈솔〉은 그저 우리와 친숙한 생활 속의 나무로 존재해 왔음이 틀림없기 때문이다. 필자로서는 무더운 여름날 그 그늘에 들어 시원하게 듣던 〈솔〉만의 독특한 바람소리에서 즉각 〈솔〉이라는 음성의 출발 자리를 느낀다.)

　〈죽〉이라는 나무는 크게 두 가지의 쓰임새를 갖는다. 검붉은 색감에 단단하여 변형이 적은 재목의 쓰임새가 넓고 좋다는 것이 첫째 미덕이라면, 봄철에 갓 나온 순의 독특한 향과 식감으로 절집으로부터 민간에 이르는 다양한 미각들의 춘궁(春窮)에 기가 막힌 보시가 된다는 것이 두 번째 미덕이다. 〈죽나무〉 재목은 각목으로 얇게 켜 두어도 변형이 거의 없는데다 단단하기까지 하여서 농이니 반닫이니 사방탁자니 경상이니 하는 우리 전통 가구들의 뼈대로 최고의 대접을 받아왔다. 하지만 내 개인으로 보자면 목재보다는 〈죽나무 순〉과 만나는 일이 훨씬 더 조매롭다. 차라리 〈죽나무 순〉을 기다려 내봄이 향기롭게 익어가는 것이라고 말해도 좋을 지경이다. 팔팔 끓는 물에 40에서 60초를 담갔다가 찬물에 식혀 짜 초장에 찍어 먹는 맛이라니! 데친 죽나물에 찹쌀풀 펴 발라 말렸다가 튀겨낸 부각은 봄철 절집 먹거리의 주종이기도 하였다.

그런데 〈죽나무〉와의 인연을 이렇게 다지고 있던 이 동네들에 어느 날부터 변고가 생겼다. 〈죽〉과 비슷한 잎을 가졌으나 먹을 수 없고, 재 목도 별반 쓸모가 없는 이상한 나무들이 자라기 시작한 것이다. (이 나 무의 기원과 관련하여서는 중국 쪽에서 조류를 타고 우리 땅으로 그 씨 가 이동하여 왔을 것이라는 짐작이 대종이다.) 구별이 필요했던 사람 들은 새로 들어온 그 별 쓸모없는 나무에다 〈가짜 죽〉이라는 뜻에서 〈가죽〉이라는 이름표를 달았다. 그러는 사이 두 글자 〈가죽〉에 대타되 어 〈죽〉은 〈참죽〉으로 불리기 시작했고. 그러니 필자가 말한 그 봄나 물은 결국 〈참죽나무 순〉을 가리킨 것이었다.

거기서 그쳤으면 문제가 없었다. 이름 부르는 일에 밝지 않은 누군가 (아마도 스님들이었을 것으로 추정된다.)가 이 〈참죽나무〉를 경상도 땅으로 옮겨가며 이름으로는 〈가죽나무〉를 이식(移植)해버리는 사달 이 난 것이다. 그 덕에 필자를 포함한 경상도 사람들은 〈참죽나무〉의 향기로운 순을 봄마다 즐기면서도, 〈가죽나무 혹은 까죽나무〉 순이 맛 나다고 자랑삼는 우스운 일을 반복해 오게 되었던 것이다. 그 후 어느 날엔가 〈가죽〉으로 이름 굳어진 경상도 땅에 쓸모없는 진짜 '가죽'이 뒤따라 들어왔다. 이름을 뭐라고 할까. 해답은 〈개가죽나무〉.

좀 더 나가보자. 필자는 〈죽나무〉의 이동에 스님들이 간여했을 가능 성이 높다고 추정했는데, 그들이 땅에 매여 사는 일반인들보다 이동에 비교적 자유로웠다는 것과 현재도 절집 주변에 좋은 〈죽나무〉가 많이 남아 전한다는 것이 그러한 짐작의 근거들이다. 〈죽〉과 절집 문화와의 연관성을 짐작케 하는 또 하나의 흔적이, 〈진승목 眞僧木〉〈가승목 假僧 木〉이라는 말들에 남아 있다. 〈죽나무〉를 〈중나무〉로 발음하여 〈참죽 나무〉를 〈진승목 眞僧木〉으로 〈가죽나무〉를 〈가승목 假僧木〉으로 부른 결과이기 때문이다.

유사 이래 어느 때인가 유입된 실체로서의 〈죽나무〉 하나가 이 땅에 일으킨 이름의 소동들이 이처럼 이채롭고 재미있다. 〈죽나무 혹은 쭉나무〉에서 시작하여 〈참죽나무〉〈가죽나무 혹은 까죽나무〉〈개가죽나무〉〈진승목〉〈가승목〉으로 발전하여 나간 연쇄적 이름들을 읊으며 그 무슨 진언(眞言)의 세계에 든 양 흐뭇해진다. 어느 사이 그 나무는 희미하여지고 이름들만 남아 눈앞에 아른거린다. 그 이름들 잘 외워 읊는 게 필자 알음알이의 정도를 증명하는 일 같아 앞뒤 따져보지 않고 거기 골몰하여 있다는 뜻이다.

필자는 지금 문학이라는 신기루와 그것을 쫓아온 필자 자신의 여정에 대한 이야기를 하고 있다. 완미(完美)한 제도적 근대를 이룬 다음 결국 근대 너머로 나아가는 일이 근대 주체의 본업이라 전제하고, 그 넘어서는 일에 대한 형상적 기여가 근대문학의 본질이라야 한다는 믿음으로 여기까지 온 셈인데, 어느 사이 그것의 실체는 모두 흔적을 지우고, 다만 그것을 가리키는 손가락질만 남은 형국이라는 뜻이다. 성정 게으르고 무딘 것이 이러한 사태를 불러온 원인일 것이다. 그래도 여기까지 온 길 자체와 거기 투신했던 과정을 무를 마음은 없다. 이처럼 중언부언하며 또 꾸역꾸역 나아갈 것이다. 문학판 전체의 권능이 땅에 떨어진다 하더라도 서툰 언어로 그것을 기록할 누군가는 남아 있어야 할 터이니까.

장자나 염상섭쯤 되니까 〈저수(樗樹)〉 곧 〈가죽나무〉를 기릴 수 있는 것. 그 발밑에도 미치지 못하는 필자는 그래서 오늘도 한 그루 〈참죽나무〉를 기다린다. 완미한 〈죽나무〉 한 그루의 용처(用處)를, 기린다.

정유년 첫여름,
보강헌(寶姜軒)을 꿈꾸며
삼각, 도봉 자락 이산재(二山齋)에서
이 명 찬

C·O·N·T·E·N·T·S

1 문학사적 감각

시의 언어에 대한 새로운 자각
―「시문학파 시론」의 형성과 그 전개 과정에 대한 소고

1. 서론

1930년대의 한국 문학은 굳이 비평사의 입장에서가 아니더라도 분명히 '전형기(轉形期)'[1]의 모습을 띠고 있다는 점이 쉽게 인정된다. 20년대의 후반기에 KAPF가 점했던 문학사상의 위상에 비길 때, 30년대는 뚜렷한 주조(主潮)가 없이 새로운 지도 원리가 되기 위해 온갖 이론과 사조들이 저마다 각축을 벌였던 시대이기 때문이다. 그러나 시대를 관류하는 주된 지도 원리가 명확하지 못했다는 것이 그 시대의 문학적 성과가 뚜렷하지 못했다는 것을 곧바로 의미하지는 않는다. 즉 '시대의 중심 사상의 모색'[2]이라는 전형기의 의미를 뒤집어 30년대가 중심 부재의 혼란기라 믿음으로써 그 문학적 성과마저 저급했으리라 보는 것은 너무 성급한 판단이라는 말이다. 혹 비평이나 소설의 경우로 제한해서 관찰한다면 그러한 이해에 도달할 소지가 있을지도 모르겠지만 적어도 시의 차원에서 그러한 평가는 전혀 어림 없는 것이다.

오히려 많은 연구자들에 의해, 시론과 시 창작 면에 있어서의 30년대

---

1) 김윤식, 『한국근대문예비평사연구』, 일지사, 1982, p.203.
2) 같은 곳.

는, 전대(前代)의 카프와 민족주의 문학이 공히 빚어왔던 오류, 즉 문학 자체보다 문학 외적인 것을 앞세우는 풍토를 불식시키고 문학의 —특히 시의— 자율성을 확보하는 데 일조한 귀중한 시기였다고 평가된다.[3] 그리고 이들 평가의 많은 부분이 소위 「시문학파」로 지칭되는 일련의 시인·비평가들에 의해 수행된 '시론의 형성과 그 정착 과정'에 근거를 두고 있음은 주지의 사실이다. 따라서 이 글에서는 이러한 기왕의 '순수 시론'에 대한 연구 성과를 바탕으로, 그 의미를 검증함으로써 시문학파의 시론이 지닌 문학사적 위상을 자리매김해 보고자 한다. 그래서 우선 '순수시'라는 용어가 지닌 내포와 그러한 용어로 대변되는 일련의 운동이 어떤 상호 작용으로 형성되는지의 과정, 거기 참여했던 면면들의 논리적 거점들을 아우르는 순으로 논의를 진행하겠다.

2. '순수시'의 문제

사실 우리 문학사에 있어 이 '순수'라는 말만큼 많은 문제를 불러 일으키는 단어도 다시 없을 것이다. 그러므로 그 의미 범주를 확정하는 일은 본고의 중요한 출발점이라고 할 수 있다.

우리는 일반적으로 '순수문학'과 '순수시'라는 용어를 사용한다. 이 중에서 '순수문학'이란 비평적 용어라기보다 일종의 관습적 어법으로 받아들여야 할 것이다. 즉 상업적 '대중문학'의 상대적 용어로 정착한 어휘라서 뚜렷한 학술적 비평적 보편 함의를 가지고 있지는 않고, 다만 편의적으로 이용되는 말일 뿐이라는 것이다. 그러나 문제가 '순수시'에

---

3) 정효구, 1930년대 순수 서정시 운동의 시대적 의미, 김용직 외,『한국 현대시사 의 쟁점』, 시와 시학사, 1991.
　김 훈, 1930년대의 시론 형성과 그 전개, 간행위원회 편,『한국현대시론사』, 모음사, 1992.
　등의 글이 대표적이다.

이르면 상황은 달라진다. '순수시'에 비길 만한 '대중시'의 개념이 따로 존재하지도 않거니와 이 용어는 우리 문학의 뚜렷한 유파적 변별 의식과 내밀하게 연관되어 있는 것처럼 보이기 때문이다. 그런데 '우리 문학의 뚜렷한 유파적 변별 의식'이라 했을 때조차 그 유파의 이론적 차별성이 무엇인가, 그 유파에 소속되어 활동했던 문인들은 또 누구인가와 같은 초보적인 질문에 대한 연구자들이나 비평가들의 대답이 각기 다르다는 점이 상황을 한층 복잡하게 만든다.[4]

상황이 이렇게 전개되는 데 애초에 가장 큰 빌미를 제공한 사람은 미당[5]이다. 문단의 좌우 대립이 6.25로 일소되자, 문협 정통파의 논리, 그 가운데서도 시단의 좌장격인 그의 논리가 시문학사의 거의 유일한 관점이 될 수밖에 없었던 것이다. 미당은 우리 문학사의 '순수시'나 '순수문학'이 1931년부터 1942년까지 존재했으며 다분히 반사회주의적인 열성에서 생겨난 '유파'로 이해하고 있다.

> 1925년으로부터 1934년에 이르는 社會主義 詩運動이 빚어낸 無謀한 橫暴와 粗雜安價한 藝術品으로서의 價値에 啞然한 詩人들이 이에 反旗를 들고 詩의 本然의 姿勢와 權限을 돌이키려는 데서 쓰기 시작한 말이다. 『文學은 社會主義 思想뿐 아니라 어떤 한 思想의 單獨의 統制도 받을 수 없는 것이다. 그와 同時에 文學作品은 무엇보다도 먼저 藝術品으로서 성공한 것이어야 한다.』

---

4) 가령 '순수시' 혹은 '순수시 운동'을 1930년대의 「시문학파」와 관련한 한 역사적 현상으로 이해하려는 연구자들과 40년 전후, 그리고 해방 이후의 '청록파'와 관련하여 '순수문학론'을 평하는 연구자들, 그리고 김춘수, 김현승, 김종삼, 박용래 등의 다양한 시인들을 논하는 비평가들이 모두 아무런 용어상의 변별점도 없이 '순수시'라는 명칭을 공유하고 있다는 점이 바로 그러한 예이다.

5) 미당 스스로 자신이 48년도 『문예』지에 약설(略說)했던 시문학사 개관이 대학의 교재로 쓰이고 있음과 그것이 너무 소략하여 그것을 보완할 목적으로 다시 「한국 현대시의 사적 개관」(서정주, 『한국의 현대시』, 일지사, 1969.)을 집필했음을 밝히고 있다. 그 때까지 학계의 업적이 거의 전무하다시피 한 상태에서 시단의 대가로서의 미당의 시사(詩史)는, 내용의 정확성 여부에 상관 없이, 많은 영향을 미친 것으로 짐작된다.

이런 생각들이 「純粹詩」를 말하는 詩人 全部의 共通된 생각이었다.6)

이러한 진술에서 이미 확인되는 바이지만 미당에 의해 일반화된 이 '순수시'라는 용어는 '순수'의 본질을 염두에 둔 비평적 용어가 아니라 다분히 시의적인 대타 의식에 대한 명명에 지나지 않는다는 것을 알 수 있다. 소위 '반사회주의적 시'='순수시' 정도의 시대적 분위기 이외에 '순수시'라 부를 수 있는 내적 논리를 지적한 것이 아니라는 말이다. 이러한 '순수시파'로 미당은 예의 「시문학파」 시인들, 김영랑, 박용철, 정지용, 신석정, 이하윤, 정인보 등을 꼽고, 후에 창간된 『시원』의 경향 까지를 이 유형에 묶어 설명하고 있다.

그런데 문제는 이러한 미당의 용어가 1) 당대에 별다른 비평적 세련 의 과정 없이 사용된 일반적 어법을 그대로 따른 것이라는 것 2) 따라 서 당대의 용어 사용이 지닌 문제점을 그대로 떠안고 있다는 것 3) 거 기다 미당의 유파 분류와 용어 사용에 대한 그 동안의 반성적 문제 제 기가 없었음으로 해서, 미당 자신에 의해 새로이 생겨난 문제까지도 떠안게 되는 결과를 낳고 있다는 점이다. 1)과 관련하여, 실제로 1930 년대의 문단에서는 현재 문제되고 있는 '순수문학'이라는 용어와 함께 '예술파' '(예술)지상주의파' '기교주의' 등등의 용어가 동일한 함의를 갖 는 말로 사용되고 있었다. 다시 말해 맑시즘 문학이나 소위 민족주의 문학이 아닌 제 경향의 시인 전부를 이 범주에 묶어 설명하고 있는 것 이다. 32년도의 문단을 개괄하는 자리에서 이 '순수한 예술파 작가'라는 용어가 매우 편의적인 분류에 지나지 않는다는 전제 아래, 백철은 이 제 3의 작가군으로 김억, 황석우, 노자영, 이동원에 김기림, 모윤숙, 안 필승, 노천명, 박재륜을 더하고 거기다 이하윤, 박용철과 같은 「시문학 파」 시인들까지 묶어두고 있다.7) 말하자면 낭만주의 시인들에 모더니

6) 서정주, 『한국의 현대시』, 일지사, 1969, p.17.
7) 백철, 1932년도 기성 신흥 양문단의 동향-문단시평, 『조선일보』, 1932.12.21.

스트, 시문학파까지가 하나의 범주로 이해되었던 것이다. 이런 이해 방식은 꽤 전면적인 것이어서 임화나 김기림의 당시 글에서도 비슷한 현상이 나타나고 있다는 점이 그 좋은 예가 될 것이다.

1)의 결과 2)의 문제가 발생하는데, 그 결과는 전기(前記)했던 미당의 글에 그대로 반영되어 있다. 위의 인용문에서도 볼 수 있듯이, '순수시'의 범주를 '사회주의에 반기를 든 시'이자 '예술품으로 완성된 시'라 이해했다면, 30년대 초반 이후에 새로 등장하는 거의 모든 유형의 시인군이 여기에 포함되어야 마땅할 터이다. 가령 '모더니스트' '시문학파' '생명파' '청록파' 등등이 이러한 개념 규정에서 어떻게 자유로울 수 있는지를 알 수가 없다. 이 유파들이 전부 '순수시파'로 분류되어야 함에도, 미당은 '시문학파'에만 이 명칭을 부여하고 나머지는 '주지주의 시' '초현실주의 시' '생명파' '자연파'[8]로 분류함으로써 일관성을 잃고 있다. 이러한 파행이 후학들에 의해 그대로 답습됨으로써 3)의 문제에까지 이르게 된 것이다. 즉 '순수시'의 범주를 때에 따라서는 '사회적이고 효용적인 요소가 없는 시 일반'의 의미로 사용하고, 또 때에 따라서는 「시문학파」의 시만을 가리키는 의미로 사용하는 혼란이 일어나게 된 것이다.

이로 볼 때, 『시문학』지를 중심으로 30년대의 문학사에 우뚝 솟은 한 새로운 경향에 이 '순수시'라는 용어를 쓰는 것은 아무런 비평적 기준도 없는 일이라는 것을 알 수 있다. 정지용의 시로부터 발원해서 김영랑, 박용철 등에 이르러 분명해진 '시 언어의 자각'이라는 이 물줄기가, 그렇다고 구미(歐美) 시단의 '순수시(pure poetry)'라는 개념[9]에 들

---

8) 서정주, 앞의 책, pp. 20-26.
9) 구미(歐美) 시단에 있어서의 '순수시'라는 용어가 포우로부터 비롯해서 불란서의 상징주의자들, 특히 보들레르나 발레리에 이르러 그 융성에 도달하는 시적 경향을 가리킨다는 것은 이미 상식일 것이다. 시의 의미 요소 배제를 통해 시어에서 직접적 음악성을 구현하려 했던 이들 시의 경향이 지극히 인위적이고 가시적인 기교 위에서 이루어진 것이라는 점에서, 뒤에 기술되겠지만, 박용철 시론의 핵심과는 분명한 거리가 있는 셈이다.
A. Preminger & T. V. F. Brogan ed., *The New Princeton Encyclopedia of Poetry and*

어 맞는 것도 아닌데 그 위에 여전히 '순수시'라는 모자를 얹어둔다는 것은 아무래도 무리다.

따라서 본고에서는 20년대의 사회주의적 시 이론과 구별되고 같은 30년대의 모더니즘 시론과도 구별되는 이 경향을 「시문학파 시론」이라 한정하고 논의를 진행하고자 한다. 이 길만이 '순수시'라는 용어가 지닌 모호성과 가치 개입적 느낌을 상쇄하는 객관적 어법이라 여겨지기 때문이다. 이렇게 되면 「시문학파」라는 어휘의 범주 문제가 대두하는데, 이에 대해서는 김용직 교수의 치밀한 연구가 이미 있었던 터이다. 그는 「시문학파」의 구성원을 3유형으로 분류해서 1) 박용철, 김영랑 2) 정인보, 변영로, 이하윤, 정지용 3) 김현구, 신석정, 허보[10] 등으로 보고 있는데, 본고는 이러한 유형 분류를 그대로 따르기로 하겠다. 다만 이들 중에서도 나름의 시론을 전개하고 있는 박용철과 정지용 등을 주축으로 보고 그들의 활동을 추적하는 것을 글의 목표로 삼는다. 즉 이들 시론의 형성 과정과 전개 양상을 개괄하고 그 영향 관계를 검토함으로써, 1930년대 한국 시문학사에서 「시문학파」가 차지하는 위상을 따져 보는 데 글의 목표가 놓이는 셈이다.

3. 「시문학파」 발생의 몇 가지 조건

문학사상(文學史上)의 그 어떤 행위도, 아무런 조건 없이 저절로 이루어지는 것은 없다는 전제를 승인한다면, 우리는 이 「시문학파」의 발생에도 몇 가지 원인을 꼽아볼 수 있을 것이다. 문학사적으로 중요한 의미를 지니는 것들만을 간추렸을 때, 그 요인들은 크게 문학 외적인 것과 내적인 것으로 나누어진다.

Poetics,Princeton Univer -sity Press,1993.p.1007.
10) 김용직, 시문학파 연구, 『한국 현대시 연구』, 일지사, 1982, pp.203-213.

문학 외적인 요인의 첫째는 '당대 정치적 현실의 악화' 문제이다. 이것은 물론 문학 현실이 사회 현실에서 결코 자유로울 수 없다는 논리를 전제로 한다. 임화가 당대의 사회상을 담천하(曇天下)로 인식하고 '그들(기교파-인용자)은 新興文學의 衰微過程과 反比例하야 成長한 것으로 進步的詩歌(카프시-인용자)에 對한 不自由한 客觀的雰圍氣의 擴大는 그들의 活動에 있어서는 自由의 天地의 展開이었다.'[11]라고 말했을 때, 당대에 가해진 사회의 억압적 분위기를 읽을 수 있다. 직접적으로 순수문학화를 유도했다고 말할 수는 없다 하더라도 문학의 대사회적(對社會的) 발언의 수위를 제약하는 외적 정세가 있었다는 사실은 당대인들로 하여금 문학의 위상을 새로 정립토록 유도했으리라 짐작되기에, 이것은 「시문학파」 발생의 중요한 조건의 하나라고 할 수 있다.

또 하나의 문학 외적 요인으로 들 수 있는 것이 바로 한글에 대한 사회적 인식의 광범한 확대라는 점이다. 구한말부터 시작된 한글과 철자법, 문법에 대한 연구가 1920년대를 거치면서 언어학적 차원이 아니라 문학적 차원에서 논의의 전면으로 부각되기 시작하고[12] 30년대 들어 그러한 현상이 더욱 심화되면서 1933년에 맞춤법 통일안이 제정되는 기폭제 역할을 하고 있다는 사실이 이를 뒷받침한다. 특히 통일안 제정 이후, 그것을 두고 많은 학자들 사이에 분란이 일고 있을 때, 문인들이 일치 단결하여 통일안의 수용을 천명하는 성명서를 냄으로써 그것이 언어 생활의 규칙으로 자리잡는 계기를 만들고 있다는 사실은, 당대의 문인들에게 있어 한글 자체와 철자법의 문제가 얼마나 중요한

---

11) 임화, 담천하의 시단 1년, 『신동아』, 1935.12.
12) 1920년대의 많은 문인들이나 학자들이 이런 문제로 고심하고 있다는 증거는 쉽게 찾을 수 있는데, 가령 다음과 같은 글들이 대표적인 것이라 할 수 있다.
   김기진, 조선어의 문학적 가치, 『매일신보』, 1924.12.7.
   이병기, 조선문법강좌, 『조선문단』, 1927.3.
   정인섭 외, 한글 사용에 대한 외국문학 견지의 고찰, 『해외문학』, 1927.7.
   최현배, 조선문학과 조선어, 『신생』, 1928.11-1930.2.

관심사였던가를 증명하는 좋은 근거일 것이다.13) 20년대 프로문학의
퇴조는, 언어 표현 자체에 대한 관심의 증폭으로 이어질 수 있는 좋은
계기였다는 점에서 이 요인은 첫번째 것과 일정한 관련을 지닌다고도
볼 수 있다. 또한 이 요인은 문학 내적으로, 특히 시문학적 견지에서14)
「시문학파」를 발생시킨 한 계기와 밀접히 관련된다는 점에서 중요하
다. 그것은 다름 아니라 안서 김억의 노력과 관련되어 있다.

그 동안의 연구자들에게 있어 안서 김억은 그다지 큰 관심의 대상이
아니었다. 그러나 안서야말로 1910년대 신시 운동 주역일 뿐만 아니라,
1930년대에 이르기까지 가장 지속적으로 시창작론과 시론을 발표함으
로써 부정적으로든 긍정적으로든 시에 대한 관심을 환기한 장본인이라
고 할 수 있다. 황석우의 시론15)과 함께 초기 자유시론의 핵심으로 꼽
히는 「시형의 음률과 호흡」(『조선문예』,1919.2)16)을 쓰면서 시작된 안
서의 시론 작업은 30년대에도 여전히 지속되는데, 그 논의의 골자를
요약하자면17) 대략 다음과 같은 것이다. 즉, '시란 시인 자신의 충실한
감정의 표현이다. 그리고 그러한 감정의 표현을 위해서 시인은 시어와
기교의 중요성을 인식해야 한다. 특히 시어가 지닌 음향적(音響的) 측
면과 어감 등의 사소하고 미세한 부분까지도 계산에 넣는 시작 활동이
필요하고, 그러한 언어를 운율(거의 정형적이라 할)에 실어 표현해야

---

13) 「한글 철자법 시비에 대한 성명서」, 『조선일보』, 1934.7.11.
14) 소설 쪽에서의 이러한 노력의 결과가 이태준, 박태원으로 이어지는 표현 문제
　　의 천착으로 나타났다고 보아야 할 것이다.
15) 황석우, 조선시단의 발족점과 자유시, 『매일신보』, 1919.11.10.
16) 한계전, 『한국현대시론연구』, 일지사, 1983, p.30.
17) 2,30년대의 전후에 집중된 안서의 중요한 글들의 목록을 대강만 들어보아도
　　다음과 같다.
　　'직관과 표현'(『동아일보』, 1925.3.30-4.13), '작시법'(『조선문단』, 1925.4-10),
　　'예술의 독립적 가치'(『동아일보』 1926.1. 1-3), 「'조선시형에 관하여'」를 듣고
　　서(『조선일보』, 1928.10.18-23), '시가의 음미법'(『조선일보』, 1929.10.18-22),
　　'격조시형론소고'(『동아일보』, 1930.1.16-30), '어감과 시가'(『조선일보』, 1930.1.
　　1-2), '언어의 순수를 위하여'(『동아일보』, 1930. 3.29-4.4), '시론'(『대조』,
　　1930.4-8), '시형·언어·압운'(『매일신보』, 1930.7.31-8.10) 등.

한다.'는 것이다. 물론 이러한 안서의 주장이 그 내용적으로나 형식적
으로나 근대적 자유시론에 이르지 못한 함량 미달의 수준이라고 논외
로 치부할 수도 있겠지만, 나름대로는 감상적 낭만주의와 계급시가 범
했던 공통의 잘못을 정확히 지적하고 있다는 점도 무시되어서는 안될
것이다. 이 점에서 안서의 주장은 당대 문학의 변모 방향을 지시해준
중요한 발언의 하나로 분명히 기억되어야 마땅하다. 물론 박용철을 위
시한 「시문학파」의 어느 누구도 안서와의 관련성을 직접적으로 드러내
지는 않지만, 그 「시문학파」가 배출될 수 있는 시대적 분위기를 형성하
는 데 안서가 맡았던 몫이 적었다고는 결코 말할 수 없다.

　안서의 노력과 함께 또 하나 문학 내적 요인으로 「해외문학파」의
성립을 들 수 있다. 이 점은 이미 기왕의 논자들에 의해 누차 지적되어
온 것[18]이므로 새로울 것은 없으리라 생각된다. 다만 「해외문학파」와
「시문학파」가 그 중요 구성원의 일치 때문에 상관 관계에 있다고 보는
것도 틀린 일은 아니겠지만, 그보다는 해외문학파의 활동(서양 고전이
나 중요 작품의 직접적 소개)으로 작품의 완성도라는 문제에 대한 인식
의 계기를 만들었다는 점이 더 중요한 문제로 취급되어야 할 것이다.

　문학 내적 요인의 마지막으로 모더니즘 시와 시론의 형성이라는 계
기를 꼽을 수 있다. 보기에 따라서는 이 점을 언뜻 수긍하기 어려울
수도 있다. 왜냐하면 『시문학』 창간이 1930년 3월임에 비길 때 모더니
즘 시론의 기수라 할 김기림의 활약은 적어도 1931년부터이며 더구나
그의 글에서 모더니즘의 특성이 뚜렷해지며 하나의 뼈대를 갖추기 시
작한 것은 1933년경부터이기 때문이다. 그러나 시가 아니라 시론의 차
원으로 문제를 좁힐 때, 우리가 오늘날 「시문학파」라 부르고 있는 유파
의 성립을 1930년 3월부터라고 말할 수는 없다. 이미 한계전 교수에
의해 지적된 바 있지만[19] 창간 당시의 『시문학』은 '소박한 정서론' 이

18) 김윤식, 앞의 책, p.139.
19) 한계전, 앞의 책, pp.135-136.

외에 순수시론이라 부를만한 이론의 골격을 갖추고 있지 못했다. 시문학파 시론 형성의 핵은 박용철이었던 바 그는 1936년에 임화, 김기림과 더불어 기교주의 논쟁을 거치고 하우스만의 이론을 자기화하면서[20] 나름대로의 논리화에 도달한다.[21] 그러한 논리화의 결정이 「시적 변용에 대해서」(『삼천리문학』, 1938.1)임은 주지하는 바와 같다.

그런데 이 기교주의 논쟁 과정에서 바로 김기림의 시론이 박용철 논리의 중요한 촉매제 역할을 했던 것으로 보인다. 1930년을 전후한 조선 문단에, 비록 안서의 비평들이 존재하긴 했지만 그것은 문제 제기 이상의 의미를 지니기 어려웠을 것이고, 문제는 김기림이었던 것이다. 김영랑과 정지용이라는 걸출한 두 시인을 묶어 『시문학』을 세상에 내놓았음에도 불구하고 반계급시의 주류를 김기림에게 선점당하고 말았다는 낭패감이, 도대체 김기림 시론의 핵심은 무엇이고 그것은 자기들과 어떤 편차가 있는가를 고민하게 만든 것으로 보인다.[22] 따라서 김기림의 이론들은 박용철이 스스로의 논리를 「시문학파」의 논리로 공식화할 수 있는 좋은 부정적 계기를 제공했다고 볼 수 있다.

이러한 문학 내외적 요인들로 인해 「시문학파」는 1930년대 한국시단의 한 중요한 흐름을 형성하게 된다. 물론 여기에는 30년대 문학의 전방위적인 반(反) KAPF 경향이라는 심리적 공조가 보다 심층적 원인으로 작용했다는 점을 지적해 두어야 할 것이다. 뿐만 아니라 시단 내부로 볼 때에는, 20년대의 그 정치 중심주의 와중에서도 끝내 자기류의 시적 성취를 고집했던 정지용의 존재가 있었다는 점도 아울러 기억되

---

20) 같은 책, pp.135-144.
21) 이 점에 대해서는 졸고, 박용철 시론의 의미(간행위원회 편, 『한국현대시론사-향천김용직박사화갑기념논문집』, 모음사, 1992.)에서 자세히 다룬 바 있다.
22) 이미 자주 지적된 바 있지만 박용철 스스로 이 점을 분명히 밝히고 있음을 알 수 있다. 그가 '기교주의설의 허망'(『동아일보』, 1936.3.18-19.)을 통해 '기교주의시론(김기림의-인용자)이라는 것은 필자가 전능력을 경주해서 격파하고저하든 다년의 숙제'였다고 술회하고 있음이 그것이다.

어야 한다. 이미 박용철이 그의 일기에서 밝혀 놓고 있듯이 『시문학』 창간은 그 준비 과정에서부터 정지용을 전제로 한 행위였기 때문이다.

3. 「시문학파 시론」의 형성과 그 전개

『시문학』지의 창간과 더불어 형성되기 시작한 시문학파 시론은, 이미 언급했지만 그 발생 초기에는 명확한 입장을 견지한 것이 아니었다. 가령 대부분의 논자들이 박용철의 글일 것으로 추정하고 있는 『시문학』 창간사의 다음 구절을 보자.

> 詩라는 것은 詩人으로 말미암아 創造된 한낱 存在이다. (……)우리가 거기에서 받는 印象은 或은 悲哀 歡喜 憂愁 或은 平穩 明淨 或은 激烈 崇嚴 등 진실로 抽象的 形容詞로는 다 形容할 수 없는 그 自體數대로의 無限數일 것이다. 그러나 그것이 어떠한 方向이든 詩란 한낱 高處이다. 물은 높은 데서 낮은 데로 흘러 나려온다. 詩의 心境은 우리 日常生活의 水平情緒보다 더 高尙하거나 더 優雅하거나 더 纖細하거나 더 壯大하거나 더 激越하거나 어떠튼 『더』를 要求한다. 거기서 우리에게까지 『무엇』 이 흘러 『나려와』야만 한다. (그 『무엇』까지를 細密하게 規定하려면 다만 偏狹에 빠지고 말 뿐이나) 우리 平常人보다 남달리 高貴하고 銳敏한 心情이 더욱이 어떠한 瞬間에 感得한 稀貴한 心境을 表現시킨 것이 우리 에게 『무엇』을 흘려주는 滋養이 되는 좋은 詩일 것이니 여기에 鑑賞이 創作에서 나리지 않는 重要性을 갖게 되는 것이다.(강조-인용자)23)

이 글의 요체는 '시란 하나의 존재'라는 존재론적 관점24)과 '시란 고 처'라는 인식을 드러내고자 하는 데 있다. 물론 그 근저에는 워즈워드/ 코울릿지류의 정서론과 유사한 낭만주의적 인식이 자리하고 있다. 시

---

23) 박용철, 『시문학』 창간에 대하야, 『박용철전집』, 시문학사, 1940.5, pp.142-3.
24) 정효구, 1930년대 순수서정시 운동의 시대적 의미, 김용직 외, 『한국현대시사 의 쟁점』, 시와시학사, 1991.

인을 '평상인보다 남달리 고귀하고 예민한 심정'이라 한다거나, 그러한 시인이 표현하는 것이 '어떠한 순간에 감득한 고귀한 심경'이며 시란 그 '고처'로부터 우리에게로 흘러 내려오는 것이라 했을 때, 그러한 개념들이 시인 천재설과 영감, 그리고 자발적 유로라는 용어와 얼마큼의 변별성을 가질 수 있을지 의문이다.

그런데 문제는 시문학파 시론의 출발이 이렇게 낭만주의 시론의 맥락 아래 놓여 있다는 것을 지적하는 데 있지 않다. 이 인용문의 표면에 숨은 의도를 짐작하는 일이야말로 오히려 출발 당시 시문학파 시론의 본질적 성향을 더 잘 보여주기 때문이다. 그 숨은 의도란 위의 인용문에 반복 등장하고 있는 '한낱'과 '무엇'의 의미를 짐작할 수 있을 때 선명해진다. 인용문의 맥락에서 볼 때 '한낱'이란, 시는 시일 뿐 그 이하도 그 이상도 아니라는 진술 의미를 담고 있는 것으로 보인다. 이러한 진술은 시를 시 아닌 다른 것으로 생각하는 태도가 있다는 생각을 전제하지 않고는 나올 수 없는 진술이다. 이 '시를 시 아닌 다른 것으로 생각하는 태도'란 또 하나의 문제어인 '무엇'의 의미를 따져야 보다 분명해지는데, 역시 맥락으로 볼 때 '무엇'이란 시적 영향(독자에 대한)의 의미로 사용되었음을 알 수 있다. 그 영향은 '비애, 환희, 우수, 평온, 명정, 격렬, 숭엄 등'의 무한한 감정적 반응의 가능성으로 열어두어야지 그것을 '세밀하게 규정하려면 편협에 빠지고 만'다고 했을 때, 그 '무엇'이란 시적 영향의 목표를 한 가지로 규정한 태도에 대한 반대 명제를 지시하는 것에 다름 아니다. 이 두가지 진술을 종합할 때, 창간사의 이 구절은 시문학파 시론의 줄기를 선언적, 적극적으로 제시하는데 그 목표가 있다기보다 당대 주류로서의 계급문학에 대한 소극적 대타 의식을 정리, 표명하는데 그 목표가 두어진 것이라는 점을 알 수 있다.

3-1. 기교주의 논쟁과 박용철[25]

세칭 기교주의 논쟁이라고 알려진 임화와 김기림, 박용철 간의 논전
은 우리 시사 혹은 문학사 전체에 걸쳐 그 유례를 찾을 수 없을 만큼
중대한 의미를 지닌다. 이미 잘 알려져 있다시피 이 논쟁은 임화가
1935년 12월『신동아』지상에 발표한「담천하의 시단일년」이 발단이
었다. 이를 통해 임화는 1930년대 초,중반에 나타난 조선 시문학의 특
징을 1)부자유한 객관적 분위기에 의한 진보적 시가의 쇠퇴 2)소위 민
족주의 계열 기성문단의 복고주의화 3) 1)에 반비례하여 혹은 그것을
기화로 신흥하고 있는 기교파의 등장을 들고 있다. 이 가운데 임화가
가장 강하게 비판하고 있는 부분은 3)번의 항목인데 그 대상이 된 것은
1930년대 초 이래 계속되어 왔던 김기림의 이론화 작업과 정지용, 신석
정류의 시작(詩作)이었다. 그런데 여기서 임화가 정지용, 신석정을 주
목하긴 하지만 그것은 (그들이「시문학파」의 핵심분자이기 때문이 아
니라) 김기림과 작시상의 근본 입장이 동일하기 때문이라고 하는 주장
은 주목을 요한다. 즉, 이 사실은『시문학』이 창간되고도 5년이 경과되
었음에도 오늘날의「시문학파」가 아직 당대 문단에서는 하나의 유파적
변별점을 확보하지 못했다는 것을 확인해주기 때문이다.

임화의 이러한 비판이 애초에 김기림을 중심에 두고 행해진 것인 만
큼 김기림이 즉각적인 해명성 평문을 발표한다는 것은 이미 예정된 수
순이다. 그는『조선일보』지상을 통해「시인으로서 현실에 적극 관심」
(36.1.1-5)이라는 글을 발표하는데 이는 임화의 논리에 상당 부분 일치
하는 면을 지닌 것이었다. 즉 어떤 방식으로 분류하든 30년대 전반기의
조선 시단을 압도했던 것은 기교주의였고 이들은 '모다 現實에 대하야
逃亡하려는 姿勢를 가지는 點에서 一致한다'는 것, 그러므로 이제는 기

---

25) 이 장(章)은 졸고, 박용철 시론의 의미(간행위원회 편,『한국현대시론사-향천
김용직 박사 화갑기념 논문집』, 모음사, 1992.)을 정리 보완하였음을 밝혀둔다.

교주의시도 '現實에의 積極的 關心'[26] 을 가져야 한다고 했을 때 이는 임화 쪽에서 볼때 상당한 발전의 가능성으로 비쳤을 것이다.

편석촌이 이처럼 산술적 접합 이상의 의미를 지니기 어려운 조야한 논리로 임화의 논리에 맞섰을 때, 맞섰다기보다는 일종의 절충을 시도하고 나섰음에 비할 때, 정작 임화에 대한 전면적 비판은 박용철에 의해 감행되는 의외적인 현상이 나타난다. 오히려 김기림보다 앞서 발표한 「을해시단총평」(『동아일보』, 35.12.24-28.)이 그것이다. 박용철은 임화와 김기림의 논리에 대해 각각의 항목을 설정해 스스로를 차별화하는데, 먼저 임화의 전기했던 글은 '細密한 討議의 對象이 되기에는 너무 수많은 事實認識의 錯誤와 論理의 混亂'[27] 이 있었다는 다소 감정적인 전제 아래, 계급문학이 주장하는 시라는 것이 시가 아니라 '辯說'일 뿐이며 시란 이러한 약간의 변설이 아니라 '特異한 體驗이 絶頂에 達한 瞬間의 詩人을 꽃이나 或은 돌맹이로 定着시키는 것같은 言語最高의 機能을 發揮시키는 길'[28]이어야 한다고 주장한다. 이는 거의 언어지상주의에 가까운 언술로서, 이 도저한 개인주의적 언어관 앞에서 임화류의 내용중심주의란 애초부터 문제가 될 수 없는 것이었다.

또한 김기림에 대해서도 박용철은 두 항목에 걸친 비판의 형식을 취하는데, 그 하나가 김기림류의 시적 노력이 '신기성만을 추구하는 衣裳師'의 길이라는 것이다. 두 번째는 시의 출발점에 대해 언급하는 부분에서 나타난다. 즉 김기림은 그의 출발을 지성에서 찾고 있지만 진정한 시인은 그것을 '생리(이 때의 생리란 육체,지성,감정,감각 기타의 총합을 의미한다)적 필연성'에서 구해야 한다고 말하는 방식이 그것이다.[29] 이는 곧 그가 이해하는 시의 출발점이 논리적 분석의 범주 밖에 존재한

---

26) 같은 곳.
27) 박용철, 을해시단총평, 『박용철전집』(2권), 시문학사, p.85.
28) 위의 책, p.87.
29) 같은 곳.

다는 것을 보여준다. 결국 그는 임화와 김기림에 대한 비판을 통해, 생리론을 바탕으로 한 언어지상주의, 곧 언어가 시의 수단이 아니라 거의 목적에 가까운 것이라는 변별성을 드러낸 것으로 볼 수 있다.

박용철과 김기림의 논의에 대해 임화는 「기교파와 조선시단」(『중앙』, 36.2.)을 통해 즉각적 반격을 행한다. 이 글에서 임화는 그 이전까지 기교파에 대해서 가졌던 막연한 범주 개념을 버리고 그것을 하위 분류하여 박용철을 수구적 기교주의자로 내몰기에 이른다. 예술에 있어서의 현실 틈입 가능성이 논의의 초점이라고 생각하는 그에게 있어, 박용철의 경우는 그 기본 이념이 20년대의 예술지상주의에 뿌리를 둔 언어 중심의 기교주의자로 비쳤던 것이다. 따라서 그런 임화에게 박용철은 더 이상 논의의 상대가 아니었다. 즉 기교 대 내용이라는 형식논리조차를 인정하지 않는 언어(기교) 목적주의자에게는 흥분한 적개심 이외에 달리 대응의 방도를 찾을 길이 없었다. 자연히 논의의 중심은 김기림 쪽으로 기울 수밖에 없었다. 기교와 내용의 종합 문제가 등장하는 것이다.

그러나 임화의 이러한 입론이 박용철의 불만을 해소시키지 못하리라는 것은 자명하다. 용아는, 기교주의 논쟁의 핵심적인 용어로 떠올랐던 '기교'라는 어법 자체를 만들어내고 그 용법을 준용하는 듯한 김기림·임화의 논법이 그 근본에서부터 자신과 다르다는 인식을 갖고 있었기 때문이다. 그래서, 당대 시문학의 논의를 내용 대 기교로 이분하고 그 각각의 자리에 임화와 김기림이 위치함으로써 그 자신을 비롯한 시문학파가 놓일 자리가 없게된 이러한 시단 형국이, 결국은 기교에 대한 그릇된 인식에서부터 비롯된 것임을 밝힐 필요가 있었다. 이러한 필요에 부응하는 박용철의 논리는 「기교주의설의 허망」(『동아일보』, 36.3.18)으로 정리된다.

이 글을 통해, 박용철은 임화의 논리가 기실은 기림에게서 비롯한 것이라는 점을 주장함으로써 그들의 논리가 강조점은 다를지 모르지만 결국은 동궤라는 사실을 지적하고, 그러한 기림의 논리에서 스스로를 분별해내는 데에 역점을 두고 있다. 즉 임화가 사용하는 기교주의라는 용어는 기림이 일찍이 「기교주의의 반성과 발전」에서 처음 사용했던 것으로, 이는 기교주의가 아니라 '순수화 운동(純粹化運動)'[30] 정도로 불러야 한다는 것이다. 이런 점에서 자신이 운위하는 기교는 기교가 아니라 '기술'이라는 관점을 새로이 제기하고 있다.

이러한 박용철의 진술은 김기림의 모더니즘 시론에 대한 정확한 대타의식의 제기라고 할 수 있다. 기림과 자기는 같은 기교파의 범주 안에 동서(同棲)하고 있는 것이 아니라 그 근본이 다른 것이라는 사실을 천명한 선명한 목소리인 셈이다. 적어도 이 지점에서 우리 시단의 새로운 유파 하나가 뚜렷한 자기 인식에 도달했던 것이다. 유파적 변별 의식으로부터 출발한 이 글의 후반부에서, 그는 구체적으로 자기의 목소리를 뒷받침할 만한 나름의 시론을 펼치는데, 이러한 논리화 과정은 결국 그가 인식했건 못했건 간에 김기림과 임화의 논의에 스스로 뛰어들어감으로써 성립되었던 기교주의 논쟁이 가져다준 결과였음이 명백하다.

그에게 있어 기술은 '목적에 도달하는 道程'이자 '表現을 달성하기 위하여 媒材를 구사하는 능력'이며,'매재의 성능을 가장 섬세한 數字까지 계산하고 위치를 따라 생기는 그 성능의 변화를 가장 세밀하게 예측'하는 것을 가리킨다.[31] 그런데 이것은 '偶成的(eccentric)' 언어 집합, 즉 '출발을 규정하는 목적없이 그저 무어든 맨들어 보리라는 목적밖에는 없이 이것 저것을 마추다가 「아 이것 그럴듯하고나」 식으로 이루어지는 것이 아니라 이미 정신 속에 성립된 어떤 상태를 표현의 가치가 있

---

30) 박용철, 기교주의설의 허망, 『동아일보』, 1936.3.18.
　　이 것은 박용철 스스로도 「시문학파」를 순수시 운동으로 인식하지 않았다는 증거라는 점에서 중요하다.
31) 같은 곳.

다고 판단하고 그것을 표현하기 위해서의 길로 가는 것'을 말한다. 그러자면 기술을 일차적으로 규정하는 '이미 정신 속에 성립된 어떤 상태'가 우선 규정되어야 하는데, 그는 이것을 '藝術以前'의 '강렬하고 진실한 표현될 충동' 혹은 '영감'으로 본다. 이는 시인됨의 자질을 선규정한 것으로서 이미 언어화가 불가능한 어떤 고고한 인간다움의 원형질을 가리키는 것이다. 이에 따라 그가 주장하는 시=기술은 '최후까지 법칙화해서 전달할 수 없는 부분'이 남게된다.

시인됨의 자질 규명 혹은 시 창작 체험의 구체화에 초점이 맞춰지는 그의 시학은 「시적 변용에 대해서」(『삼천리문학』, 1938.1.)에 와서 가히 절정에 다다른다. 이 글을 통해, 그는 「기교주의설의 허망」 단계에서 정리했던 시 창작 과정만을 대상으로 자신의 생각을 상술하고 있는 바, 그 서술 방식 또한 논리적이라기 보다는 다분히 비유적이라는 점에서 오히려 그답다. 그가 '인간적 충동'이라 이름했던 인간다움의 구경(究竟)에 대한 열망은, 이 글에 이르러 '心頭에 한점 耿耿한 불을 기르는 것' 곧 '無名火'가 되고, 이는 다시 '시인에 있어서 …… 그의 시에 앞서는 것으로 한 先詩的인 문제'가 된다. 그는 이것을 다시 '羅馬 고대에 聖殿 가운데 貞女들이 지키던 불'이라 비유함으로써 시를 종교화하려는 열망의 한 극점을 보여준다.

이 무명화를 바탕으로 그의 시는 탄생 혹은 창조된다. 그것은 마치 나무가 그것을 둘러싼 '기후를 생활'하는 것과 같다. 시인을 둘러싼 세계에 대한 온갖 체험들을 시인이 자신의 피 속에 용해시키는 과정을 거쳐, 때때로 외부로부터 감응해오는 영감의 잉태를 기다리고, 이 수태가 '완전한 성숙에 이르렀을 때 胎盤이 회동그란이 돌아떨어지며 새로운 창조물 새로운 개체가 창조'되는 것이다. 이것이 기림의 '奇術'로서의 기교와 구별되는 진정한 기술인 셈이다.

또한 그는 시와 심두의 무명화는 불가분의 것이며 끊임없는 상호작용을 통해 시인의 시인다움을 확인해주는 계기가 된다고 설명하고 있다.

> …그(시인-인용자)가 시를 닦음으로 이 불기운이 길러지고 이 불기
> 운이 길러짐으로 그가 시에서 새로 한걸음을 내여드딜 수 있게되는 교
> 호작용이야말로 예술가의 누릴 수 있는 특전이요 또 그 이상적인 코-
> 스일 것이다.(밑줄은 인용자)32)

시를 쓰는 것이 아니라 '닦는'다는 것. 그것이 닦는 대상일 때 시는
이미 일상 어법의 대상이 아닌 현실 저 너머의 무엇이지 않으면 안된
다. 그리고 이 시를 닦는 것이 곧 무명화를 기르는 것이고 그 길러진
무명화에 의해 다시 시가 진전된다는 '교호작용'이란, 그가 그토록 힘주
어 설명하고자 수천 마디 말을 버려 가면서 은유했던 시적 '변용(變容)'
에 다름 아닐 것이다. 꽃이나 나무나 풀에 '심두의 이 경경한 무명화'를
옮겨놓는 일, 그리고 그러한 자연 존재로부터 스스로의 무명화에 대한
확신과 구체화를 얻어내는 일, 그 지고지순한 존재전이의 체험을 그는
'변용'이라는 용어로 풀어냈던 것이다. 결국 이 '변용'이라는 용어는 그
가 김기림과 임화라는 상대와 겨루며 얻어낸 '기술'이라는 변별성의 종
점과 같은 것이었다.

> 시는 시인이 느려놓는 이야기가 아니라, 말을 재료삼은 꽃이나 나무
> 로 어느 순간의 시인의 한쪽이 혹은 왼통이 변용하는 것이라는 주장을
> 위해서 이미 수천언을 버려놓았으나 다시 도리켜보면 이것이 모도 미
> 래에 속하는 일이라 할 수도 있다.33)

시를 통해서 시인이 꽃으로 변용된다는 것, 다시 말해 시를 통해
시인이 시적 대상과 혼연일체가 된다는 박용철의 이러한 시관에 따를
때 현존재로서의 시인의 자기 완성은 시를 통하는 길뿐이다. 시는 곧
시인의 삶 자체이자 유일한 목표가 되어버리는 것이다. 이 도저한 시

---

32) 박용철, 시적 변용에 대해서, 『삼천리문학』, 1939.1.
33) 같은 곳.

지상주의, 시 목적주의 앞에서 계급 문학이나 모더니즘 문학의 관점이란 불순하기 짝이 없을 터였다.

그러나 논리가 이에 다다르면 그 논리 안에 모종의 위험성이 도사리고 있음을 감지하게 된다. 박용철의 시론이 창작과정의 실마리를 제대로 보여주는 당대의 거의 유일했던 시론[34]임에도 불구하고, 그것이 일반화의 길로 나아가 다른 많은 시인들의 창작적 전범이 될 수 있을까 하는 의문과 관련되는 위험성이다. 즉 그가 시를 삶의 목적으로 두었을 때, 그것은 시에의 고통스런 전력투구이자 현재에는 그 목표를 결코 이룰 수 없는 종교적 구도의 과정에 다름아니기 때문이다. 그러기에 그가 시의 완성이 '모도 미래에 속하는 일'이라고 한 진술조차 예사로운 일로 보이지 않게 된다. 시를 깨달음과 등가로 놓았을 때 그것에 이르는 길의 전달 불가능성은 불을 보듯 뻔한 일이 아닐 수 없다. 그러기에 그는 시적 변용의 방법이 '염화시중의 미소요 이심전심의 비법'이라고 진술해버린 것이다. 그가 부처님의 미소를 운위하기 시작하는 그 지점에서부터 문학은 이미 그 설 자리를 잃어버렸던 것이다.

문학은 그것이 기본적으로 인간을 위해 복무해야 한다는 점에서 목적적이다. 그것이 스스로의 논리로 스스로를 위해서 복무할 때 그것은 더 이상 문학으로서의 가치를 유지할 수 없는 무엇이다. 여기에 박용철 시론의 한계가 자리한다. 그리고 또 하나 박용철이 심두에 한 점 경경한 무명화를 길러야 한다고 했을 때 그 무명화조차도 기실은 종교적

---

34) 이 점에 대해서는 이미 당대인들도 그 중요성을 인정하고 있다. 가령 『박용철전집』 간행 이후에 추모의 성격으로 쓴 글에서, 김광섭의 지적이 그러한 사정을 잘 보여준다.

　"……評論集 첫머리에 실인 「詩的變容에 對해서」를 읽으면 有形無形의 萬象이 詩의 얼골로 變하여 가는 精神的經過를 充分히 볼 수 있다. 이것은 詩壇三十年史에서도 찻기어려운 글이다. 詩가 誕生하기까지의 報告다. 이 報告는 精神文化의 重大한 一面을 가지고있는 一種의 詩學이다."(김광섭,박용철의 인간성과 예술, 『조광』, 1940. 8.)

명상과 관조를 통해 길러지는 것이 아니라 사회적인 토대, 특히 인간들 사이의 관계와 충격을 통해 자라고 변화하는 것이 아닌가 하는 점에 대한 반성적 문제제기가 부족했다는 점도 박용철의 이러한 한계를 스스로 바로잡지 못한 계기가 되었을 것으로 보인다. 아무튼, 박용철의 시론은 시를 지나치게 경박하게 이해함으로써 언어적 실험의 도구로 전락시키는 모더니즘적 태도도 바람직한 것은 아니지만, 그렇다고 또 지나치게 그것을 평가절상함으로써 시 혹은 예술 일반을 물신화하는 풍조 또한 바람직하지 못한 태도라는 사실을 환기하는 좋은 예증일 수 있을 것이다.

3-2. 정지용의 경우

30년대 문학사에 있어 정지용의 경우는 많은 논자들에 있어 늘 '예외적' 성취를 이룬 경우로 이해된다. 이때의 '예외적'이란 그 문학적 성과의 탁월함을 말하는 말하는 동시에 그의 비유파성(非類派性)을 동시에 가리키는 말이다. 그러나 시론의 측면에서 이해할 때, 정지용은 분명히 박용철과 그 궤를 같이 하고 있다. 지용이 시론이랄 수 있는 글을 정리하여 발표한 것은 30년대도 끝나가는 무렵으로서, 그 동안 그는 박용철과 그리고 그의 글들과 내적인 주고받기를 하면서 자신의 생각을 정리한 듯이 보인다. 그 결과가 아래의 글들이다.

> ① ·시와 감상-영랑과 그의 시,『여성』, 1938.8-9.
> ② ·시의 옹호,『문장』, 1939.6.
> ③ ·시와 발표,『문장』, 1939.10.
> ④ ·시의 위의,『문장』, 1939.11.
> ⑤ ·시와 언어,『문장』, 1939.12.

그 동안 많은 논자들은, 정지용의 이 글들이 지닌 의미를 30년대의 말엽에 그의 시가 도달한 동양적 고전의 세계와 결부하여 이해해 왔다. 그리 된 것은 그의 시에 나타난 고전 세계의 유현함이라는 특성이 위의 글들에 잘 나타나 있다는 나름대로의 판단 탓일 것이다. 특히 '시의 위의'에 이르면 시인의 정신주의가 도달한 높이가 눈부실 지경이기도 하다. 그럼에도 불구하고 이 글들은 정지용의 독자적 시학(詩學)의 결과가 결단코 아니다. 2,30년대의 전 기간을 시에 대한 별다른 의사 표시도 없이 과묵하게 창작에만 몰두한 결과를 경험적으로 귀납한, 정지용 득의의 영역이라고 넘기고 말기에는 그의 논리가 박용철의 그것과 근본에서 일치하기 때문이다.

전절에서 확인한 박용철 시론의 핵심은 정서론 생리론을 거쳐 탄생론(혹은 변용론)에 도달하는 과정에 있었다. 그런데 이 특성이 정지용의 시론에 고스란히 반영되어 있는 것이다. 김영랑 시에 대한 본격적인 의미의 첫 비평이라 할 만한 ①을 통해 지용이,

> • 시의 高德은 官能感覺以上에서 빛나는 것이니 <u>우수한 시인은 생득적으로 艶麗한 생리를 갖추고 있는 것이나 마침내 그 生理를 밟고 일어서서 인간적 感激 내지 정신적 高揚의 계단을 올으게되는 것이 자연한 것이오 필연한 것이다.</u>
> • 영랑시집은 첫재 목록이 없고 시마다 제목도 없다. 불가피의 편의상 번호만 붙였을 뿐이니 한숨에 읽어나갈 수 있는 사실로 荒唐한 독자는 시인의 심적 과정의 崎嶇한 推移를 보지 못하고 지날 수 있을지 모르나 <u>그것이 영랑시의 詩的 變容이 본격적으로 자연스런 점이요 詩的 技術의 전부를 양심과 조화와 엄격과 완성에 두었던 까닭이다. 온갖 狂燥한 언어와 소란한 동작과 驕激한 跳躍은 볼 수 없으나 영랑시는 감미한 樹液과 隱忍하는 연륜으로 生長하여 나가는 것이다.</u>(밑줄은 인용자)

라고 했을 때, 박용철 시론과의 관련성이 명백히 드러난다.

우선 시는 '고처'라는 인식이 '고덕(高德)'의 형태로 나타나고, 시인은 또한 비범한 생리를 가진 존재라는 것, 그리고 단순히 생리만에 그치는

것이 아니라 시의 완성을 향해 '시적 기술'을 구사하고 그 결과 '시적 변용'에 이르게 된다는 논리들은, 두 사람간의 논리의 친연성을 유감없이 확인해 주고 있다. 뿐만 아니라 그러한 시인을 하나의 나무와 같은 생명체로 유추하여 '생장'하는 존재로 인식하고 있다는 것은 사유구조의 유사성까지도 점치게 하는 대목이 아닐 수 없다.

이런 인식을 바탕으로 정지용은 ②③④⑤의 글을 쓰게 되는데, 이 글들이 지용의 전 생애에 걸쳐 유일하게 남겨진 시인으로서의 자기 진술이라는 점에서 그 중요성은 아무리 강조해도 모자라지 않을 것이다. 한국 신시의 성장을 주도해왔던 대가의 언술이라는 점에서 이 글들은 우리 문학사 전체가 도달한 넓이이자 높이이기 때문이다. 그런데 이 글들의 논리적 뿌리도 ①과 마찬가지로 여전히 박용철의 시론에 있다는 것은 주목을 요한다. 지용의 경우도 우선 계급문학과 모더니즘의 문제점을 지적하는 것으로 자신의 논리의 반증을 삼는다. 예를 들어, 글 ②를 통해 '詩人이면 어찌하야 辯說로 혀를 뜨겁게 하고 몸이 파리하느뇨'라고 그가 말했을 때의 비판 대상이 무엇인가는 자명하다. 계급시를 변설로 이해하고 비판을 가했던 박용철의 행보를 그대로 따르고 있는 것이다. 이 변설로서의 시를 비판하는 태도는 보다 직접적으로 ③④에 반복되고 있다.[35]

모더니즘[36]에 대해서도 정지용은 기교를 기술로 넘어섰던 박용철의 논법을 준용하여 극복하고 있는데, 시인에게 있어 기교 즉 '표현의 기술적인 것은 차라리 시인의 타고난 才幹 혹은 평생 熟練한 腕法의 不知

---

35) 이 변설(辯說)이라는 어휘가 박용철의 용어라는 것은 주지하는 바와 같다. 이 '열광적 변설조'야말로 '文字的 紙上暴動'이라는 발언(시의 위의, 『문장』, 1939.11.)은 그가 박용철의 계급문학 비판에 적극적으로 동조하고 있음을 잘 보여준다.

36) 물론 여기서 논의되는 모더니즘이란 김기림의 건축적 '기교주의'를 말하는 것으로 제한된다. 시의 기교 발전을 음악성 중시에서 회화성으로, 다시 그 둘의 종합을 거쳐 나아가야 한다는 김기림의 전체시론은 기교를 작품으로부터 분리해버린 논리적 절충주의의 혐의가 짙다.

中의 소득'37)일 뿐이라고 못박은 다음 '시는 數字의 正確性 以上에 다시 엄격한 美德의 充溢함이다. 完成 調和 極致의 發花 以下에서 底廻하는 시는 달이 차도록 謹愼하라.'38)라고 말하고 있다. 이는 시에 있어서 기교는 기교로 그쳐서는 안되고 보다 높은 차원의 완성을 위해 고양되어야 한다는 것을 말함이다. 한 마디로 기술을 완성을 향한 노력이자 그 길로 이해했던 박용철의 생각과 겹쳐 있는 것이다.

특히 마지막 인용문의 끝에서 지용이 시의 탄생 과정을 '회임'과 '출산'의 과정으로 보고 완성까지의 기다림을 강조하는 대목이야말로 김기림식 모더니즘과의 차별점이자 시문학파적 동근성(同根性)의 발현으로 볼 중요한 근거가 되므로 관련 부분을 좀더 자세히 살필 필요가 있다.

- 시가 시로서 온전히 제 자리가 돌아 빠지는 것은 ……아기가 열달을 차서 胎盤을 돌아 誕生하듯 하는 것이니, 詩를 또 한가지 다른 自然現象으로 돌리는 것은 詩人의 廻避도 아니요 無責任한 罪로 다스릴 법도 없다.
- 가장 妥當한 詩作이란 具足된 條件 혹은 爛熟한 狀態에서 不可避의 詩的 懷妊 내지 出産인 것이니, 詩作이 完了한 후에 다시 詩를 위한 休養期가 길어도 좋다.39)

이 부분과 관련된 박용철의 진술을 인용하면 다음과 같다.

靈感이 우리에게 와서 詩를 孕胎시키고는 受胎를 告知하고 떠난다. 우리는 處女와 같이 이것을 敬虔히 받들어 길러야 한다. 조금이라도 마음을 놓기만 하면 消散해버리는 이것은 鬼胎이기도 한다. 完全한 成熟이 이르렀을 때 胎盤이 회동그란이 돌아 떨어지며 새로운 創造物 새로운 個體는 誕生한다.40)

37) 정지용, 시의 옹호, 『문장』, 1939.6.
38) 정지용, 시와 발표, 『문장』, 1939.10.
39) 같은 곳.

시의 '고처'가 단순한 포즈나 제스쳐가 아니라 종교적 경건성이라 부를 만한 어떤 것에 닿아 있음을, 성경의 수태고지 이야기로 비유해내고 있는 이 진술이야말로 박용철의 논리를 핵심적으로 대변하는 부분이다. 시인은 '하느님 다음 가는 창조자'이기에 언어를 통해 시인의 환경적 대상들에 일체적으로 변용될 수 있고 그 변용이 곧 시라는 개체의 창조(제 2의 창조)를 낳는다는, 박용철 득의의 영역이 고스란히 정지용에 의해 반복되고 있는 것이다.

물론 정지용이 이 지점에만 머물러 박용철의 논리적 아류가 되고 있는 것은 아니다. 용아가 시의 출발점으로 시인들 각자에게 요구했던 '심두의 무명화'를 한 '先詩的인 문제'로 끌고감으로써 논리 이전으로 비약하여 불립문자화 하고, 시의 '고처'에 다시 '시'를 놓아 결과적으로 시인의 삶까지도 결국은 시를 위해 복무하게 된다는 이른바 '시 절대주의', '시 목적주의', '시를 위한 시'를 주장하는 쪽으로 나아가버렸음에 비해, 정지용은 그 자리에 신앙이나 고전과 같은 '정신적인 것'을 놓음으로써 시 자체의 종교화를 비켜가고 있다. '시의 휴양기'에 '신과 인간과 영혼과 신앙과 愛에 대한 恒時 透徹하고 熱烈한 精神과 心理를 固守'[41]해야 한다거나 '시인은 恒常 精神的인 것에서 精神的인 것을 照準한다'[42]고 말하는 것이 그 예이다. 그러니 카톨릭으로부터 고전 세계로 발을 옮기는 그의 행보는 그의 논리상 이상할 이유가 하나도 없었던 것이다. 요약하자면 박용철이 마지막 단 한 편의 제대로 된 시를 쓰기 위해 시인의 생활 전부를 바쳐 대상에로 육박해 가는 변용이 시라고 봄으로써 보다 육체적이고 체험주의적인 면모를 띠는데 비해, 정지용은 시란 언어 예술일 뿐이고 다만 그 완성을 위한 부단한 노력이 강조된다는 것, 그리고 노력만으로 되지 않는 어떤 부분을 위해 정신적인

---

40) 박용철, 시적 변용에 대해서, 『삼천리문학』, 1938.1.
41) 정지용, 위의 글.
42) 정지용, 시의 옹호, 『문장』, 1939.6.

것을 길러야 한다는 교양주의자의 면모를 갖는다는 차이일 것이다.

그러나 박용철의 존재 전이, 즉 변용도 궁극적으로는 언어를 매개로 한 것이라는 점에서[43] 언어적 완성=육화(肉化)를 말하는 것이 된다. 이를 두고 정지용이 '그러므로 言語는 詩人을 맞나서 비로소 血行과 呼吸과 體溫을 얻어서 生活한다. 시의 神秘는 言語의 神秘다. 詩는 言語와 Incarnation的 一致다.'[44]라고 풀이한다는 점에서 박용철과 정지용의 논리는 궁극적으로 같은 뿌리임을 재확인하게 된다. 결국 「시문학파 시론」은 박용철로부터 발원하여 정지용을 만나 풍성해진 하나의 흐름을 가리킨다고 정리될 수 있을 것이다.

4. 맺음말

오늘날 판단컨대 박용철 시론의 의미는 창작 체험의 내밀한 부분을 최초로 언표화하려 했다는 데에 있다. 시어로서의 언어가 지닌 마술성[45]을 이 땅에서 최초로 논리화했다는 의미는 결코 작은 것이 아니다. 그리고 당대의 많은 시인들이 제대로된 한국어의 훈련 내지는 기술의 습득을 거치지 않고 조야한 논리나 구호만으로 시를 구성하려 했던 잘못에 대한 엄숙한 경고의 의미도 지닌다. 뿐만 아니라 박용철 논리의 많은 부분은 독특한 시론이 아니라 시를 쓰는 가장 기본적인 조건을 환기했다는 의미를 지닌다. 즉, 유파에 따라 받아들일 수도 있고 아닐 수도 있는 가능성으로서가 아니라, 시인이라면 누구나 갖추어야 할 시적 완성에의 경로를 강조하고 있다는 말이다. 따라서 30년대 후반의

---

43) '시는 시인이 느려놓는 이야기가 아니라, 말을 材料삼은 꽃이나 나무로 어느 순간의 시인의 한쪽이 혹은 왼통이 變容하는 것'(박용철, 위의 글)
44) 정지용, 시와 언어, 『문장』, 1939.12.
45) 에른스트 피셔, 한철희 역, 『예술이란 무엇인가』, 돌베개, 1993, p.38.

한국시의 방향은, 기림의 경박한 언어실험이 박용철의 기술에 의해 지양되고, 이것이 다시 임화류의 현실적 혹은 시대적 관심에 의해 종합되었어야 했는지도 모른다.

그러나 표면적으로 볼 때 박용철 시론의 의미가 당대에는 제대로 읽혀지지 못했던 것으로 판단된다. 어쩌면 이는, 정당한 문학적 언술조차를 유파적 대결 의식 하에 놓았던 당대 문학 자체의 한계로 받아들여야 할 것이다. 또한 박용철로서도 '무명화가 시인됨의 고고한 자질이 아니라 인간다움의 자질로 일반화되어야 한다는 자각을 가졌어야만 했다. 그것이 구도적 수행이라는 개인적 조건에 의해서만 길러지는 것이 아니라 끊임없는 사회적 교호작용, 시대적 변용을 거친 다음에라야 시인 일반의 원리로 받아들여질 수 있다는 것을 인식했어야만 했다는 것이다. 그러한 논리의 진전이 뒤따르지 않음으로써, 문학사적 의미를 충분히 담지할 수 있었던 그의 시론이, 시작 과정에 대한 한갓 비유나 상징의 차원으로 떨어지는 일을 스스로 방치해 둘 수 밖에 없었던 것이다.

정지용의 경우는 박용철의 논리를 그대로 뒤이음으로써 소위 「시문학파 시론」을 완결짓는 역할을 맡고 있다. 이미 시의 완성도라는 측면에서 당대의 그 누구보다 앞서 나갔던 시인으로서, 자신의 시작 과정이나 시 자체를 설명해줄 수 있는 논리가 박용철의 그것 이외에 당대의 시단에는 존재하지 않았을 것이다. 또한 박용철의 그것이 조야한 것이 아니라 계급문학과 모더니즘의 효장들과 겨루며 담금질해낸 결과라는 점에서 나름대로의 의의도 큰 것이었다. 박용철의 논리가 어느 정도 빠져들었던 문학지상주의라는 난점을 일종의 교양주의로 환치시키면서 문학을 예술로 돌려놓았다는 데 정지용의 공이 자리한다고 볼 수 있다. 다만 작가적 현실의 문제를 정신적 교양의 문제로 좁혀버림으로써 고만(高慢)한 시적 위의(威儀)에 머물러 언어의 사회성을 외면하는 결과를 낳은 문제점은 지적되어야 할 것이다.

오늘날의 관점에서 보자면, 1930년대에 형성된 이 「시문학파의 시론」

은 우리 근대문학이 그 시작에서부터 빠져버렸던 오류를 극복하는 데 중추적 역할을 했다고 평가될 수 있다. 무엇보다 시란 문학이며 그것은 언어를 매재로 하는 예술의 하나일 뿐이라는 이 단순하고도 당연한 사실을 널리 인지케 함으로써, 우리 근대문학의 한 단계 질적 비약을 가능케 했다는 말이다. 물론 이런 공식적 언표화 이전에 작품의 형태로 그것이 먼저 드러나긴 했지만, 작품으로 존재하는 것과 그에 대한 이론화를 이루는 것과는 별개의 차원이다. 엄밀히 말해 이론화를 거치지 않은 작품적 성과란 우연의 소산이거나 예외적 성취로 이해될 소지가 다분하다. 당대 문화의 수준이 아니라 한 문제적 개인의 수준으로만 이해될 공산이 크다는 말이다. 그런데 그러한 성과를 뒷받침할 만한 명확한 자기 인식에 다다름으로써「시문학파」는 비로소「시문학파」가 될 수 있었고, 문학사의 한 중심으로 떠오를 수 있었던 것이다.

「시문학파 시론」의 문제를 이렇게 정리하더라도 몇 가지 남는 문제들이 있다. 그 한 가지는 이「시문학파」와 평론가 김환태의 관계 문제이다. 김환태는「시문학파」의 형성 과정에서 여러모로 밀접한 인과 관계를 맺고 있다. 그가 박용철의 매제(妹弟)라는 점은 비본질적이고 문학 외적인 문제로 쳐 제외해 두더라도,「시문학파」와의 관계가 많은 이들에 의해 운위되는 잡지『시원』의 대표적 시론가였다는 점, 시의 전범으로 정지용의 시를 염두에 두고 있다는 점, 그 역시 낭만주의 문학론으로부터 출발해 회임과 출산의 시론에 도달한다는 점 등을 인과 관계의 증거로 삼을 수 있다.

김환태와의 관계 문제뿐만이 아니라, 1940년 전후의 시단 신세대들, 가령 청록파와 박남수, 이한직, 김종한 등의 시와 시론이 또 어떤 관계에서「시문학파 시론」과 연관되는지를 따지는 문제는 연구의 숙제로 남는다. 거기 더해 이양하, 신석정 등과의 관계도 석명되어야 할 문제점들이다. 이 모든 요소들과「시문학파 시론」의 관계가 따져진 뒤에라야「시문학파」의 공과가 보다 분명히 드러날 수 있을 것이다.「시문학파」의 범주를 단순한 '순수시'의 개념으로부터 떼어 내 상기한 요소들과의 연관 하에서 파악될 수 있도록 논의의 장을 확장시켰다는 정도에 본고의 의미가 놓이는 셈이다. 그 매개항이 정지용이었다는 점의 확인은 그래서 중요하다.

한국 근대시의 간도 체험

1. 왜 간도인가

   한반도와 간도가 지닌 상관관계를 한 마디로 정리하기란 쉽지 않은 일이다. 고단했던 한반도의 전체 역사가 간도 지역과 부단히 연계를 맺고 있기 때문이다. 특히 일제 강점기를 전후한 한반도 근세(近世)를 힘겹게 버텨냈던 많은 조선인들이, 그곳에서 삶의 뿌리를 내렸다. 그 결과, 이르게는 17세기, 그리고 19세기 중엽부터는 본격적으로, 쌀과 땅을 바라고 줄을 잇기 시작한 민초들의 만주 이민의 결과, 일제 강점기에 이르면 그 지역을 고향땅으로 알고 자라난 2, 3세들에 의해 나름 대로의 문학 활동이 시작되었던 것으로 보인다. 용정을 중심으로 설립된 각급의 교육 기관과 종교 시설들이 이런 분위기를 크게 고무시켰다. 거기에 더해, 더욱 열악해진 국내 사정으로 간도를 일종의 해방구로 여기고 2, 30년대에 대거 이주해 온 문인 지식인들이 합세하면서, 만주 지역 문학은 서울 문단과의 교섭 아래 아연 활기를 띠게 된다. 흔히 암흑기로 불리는 1940년대 초반의 한국문학사가 만주 지역 문학에 의 해 그 고리를 잇게 된다는 주장[1]이 제기된 사정도 바로 이에 근거한

---

1) 오양호, 『한국문학과 간도』, 문예출판사, 1988, p.5.

것이다. 이 시기에 오면 시인들 가운데서도 자기 시의 자양 안에 만주적인 것을 적극적으로 포섭한 경우를 쉽게 찾아볼 수 있다.

그런데 시인을 포함한 지식인들의 간도 체험에 접근하기 위해서는 한 가지 유념해야 할 부분이 있다. 즉 목숨을 잇기 위해 어쩔 수 없이 떠밀려올 수밖에 없었던 민초들과 달리, 일제에 의해 1932년에 만주국이라는 괴뢰 정부가 들어서고 난 뒤 간도 혹은 만주 지역으로 들어온 지식인들 중 상당수는, 2등 국민의 지위를 누리기 위해 들어온 경우가 많았다는 점이다. 특히 괴뢰국 수도였던 신경 즉 장춘 지역으로 진출한 식자들의 대부분이 그러했다. 이 점은, 한국 근대시의 만주 체험이라는 언뜻 보기에 동일할 것으로 예측되는 질료 안에, 상당히 다양한 관점과 세계관이 녹아들어 있을 가능성이 있으므로, 그 세부를 매우 조심스럽게 들여다보라는 주문을 연구자들에게 하고 있는 셈이다.

이 글은 간도 지역 체험을 드러내고 있는 한국의 근대시들을 두 가지 범주로 나누어 살펴보려 한다. 그 첫 번째가 청마 유치환과 백석의 경우다. 그들은 국내의 사정을 등에 업고 만주로 진출한 대표 사례다. 그들에게 있어 만주는 새로운 고향의식과 연결되어 있다. 청마에게 있어 만주는 정붙일 수 없는 이국의 도피처이자 생명의 본향(本鄕)이라는 의미를 띠었다. 이와는 조금 다르게 백석은 거기서 우리 민족 혹은 민족사의 뿌리를 더듬어 보려 했다. 두 번째 유형에 윤동주의 시가 있다. 윤동주에게 있어 만주는, 수난의 민족사가 확장되어 있는 공간이다. 따라서 그는 그곳을 바탕으로 진정한 고향 찾기에 나서게 된다. 당대의 위기 앞에서 시인들은, 자기에게 주어진 현실을 제대로 파악하기 위해서 자신이 발 딛고 있는 현실을 떠나야 하는 공통의 아이러니에 봉착했던 것으로 파악된다. 이 글은 따라서 그러한 아이러니의 문학사적 의미를 묻는 데 바쳐지는 셈이다.

이들 외에도 이용악이나 서정주, 김조규, 이육사, 노천명, 이찬, 김동환, 함형수, 박팔양 등 당대를 대표하는 시인들이 만주 체험을 문학화하고 있다. 간도와 한국 근대시의 전체적인 지형도를 그리는 일은, 앞으로 보다 정치한 자료 수습과 정리가 이루어진 뒤를 기다려야 할 것이다. 따라서 이 글은 그러한 본격 연구에 앞선 하나의 소박한 시론적 성격을 지니고 있다.

2. 간도 체험의 두 가지 방식

2-1. 간도로의 탈주 – 뿌리 찾기의 두 형식

1930년대 말에, 나고 자란 조선 땅을 떠나야 했던 지식인들의 내면은 어떠했을까? 이 절의 질문은 여기에 관련되어 있다. '만주 땅에 가서 시 100편을 갖고 오리라'던 백석의 다짐이나 '새로운 나를 건설하는 계기로 삼겠다'던 청마의 고백에 그 흔적이 엿보인다. 결국은 돌아와야 할 조선 땅을 새롭게 갱신할 가능성을 만주서 찾아보겠다는 의도였던 것이다. 이러한 변증적 의식이 제대로만 작동했더라면 우리는 꽤나 소중한 문학사적 유산을 가질 수 있었을 것이다.

'각 민족에게는 저마다의 비평적 관습이 있다'는 명제로 시작되는 김윤식 교수의 청마론[2]은 꽤나 진지한 시니시즘이다. 내용을 요약하자면 이렇다. 애초 청마는 그런 생각이 없었는데, 서정주와 조지훈이라는 권위가 나서서 생명파[3] 혹은 허무의 시인으로 규정하고 나자 스스로도 그렇게 생각하기에 이르렀다는 것이다. 즉 교과서적 힘을 발휘하는 비평적 관습이 독자들뿐 아니라 시인의 의식까지도 거꾸로 지배한 예가

---

[2] 김윤식, 청마론, 『한국현대시론비판』, 1982.

[3] 한국 근대시문학사를 유파적으로 재단하려는 노력은 이제 그만두어야 한다. 그 중에서도 생명파 혹은 인생파라는 황당한 용어는 문학사의 유산으로 넘겨야 할 때가 되지 않았을까. 동일한 코드도 소속감이라는 외연도 존재하지 않는 '파(派)'가 어떻게 존재할 수 있는지.

유치환이라는 얘기다. 그러면서 그는 "청마의 논리에는 변증법적 생의 파악이 처음부터 배제되어 있"[4]었기에 남는 것이 있다면 "수사학적 장식"[5] 혹은 센티멘털리즘뿐일 것이라고 못 박는다. 이어 "청마, 그는 관념적 수사학의 위세를 한국시에 그림자지웠고 그것은 그의 공적일 것"[6]이라는 진술에 이르러 그의 시니시즘은 절정에 달한다. 애련(哀憐)한 일이지만 필자 역시 그러한 견해에 전적으로 동의한다.

서정주, 조지훈, 김종길, 문덕수 등 그간 청마의 시를 문학사의 정전(正典)으로 옹립해 온 논자들이 공통으로 청마시에 붙이는 수사들이 있다. 생명과 허무의지, 무기교의 기교, 한자투의 선이 굵고 솔직한 남성적 어조를 40년 동안 변함없이 유지해 왔다는 것이다. 아닌 게 아니라 청마의 시법(詩法)은 시종(始終)이 여일(如一)하다. 그만큼 시세계의 변화가 없다는 말이다. 그런데 이 진술은 꼭 그만큼 그가 '시'에 대해 고민하지 않았다는 말도 된다. 20 전후에 만든 시의 상(像)을 나이 60에 이르도록 밀고 나가는 의지란 따라서 허구이자 하나의 포즈일 확률이 높다. 허무 의지라는 포즈 밑에 숨은 청마의 맨 얼굴이 궁금해지는 대목이다.

청마의 대표작으로 꼽히는 시 「바위」가 그 해답에 실마리를 제공한다. '내 죽어 한 개 바위가 되겠다'는 강력한 의지의 표명으로 읽히는 이 시의 진술은, 기실 평소에는 전혀 그러하지 못하다는 것을 말해주는 것에 다름 아니다. 즉 '늘 희로와 애련에 물드는 나, 꿈꾸는 것이면 무엇이든지 노래하고 싶어 하는 나가 지닌 나약함'을 '억년 비정의 함묵에 두 쪽으로 깨뜨려져도 소리하지 않는 바위'의 이미지가 가리고 있는 것이다. 희로애락을 잘 드러낸다는 것은 다정다감함이나 섬세함이라는 미덕으로 꼽힐 수도 있을 터인데, 청마 자신은 그렇게 생각하지 않았던

---

4) 김윤식, 위의 글, p.71.
5) 같은 글, p.73.
6) 같은 글, p.77.

듯하다. 왜 그랬을까 하는 부분은 심리학의 문제이므로 본고의 소관이
아니다. 다만 이런 점들을 고려할 때, 청마의 대표작은 오히려 「그리움」
계열의 연시(戀詩)들이어야 한다는 점을 부기해 두자. 센티멘털한 청마
를 용서하지 못하고 바위처럼 단단한 남성적 의지를 가진 시인으로 읽
으려는 관습을 지금까지처럼 그대로 적용하는 순간, 다음과 같은 시인
의 진술을 자꾸 엄살로 읽거나 겸양 혹은 과장으로 읽으려 들게 된다.

> "여기에 모은 것은 첫 詩集 이후 해방전까지 된 것들로 그 중에도
> 제 2부 것은 내가 북만주로 도망하여 가서 살면서(진정 도망입니다)
> 떠날 새 없이 허무 절망한 그곳 광야에 위협을 당하며 排泄한 것들입니
> 다."(시집 『생명의 서』 서문 중에서)[7]

　청마가 북만(北滿) 즉 간도로 떠난 것은 자신의 말 그대로 도피에
해당한다. 그것도 생계의 위협 아래 어쩔 수 없이 감행한 것이 아니라,
형수 집안의 농장을 관리하는 유족한 이민으로서 만주 땅에 발을 디딘
것이었다. 딸들의 회고에 따를진대 청마 가족은 이 시절 꽤나 단란하고
안정된 생활을 누린 것으로 되어 있다. 청마가 이주해 갔던 마을도 일
경(日警)이 빙 둘러 보초를 서주는 시범 마을이었다. 그러한 도피의 형
식 위에 생명 찾기라는 번듯한 명분을 내걸었던 것이다. 식민지 조국에
드리우는 암운을 피해 간 간도에서, '자신만'의 생명 의지를 다음처럼
당당하게 드러냈을 때, 그러한 생명 의지가 도대체 어디에 소용이 닿는
것인지를 되묻지 않을 수 없게 된다.

　뻗쳐 뻗쳐 亞細亞의 巨大한 地襞 알타이의 氣脈이
　드디어 나의 故鄕의 조그마한 고운 丘陵에 닿았음과 같이

---

7) 서문에 따르면 시집 『생명의 서』 2부가 간도 시절 작품이라고 되어 있지만,
　사실 착오가 좀 있는 편이다. 1부의 「귀고」나 「편지」, 「생명의 서. 2장」 등은
　간도 시절의 작품이 분명하다. 『재만조선시인집』이나 『만주시인집』에 이미 발
　표된 작품들이기 때문이다.

오늘 나의 핏대 속에 脈脈히 줄기 흐른
저 未開적 種族의 鬱蒼한 性格을 깨닫노니
人語鳥 우는 原始林의 안개 깊은 雄渾한 아침을 헤치고
털 깊은 나의 祖上이 그 曠漠한 鬪爭의 生活을 草創한 以來
敗殘은 오직 罪惡이었도다

(「생명의 서.2장」 앞 부분)

　청마는 이 원시의 간도 벌판이, 먼 미개적 조상들이 "광막한 투쟁의
생활"을 시작한 곳으로서 자신의 육체적 고향땅의 정신적 뿌리에 해당
하는 곳이라고 선언한다. 그리고 그곳에서 "패잔"이 오직 "죄악"으로
치부되던 웅혼한 기개를 배우겠다는 것이다. 그에게 있어 만주란, 자신
이 일생을 두고 도달하려 했던 생명 의지의 본향(本鄕)으로 파악되고
있는 것이다. 문제는 패잔하지 않겠다는 그 다부진 결의의 다음에 발생
한다. 그렇게 지키려는 생명이라는 것이 혹 그냥 목숨을 말하는 것이
아닐까 의심하게 하는 시를 남기고 있기 때문이다.

十二月의 北滿 눈도 안 오고
오직 萬物을 苛刻하는 黑龍江 말라빠진 바람에 헐벗은
이 적은 街城 네거리에
匪賊의 머리 두 개 높이 내걸려 있나니
그 검푸른 얼굴은 말라 少年같이 적고
반쯤 뜬 눈은
먼 寒天에 糢糊히 저물은 朔北의 山河를 바라고 있도다
너희 죽어 律의 處斷의 어떠함을 알았느뇨
이는 四惡이 아니라
秩序를 保全하려면 人命도 鷄狗와 같을 수 있도다
或은 너의 삶은 즉시
나의 죽음의 威脅을 意味함이었으리니
힘으로써 힘을 除함은 또한
먼 原始에서 이어온 피의 法度로다
내 이 刻薄한 거리를 가며

다시금 生命의 險烈함과 그 決意를 깨닫노니
끝내 다스릴 수 없던 無賴한 넋이여 瞑目하라!
아아 이 不毛한 思辨의 風景 위에
하늘이여 恩惠하여 눈이라도 함빡 내리고지고

「首」 전문)

비적이 정말 죽어 마땅한 도적놈들이었다 하더라도, '질서를 보전하
는 율'에 의해 처단되었음을 다행으로 여기는 의식의 저변에는, 농장을
관리하는 가진 자로서의 대타 의식이 짙게 깔려 있다는 점을 부인할
수 없다. 그 질서라는 것이 일본 관헌과 군대의 '힘'에 의해/위해 지켜지
는 성질의 것이라는 점을 고려하면, 청마의 입지가 보다 분명해진다.
아무리 부인하려 해도 그는 관리자로서의 2등 국민이었던 것이다. 더
구나 그는 이른바 생명의 의미를 약육강식이라는 "피의 법도"로 지켜지
는 "험렬"한 것이라고 말함으로써 지극히 위험한 지점까지 나아가버린
다. 식민 지배야말로 피의 법도가 가장 전형적으로 관철되는 자리가
아니겠는가. 이쯤 되면 그가 그토록 내세우는 '생명'이라는 것도 대단한
철학 위에 세워진 관념이 아닐지도 모른다는 생각을 재확인하게 된다.
그냥 '목숨'이 문제였던 것이다. 「바위」의 자리에 「그리움」을 대신 놓
는 방식으로 볼 때, 그의 '생명' 역시 하나의 수사(修辭)에 지나지 않았
던 것이다. 그래서 김윤식 교수는 "암담한 진창에 가친 鐵壁같은 絶望의
曠野"(「曠野에 와서」 끝 부분)라는 강력한 표현을 두고도, 회한 콤플렉
스를 드러내는 "진짜 센티멘털한 시"[8]라고 평가할 수밖에 없었던 것
이다.
　사실 청마의 생애를 좀 자세히 들여다보면, 그가 그토록 여러 시에서
힘주어 사용하는 표현인 '회한'에 해당하는 장면이 딱히 없다는 것을
알 수 있다. 이 회한은 따라서 감정의 막연히 센티멘털한 어떤 상태를

---

8) 김윤식, 위의 글, p.76.

드러내는 포즈인 것이다. 그러니 그 회한 때문에, 굳이 스스로 안심입명 하러 찾아든 간도 땅을 절명지로 노래한 시「절명지」의 암수(暗愁)조차, 삭막한 풍경에 대한 젖은 반응 정도로 읽히고 만다. 이렇게 청마에게 있어 간도는, 하얼빈의 공원이나 우크라이나의 사원과 마찬가지로 하나의 풍경이자 여행지였다. 남는 것이 있다면, 남쪽 고향에 대한 형언할 수 없는 향수뿐이었다. 그 장면을 노래한 그의 시가 간도 체험 시편들 가운데 그나마 읽을 만하다는 점은, 그의 시적 본령이 어디인가를 다시 한 번 생각게 한다.

　잘 알려진 바대로, 백석 역시 1939년 가을 함흥의 교사직을 버리고 압록강을 건넜다. 안동(단둥)을 거쳐 신경(장춘)에 일단 짐을 푼 그는 만주국 국무부 경제과 촉탁으로 근무하다가, 41년경에는 측량 보조원 노릇도 잠시 했던 것으로 보인다. 그 일도 그만 두고 중국인 지주에게 밭을 빌려 농사를 짓기도 했으며, 42년경에는 다시 안동으로 가 세관에서 일을 본 것으로 되어 있다. 지인(知人)들의 도움을 지속적으로 받았던 듯하지만 생활은 형편없었을 것으로 짐작된다. 그는 그나마 주어진 2등 국민으로서의 지위도 제대로 누리지 못하고 여기저기를 전전했던 셈인데, 창씨개명 문제가 그 밑바닥에 깔려 있었다고 한다. 개명(改名)이라는 문제는 아마도 한 종족을 대표하는 시인으로서의 마지막 자존심을 건드리지 않았을까.
　백석이, 현재의 시점으로 보더라도 대단히 근사한, 조선일보 기자라는 꽤나 비중 있는 직장의 직함을 버리고 1936년 초 함흥의 영생고보로 옮겨 간 사정에 대해서는 정확히 밝혀진 것이 없다. 그렇게 옮겨간 직장을 다시 버리고 서울로 와서(1938) 조선일보에 재입사했다가 1년 만에 또다시, 그것도 만주로 거처를 옮겨버린 이유는 더더구나 알 길이 없다. 그러니 남겨진 그의 작품들과 몇 가지 보조적인 증언들9)을 엮어 사정의 대강을 짐작해볼 수밖에 없어 안타깝다. 정확히 그 때문이라고 말할 수는 없지만 백석이 함흥으로 직장을 옮기기 전인 1936년경, 그는 그의 나머지 생애를 구렁으로 밀어 넣어버린 운명적인 한 여성과 만났다. '란'이라 불린 통영 출신의 박경련이 그인데, 그녀는 백석을 그녀 자신에게 다리 놓아준 백석의 친구와 1937년 4월에 결혼해 버렸다. 백석은 우정과 사랑을 동시에 잃어버린 것이다. 뒤이어 운명적인 사랑이 실패로 확인된 1937년과 1939년 초 백석은 부모의 강권에 의해 적어도 두 번 다른 사람과 결혼을 했던 것으로 보인다. 같은 기간 그와 동거했던 기생 김자야 여사의 증언에 따른 것인데, 그 중 뒤의 것은 그의 수필에 그 흔적[10]이 남아 있어 어느 정도 신빙성이 있다. 요약하자면 백석은, 1936년부터 간도로 떠나기 전인 1939년경까지 사랑과 결혼이라는 인생의 가장 중차대한 문제에 봉착해, 적어도 서너 명의 여자들과 인생을 건 운명의 줄다리기를 했던 것이다. 거의 '혼사장애(婚事障碍)'형 고전소설에나 나올 법한 행적이 아닐 수 없다.

　그 내밀한 사정들이야 일일이 다 알아낼 수는 없겠지만, 백석의 간도행 밑바닥에는 적어도 여기서 생겨난 좌절감이 상당 부분은 작동했으리라 여겨진다. 그러잖아도 옛것, 묵은 풍속 등에 관심을 집중시키며 유년기의 '나'에 머물러 있기 즐겨하던 백석은, 이 좌절의 만주행을 계기로 '나'의 의미를 보다 관념적으로 확장 심화시켜 극점으로 끌고 가버린다. 필자는 이를 현실과의 교섭 실패라고 정리한 바 있다.[11] 함흥

---

9) 이 중에 송준이 엮은 증언들은 자료로서의 가치가 떨어진다. 면담의 장소나 시간 그리고 면담 내용의 사실성 등에 있어 불분명한 점이 많기 때문이다. 김자야 여사의 증언이 있긴 하지만 이 역시도 면밀한 고증이 필요한 듯하다. 자야 여사의 경우 백석 시에 등장하는 여성의 이미지를 대부분 자기의 것이라고 증언하고 있는데 이는 사실이 아닌 것으로 보인다. 대부분의 이미지들이 1936-7년 경 백석이 결혼하려 했지만 실패했던 통영 출신 '란'이라는 여성의 이미지로 보이기 때문이다.

10) 자야 여사는 백석이 1936년 유월 경 두 번째 결혼한 상대가 충북 진천 사람이었다고 증언했다. 그런데 수필 「입춘」에 백석이 1938년 겨울의 소한과 대한을 진천에서 맞았다는 기록이 남아 있다. 진천이 백석의 연고지가 아니고 보면 자야 여사의 증언과 관련시켜 볼 수 있을 것이다.

시절 북관의 여기저기를 여행하고, 간도행 직전에 관서지방을 두루 섭렵하며, '소수림왕', '광개토대왕' 혹은 '메밀국수'가 환기하는 민족적인 것과 '노루 새끼', '팔원의 계집아이'가 환기하는 여린 목숨들에 대한 연민이라는 보편적인 것 사이를 오가는 모습을 보여주던 백석은, 만주 시절에 와서 그것들을 '외롭고 높고 쓸쓸한 것'에 수렴한다. 소위 외롭고 높고 쓸쓸한 내 종족의 옛 기억을 더듬는 지점에 도달한 것이다. 그런데 그 수렴이 변증법이 아니라 일원론에 기반하고 있다는 점에서 문제적이다. 올바른 의미의 민족의식이나 역사의식이 될 수 없는 까닭이 여기에 있다.

> 아득한 넷날에 나는 떠났다
> **夫餘를 肅愼을 渤海를 女眞을 遼를 金을**
> **興安嶺과 陰山을 아무우르를 숭가리를**
> 범과 사슴과 너구리를 배반하고
> 송어와 메기와 개구리를 속이고 나는 떠났다
>
> (1연 생략)
>
> 나는 그 때
> 아모 익이지 못할 슬픔도 시름도 없이
> 다만 게을리 먼 앞대로 떠나 나왔다
> 그리하여 따사한 햇귀에서 하이얀 옷을 입고 매끄러운 밥을 먹고 단샘
> 을 마시고 낮잠을 잤다
> 밤에는 먼 개소리에 놀라나고
> 아츰에는 지나가는 사람마다에게 절을 하면서도
> 나는 나의 부끄러움을 알지 못했다
>
> 그동안 돌비는 깨어지고 많은 은금보화는 땅에 묻히고 가마귀도 긴 족
> 보를 이루었는데

---

11) 이명찬, 『1930년대 한국시의 근대성』, 소명출판사, 2000, p.123.

이리하야 또 한 아득한 새 넷날이 비롯하는 때
이제는 참으로 익이지 못할 슬픔과 시름에 쫓겨
나는 나의 넷 한울로 땅으로 --- 나의 胎盤으로 돌아왔으나

이미 해는 늙고 달은 파리하고 바람은 미치고 보래구름만 혼자 넋없이
떠도는데

아, 나의 조상은 형제는 일가친척은 정다운 이웃은 그리운 것은 사랑하
는 것은 우럴으는 것은 나의 자랑은 나의 힘은 없다 바람과 물과 세월
과 같이 지나가고 없다

(「북방에서」, 『문장』 2권 6호, 1940.7)

이 시는 정확히 한민족 이동설에 기반하고 있다. 1-3연은 종족을 대
표하는 단수(單數)로서의 '나'가 '아득한 옛날' 한반도라는 밝고 따뜻한
고장(앞대)으로 이동해 와 원시적 생명력을 잃어버리게 되는 과정에
대한 묘사다. 문약(文弱)과 사대주의에 빠져 왔던 옛 왕조들에 대한 간
략하나 집중적인 알레고리가 전개되고 있다. 4연에서 화자는, 그래서
우리 종족 앞에 이제 '또 한 아득한 새 옛날'이 시작되고 있다는 것을
진술한다. 일제 강점의 역사에 대한 뼈아픈 비유인 셈이다. 모순어법이
당대의 모순 그 자체를 상동적으로 보여주는 장면이다. 뒤이은 진술은
'아득한 새 옛날'에 대한 두려움이 그를 만주로 밀어 올렸음을 보여준
다. '나의 옛 하늘과 땅' 즉 '태반'이 만주라는 인식이다. 그곳에는 아무
것도 남겨진 것이 없었다.

따라서 '나'로부터 '나의 종족'이라는 확장된 '옛것'에 대한 형언할 수
없는 향수 때문에 만주를 헤맨다는 그의 방법은 위험하다. 실체가 없는
관념이기 쉽기 때문이다. 그런 방법대로라면 시인은 다음엔 서시베리
아를 거쳐 우랄 산맥 근방으로 나아가야 한다. 거기서는 또 어떻게 하
겠다는 것인지. 결국 남겨지는 것은 뿌리 깊은 피로와 좌절감이 아닐
까. 「흰바람벽이 있어」나 「남신의주유동박시봉방」이 내비치는 '낙백

(落魄)'의 감정이 이에 연원하고 있는 것이다. 따라서 그 낙백의 끝에
붙잡는 '굳고 정한 갈매나무'란 꼬장꼬장하기는 하나 현실에는 무용하
기 마련이다. 현실과 세상 같은 건 더러워 버리고 자꾸만 깊은 산골짜
기 오두막으로 들어가겠다는 제스처를 취했을 때부터 예정되었던 파탄
인 것이다. 민족을 찾아가는데도 실체는 자꾸 손아귀를 빠져나갔으니
남겨진 건 앙상한 관념, 정신의 높이일 뿐이었다. 더러운 것에 지양되
지 못한 순결함이란 그가 그토록 찾아 헤맸던 당대 우리 민족의 삶의
실체와는 무관하게 저 혼자 저만치서 고고하다.

> (앞부분 생략)
> 그러면서 이 마음이 맑은 녯 詩人들은
> 먼훗날 그들의 먼 훗자손 들도
> 그들의 본을 따서 이날에는 元宵를 먹을것을
> 외로히 타관에 나서도 이 元宵를 먹을것을 생각하며
> 그들이 아득하니 슬펐을듯이
> 나도 떡국을 노코 아득하니 슬플것이로다
> 아, 이 正月대보름 명절인데
> 거리에는 오독독이 탕탕 터지고 胡弓소리 삘빨높아서
> 내쓸쓸한 마음엔 작고 이 나라의 녯詩人들이 그들의 쓸쓸한 마음들이
> 생각난다
> 내 쓸쓸한 마음은 아마 杜甫나 李白같은 사람들의 마음인지도 모를 것
> 이다
> 아모려나 이것은 녯투의 쓸쓸한 마음이다
>   (「杜甫나 李白같이」, 『인문평론』 3권3호, 1941.4)

집단으로 종족에 유전하는 것이 먹을거리 혹은 민속명절 같은 습속
임을 말하는 한편으로 그러한 유전(遺傳)을 꿰뚫어보는 마음씀은 모두
오래되어 맑지만 외롭고 쓸쓸하리라는 진술을 하고 있는 시다. 이러한
인식은 「조당에서」, 「수박씨, 호박씨」, 「귀농」 등 간도 체험을 진술하고
있는 이 무렵의 시들에 공통으로 나타난다. 비록 먹는 것이 다르고 습

속이 다르고 체형이 다르다 하더라도 인간성의 저 깊은 곳에는 외롭고 높고 아득한 무엇, 혹은 "목숨이라든가 인생이라든가 하는 것을 정말 사랑할 줄 아는 / 그 오래고 깊은 마음들"이 있어 결국 하나로 만난다는 이 생각은 「허준」이나 「흰 바람벽이 있어」에도 반복되고 있다. '나'를 찾아가는 유랑이 '종족'을 지나 '인간'에 도달한 것이다. 제대로 자기 종족을 들여다보지 못하고 너무 섣부르게 인간에 도달해 버린 것은 아닐까. 암흑기 시문학사의 가장 아쉬운 대목이 바로 이 지점이라고 한다면 후인(後人)의 지나친 욕심이 되는 것일까.

2-2. 간도로부터의 탈주 – 또 다른 고향에 이르는 길

윤동주는 간도가 고향이다. 만주 쪽에서 보자면 그래서 복된 일일지도 모르겠다. 90년대 들어 연변대학을 중심으로 중국 내 소수민족인 '조선족 문학'의 핵심부에 그를 당당히 들어앉힌 이유가 그 때문이다. 그러나 한반도 입장에서 보자면 고향일 수 없는 곳을 고향으로 하고 자란 운명적 시인으로 윤동주를 손꼽을 수밖에 없다. 고향일 수 없는 고향으로서의 명동촌과 용정12)이라는 북간도의 한 지점이 섬세한 어린 영혼에 깎아 넣은 영향이란, 두말할 것도 없이 날카로운 자의식이다. 그렇다면 내 고향은 어디인가라는 질문이 그 자의식의 기초를 이룰 것은 자명하다. 이는 곧 만주가 내 고향일 수 있는가 하는 명제에서 출발하는 자기 모색이다. 윤동주의 시는 바로 이 질문에 답하는 방식으로 전개되었다는 점에서, 아무 관련이 없어 보이는 경우에도 궁극적으로는 만주 관련적이라고 볼 수밖에 없다. 깊고도 먼 시적 사유의 출발 지점이 엄연히 명동촌이자 용정이기 때문이다. 명동촌/용정–평양/서

---

12) 기독교 보편주의와 민족주의라는 얼핏 상반되어 보이는 이 정신들이 당대 용정의 지적 풍토였음은 많은 문헌들이 증언한 바 있다. 그런데 두 가지 모두 윤동주의 고향 정체성을 날카롭게 벼리는데 기여했을 가능성이 높다.

울–동경/경도로 이동해 간 그의 시적 궤적을 추적하는 일은, 따라서 그의 자의식의 성장과 변모 과정을 추적하는 것이 된다.

우선 윤동주에게 있어 용정은 습작기의 동시적 세계와 연결되어 있다. 정지용 시의 모작(模作)들과 다수의 동시들이 이를 증명한다. 그러는 한편으로「초 한 대」의 소명의식과「이런 날」혹은「양지쪽」의 타자의식이 자리 잡아가고 있었다. 시「이런 날」이 "五色旗와 太陽旗"가 나란히 걸려 있는 상황을 "모순"인지도 모르도록 교육받는 아이들의 상황을 냉정하게 그리고 있다면,「陽地쪽」은 "地圖째기 놀음에 뉘 땅인줄 모르는 애 둘이 / 한 뼘 손가락이 짧음을 恨함이어 // 아서라! 가뜩이나 엷은 平和가 / 깨어질까 근심스럽다."라고 하여 제국주의 일본이 이미 깨뜨려버린 평화에 대해 고민하고 있는 자의식의 한 자락을 슬쩍 내비치고 있다. 그러한 대타의식 밑바닥에 평양 숭실학교 체험이 자리 잡고 있었다. 하지만 아무래도 이 시기 윤동주 시의 주류는 동시라고 할 수밖에 없다. 평양에서 간도를 돌아보는 경우에도 어머니를 찾아 남쪽 하늘을 떠도는 "어린 영(靈)"(「南쪽 하늘」)이 문제될 뿐이기 때문이다. 나머지 한자어를 많이 섞어 쓴 모더니즘 풍의 시들은, 동시가 지닌 순정성에도 도달하지 못한, 그야말로 '습작기의 시 아닌 시'들이다.

윤동주는 1938년 봄 서울의 연희전문에 입학했다. 고국이라 불리는 땅의 중심부에서 4년간을 보내게 된 것이다. 그의 나이 스물둘에서 스물다섯까지에 해당한다. 비로소 그의 시는 전성기에 접어들었던 것이다. 식민지로 전락한 모국의 수도에서 모국어로 공부를 한다는 것, 더구나 중일전쟁의 광기를 넘어 태평양 전쟁으로 치달아가며 식민지에 대한 압제를 강화시켜 가던 상황 하에서, 문학공부를 한다는 것이 갖는 의미는 도대체 어떤 것이었을까. 이 무렵의 시「자화상」과「별헤는 밤」,「참회록」,「또 다른 고향」,「간」,「십자가」등이 바로 그 질문에 대한 해답이라고 할 수 있다. 그 중에서도 시「자화상」이 갖는 의미가 각별하다.

산모퉁이를 돌아 논가 외딴 우물을 홀로
찾아가선 가만히 들여다 봅니다.

우물속에는 달이 밝고 구름이 흐르고
하늘이 펼치고 파아란 바람이 불고
가을이 있습니다.

그리고 한 사나이가 있습니다.
어쩐지 그 사나이가 미워져 돌아갑니다.

돌아가다 생각하니 그 사나이가 가엾어집니다.
도로 가 들여다보니 사나이는 그대로 있습니다.

다시 그 사나이가 미워져 돌아갑니다.
돌아가다 생각하니
그 사나이가 그리워집니다

우물 속에는 달이 밝고 구름이 흐르고
하늘이 펼치고 파아란 바람이 불고
가을이 있고 추억처럼 사나이가 있습니다.

(「자화상(自畵像)」 전문)

「자화상」의 우물 이미지는 흔히 현재에 이르기까지의 자아정체성을
확인하는 거울로 이해된다. 가고 오고를 반복한다는 것은 그의 정체성
이 쉬 형성된 것이 아니라 부끄러움에 대한 지속적인 반성과 행동에의
반영을 통해 이루어진 것이라는 점을 일러준다는 것이다. 이와 좀 다르
게, 우물에 비치는 이미지가 아니라 우물 자체를 그간에 형성된 자아의
상징으로 볼 수도 있다. 그렇게 되면 이 시는 우물로 표상된 과거의
나를 부정하거나 끌어올려 하늘이 표상하는 바의 '나'로 나아가려는 다
짐으로 읽히게 된다. 5연에서 그리워하는 '나'란, 따라서 '과거의 나(우
물)'에 비친 '현재의 나'를, 하늘과 바람과 구름과 달이라는 천상의 것들

한가운데 투사함으로써 만드는 '미래의 나'가 되는 것이다. 이를 자의식의 변증법이라 명명해 볼 수 있겠다. 과거의 나와 관련된 이 깊은 물 이미지는 시 「간」에서 "용궁"으로 한 번 더 반복되어 나타난다. 용궁에의 유혹이란, 손쉽게 현실에 안주해 온 지난날에 겹쳐지는 것이다. 그러면서, 신전에서 불을 훔쳐 인간들에게 내려준 죄로 형벌을 당하는 프로메테우스를 꿈꾼다는 것, 그것은 곧 하늘의 높이에 도달하려는 자의식을 드러내는 것이 된다. 프로메테우스 이미지는 그 자의식이 집단에 복무하려는 마음, 즉 이타성(利他性)을 바탕에 깔고 있음을 말해준다. 간도에서 비롯된 일개인으로서의 자기 정체성(과거/「자화상」)이 서울이라는 장소와의 만남을 통해 사회적 정체성(현재/「참회록」)13)으로 자라고, 그것의 현실적 실현(미래)을 위해 결의를 다지는 과정을, 앞에서 '자의식의 변증법'이라 불렀던 것이다. 윤동주에게 있어 간도(과거)와 서울(현재)은 서로를 부정적으로 되비치는 거울이자, 자신의 미래를 그려나가야 할 토대일 수밖에 없었다. 물론 그의 미래에 뚜렷한 방향이 있는 것은 아니다. 어둠 속에 빛나는 별의 이미지가 그것을 대체적으로 지시하고 있을 뿐이다.

과거의 나를 현재에 조응해 조정하고 그 상(像)을 미래에 투사하는 문제를 높이의 형식으로 바꾸어 놓은 또 다른 문제작이 「또 다른 고향」이다. 바람의 자극과 인도를 받아 도달하려는 '또 다른 고향'에는 분명히 하늘(우주)의 이미지가 겹쳐져 있다. '소리처럼 바람이 불어오는 하늘'이라는 이 최후의 고향 이미지는, 서울(개인적 타향/집단의 고향)로부터 간도(개인적 고향/집단적 타향)로 돌아와 누웠어도 거기서는 장

---

13) 김윤식 교수는 「자화상」이 지닌 '우물'의 이미지를 "릴케, 프란시스 잠, 정지용, 백석으로 표상되는 내면세계(동굴 의식)"로 보고, 그것을 부끄럽게 여긴 시인이 「참회록」의 '구리 거울'이라는 '수호신'을 발견하기에 이른다고 설명한다. 서구적인 것 대 조선적인 것의 구도로 읽고 있는 것이다. 개인사로부터 역사에로의 방향 전환이라는 설명이다.(김윤식, 『거리재기의 시학』, 시학, 2003, p.138.)

소감을 못 느낀다는 자의식과 결부되어 있다. 간도에서 서울 사이의 거리를 건너뛰는 양적(量的) 실천이 아니라 고향의 내용을 질적으로 바꾸려는 도덕적 결단이 그 자신을 또 다른 고향에 데려다 줄 것으로 믿고 있다는 점에서 이 시는 정신주의의 일면을 드러낸다고 볼 수도 있다. 특히 백골과 한 몸으로서가 아니라 "백골 몰래" 가는 나를 상정함으로써 그러한 면을 더욱 강화하고 있다. 간도에서 발원한 그의 시적 사유가 여전히 생성, 변화하는 중임을 일러주는 증거일 것이다.

적도(敵都) 동경에서 쓴 마지막 시, 「쉽게 씌어진 시」에 와서 그의 변증법적 시간의식은 마침내 명확한 표현을 얻는다. 도일하기 전에 쓴 「별 헤는 밤」에서도 비슷한 시간의식이 나타나긴 했지만 그것은 다분히 수동적이었다. 하지만 이제 그는 "등불을 밝혀 어둠을 조금 내몰고 / 시대처럼 올 아침"을 기다린다. 정신의 불 밝힘이라는 이미지가 어둠을 밀어내는 육체적 실천의 이미지와 겹치고, 어둠 속에 스스로 불 밝히는 것이 아침을 앞당기는 행위라는 능동적 인식과 어둠 속에 불 밝혀 스스로 어둠 속에서 빛나는 별이 되어야 한다는 의지가 겹치고 있다. 동무들과 함께 있던 어릴 때의 나와 대학 노트를 끼고 늙은 교수의 강의를 들으러 가는 현재의 나가 지양되어 마침내 아침을 기다리는 최후의 나로 수렴되는 순간, 나는 미래를 선취한 나로 질적 전환을 일으킨다. 부끄러움도 고민도 훌훌 벗어버린 확신 속에서 과거 전 생애의 '나'가 미래의 '나'로 거듭나는 그 찰나를 "최초의 악수"라 이름지었던 것이다. 사소한 모든 것에서 부끄러움을 발견하던 자의식이 이제 비로소, 그야말로 최초로 "눈물과 위안" 속에서 스스로에게 만족의 악수를 건네는 것이다. 간도에서 시작된 바람직한 자아 찾기의 여로가 이로써 완성된다.

3. 맺음말

　간도와 고향의식의 관계라는 논의의 틀로 두 유형, 세 가지 형식의 시적 대응 양상을 살펴보았다. 간도를 고향으로 상정하고 거기를 찾아가는 유형으로서의 청마와 백석의 경우, 그리고 만주로부터 출발하여 바람직한 고향의 상에 대한 사유를 펼쳐가는 윤동주의 경우가 그것이다. 청마와 백석에게 만주는 일종의 해방구이자 가능성의 땅이었다. 시대적 어둠만이 가로지르던 국내에 비해 그곳은 여러 가지 의미에서의 별천지였던 것이다.[14] 그리고 그 밑바닥에는 일본 내지인에 뒤이은 2등 국민으로서의 지위가 알게 모르게 작동하고 있었다. 압제의 정도 차가 있을 뿐 본질적으로 다를 바 없는 간도 땅을 향한 동경을 문학화한다는 것은 그래서 그만큼 위험하다. 만주 땅의 성격에 내재된 이중성이 고스란히 시 작품의 분열로 체현될 가능성이 있기 때문이다. 현실의 제 구속으로부터 분리된 만주는 그 순간에 심미화의 늪으로 굴러 떨어지고 말았던 것이다. 청마의 포즈나 백석의 관념은 만주를 지향점으로 상정하는 그 순간부터 이미 예정된 것이라고 봐야 한다. 간도 땅 역시 국내와 다를 바 없다는 사실을 발견하고 돌아와 자기의 현실을 예각으로 드러내는 방법을 찾는 노력이 필요했겠지만, 거기에는 쉽지 않은 자기희생에의 결단이 뒤따라야 했던 것이다.

　윤동주의 시는 간도로부터 출발하여 조국 서울에서 시상(詩想)을 단련하고 마침내 적도(敵都) 한 복판에서 어렵게 꽃핀 흔치 않은 경우에 해당한다. 그는 만주와 고국에 미만해 있는 어둠의 본질을 꿰뚫고, 별의 이미지로 그 너머를 끈질기게 꿈꾸었을 뿐만 아니라, 아침을 앞당기기 위해 스스로 어둠 속에 불을 밝히려 한 결단의 소유자였다. 이런 그의 시를 두고 직접적 저항의 언어가 아니라고 말하는 것은 본질과

---

14) 같은 책, p.126.

무관한 단견일 뿐이다. 사소한 하나하나의 일상에 철저히 자기반성을 하고, 그 결과를 늘 실천에로 옮겨놓으려는 염결성(廉潔性)이야말로 훨씬 더 근원적이고 궁극적인 변혁의 방식이라는 점에 대해서는, 60년대 김수영의 시가 증명한 바 있지 않은가. 그러한 염결성 자체가 불령선인(不逞鮮人)이라는 딱지를 이미 예비한 것이라는 점에서, 그의 저항은 텅 빈 큰 목소리의 형태가 아니라 작으나 즉각 실천에 옮기는 형태로 실현되고 있었던 것이다.

이쯤에서 만주와 간도의 문제를 부기해 두어야겠다. 만주라 범칭하고 있는 지역 가운데 우리 근대문학에 문제적으로 관련되는 곳을 두고 우리는 간도(間島)라 불러 왔다. 1909년 청나라와 일본이 주체가 되어 근대적 국경 개념을 도입해 체결한 조약의 이름도 분명 '간도 협약'이었다. 현재 중국에서는 동북 지역이라는 공식 명칭을 사용하고, 제국주의 시절에 향수를 갖는 일본인들은 만주라는 명칭을 애용하는 듯하다. 그러나 우리의 근세사 그리고 문학사에 내접(內接)되어 있는 그곳은 간도라 불리는 것이 마땅하지 않을까 한다. 중국의 조선족 문학이나 일본의 식민지 문학을 말하는 것이 아니라 한국문학을 논의하는 마당이기 때문이다.

해방기 김기림 시론에 나타난 민족주의의 성과와 한계

1. 8.15와 김기림

한국근대시문학사를 꿰는 장면들 가운데 많은 이들이 놀라워하거나 때로는 당혹해 하는 장면 중에 으뜸이 해방기에 보여준 김기림과 정지용의 행적일 것이다. 둘 가운데서도 김기림의 경우가 보다 더한 편인데, 해방 후 별다른 작품 활동을 보여주지 못하고 말았던 정지용과 달리, 김기림은 두 권의 시집과 두 권의 시론서, 『과학개론』을 비롯한 타 분야의 저서에 이르기까지 다양한 활동을 통해 그 변신을 뒷받침하고 있기 때문이다. 그의 변모된 행적의 핵심은 물론 임화와 손을 잡고 〈문학가동맹〉의 핵심 이론분자이자 활동가로 나서게 된 데 있다. 맑시스트들의 사상 전환만을 일러 전향이라 부르지 않고 그 폭을 좀 넓힌다면 모더니스트 김기림의 이러한 전환이야말로 전향의 모범적인 범주라 부를 수 있을 정도이다.

이 글은 일차적으로 김기림의 이러한 변화가 시속(時俗)에 비친 대로 과연 사상 전향이라 불러 마땅한 것인가를 짚어보려는데 목적이 있다. 문제를 이런 식으로 제기했을 때에는 이미 제기된 문제 속에 그게 아닐지도 모르겠다는 필자 자신의 주관적인 판단이 이미 예비 되어 있는 셈인데, 결론부터 말한다면 김기림은 결코 자신의 생각 자체를 크게 바꾼 적이 없었다. 다만 좌우의 이데올로기적 쟁투로만 해방기를 읽으려는 해방기 이후의 완고한 극우 중심주의 시각이 자기 아닌 모든 것을 좌익으로 몰고 간 결과로서의 김기림 읽기가 낳은 편견일 뿐인 것이다.

따라서 이 글은 사상 전향으로 비친 해방기 이후 김기림의 행보를, 1930년대의 그것과 대비해 봄으로써 그에 대한 바른 이해에 도달해 보고자 하는 목표로 씌어 진다. 김기림의 행보는 해방 이전에도 크게 한 획을 그은 적이 있는데 그 계기가 임화, 박용철과 행했던 기교주의 논쟁이었다. 말하자면 김기림의 문학관은 1936,7년경과 해방기라는 두 개의 기준점을 사이에 두고 크게 세 시기로 그 특징이 구분된다는 뜻이다. 2장에서는 해방 이전의 김기림 문학관의 추이를 기교주의 논쟁을 중심에 두고 살펴 본 다음 그 특징을 정리해 볼 것이다. 3,4장에서는 해방 후의 문건들을 중심으로 김기림 문학관의 요체를 추려봄으로써 1930년대의 그것과 어떻게 변별되는지 아니면 연장선상에 있는지를 판별해 볼 것이다.

사실 해방기는 우리 역사상 처음으로 역사 변화(발전)의 모든 가능태들을 실제로 검토 해 본 시기였다고 할 수 있다. 한국 전쟁 이후 남과 북 양쪽에 공고하게 자리 잡는 상호 배타적 이념들조차 아직은 하나의 가능성으로만 존재할 뿐이었다. 이 특수한 사정을 염두에 두고 '해방 공간'이라는 용어가 안출되었던 것이다. 외세의 압제 아래 신음하던 일제 강점의 내내 제국주의적 현실을 부정하기 위하여서만 사용되던 '민족'이라는 범주를 실제 설립 가능한 국가 형태에 연동하여 긍정적이며 적극적인 범주로 사고할 수 있었던 시대가 해방기였다. 이러한 상황의 변화에 누구보다 열정적으로 반응하며 자기 개인의 꿈을 민족 전체의 그것에 투사해 나갔던 시인이 김기림이었다. 김기림의 이러한 행위 밑바닥에는 해방 전까지 자신이 견지했던 이론의 견실성에 대한 자부심에도 불구하고 그것을 구체화할 실천력은 결여되어 있었다는 자기반성이 깔려 있었던 것으로 보인다. 다시 말하는 바 되었지만 김기림은 해방 후 자신의 사상적 지반을 바꾼 것이 아니라 관념으로부터 구체적 실천에로 나아갔던 것이다.

2. 일제 강점기 김기림 시론의 변모 과정

주지하는 바대로 해방 전 김기림의 문학에 대한 인식은 변증법적 발전이라고 불러도 좋을 도정을 보여준다. 그 첫 출발이 서구문학을 모델로 놓은 근대주의자의 그것임은 말할 것도 없다. 자칭 '오전의 시론'으로 불렸던 그의 초기 시 이론이 노렸던 바의 핵심은 조선시가 빠져 있던 감상적 눈물과 낭만적 정한이라는 감정주의를 제거하는 일이었다. 그는, 이 주정적 영탄처럼, 낡은 오후의 동양 문명이 처한 위기를 잘 보여주는 표지가 없다고 믿었던 것이다. 그러므로 조선의 근대시는, 전근대=오후=감정=전원(田園)의 '예의'라는 이 지둔(遲鈍) 상태에서 벗어나기 위해, 하루바삐 근대=오전=지성=도회(都會)의 '생리'로 무장하지 않으면 안 된다고 생각했다. 그러면서 그러한 생리가 결국 과학에 뿌리가 닿아 있다고 믿었다. 그러한 생각을 방법적으로 이루어 내기 위해 그는 단단한 시각적 이미지 즉 회화성을 시에 도입하는 길을 고안해 냈다. 음악성이라는 시의 기법 또한 낡은 시대의 표지라고 보았던 것이다. 그 결과 남는 것은 제국주의적 근대 풍경에 대한 명랑한 묘사뿐이었다.

김기림 시론의 이러한 출발에는 우선 두 가지 문제점이 내재되어 있다. 전근대 시에 있어서 음악성이 지배소의 역할을 했던 것이 사실이라 하더라도 근대시가 그것을 완전히 거부할 수는 없다는 점에 대한 인식이 결여되어 있다는 점이 첫 번째 문제점이다. 동인지 문단 시대를 거치며 소위 민요조 서정 시인들이 범했던 오류, 곧 자유시 운동을 전에 없던 새로운 정형률을 만드는 과정으로 착각하고 7·5조의 착근(着根)에 동분서주 했던 것은 물론 시문학사의 웃지 못 할 해프닝이라손 치더라도, 근대시에서 음악성의 자리를 없애겠다는 김기림의 야심 또한 민요조 시인들에 못지않은 도식적 사고의 결과라는 점에서는 마찬가지로 우습다. 시라는 장르에서 리듬감을 제거하고 나면 장르의 고유성을 무엇에서 찾을 수 있다는 얘기인지 난감하지 않을 수 없다. 시대가 바뀌면 음악성의 성격이 변화하는 것일 뿐이라는 초보적인 인식조차도 없었던 셈이다.

출발 선상에서 보인 김기림 시론의 두 번째 문제점은 모더니즘의 근본 문제와 관련된다. 모더니즘은 리얼리즘과 마찬가지로 물적 근대를 그 태생적 기반으로 한다. 즉 자본제적 근대 문명이야말로 모더니즘의 탄생 기반이라는 뜻이다. 그렇지만 모더니즘 문학은 그 자신의 태생적 기반을 찬양하고 예찬하는 것이 아니라 강력하게 비판하거나 근본적으로 부정한다는 점에서 리얼리즘과 쌍생아가 된다. 리얼리즘이 현실내적 태도를 취한다면 모더니즘은 현실외적 태도를 취한다는 점이 차이일 뿐이다. 자본제적 현실의 바깥이나 위에 '자율적인 아름다움'의 성채를 지어두고 아름답지 못한 현실을 되돌아보게 하는 모더니즘의 이 비판 기능을 두고 김수영은 '침 뱉기'라고 불렀다. 그런데 '오전의 시론'으로 무장한 김기림의 초기 시들은 이 땅 위에 몰아닥친 물적 근대의 속도감과 경쾌감을 두고 경탄해 마지않는 태도[1]를 드러낸다. 물질적 근대화 자체가 일제 강점이라는 사회적 상황과 아무런 관련 없이 선명히

---

1) 근대적인 문명에 대한 예찬의 태도 내지는 완미(完美)한 근대에 대한 기다림의 태도는 임화에게서도 마찬가지로 나타나는데, 이는 그들이 물질문명 자체를 탐닉했기 때문이라기보다는 거대 담론의 신봉자였기 때문이라는 사실을 말해주는 것으로 해석된다. 즉 당대 지식인들 대부분이 사회주의적 믿음의 여부와는 상관없이 세계사의 흐름을 맑스적으로 이해하고 있었다는 뜻이다. 자본제적 근대를 빨리 이루어내야만 근대 너머를 꿈꿀 수 있다고 생각했던 것이다. 근대에 대한 이상(李箱)의 조급성도 이와 관련되어 있다.

분리될 수 있다는 태도다. 이 분리 기제의 작동이야말로 맹목의 자율성 쪽으로 그 자신을 이끌고 가리라는 점을 김기림은 몰랐던 것이다.

여기 머물렀으면 오늘날 김기림은 그저 그렇고 그런 부류의 시인 혹은 시론가로 치부되고 말았을 것이다. 하지만 얼마 가지 않아 김기림은 자신의 '오전의 시론'이 지닌 이런 문제점들을 명확히 깨닫기 시작한다. 시의 본질로서의 음악성에 대한 이해가 깊어지면서 음악성과 회화성의 조화를 꾀하게 되고, 그 자신이 빌미를 제공한 바 있는 회화성 일변도의 시(음악성 일변도의 시 또한 마찬가지로)를 기교에 편향된 기교주의 시라고 통박하기에 이른다. 1935년경에 이르면 김기림은 자신의 이러한 변화된 시 인식을 정리하여 '전체로서의 시' 개념을 제출하는데, 형식 논리적으로는 꽤 완결성을 갖춘 견해였다.

이미 그 歷史的意義를 잃어버린 偏向化한 技巧主義는 한全体로서의 詩에 綜合되어야할것이다. 그것은 한 調和있고 充実한 詩的秩序에의 志向('이'가 탈락됨-인용자)다. 全体로서의 詩는 우선 技術의 各部面을 그속에 綜合統一해가지고있어야 할것이다. 그러한 全体로서의 詩는 그 根底에 늘 높은 時代精神이 燃燒하고 있어야할것이다.[2]

우선 김기림은 기교의 각 부면, 즉 음악성과 회화성이 하나로 종합된 시를 '전체로서의 시'라고 규정함으로써 그의 관심이 일단 기교 문제에 집중되어 있음을 시사한다. 기교 각 부면의 종합이라는 개념도 '조화'라는 용어로 부연되고 있어 변증법적인 의미이기보다는 임화가 지적한 '등가적 균형론'[3]의미에 더 가까워 보인다. 그렇다 하더라도 음악

---

2) 김기림, 「기교주의 비판」, 『시론』, 백양당, 1947, p.139. 이 글은 「시에 있어서 기교주의의 반성과 발전」(『조선일보』, 1935.3.14)을 제목을 수정하여 재수록한 것임. 이하 『시론』으로만 표기.

3) 김기림의 이 글에 이어 임화가 「담천하의 시단 일년」(『신동아』, 1935.12)을 씀으로써 기교주의 논쟁을 촉발시키고, 그에 대해 김기림이 「시인으로서 현실에 적극 관심」(『조선일보』, 1936.1.1-5)으로 대응하는 가운데, 전혀 의외의 방향에

성에 대한 수용은 의미 있는 진전으로 보아야 할 것이다. 그의 시론이 뿌리를 대고 있던 영미 시론의 일방적인 영향에서 벗어나 조선적 특수성을 반영한 독립적인 시론으로 나아갈 수 있는 단초가 열린 셈이기 때문이다. 더구나 그러한 '전체로서의 시' 밑바닥에 '시대정신'이 자리 잡고 있어야 함을 주장하고 있다는 사실은 비록 형식논리학적인 사고의 결과 하더라도 분명한 하나의 전진이라고 평가할 수 있다. 문제는 이 시대정신의 함의일 것인데 김기림에게 있어 그것은 아직 세계사적 문명 일반을 지칭하는 것이기 쉬웠다. 그와 관련해 또 하나 이 글에서 주목해야 할 부분이 '역사적'이라는 수사(修辭)다. 시대정신이라는 용어의 함의가 문명 일반임으로 해서 이 '역사적'이라는 수사의 함의 역시 조선의 시문학사라는 특수성의 의미로서가 아니라 세계사 일반의 의미로까지 확장되고 있다는 느낌을 지울 수가 없다. 이처럼 '전체로서의 시' 논의가 분명히 하나의 진점임에도 불구하고 공허한 일반론의 느낌을 주는 이유는 그러한 결론에 도달하기까지의 그의 사유가 기대고 있는 논거들이 조선의 시문학사에서 추출된 것들이 아니기 때문이다. '전체로서의 시'가 아니라 편향화 된 기교주의에로 나아갔다고 생각한 1935년 이전의 회화적 '형태시'와 음악적 '순수시'라는 범주의 구분과 그 예들을 전부 영국과 프랑스를 위시한 서구 근대의 문단 상황에서 끌어오고 있다는 것이 그 명백한 증거라고 할 수 있다. 조선의 시문학에 관한 하나의 제언으로 제출한 '전체로서의 시'론의 근거가 에드가

서 박용철이 「을해시단총평」(『동아일보』,35.12.24-28)을 통해 임화를 공격해오자, 임화 역시 황급히 「기교파와 조선시단」(『중앙』, 1936 .2)을 통해 두 사람의 논리에 대응하기에 이른다. 임화는 이 「기교파와 조선시단」에서 김기림의 「시인으로서 현실에 적극 관심」에 나타난 내용과 형식에 대한 이해 수준을 두고 이 용어를 사용했다. 내용 우위에 서서 형식을 종합 통일해야 하는 것임에도 불구하고 김기림의 '전체시론'은 내용과 형식을 '등가적 균형론'의 입장에서 이해하고 있다는 것이다. 임화의 이러한 지적은 김기림의 전체시론이 지닌 맹점을 정확히 드러낸 것인데, 그 등가 균형론이 이 음악성과 회화성의 조화 논의에서부터 이미 그 뿌리를 내렸던 것으로 보인다.

알란 포우나 허버트 리드 혹은 폴 발레리의 시들이 지닌 기교주의라는 것은 하나의 아이러니가 아닐 수 없다. 이러한 논리가 관철되기 위해서는 1930년대 중반 이전의 조선시가 그러한 서구 시인들의 이론 내지는 작품들과 실제로 매우 밀도 있는 영향 관계를 보여 주어야 한다. 즉 음악성을 중시한 조선의 시들이 발레리적인 의미에서의 순수시에, 회화성을 중시한 시들은 콕토나 아폴리네르적인 의미의 형태시에 사실로 필적해야만 하는 것이다. 그렇지 않고 문득 '전체로서의 시'를 주장한다는 것은 존재하지도 않는 현상을 바탕으로 한 그림자 논리에 불과한 것이다. 임화가 촉발한 기교주의 논쟁이란 김기림 논리의 이 비현실성을 지적한 것에 다름 아니다.

김기림에 대한 임화의 공격으로부터 촉발된 이 논쟁은 박용철의 시문학파 차별화의 논리가 개입하면서 확전의 모양새를 띠긴 하지만 본질적으로 같은 근대주의로서의 리얼리즘과 모더니즘의 소통 과정이었다. 임화의 공격은 정확하게 김기림의 아킬레스건인 비현실성에 맞추어져 있었다. 그는 문제의 핵심을 조선시에 있어서의 내용과 형식의 변증법적 통일 문제로 파악한 다음, 김기림을 위시한 조선의 기교주의자들에게 있어 가장 모자라는 지점이 이 내용에 해당하는 것임을 적시한다. 이때의 내용이란 두 말할 것도 없이 일제 식민 상황의 조선 현실일 것이다. 이 일제 강점의 조선 현실이라는 내용 편의 우위에 서서 그간의 기교들을 종합 통일해야 한다는 임화의 궁극적 주장은 김기림의 '등가 균형론'이 지닌 논리적 공소성(空疎性)을 치명적으로 드러내기에 충분했다.[4] 이러한 임화의 주장에 대해 김기림이 마치 기다렸다는

---

4) 김기림의 '전체로서의 시'론이 지닌 맹점에도 불구하고 그것이 궁극적으로는 내용과 형식에 대한 관심을 촉발함으로써 임화의 반성을 이끌어낸 것 또한 사실이다. 임화는 '전체 시'를 '완성된 시'라는 표현으로 바꿀 것을 촉구하면서도 그것이 조선시의 진정한 목표라는 점을 분명히 인정하고 있으며, 거기에 도달하지 못한 경향시의 수준이 부끄럽다고 고백하고 있다. 해방기 임화와 김기림의 제휴가 이때부터 이미 기틀을 다지고 있었던 것으로 보아야 할 것이다. (임화,

듯이 「시인으로서 현실에 적극 관심」이라는 글로 호응함으로써 논쟁은 의외로 싱겁게 막을 내리는 듯이 보였다.

그러나 「시인으로서 현실에 적극 관심」이 보여준 논리적 진전이 꼭 임화의 의도대로 이루어진 것은 결코 아니었다. 논의의 초점을 기교들의 종합 문제가 아니라 내용과 형식의 종합 문제로 돌려놓은 것과 그러한 종합이 반드시 변증법적으로 이루어져야 한다는 것을 인식하게 된 것은 물론 임화의 몫으로 보아야 할 것이다. 하지만 기림은 이번에도 논의의 전거들을 서구 문학사에서 끌어다 씀으로써 그의 논리적 진전이 근본적으로는 한계를 안고 있는 것임을 보여준다. 임화의 요청대로 당대 조선의 시문학이 내용이라는 현실적 요소를 갖추어야 한다는 점은 분명한데, 그 근거가 서구 근대의 여러 문학들이 그래왔기 때문이라는 것이다. 가령 보들레르로부터 초현실주의자들에 이르기까지 불란서의 시인들이 모두 관심을 가졌던 것은 현실에 대한 강력한 증오였다는 것과 전후 영국의 "「뉴·씨그내튜어」「뉴·컨튜리」에서 出發한 젊은 詩人들"[5] 모두가 현실의 반영이 농후하다는 점들이 그가 "도라우편! 앞으로!"[6]를 외치게 된 배경이라는 것이다. 따라서 임화 중심의 경향시는 좌로부터, 자기류의 기교시는 우로부터 내용과 형식의 종합을 꾀해야 한다는 결론에 도달하기에 이른 것이다. 조선의 시인된 자는 마땅히 조선적 특수성에 눈떠야 한다는 임화의 지적을 김기림은 결국 모더니즘의 자기 정체성 확보를 위한 계기로 삼았다. 1939년에 씌어진 「모더니즘의 역사적 위치」에 오면 전후(前後)의 사정이 비교적 분명히 드러난다.

「기교파와 조선시단」, 『중앙』, 1936. 2)
5) 김기림, 「시인으로서 현실에 적극 관심」, 『조선일보』, 1936.1.1-5(『시론』, pp.142-3)
6) 같은 글.

全詩壇的으로 보면 그것은 그 前代의 傾向派와 『모더니즘』의 綜合이었다. 事實로 『모더니즘』의 末頃에 와서는 傾向派系統의 詩人사이에도 말의 價値의 發見에 依한 自己反省이 『모더니즘』의 自己批判과 거이 때를 같이하야 일어났다고 보인다. 그것은 勿論 『모더니즘』의 刺戟에 依한 것이라고 보여질 근거가 많다. 그래서 詩壇의 새 進路는 『모더니즘』과 社会性의 綜合이라는 뚜렷한 方向을 찾았다. 그것은 나아가야 할 오직 하나인 바른길이었다. … 30年代末期数年은 어느 詩人에게 있어서도 昏迷였다. 새로운 進路는 發見되어야 했다. 그러나 그것은 어떤 길이던지간에 『모더니즘』을 쉽사리잊어버림으로서만 될일은 決코 아니었다. 무슨 意味로던지 『모더니즘』으로부터의 發展이아니면 아니되었다.7)

이 글은, 진로를 암중모색하고 있던 1930년대 조선시단이 나아갈 길이 사회성과 모더니즘의 종합에 있다는 것, 그것도 반드시 모더니즘을 중심에 둔 변증법적 통일이라야 한다는 생각에 김기림이 도달했음을 선명히 밝히고 있다. 기교주의니 전체로서의 시니 하는 따위의 용어들은 이제 말끔히 자취를 감추고 명확히 '모더니즘'이라는 자기표현에 도달해 있다. 이는 기교파니 사상파니 하는 유파적 문학사 이해의 틀을 벗어버리고 당대의 시문학을 '사회성' 중심의 시와 '모더니즘' 시라는 두 개의 시 운동으로 수렴함으로써, 궁극적으로는 그 둘마저 하나의 이상적인 모델을 향해 진화해 나아가거나 나아가야 함을 역설하고 있는 것이라고 볼 수 있다. 김기림은, 사회성과 모더니즘으로 수렴되지 않는 경향들은 모두 전근대적 반동에 해당하는 것이니 논의할 가치가 없고, 사회성과 모더니즘이라는 이 진보적 문학 운동은 세계사의 거대흐름이 근대 너머를 향해 필연적으로 약진하듯이 하나로 합쳐질 것이라는 전망을 갖고 있었던 것이다. 이는 여전히 유효한 거대담론의 틀안에서 모더니즘의 진로를 찾아보려는 의식의 소산인데, 문명일반론으로 버텨 보려던 기왕의 태도로부터 얼마나 벗어났는지를 정확히 보여

---

7) 김기림, 「모더니즘의 역사적 위치」, 『시론』, pp.77-78.

주지는 않는다. 하지만 서구 근대 문학으로부터의 직접적인 대입이 아니라 조선 시문학의 현상을 수렴한 결과라는 점에서, 그의 시선이 땅으로 보다 가까워 졌을 것이라고 짐작해 볼 수는 있다. 경향시를 두고 사회성이라고 적시했을 때, 그것이 일제 강점의 조선 현실에 대한 적확한 이해와 실천을 전제로 한 것이라는 점을 완전히 몰랐을 리가 없겠기 때문이다.

이상으로 볼 때, 김기림 사유의 가장 큰 특징은 무엇보다 세계사의 진보에 대한 확실한 믿음을 갖고 있었다는 사실에서 찾아야 한다는 것을 알 수 있다. 그는 철저한 거대 담론의 신봉자였던 것이다. 다른 말로 바꾸면 늘 보편적 수준에 대한 향수를 갖고 있었다고 말해 볼 수도 있겠다. 이것은 그가 근대화에 뒤늦었던 조선의 시인으로 태어났다는 정체성에서 비롯된 결과일 것이다. 이 진보에 대한 열망이 문학사로 이입되면 다소 엉뚱한 결과를 빚기도 하는데, 단선적(単線的) 계기적(継起的) 발전적(発展的) 문학사 전개[8]에 대한 믿음이 그것이다. 그는 조선에서의 모더니즘이 경향문학을 뒤이어 그것의 편내용주의를 부정하고 나타났으니 그 이후로부터의 문학사 전개는 모더니즘으로부터이지 않으면 안 된다고 판단한다. 뿐만 아니라 현재는 경향시가 일정한 영역을 확보하고 있으나 가까운 미래에는 반드시 모더니즘에 통합되어 하나의 모델로 등장할 것이라는 점을 믿어 의심치 않았다. 해방기 김기림의 활동도 결국은 이러한 사유의 결과라고 해석할 수 있을 것이다.

3. 「우리 시의 방향」과 민족주의의 발견

1930년대를 통해서 나는 우리詩의 潮流속에서 두갈래의 흐름을 물리치고 나와야했다. 그 하나는 지나친 感傷主義요 다른하나는 封建的 뭇

---

8) 「모더니즘의 역사적 위치」는 그의 발전적 문학사관이 암흑기 조선 시문학사의 진로를 탐색한 결과로서 제출된 것이다.(『시론』p.71 참조)

要素였다. 더 바루말한다면 이 두흐름의 結婚이었다. 그것이 合처서 빚어낸 詩壇의 『非』近代的 『反』近代的인雰囲気와 詩作上의 風俗을 휩쓸어버리지않고는 『近代』라는것에조차 우리는 눈을뜨지 못한 시골띠기요 半島 개고리가 되고말것을두려워했다. 이두가지의 低気圧과 不連続線을 휩쓸어버리기위한가장 힘있는武器로서는 다름아닌 知性의太陽이 필요하였던 것이다.

1939년 第二次世界大戦의 勃発은 벌써避할수없는 『近代』 그것의破産의 予告로 들렸으며 이 危機에선 『近代』의 超克이라는 말하자면 世界史的煩悶에 우리들 젊은詩人들은 마조치고말었던것이다. 이러한일들이 日本帝国主義의 朝鮮에대한 점점 高潮로향하는 政治의文化의 侵略의急한 『템포』와 集中射撃과 함께 다닥쳤으며 따라서 生活의 体験을 통해서 実感되어왔던것은 勿論이다. 1945년8월15일까지 約五六年동안의 中断과 沈黙은 다름아닌 우리詩壇의 世界와自身에대한 二重의 커다란 苦悶을품은 沈痛한表情이었다.9)

해방기 김기림의 시론 작업과 시적 실천은 이처럼 지나간 연대를 정리하는 일로부터 시작된다. 1930년대란 시적 모더니티를 획득하기 위해 모든 전근대적인 것들과의 싸움10)을 벌인 시기였다는 것이다. 이는 결국 이 땅에서의 세계사적 근대의 수립이라는 문제에 연결되는데, 1930년대 말에서 해방까지의 몇 년 간에는 그 근대조차 파국에 도달한 것이 아닌가 생각했다는 것이다. 따라서 해방된 오늘날 문제되는 것은 조선에서의 '근대 너머'를 어떻게 가꾸어 나갈 것인가 하는 점이다. 즉 완미한 근대를 이룰 기회는 놓쳤지만 근대 너머로 나아가는 세계사의

---

9) 김기림, 『바다와 나비』 머리말, 신문화연구소, 1946.
10) 이 점은 이미 「모더니즘의 역사적 위치」에서도 밝힌 바 있는데, 구체적 내용에 있어서는 다소간의 변화가 생겨 흥미롭다. 「모더니즘의 역사적 위치」를 통해 김기림은, 1930년대의 모더니즘은 두 개의 부정을 준비했는데, 그 하나가 센티멘탈 로맨티시즘이라면 두 번째는 경향시의 편내용주의였다고 진술했었다. 그런데 위 인용문에서는 그것이 "그 하나는 지나친 感傷主義요 다른하나는 封建의못要素"라고 바뀌어 있다. 편내용주의가 탈락한 것이다. 이는 임화와 동지적 관계에서 하나의 이상을 추구하고 있던 해방기의 상황이 반영된 결과로 파악된다.

흐름에 기대어 이 땅에 그것을 실현할 기회를 맞았다는 기대를 깔고 있는 것이다. 인용문의 마지막 부분은, 근대 너머가 머지않았음을 알았으면서도 행동에로 나아가지 못했던, 즉 내용과 형식의 통일 필요성은 절감했으면서도 내용의 문제에 눈 감고 비탄에 젖어 있을 수밖에 없었던 자신에 대한 반성에 해당한다. 해방기 그의 시적 실천을 가늠할 수 있는 핵심적 문건인「우리 시의 방향」모두(冒頭)에서 제기하고 있는 전 시단적(詩壇的)인 자기반성의 필요성 문제도 그 점에서 일종의 통과제의라고 볼 수 있다. 물론 보기에 따라서는 "民族의 受難期에 있어서 民族을 背叛한 政治的文化的 모든 叛逆行為는 勿論이지만 우리들의 精神의 內部에서 犯한 온갖 些少한 叛逆"[11]에 대해서 준엄히 자기비판을 행해야만 새 출발을 할 수 있다는 논리가 너무 쉽사리 반민족 행위자 일반에게 면죄부를 부여하는 것으로 여겨질 수도 있겠지만, 이러한 자기비판의 본질은 어디까지나 김기림 자신의 행동 없음에 대한 고백이면서 다시는 그런 우를 범하지 않겠다는 결의의 다짐으로 이해할 수도 있는 것이다. 이는 결국 두 번 다시 기회를 허수히 낭비할 수 없다는 결의라는 점에서 반드시 한 번은 거쳐야 하는 통과제의라고 볼 수 있지 않을까.

이러한 자기반성을 바탕으로 김기림은 해방기 동안 누구보다 활발하게 사회적 실천에 매진한다. 시부(詩部) 위원장의 자격으로 〈문학가동맹〉에 적극적으로 참여하여 임화와 손을 잡고 문단의 조직 운동을 주도한 것이 그 좋은 보기다. 이러한 맥락을 놓치면 1946년 2월의 〈전국문학자대회〉 시부의 일반보고를 왜 하필 김기림이 맡아 했는지 하는 생경한 느낌을 지울 길이 없게 된다. 김기림은 좌익으로 사상을 전향한 것이 아니라 민족의 이름 앞에 복무할 수 있는 최량의 기회를 맞았다고 생각했던 것이다. 전기(前記)했던「우리 시의 방향」은 바로 그 〈문학자

---

11) 김기림,「우리 시의 방향」,『시론』, p.197.

대회) 일반보고의 목적으로 작성된 문건이라는 점에서 그의 사유가 어디로 향하고 있는지를 가늠할 수 있는 좋은 좌표 구실을 한다. 글은 「前言」「侵略의 素描」「8·15와 建設의 新気運」이라는 소제목 하에 시의 변화된 역할을 제시하고, 「政治와 詣('詩'의 오기로 보임)」「前進하는 詩精神」「民族的 自己反省」이라는 제하에 해방기의 시가 왜 정치적일 수밖에 없는가, 그 정치적 방향이 어디를 향해야 하는가, 그러한 새 출발을 위한 선결 과제가 무엇인가를 밝힌 다음, 「새로운 人間타잎」「詩의 새 地盤」「超近代人」을 통해 조선시의 미래를 전망하여 방향을 제시하고, 마지막으로 「詩의 試鍊」을 통해 현실적 조건을 재확인하고 새롭게 결의를 다질 필요성이 있음을 밝히는 구조로 되어 있다. 다시 좀 더 찬찬히 들여다보자.

이 글의 무엇보다 기본적인 전제는 시가 정치와 분리될 수 없고 분리되어서도 안 된다는 생각이다. 이러한 전제는 일제 강점기의 경험으로부터 귀납되고 있는데, 표현 수단으로서의 민족의 말을 지키기 위해 시의 정신을 팔았으나 결국에는 수단과 정신 모두를 잃어버리고 말았다는 뼈아픈 자기 확인에 근거한 것이다. 이는 곧, 정지용이 말한바 민족어를 지켰다는 소극적 자기만족조차 허약하기 짝이 없는 변명에 불과하다는 통절한 반성이며, 내용과 형식의 통합 필요성을 역설했으나 말로만 그치고 종국에는 형식에만 매달릴 수밖에 없었던 '형식 중심의 내용 통일론'이 지닌 허구성에 대한 인정이 아닐 수 없다. 정치적인 시라는 이 전제는, 시를 통한 문화에의 헌신이라는 방법을 통해 '새 나라' 건설이라는 정치적 책무에 일익을 담당한다는 생각으로 구체화되며, 이러한 구상의 끝에 민족 단위의 국가 건설이라는 민족국가주의가 탄생하게 되었던 것이다. 그가 생각한 민족이란, 프롤레타리아 국제주의에 기반을 둔 〈프로예맹〉의 노동자 중심 주체관이나 남한만의 단독정부론으로 치달아간 극우적 보수 우익(친일파까지를 포함한)만의 주체관과 달리, 봉건적이고 귀족적인 특권층을 제외한 대중 혹은 만인(万

人)이라는 이름의 다수가 함께 주체로 포괄되는 범주[12]였다. 그의 민족주의는 이 다수 대중의 정치적 자유를 1차적 요건으로 한 공동체의 건설을 새 나라 건설의 요체로 파악함으로써 명백히 공화주의적 입장의 국가주의라는 면모를 드러낸다. 민족주의와 국가주의라는 목표가 동시에 추구해야 할 동전의 양면으로 인식되었던 것이다.

국가를 먼저 이루고 그 내부 성원들의 동력을 근대화라는 목표에 하나로 결집시킬 필요성 때문에 민족주의라는 이데올로기를 동원하게 됐던 영미(英美)의 경우와, 근대적 국가 수립이라는 목표를 달성하기 위해 민족주의 이데올로기를 동원해야 했던 독일에서는 민족주의의 함의가 각각 다르게 인식될 수밖에 없었다. 전자는 민족 개념을 근대화의 부산물로 이해하는 도구론(Instrumentalism)의 입장에서 민족 공동체에 기꺼이 자신을 귀속시키고자 하는 민족 성원의 주관적 의지가 민족을 만든다고 믿었다. 그에 비해 후자는 민족의 영속적 성격을 강조하는 원초론(Primordialism)의 입장에서 언어나 공통의 문화유산, 종교, 관습 등과 같은 객관적 기준이 민족 개념을 구성하는 기초가 된다고 보았다.[13] 늦게까지 단일 국가체를 형성하지 못한 채로 있다가 뒤늦게 산업화의 대열에 합류한 후진국 독일의 입장에서는, 문명화(Civilization)라는 영미의 방법론에 대항하여 그것을 물질적인 것으로 격하하는 한편 문화(Culture, Kultur)라는 새로운 가치관을 부각시킴으로써 대내적 단결의 계기로 삼았던 것이다. 이러한 사실은 민족주의 역시 차별화와 분리 기제에 의해 움직이는 강력한 이데올로기라는 사실의 뚜렷한 증좌일 것이다.

---

12) 일반적으로 민족주의 이데올로기가 성립하기 위한 전제가 '우리'와 '그들'을 가르는 봉건적 신분제의 철폐와 '우리'라는 연대의식을 심어줄 수 있는 새로운 질서 추구에 대한 믿음을 전파하는 일이라는 지적(임지현, 『민족주의는 반역이다』, 소나무, 2005, p.31.)을 감안하면 김기림의 이러한 방향 설정은 민족주의의 본질을 정확히 이해한 결과라는 것을 알 수 있다.

13) 임지현, 같은 책, p.22.

명치유신 이후 일본은 영국식 문명화의 길을 모델로 삼아 근대화를 추진하지만 1차 세계대전을 전후하여 사회 체제 전체를 독일식으로 급격하게 전환시키는 쪽으로 선회한다. 이는 영국식 근대화의 길이 일본의 그것과는 판이한 것이며 결코 그 수준에 도달할 수 없다는 것을 내심으로 자인한 결과다. 그 후 일본은 다시 자기 정체성의 뿌리를 아시아에서 찾고자 노력하게 되는데, 일본 고대 역사로 돌아갈 것을 천명하면서 자신들이 전통이라 규정한 것을 재강화하고 재형성하거나 혹은 새로 만들어내는 일에 몰두하게 되면서 급격히 국수주의화 한다. 동양 중심의 신질서론이나 대동아공영권이란 바로 이러한 분위기에서 탄생한 논리적 파탄이었던 것이다. 이 국수주의에 독일식 '문화' 중심론은 좋은 자양분이었다. 문명개화라는 명치 초기의 주장은 어느새 일본 문화에 대한 찬양으로 바뀌게 되었던 것이다. 이때부터 소위 서양의 물질문명[14]보다는 동양의 정신문화가 우위에 있다는 자기 합리화가 사회 전체로 확산되기에 이르렀고, 이러한 분위기는 고스란히 식민지 조선의 인텔리층에 전염되었던 것으로 보인다.[15] '영원한 한민족(韓民族)의 전통 탐구'라는 명제 아래 1930년대 중, 후반을 물들였던 문단의 복고주의적 태도는 '조선적인 것'에 대한 관심과 애호를 환기했다는 긍정적인 측면도 있겠지만, 그것이 지닌 도저한 정신주의적 태도 때문에 실생

---

14) 사실 서구 민족주의의 선구자격인 영미 계통의 근대화론, 곧 문명화를 밑받친 것은 합리성 추구라는 계몽 이성의 정신주의적 태도였다. 데카르트 이후의 정신주의야말로 국가민족주의의 핵심 사상이었던 것이다. 일본이 전면에 내세운 문화론은 이 부분을 의도적으로 누락시키거나 무시하면서 그 논리적 틀을 세운 것이라는 점에서 적극적 이데올르그들의 소작(所作)임을 알게 한다.
15) 김기림의 전체 시론 전개에서도 이러한 측면이 뚜렷이 확인되는데, 문명화의 입장에서 시론의 적용 가능성을 타진하던 30년대의 전반기와 달리 30년대의 후반기에 이르면 명확히 문화론의 입장에 서는 모습을 보인다. 하지만 김기림은 문화론의 입장에 서면서도 국수주의적 민족문화론이나 동양문화론과 같은 논리적 파탄으로까지 나아가지는 않았다. 후술되겠지만 그의 민족주의는 보편과 특수의 변증법에 명확히 기반하고 있어 국수주의라는 특수주의적 편향에 빠지지 않았기 때문이다.

활의 고통이나 민족의 독립 쟁취와 같은 현실적인 문제에 대해서는 눈을 감을 수밖에 없었다. 그런데 현실 도피라는 이러한 문제점보다도 더 문제적인 것은, 이 전통적 조선주의를 강조하면 할수록 일본의 대화주의(大和主義)와 사상적 동형 관계를 그리게 되고 결과적으로 동양 고전의 세계에 공통의 뿌리를 두고 있다는 친족 의식에로 치달을 가능성이 농후하다는 점일 것이다. 일제 강점의 내내 조선의 즉각적인 독립보다는 자치권이나 확보해야겠다는 민족개량주의자들이 그토록 득세했던 저간의 사정16)을 염두에 두면, 많은 이들이 조선의 독립 가능성이 거의 없다고 여겼던 일제말의 암흑기에 차라리 보다 적극적으로 한일(韓日)간의 동근성을 주장함으로써 더 많은 기득권을 확보하기 위해 노력했을 개연성이 매우 높다.

그런데 복고주의를 민족적인 것으로 포장한 이 의사(擬似) 민족주의는 거기서 그치지 않고 고스란히 해방기로 이월되어 극우 보수주의자들의 정치적 도구로 전락하면서 더욱 결정적인 우를 범하고 만다. 〈전조선문필가협회〉를 거쳐 〈청년문학가협회〉를 주도하고 단정 수립 후 〈한국문학가협회〉의 기치 아래 결집된 이들 전통주의 그룹의 우익 문인들은 해방 당시부터 선명히 이승만에 대한 지지를 표명함으로써 그의 반민족적 권력욕에 불을 지피는 구실을 했다. 친일파 중심의 한민당 계열을 등에 업은 이승만 일파는, 해방기 최대의 쟁점일 수밖에 없는 반민족(친일) 대 민족(항일)의 문제를 좌파 대 민족의 문제로 교묘히 대치시켜 나감으로써 친일 대 항일의 위치를 역전시켜버렸다. 즉 찬탁을 주장하는 좌파는 전부 반민족주의자들이고 반탁을 주장하는 자기들은 민족주의자라는 공식을 만들어 낸 것이다. 이 때문에 다수의 좌파 항일 민족주의자들이 순식간에 반민족주의자로 매도당하는 한편 악질적인 친일파들은 이승만의 비호 아래 민족주의자로 둔갑을 하는 아이

---

16) 서중석, 「한국에서의 민족문제와 국가—부르주아층 또는 지배층을 중심으로」, 『근대 국민국가와 민족문제』, 지식산업사, 1995, pp.123-125.

러니가 빚어졌던 것이다. 이 과정에서 '불변하는 민족정신을 담는 순수 문학'을 민족문학이라 규정한 전통주의 그룹의 문학운동은 결국, 가능한 최대 다수의 민족 구성원을 새로운 나라 만들기의 동력으로 끌어들이려는 포괄적 민족주의가 아니라 민족의 성원을 분열/분리[17]시키려는 배타적 민족주의의 이론적 배경으로 이용당하고 말았던 것이다. 매사를 회의하고 반성하는 문학자가 아니라, 극우적 성향을 지닌 정치가였으면서도 특정 이데올로기에 얽매이지 않고 민족 성원 전체의 안위를 위해 동분서주했던 백범의 행동에 비겨 보아서도 이들 전통주의 문인들의 회의하지 않는 정신은 참으로 안타까운 일이 아닐 수 없다.

사태를 이 지경으로 몰아간 애초의 원인은 민족 문제에 맹목이었던 1930년대 '프롤레타리아 국제주의'가 제공한 측면이 있다. 민족 문제에 대한 상당 수준의 이해를 가지고 있었던 레닌의 경우와 달리 교조적 원칙론에 매달린 스탈린에게 있어 민족은 혁명의 방해물일 뿐이었다. 소련 내에서의 민족주의뿐만 아니라 제3세계 식민지 문제의 해결에 매달린 좌파 민족주의자들의 역할과 가능성까지도 모조리 타도의 대상으로 규정하여 관철시킴으로써 식민 상태의 해결을 위해 노력하던 좌파 민족주의자들의 입지를 형편없이 좁혀버렸다.[18] 그 결과 좌파는 민족 문제에 관심이 없다는 비판에서 자유로울 수 없게 되었던 것이다. 해방기 좌파 대 민족주의의 구도가 이미 이쯤에서 예비 되고 있었던 것이다. 이 '프롤레타리아 국제주의'의 원칙을 그대로 승계한 〈프로예맹〉 측으로서는 당연히 민족이 문제일 수가 없었다. 노동계급 독재에 기초한 '근대 너머'만이 문제의 해결책으로 보였던 것이다. 그러나 이 부분은 굳이 우파들에 의한 공격이 아니더라도 좌파 내부에서 이미 1945년

---

17) 이 '분리' 기제에 대해서는 사까이 나오끼의 『국민주의의 포이에시스』(이규수 역, 창비, 2003, p.110) 참조. 사까이는 이 '분리' 기제를 두고 '부끄러움을 모르기 위한 공상적 장치'라 부르고 있다.
18) 서중석, 위의 글, p.127.

12월경이면 정리가 끝난 사안이었다. 박헌영의 8월 테제에 의해 당시의 정국을 주도할 주체로 '인민'이라는 이름의 다수 대중을 설정함으로써 광범위한 민족 구성원들(친일파를 배제한)이 국가 건설에 참여할 수 있는 논리적 기틀을 다졌기 때문이다. 임화의 '인민성'(비록 노동 계급의 주도성을 전제한 것이기는 하지만) 논의가 이러한 전후 사정을 정확히 반영하고 있었던 것이다.

김기림의 민족주의는 이 지점에서 임화의 논리와 정합한다. 혈통에 기초하든 구성원의 주관적 믿음에 기초하든 간에 민족주의란 민족 구성원 최대 다수의 공동 행복과 선에 기초해야 한다는 이 상식적인 전제에 동의할 수밖에 없었기 때문일 것이다. 그러한 다수 구성원들이 주체가 되는 공동체[19]란 공화주의가 아니면 안 되었을 것이고 따라서 그는 귀족적 특권적 구 계급에 대한 부정으로부터 자기 논리의 출발점을 삼았던 것이다. 그 점에서 그의 민족주의는 발생 시부터 국가주의적 함의를 동시에 내포할 수밖에 없었다. 그가 기회가 있을 때마다 당대 시인 지식인들이 갖춰야 할 최고의 가치관으로 거론하는 '공동체 의식'[20]이라는 용어가 그의 '국가민족주의' 의식을 응결시킨 중핵(中核)이었던 것이다.

4. 「시와 민족」에 나타난 민족주의의 성격

그러나 해방 당시의 감격도 잠시 민족이라는 이름 아래 무조건적으로 대단결을 이룩해낼 줄 알았던 정국은, 전기(前記)했듯이 민족주의를 악용하는 반민족주의자들의 책동에 의해 혼미를 거듭한다. 1947년경에

---

19) 김기림, 「공동체의 발견」, 『시론』, p.206.
20) 「시와 민족」(『시론』)에서도 이 점이 다시 한 번 확인된다.

이르면 김기림은 상식에 기초한 자연발생적 민족주의에 보다 뚜렷한 방향성을 부여해야 할 필요를 느끼게 된다. 그러한 내적 요구에 부응하여 쓴 글이 「시와 민족」이다. 「시와 민족」은 그 점에서 해방기 김기림의 민족주의가 도달한 결론을 요약적으로 제시하고 있는 글이라 할 수 있다.

> 詩人이 感情의 奔流속에서 다시 姿勢를 바로 가추었을 적에 그가 그렇게 熱烈하게 껴안았던 民族 그 속에 反民族的인 要素가 어느새 深刻하게 머리 든 것을 그는 보았다. 이 民族과 그 共同体意識을 지니고나가며 나아가야하던 또 나갈수있는것은 다름아닌 人民大衆이며 人民大衆이야 말로 歷史的 社会의 現実的인 民族의 中枢며 共同体意識의 維持者였던 것이다. 反民族的인 要素를 除外한 연후에 民族全体의 遺漏없는 福利우에 세울 民族의 共同意識과 連帯感의 連棉('連綿'의 오식으로 보임-인용자)한 凝結로서의 우리 民族의 実体였던 것이다. 社会的으로는 自然発生的인 民族에의 拡大로부터 人民에의 再結晶이었으며 民族에 대한 把握이 現実의 試鍊을 거처서 漠然한 観念으로부터 実体에로 醇化昻揚되는 過程이었다. 이것이 八・一五以後 詩人의 世界에 이러난 第二段의 変化요 発展이었다.21)

1947년 이전까지의 민족주의가 막연한 관념에 기초한 자연발생적인 것이었다는 점에서 1단계의 변화라 규정한 다음, 그는 2단계의 변화가 필요함을 역설하고 있다. 그 변화의 핵심에 민족 개념의 변화가 자리잡고 있다. '반민족적 요소'를 제외한 민족의 실체를 '인민 대중'으로 규정하고 있는 것이다. 그는 또한 이러한 재규정이 현실의 시련을 거쳐 도달한 결론임을 말함으로써 막연한 관념이 아님을 힘주어 강조하고 있다. 이는 반민족 행위자 일반이 우익 진영으로 결집해 민족의 이름으로 분열을 획책하는 작금의 사태에 직면해 자신의 포괄적 민족 개념에 일정한 선을 긋지 않으면 안 된다는 판단을 했기 때문일 것이다. 뒤이

---

21) 김기림, 「시와 민족」, 『시론』, p.213.

어 그는 '민족' 개념을 다음과 같이 부연함으로써 그것이 '인민성'의 범주에 드는 것임을 명확히 한다.

> 民族이라는 槪念이 다른 民族의 侵略의 道具로 씨어질때와 또 民族內部의 支配와 被支配 搾取와 被搾取關係를 塗糊('糊塗'의 오식으로 보임-인용자)하기위하야 利用될때 그것은 勿論 反動性을 띠어오는 것으로 峻烈한 批判과 暴露앞에 내세워져야 할 것이다. 그러나 民族의 共同意識을 살려 民族共同의 福利의 實現을 위한 支配와 被支配 搾取와 被搾取없는 全人民的인 民主國家의 建設에 民族의 일흠으로 結束함은 當面한 建國의 革命的武裝으로서 民族의 槪念을 살리는 길이 아닐까?[22]

민족의 개념이 역사적, 현실적으로 여러 범주로 나뉘어 사용되어 오고 있다는 것, 그 가운데서 자기는 왜 하필 인민성의 범주를 민족의 핵심 개념으로 파악하고 있는가를 밝히고 있는 부분이다. 일제가 조선 침략을 정당화하기 위해서 민족의 개념을 사용하기도 했다는 것, 그리고 지금은 우리 민족 내부의 지배 피지배 관계나 착취 피착취 관계를 호도하기 위해 민족의 개념을 빌려 쓰는 일이 있다는 것을 그는 우선 적시한다. 그것을 준열하게 비판하여 그것들이 지닌 반민족성을 폭로하여 민족의 개념을 바로잡아야 한다는 것이다. "支配와 被支配 搾取와 被搾取없는 全人民的인 民主國家의 建設"에 복무하는 것이야말로 참된 민족주의라 부를 수 있다는 뜻일 것이다. 이것이, "全人民的인 民主國家"를 건설하기 위해 '지배와 착취' 계급을 배제해야 한다는 논리라는 점에서 임화의 주장에 연결되어 있기는 하지만, 정작 그가 노동계급 주도성과 인민전선전술이라는 인민성의 핵심까지 수긍했는지 여부를 알 길은 없다. 지배와 피지배, 착취와 피착취 같은 원론적인 어법만을 고수하고 있기 때문이다. 그런 점에서 그의 민족주의 역시 현실의 시련으로부터 수렴된 것이라는 자신의 주장에도 불구하고 시인다운 감수성

---

22) 같은 글, p.214.

이 상상해낸 이상적 민족주의일 가능성이 높다.

현 단계에서는 원론적 맑시즘이 적용될 수 없다는 사실을 알고 부르주아 민주주의 단계의 혁명을 수용한 박헌영-임화의 판단 밑바닥에는 그럼에도 궁극적으로 노동계급 주체의 사회주의 혁명을 완수해야 한다는 근본적 목표 의식이 자리 잡고 있었을 것이다. 하지만 김기림의 논의에서는 이렇게 정치한 현실 분석에 정초한 단계론의 흔적이나 전망을 찾아볼 수가 없다. 해방을 계기로 '상징주의라는 정서의 시대가 가고 낭만주의라는 감정의 시대가 복귀'[23)]했다고 말하는 데서도 알 수 있듯이 그의 민족주의에는 낭만적인 당위론의 성격이 다분히 들어 있었던 것이다.

하지만 낭만적 이상론의 범주로 민족주의를 꿈꾸었다 하더라도, 바로 그 때문에 그의 민족주의가 특정 계급의 이익이나 파당적인 이데올로기에 침윤되지 않고 건강성을 지킬 수 있었다는 점도 기억되어야 한다. 그는 '소유-민족'이나 '귀족-민족'이 아니라 노동자와 농민, 소생산자, 도시 중산층 등 피지배 계급을 망라한 '민중-민족'의 범주를 꿈꾸었다는 점에서 19세기말 동유럽에서 활동했던 사회애국주의자[24)]들과 유사한 생각을 가졌던 것이다. 기왕의 계서(階序) 관계를 깨뜨리고 사회의 수직적 통합을 이루지 않는 한 '전 인민적 민주국가'의 실현이란 한낱 신기루에 지나지 않는다는 원초적 문제의식을 그는 분명히 지니고 있었던 것으로 보인다.

김기림 민족주의가 지닌 또 하나의 중요한 장점은, 민족을 특수성의 영역에로 함몰시켜 이해하지 않았다는 점일 것이다. 통상의 민족주의가 자민족의 특수성만을 강조함으로써 전근대적 충성심이나 원시적 종족주의(Nativism)[25)]로 치달아갔음에 반해 김기림은 그것을 세계사적

---

23) 같은 글, p.215.
24) 임지현, 『민족주의는 반역이다』, 소나무, 2005, p.46.
25) 같은 책, p.82.

보편성의 문제와 끊임없이 연관 지어 사고함으로써 편벽됨을 피해나갔다. "한번 個人으로부터 民族에로 옮겨진 詩人의 立場은 어떻게해서던지 그대로 維持될뿐아니라 더깊이 뿌리박고 터가 잡혀야 할것이며 또 世界史 그것의 發展의 方向에 連이어저야할것"[26]이라는 진술이 이를 잘 보여준다. 그가 말하는 세계사의 발전이란 '근대 너머'로의 전환이 세계사적으로 진행되고 있음에 대한 믿음을 드러내는 동시에, 민족 안에서의 개인의 위치에서 유추되듯이 세계를 구성하는 각 민족들의 행복과 정의가 최대로 실현되는 진보에 대한 믿음을 드러내고 있는 것이다. 1930년대에는 서구 문명의 진보에 경악한 모더니스트의 입장에서 조선의 지둔성(遲鈍性)을 비판했다면, 이제는 조선 역사의 현장에서 출발하여 세계사의 흐름을 전망하려는 태도를 드러내고 있다. 이런 인식의 역전은 문학에 대한 태도에도 고스란히 반영되어 "…民族의 立場에서 붙잡는 民族的主題는 다시 大衆의 말에 通하는 새로운 文體를 具備하므로써 真正한 民族의 詩는 確立될 것"[27]이라는 내용 중심론으로 귀착된다. 「모더니즘의 역사적 위치」에서 보여주던 모더니즘 우선론이라는 계기적 문학사 인식이 깨끗이 불식된 것이다.

5. 맺음말

해방기 조선에서 무엇보다 필요했던 것은, 국가주의도 정신만의 민족주의도 아니었다. 민족과 국가를 동일선상에서 동시에 밀고나가는 논리의 개발이 무엇보다 절실한 과제였다. 소수의 반민족 지배 계급을 배제한 다수 민족 구성원들을 하나로 묶어줄 이데올로기의 개발과 전파가 최대의 급선무였던 것이다. 일제라는 이민족 강점의 상황을 겪고

---

26) 김기림, 위의 글, p.217.
27) 같은 곳.

난 직후였기에 민족주의라는 이데올로기가 이 자리에 가장 적역(適役)이었음은 두말할 나위가 없다. 김기림은 시인다운 열정과 직관으로 이 해방기 민족주의의 바른 길을 모색한 대표적 문학인이었다.

그의 민족주의론이 당대 상황에 대한 인식이나 민족의 범주 설정 등에 있어 임화의 인민성론과 많은 부분에서 겹치는 것은 사실이다. 하지만 그가 노동자 계급 근본주의에 기초하여 '인민-민족론'을 정초했다는 흔적은 발견되지 않는다. 그보다는 낭만적이고 이상론적인 차원에서, 즉 그토록 우리 민족이 바라마지 않던 민족 해방이 이루어졌으니 우리 민족 최대 다수가 주인이 되는 새로운 나라 건설에 매진해야 할 책무가 지식인인 자기에게 있다는 당위론의 차원에서 선택된 논리일 가능성이 높은 것이다. 따라서 그의 민족주의는, 해방기의 그가 급진 좌파로 사상을 전향하여 〈문학가동맹〉의 열혈 분자가 되어 고안한 것이 아니라, 해방 이전부터 견지하고 있던 논리의 연장선상에서 안출(案出)해 낸 산물로 인식되어야 할 것이다. 그는 끊임없이, 세계사의 보편적 흐름이라는 입장에 서서 조선의 특수한 현실을 조정해보려 했던 거대 담론의 담지자였다. 그의 문학적 전 생애를 꿴 동일 원리가 바로 이것이라는 점에서도 그는 어쩔 수 없는 모더니스트라 하겠다.

물론 그가 일제말의 몇 년간을 근대의 파국에 대한 징조로 읽었다든지, 해방 정국을 두고 진정한 의미의 '근대 너머'를 실현할 절호의 기회로 여겼다든지 하는 부분을 두고 거대 담론에의 맹신이 얼마나 우스꽝스러운 결과를 빚는지를 잘 보여주는 증거로 삼아 웃어넘길 수도 있다. 하지만 그가 스스로 안출한 원리나 논리를 검증하기 위해 온몸을 기투한 실천적 시인 지식인이라는 사실까지 웃음거리가 되어서는 안 될 것이다. 특히 그가 마지막으로 온몸을 던져 복무하려 했던 대상이 최량의 민족주의이고 보면 그의 선택과 역사적 소멸 과정에 대해서는 최소한의 예우가 필요하다는 점을 인정해야만 한다. 아직 제대로 된 의미의 '근대'도 '민족주의'에도 미달인 채 남북 분단의 반세기를 넘기고 있는

오늘을 생각한다면, 민족에 대해 던졌던 그의 질문이 오히려 새삼 뼈아
프게 되새겨져야 하는 것은 아닐까. 그 점에서 김기림은 여전히 한국근
대시문학사의 현재진행형이라고 할 수 있다.

1960년대 시와 『한국전후문제시집』

1. 『해방 문학 20년』에 비친 한국시

1971년 정초에 〈한국문인협회〉는 당대 최고의 출판사였던 정음사를 통해 『해방 문학 20년』이라는 책자를 세상에 내놓았다. 이 책은 몇 가지 점에서 문학사가들의 시선을 끄는 바가 있는데, 그 첫째가 왜 하필 '해방문학'인가 하는 점일 것이다. 우리 근대문학의 기점을 최대로 늦잡아 1910년경으로 보더라도 5-60년의 연한을 헤아리는 마당에 굳이 채 20년밖에 되지 않은 해방 이후의 문학만을 의미화 하는 의도가 무엇인가를 따져 보게 한다. 필자는 〈한국문인협회〉라는 책의 간행 주체에서 그 이유를 찾을 수 있다고 생각한다.

두루 알려진 바이긴 하지만 그래도 잠시 〈한국문인협회〉(이하 〈문협〉으로 줄임)가 어떤 단체였던가를 살펴보자. 1948년의 정부 수립으로 문단의 대립 구도가 일거에 해소되고, 다양한 함의의 민족문학이라는 기치가 전통 내지는 '생의 구경적 형식'이라는 정신주의로 귀일된 시점인 1949년 12월에 태어난 단체가 바로 〈문협〉의 전신인 〈한국문학가협회〉였다. 외면적으로는 〈전조선문필가협회〉와 〈중앙문화협회〉, 〈조선청년문학가협회〉의 발전적 해소, 통합으로 비쳤지만 기실은 소장 〈청문협〉 문인들이 중심에 선 흡수 통합의 성격이 짙었다. 〈청문협)이야말로 〈문필가협회〉의 모호한 정체성 및 행동 없음에 일종의 반기를 들고 나왔던 단체가 아니었던가. 이들 소장 문인들은 해방기의 세칭 좌우 대립의 현장에서 통합이나 포용의 의미가 아니라 선택과 배제의 의미로 '민족'이라는 이름을 전유(專有)하는 한편, 일찍부터 이승만의 단정론에 힘을 보탬으로써 새 나라 건설에 중차대한 기여를 했음이 사실이고 보면, 〈문학가협회〉 안에서의 지분 요구는 어쩌면 당연한 것일 수도 있었다. 특히 그들에게 중요한 것이 문학의 장(場)이 아니라 문단(文壇)이라는 헤게모니의 장(場)[1]이었기에 〈한국문학가협회〉는 지분이나 주도권을 둘러싼 내연(內燃)의 소지를 출발부터 안고 있을 수밖에 없었다.

여기에 기름을 부은 것이 휴전 직전 임시 수도 부산에서 열린 국회였다. 전시 국회가 뜬금없이 소위 〈문화보호법〉(법률 제 248호, 1952년 8월 7일)을 제정, 공포했는데 그 주 내용이 학술원과 예술원 설립의 건이었다. 이에 따라 〈문화인 등록령〉이 공포되고 자진 등록한 문화인들의 투표에 의해 초대 예술원의 회원을 정한다는 것. 따라서 예술원의 회원이 되고 아니 되고는 문학인으로서의 그간의 업적 정도가 아니라 문단 내에서의 세력이 얼마나 되는가에 달려 있었다. 참으로 한심한 노릇이지만 그 이후의 역사는 〈문화보호법〉이 가리키는 방향으로 흘러갔고, 당연하게도 김동리, 유치환, 서정주, 조연현 등의 3,40대 원로(!)가 주축이 된 예술원을 탄생시켰다. 이는 곧 전쟁 전후 한국의 문학적 구심점이 어디인가를 명확히 보여주는 사건이 아닐 수 없었다. 이에 반발해 비 〈청문협〉권의 원로 및 중진들이 협회를 탈퇴해 따로 문학인 단체를 만드니 이름하여 〈한국자유문학자협회〉였다. 김광섭, 이무영,

---

1) 대표적 논객인 조연현의 문학사가 백철의 사조사보다 한층 조악한 문단사의 범주로 좁혀든 것임은 이미 여러 차례 지적된 바 있다. 대표적인 논의로는 최원식의 「민족문학의 근대적 전환」(민족문학사연구소, 『민족문학사강좌.하』, 창작과비평사, 1995) 참조.

모윤숙, 이헌구, 이하윤, 김기진 등의 원로들이 그 면면이었으니 두 단체 간에는 확실히 대조되는 바가 있었다. 〈자유문협〉이 〈문학가협회〉와 분리될 때 표면적인 구실로 내 건 것은 '친일' 문제였지만 그것은 허울일 뿐, 초점은 정확히 예술원 설립으로 촉발된 새 정부에서의 지분 확보 문제에 놓여 있었던 것이다.[2]

그런데 5.16으로 정권을 찬탈한 군사 정부는 문학인들의 이러한 분열을 용납하지 않았다. 일사불란한 통제를 본질로 하는 군인들의 속성에 따라, 정부는 모든 사회 및 문화단체에 대해 동일 분야에는 단일 단체만을 허용하고 등록된 단체 외에는 모두 불법으로 규정한다고 압박하기 시작했다. 이 서슬에 〈자유문협〉과 〈문학가협회〉는 자진 해산의 형식을 거쳐 〈한국문인협회〉, 소위 〈문협〉으로 통합되기에 이른다. 결국 '문학가'가 '문인'으로 변했을 뿐 그 실에 있어 변한 것은 아무 것도 없는 셈이었다. 고스란히 1949년 단계로 회귀한 채, 오히려 군인들이 나서서 문단의 기성 권력을 승인하는 참담한 꼴을 낳고 말았던 것이었다. 하긴 문학의 진정한 본질이나 성격에 대해 철저하게 고민하지 않고, 애초부터 정치적인 편들기를 통해 분단된 나라를 세우는 일에 힘을 보태고 〈문화인 등록령〉을 받아들여 스스로를 국가 기관에 등록했으며 또한 그 중심으로 나아가기 위해서 고군분투해 왔으니만치, 다시 한 줄로 서라는 군인들의 요구를 스스럼없이 받아들인다고 해서 무리일 것은 없었다. 문제가 있다면 그러한 문학인들의 작품 활동들이 우리 민족이나 사회가 높이 떠받들어야 하는 표준으로 자리 잡아 광범위한 영향력을 행사했다는 사실일 뿐.

그리고 1965년, 해방 20년을 맞았다. 〈문협〉은 연간 소설집과 시집을 연달아 묶어 냈지만 그에 더해 자신들이 주도해 온 20년의 활동을 기록으로 남길 필요를 느꼈던 것 같다. 그 필요에 부응해 〈문협〉의 역

---

[2] 〈자유문협〉 구성원들 중 상당수도 이 문제에서 자유로울 수 없었기 때문이다. 가령 모윤숙 같은 이가 대표적인 경우라 하겠다.

량이 총 결집된 결과가 이『해방 문학 20년』이었다. 당대 유일의 문학인 단체가 펴 낸 이 책은 따라서 거의 법령에 가까운 정전성(正典性)을 지닐 수밖에 없었을 것이다. 『해방 문학 20년』을 관류하는 문학 정신을 좀 세밀히 들여다보려고 하는 소이가 여기 있다. 해방 후 20년을 관철시켜온 〈문협〉의 문제의식과 그 향배(向背)를 따지는 일이야말로 1960년대 한국 시문학의 위상 점검에 필수적 선결 과제가 될 것이기 때문이다.

이사장 박종화의 서문과 편집위원[3])의 후기에 더해 총 5부로 구성된 『해방 문학 20년』(이하『20년』이라 함)은 1부에서 각 장르별 문학사를 정리하고 2부에서는 한국전쟁과 문단의 관련사를, 3부에서는 각종 단체들의 연혁과 동향을, 4부에서는 문예지들의 성격과 변천을, 5부에서는 20년간의 작품 목록을 제시함으로써 해방 후 한국문학의 총제적인 상을 그려보고자 한 흔적이 역력하다. 다소 투박하게나마 이 책을 꿰고 있는 원칙을 정리해 보면 다음의 몇 가지가 된다. (1) 조선문학이나 민족문학이 아니라 한국문학이야말로 문학인들이 마음 속 깊이 추구해야 할 유일한 목표라는 전제, (2) 그에 따라 해방 이전 문학사와의 차별화를 필수적으로 받아들이는 태도, (3) 이러한 차별화 전략의 수행 작업에는 철저히 문단사적 감각이 밑받침 되고, (4) 〈문협〉 정통파, 곧 〈청문협〉의 문학 정신이 이 문단사 감각의 핵을 이룬다는 사실이다. 이러한 원칙의 밑바탕에는 해방기 〈문학가동맹〉으로 수렴되었던 리얼리즘과 모더니즘 문학론이 더 이상 문학사의 주류일 수 없다는 판단을 지나 아예 그러한 문학론 자체나 그 흔적조차도 폐기 처분의 대상일 뿐이라는 철저한 배제의 원리가 작동하고 있다는 것을 알 수 있다. 해방 이전 문학과의 연속성을 언급하는 순간, 〈청문협〉과 대립각을 세웠던 타자들을 문학사 서술의 전면에 어떤 형태로든 호명해 내야 한다는 점에

---

3) 곽종원, 김동리, 모윤숙, 박영준, 박종화, 이종환, 조연현 등 7인.

『20년』의 근원적 고민이 있었던 것이다. 길든 짧든 다섯 손가락 모두를 다루는 것이 문학사적 의식이라면 잘 생긴 긴 것 하나만을 챙기려는 것은 우승열패의 문단사적 감각에 다름 아니다. 국가보안법(1948.12)과 반공법(1961.7)의 역할이 결코 작았다고 할 수는 없겠지만 그러한 법 조문의 세부가 사실(史實)을 다루는 문학사 서술의 방향까지 구체적으로 지시하지는 않았을 것이기에 엄연한 문학적 사실의 의도적 폐기는 〈문협〉 정통파들의 자의적 판단에 의한 자기 검열의 결과일 것이다. 이를 일러 '사회적 실어증'이라 불러볼 수는 없을까?[4)]

시로만 한정하여 좀 더 들여다보자. 『20년』의 핵심이라 할 1부 첫머리에는 조연현의 도저(到底)한 문단사 개설이 펼쳐지고 정태용의 소설 부문 서술이 뒤따른 다음에 미당의 시 부문 개관이 이어지고 있다. 철저한 문단 패권주의자 조연현[5)]과 그 아류 정태용과 달리 미당은 자신들이 처한 딜레마를 분명히 알고 있다는 점에서 그 급(級)을 달리 한다. 그가 담당한 것이 해방 후 시사(詩史)의 개괄임에도 전체 지면을 해방 전과의 비교 대조로 채우고 있음은 그의 문학사적 자의식을 잘 드러내는 대목이라 하겠다. "質的으로 봐서 解放前의 시가 나으냐, 解放後의 시가 나으냐?"[6)] 하는 질문을 가끔 받는다는 미당의 모두(冒頭) 발언은, 실제 그가 받은 질문이기도 하겠지만 그의 자의식이 스스로에게 대답을 요구하는 문제 제기로 번역하는 것이 옳아 보인다. 정지용과 임화, 김기림, 오장환, 이용악 등 선배로 후배로 혹은 라이벌로 어깨를 겨루던 뭇별들을 저만치 밀쳐버리고 오롯이 홀로 남겨진 것을 발견했을 때,

---

4) 이 문제는 2장에서 다시 살펴볼 것임.
5) 조연현의 해방문학사 서술이 문단사 중심임은 물론이다. 〈문협〉의 설립 과정과 이후 모든 예술 단체가 〈예총〉으로 수렴되는 과정을 서술하는 가운데서도 조연현의 관심사는 문학 주도권의 확립에 가 있다. 한국의 근대 문화 수립에 있어 문학이 가장 중요한 역할을 해 왔으므로 그 결실인 〈예총〉 내에서도 문학이 그 주도권을 행사해야 한다는 것, 그런데 현실은 그렇지 못하다는 것이 그의 논지의 핵심이다.
6) 한국문인협회 편, 『해방 문학 20년』, 정음사, 1971, p.35.

그리고 그렇게 홀로 걸어온 길이야말로 올바른 선택이었다고 많은 이들에게 해명해야 할 때, 미당은 자신의 시업(詩業)이 시작된 언저리를 훑어보지 않을 수 없었을 것이다. 그러나 해방 전 시사(詩史)에 대한 그의 부채감은 그가 해방 전의 시를 잊지 않고 있음 혹은 잘 알고 있음을 시사하는 차원에서 그친다.

　양과 질을 기준으로 해방 전후의 시를 비교 평가하는 것은 무의미하다는 전제[7] 아래 각각의 특징을 따져보았을 때, 미당은 해방 전의 시들이 전체적으로 너무 주정적(主情的)이었다는 것, 그것도 너무 슬픔의 정서에 매달려 있었다는 점을 지적하는 한 마디로 평가를 대신한다. 그리고는 구체적 전개 과정이나 시정신의 조류들에 대해서는 일언반구도 보태지 않고 곧바로 해방 후 시단의 평가로 이행해 버린다. 그가 보기에 해방 후의 시들은 해방 전에 비해 주지적이며 신선한 장점을 지닌다는 것이다. 특히 새로이 출발하는 젊은 시인들의 경우 거개가 이러한 흐름에 서 있음을 밝힘으로써 해방 이후, 특히 전쟁 이후 시단의 주된 흐름이 자신의 기대와 달랐다는 사실을 드러낸다. 뒤이어 미당은 많은 지면을 이 주지적 시 경향이 지닌 문제점을 논파하는데 할애함으로써, 말은 새롭다고 환영했지만 그 '새로움'을 그대로 받아들일 수 없는 불편한 심기를 고스란히 노출하고 있다. 우선 그가 보기에 이 주지적 시 경향은 그 입각점이 지나치게 서구적이라는 것 그리고 그들의 시어가 지나치게 추상적이고 관념적인 〈意味의 시〉에 그쳐 있어 난해하다는 것이다.

　　"해방 직후 五, 六年을 제외한 六·二五 사변 이후의 新人들의 詩에서
　　는, 우리는 현저한 知性重視의 傾向을 보아왔다. 더구나 最近에 있어,
　　이 나라의 多數 新人들의 詩가 主知的 性向을 가지고 있는 것은 너무나

---

7) 시란 질과 양으로 우열을 가릴 수 있는 물품의 퇴적이 아니고 각기 장단점을 갖는 절대치이기 때문이라고 그 이유를 밝히고 있다. 속류들과 차별되는 미당의 안목이 빛나는 지점이 아닐 수 없다.

뚜렷한 일이다."(『20년』, 37쪽)

　"최근 몇 해 동안에 두드러지게 그 性格化를 하고 있는 ---적지 아
니 危險視되는, 이곳 독특한 主知主義의 한 表現을 또 世稱 <意味의
詩>라는 것들의 一般的 通用例에서 우리는 볼 수 있다."(『20년』, 38쪽)

　이런 지적의 끝에, 그는 해방 이후의 시단이 본받아야 할 전범으로
김영랑과 세칭 청록파 삼가 시인들의 작품을 앞에 내세우기에 이른다.
당연히 해방 시단의 최고 시인은 이들의 뒤를 잇는 박재삼이라는 것이
다. 마침내 미당은, 이들 전통파 시인들이 그려낸 시세계가 비록 "미세
하고 구석진 情緒의 가는 획들을 그리는 데는" 미진하지만 그러한 정서
에 "自由詩로서의 形式美를 알맞게 주는 데 성공"했던 점을 잊어서는
안 되며 향후의 한국시는 이러한 성과를 계승하여 새로운 '정형시'를
만드는 일에 매진해야 한다는 희한한 논리로 해방 20년간의 시문학사
개괄을 마감하기에 이른다. 어느새 <문협> 정통파 효장(驍將)의 자리로
돌아와 있는 것이다.

　사실 미당과 같은 혜안(慧眼)이 해방 후 시문학판이 보여준 이 미묘
한 흐름, 즉 자기류의 논리를 최상의 것으로 만들어 문단을 장악하는
데는 성공했지만, 새로이 문단에 나오는 시인들 대부분이 그 사실을
외면하고 소위 주지적 <의미의 시>로 달려가는 이 현상이 의미하는
바를 몰랐을 까닭이 없다. 아무리 막으려 해도 시대의 주된 흐름은 이
미 근대주의 쪽으로 기울어 있다는 것, 해방 후의 그것을 '현대적'인
것이라 해서 해방 전의 '근대적'인 것과 차별화 하려 해도, 결국 그 뿌리
가 김기림이나 임화에 닿아 있다는 사실을 미당이 정말 몰랐다면, 그것
은 서글픈 일이다. 천하의 청맹과니 하나를 문학 동네의 대통령으로
떠받들어 온 셈이 되니 말이다. 사실 미당도 슬쩍 그것을 흘려 놓긴
했다. 해방 이전에 주지적 흐름이 김기림에 의해 시도된 적이 있다는
사실을 지나가는 말인 양 언급하고 있으니까. 그러나 그뿐, 미당은 해
방 20년의 저 도저한 주지시 쪽으로의 경사를 김기림에 연관 짓는 일은

결코 하지 않는다. 과거사 전체를 뭉뚱그려 괄호 침으로써 문학사의 살아 있는 전통을 끊고는 문득 영원이라는 이름의 새로운 '전통'을 문학사의 전면에 들이밀고 있는 것이다.

2. '사회적 실어증'과 한국 문학

구조 환원주의자 야콥슨은 임상심리학의 연구를 바탕으로 실어증의 두 유형이 언어 구조의 궁극적 두 양태에 대응된다는 논리를 편 바 있다. 은유와 환유로 명명된 이 두 유형이 각각 시와 소설이라는 문학 장르의 구조적 모형이라는 것이다. 물론 이러한 결론이 야콥슨에 의해 어느 날 문득 빛을 보게 된 것은 아니고 서구 문학의 오래된 전통인 수사학의 논의들에 많이 빚고 있는 것이 사실이다. 이러한 입론이 보여준 성과는 성과대로 수용 혹은 적용될 필요가 있지만 문제점에 대해서는 수정과 보완이 필요하다. 야콥슨 입론의 가장 큰 문제점은 실어증 문제를 순전히 개인적인 차원에 국한해서 이해하고 있다는 점일 것이다. 그가 원천적으로 기댄 심리학 자체가 개인 내면의 발견 단계를 지나 집단이나 사회적 변인과의 영향 관계를 심중하게 고려하고 있는 점을 염두에 둔다면, 언어 구조를 순전히 개인적 질병의 문제로 환원해서 이해하는 일은 재고되어야 할 필요가 있다. 어쩌면 야콥슨은 일제 강점이나 군부 독재 하의 한국 사회처럼 국가 혹은 민족 단위로 자행된 광범위한 억압 현상을 경험하지 못했기 때문에 이러한 문제를 간과했을 수도 있다. 하지만 우리는 사회적 금기와 압제에 의해 한 사회 전체 구성원의 언어 현상이 심각하게 왜곡될 수도 있음을 알고 있다. 손쉬운 예로 검열과 자기 검열의 반복이 어휘 체계에 낳은 이상(異常) 현상을 꼽을 수 있지 않을까. 가령 6,70년대만 해도 생활어에 가깝던 '동무'라는 어휘가 이제 더 이상 남한 사회에서 통용되지 않는다는 사실 혹은 유길준의 『서유견문』 단계에서는 '국민'의 자리에 '인민'이라는 어휘가 뚜렷이 대응되었음에도, 어느 사이 아무도 그러한 어휘를 사용하고 있지 않음이 그 좋은 예일 것이다. 이를 두고 폭넓은 의미에서의 '사회적 실어증'이라 불러볼 수 있겠다.

일차적으로 사회적 실어증은 외부 요인이 작동하여 특정 현상이나 이념, 나아가서는 그에 관련된 어휘 자체에 대해 언급하기를 회피하는 기제라고 정의할 수 있겠다. 그런데 분명히 있었던 사실이나 현상을 말하지 않는다는 그 자체가 언어 체계의 심각한 왜곡이라 할 수 있지만, 거기서 그치지 않고, 말할 수 있는 나머지 현상을 부풀려, 말할 수 없는 것들의 표면적 공백을 메우려 들게 되면 더 심각한 왜곡이 뒤따른다는 점에서, 이는 참으로 문제적이지 않을 수 없다. 『20년』이 지닌 문학사 서술의 문제점은 고스란히 이와 관련되어 있다. 객관적으로 존재했던 과거는 의도적으로 단절시키고 현재 자신들이 서 있는 입지점이 문학사의 전체적 현상이라는 믿음을 강제하려는 이 과대망상의 밑바닥에는 아주 광범위한 층위에서 사회적 실어증이 작동하고 있었던 것이다. 다행(?)한 것은 언어적 동물로서의 인간, 특히 문학이라는 언어 최고의 사용 가치를 끌어낼 줄 아는 인간은 이러한 상황을 끝까지 수동적으로만 받아들이지는 않는다는 사실이다. 언어적 본능은 금제가 된 상황이나 생각을 표출할 방안을 어떤 형태로든 찾게 마련이다. 썩 적절하지는 않지만, 비유컨대 '임금님 귀는 당나귀 귀'라는 우화적 상황이 초래되는 것이다. 은유라는 발화의 존재 가치는 세계를 단번에 대체하는 그 유일성에서 찾아져야 하는데, '당나귀 귀'라는 은유는 한 번이 아니라 뭇 사람들의 입으로 반복 발화되는 환유적 상황으로 옮아감으로써 마침내 진리치를 현현한다. 이를 두고 '환유적 은유'[8]라 불러볼

---

8) 물론 '은유적 환유'라는 항목의 설정도 가능하다. 7,80년대의 노동소설(환유)은 궁극적인 지향점을 감춘 발화라는 점에서 은유적 성격을 늘 노정하고 있었다. 어쩌면 단편소설이라는 양식 자체의 성격이 그러한지도 모르겠다. 보다 미세한

수 있지 않을까. 말할 수 없다는 일차적 왜곡이 마침내 언어 구조의 하나로 실현되는 장면인 것이다. 이로써 사회적 실어증이라는 술어로 집단적 병리 현상에서 유래한 한국문학의 독특한 현상 하나를 지칭할 수 있게 되었다.

　1930년대 그토록 많은 시인들이, 혹은 한 시인이 반복하여 고향을 노래한 현상은 분명 은유만으로는 설명되지 않는 복잡성이 개재되어 있기 때문에 문제적이라고 할 수 있다. 고향의 메타포가 단 한 번의 대체만으로는 결코 다다르거나 드러낼 수 없는 어떤 거대한 비원(悲願)에 닿아 있었기에 그토록 자주 반복 변주되었던 것이다. 그리고 그 비원은 결코 입 밖으로 소리 내어 말할 수 없는 것이었다. 말해야 하는데 말할 수 없게 만드는 사회적 금제에 묶였을 때 시인들은 집단적이고 환유적인 방식으로 은유를 구사했다. 해방 이후 이 땅에 등장한 젊은 시인들의 경우에도 유(類)는 다르지만 결과가 같은 금제를 경험할 수밖에 없었다. 자기들 문학 공부의 스승이자 역할 모델이었던 다수의 시인들을 입 밖에 내거나 그들과의 수수(授受) 관계를 밝혔을 경우 돌아올 불이익은 너무나 명확했다. 중세적 지둔(遲鈍)을 벗어버리고 근대정신으로 무장할 것을 권고했던 임화나 김기림류의 문제의식에 대다수가 공감했지만 그들을 아버지나 형이라 결코 부를 수 없는 홍길동적 상황에 봉착하고 말았던 것이다.[9] 특히 현실 지향의 리얼리즘적 시정신을 운위하는 일은 곧바로 불온(不穩)에 연결되었기에 금제의 강박이 특히 심할 수밖에 없었다. 그러니 그나마 그들이 의지 삼아 나아갈 수 있는 방향은 김기림류의 근대주의, 그것도 해방 이후의 기림이 아니라 해방 전 감상주의나 편내용주의에 맞서기 위해 감각과 언어를 앞세우던 기

고찰이 필요한 부분이다.
9) 한참 뒤의 일이고 결과적으로는 사상적 거리가 많이 벌어져 있음이 밝혀지긴 했지만, 이어령 같은 비평가의 출발점조차도 '애비 없는 세대'라는 자기정의로부터였다는 사실은 사회적 실어증의 강도를 잘 보여주는 예라 하겠다.

림의 길이지 않으면 안 되었던 것이다. 미당이 『20년』에서 힘주어 부정하려 했던 〈의미의 시〉란 바로 신진들의 이러한 선택을 규정하는 문학사적 술어였던 셈이다.

그런데 사회적 실어증의 구조화로서의 신인들의 선택은 그 출발부터 아류로 전락할 가능성을 이미 안고 있었다. 기림이 생애를 걸어 도달했던 저 종합의 정신 곧 '특수한 조선 현실을 비판적으로 형식화하는 언어'라는 근대주의10)가 아니라 오로지 '보편이라는 이유로 선택된 공허한 문명 비판의 언어'로서의 근대주의를 자신들의 입각점으로 했기 때문이다. 이미 임화에 의해 그 공소성(空疎性)이 판명 난 서구지향성을 하릴없이 '의미'라는 이름으로 붙들고 있는 형국이었던 것이다. 미당의 지적이 가리키는 바도 바로 이 부분일 것이다. 의미라고는 했지만 거기 담을 고갱이는 증발하고 주지(主知)라는 탈을 쓴 추상적 관념어만이 촉루(髑髏)처럼 빛날 뿐이었다. 〈청문협〉 계열의 주정주의(主情主義)를 인정할 수 없어 〈의미의 시〉를 선택했지만, 정작 해야 할 이야기를 담을 수가 없을 때 시어는 점점 더 난해(難解)의 길로 치달아 갈밖에 없었을 것이다. 속이 비었다는 것을 감추기 위해서는 점점 더 요란하게 포장을 할 필요가 있었다. 남는 것은 한갓 제스처. 〈후반기〉가 단 한 권의 동인지도 한 줄의 선언문도 남기지 못한 채 이 다방 저 다방을 전전하며 안티-전통주의라는 말만 하다가 사라져 간 것이 그 좋은 예다.

〈후반기〉 동인들이 개별적으로 남긴 시들을 들여다보면 사회적 실어증으로서의 환유적 은유라는 것이 어떤 모양새를 하고 있었는지 쉽게 확인할 수 있다. 〈후반기〉의 리더 격이었던 김규동의 경우가 대표

---

10) 해방 전후 문학사에서 김기림만큼 진지하게 자신의 문학정신을 다듬어 갔던 시인은 흔치 않다. 인문 정신은 현실적 실천만으로 검증된다는 원칙으로 보아도 그의 분투는 값진 바 있다. 그는 자신의 변화된 가치관을 관념만에로 해소시키지 않고 구체적 현실 행위를 통해 검증하려다가 문학사의 심연 속으로 사라져 갔다는 점에서 참된 시인의 운명이 무엇인가를 곱씹어 볼 수 있는 좋은 보기다.

적인데, 이 시기 그의 시에서는 시로서의 개별성을 찾기가 쉽지 않다. 어슷비슷한 내용들의 나열에 가까워 제목들을 바꿔 붙여도 무방하리만치 동어반복적인 진술에 매달리고 있는 것이다. 개별 시인들의 작품을 비교해 보아도 사정은 마찬가지여서, 좀 심하게 말하자면 작가를 바꿔 놓아도 달라질 사정이 없을 정도다. 개별 시편들은 모두 '도시 혹은 근대 문명의 어둠'을 은유하고 있지만 그 은유들이 끝없이 반복됨으로써 환유의 구조를 형성하고 있는 것이다. 월남 시인들의 경우는 사정이 좀 더 복잡한데 그들에게는 '제대로 말할 수 없게 만드는 유다른 조건'이 또 하나 부가되기 때문이다. 이를 두고 김윤식은 'LST 의식'[11]이라 불렀거니와 박남수 같은 당자는 '삼팔따라지 의식'이라 자조적으로 고쳐 부르기도 했다. 공산주의 이데올로기가 싫어 남하했으나 남한에서의 삶도 만만찮았던 것이다. 아마도 드러내 놓고 '남한 사회도 틀렸다'고 말하고 싶었겠지만 삼팔따라지였던 그들은 그럴 수가 없었다. 비슷하게라도 그렇게 말해 보려 한 유일한 경우가 최인훈일 것인데, 그조차도 주인공 이명준을 남도 북도 아닌 난바다 한가운데 빠뜨려 버린다. 이것은 문학을 통해 무언가를 말하고 싶었던 월남 문학인들의 운명이 얼마나 엄혹한 것이었는지를 잘 보여준다.[12]

사정이 이러한데도 "一九五四, 五年을 前後한 時期부터 一九六〇年을 前後한 이 時期는 우리 文壇이 歷史上 類例를 볼 수 없었던 盛況 속에서, 本格的인 創作活動이 가장 旺盛한 時期였다고 말할 수 있다."[13]라고 단언하는 조연현의 진술은 도무지 요령부득이 아닐 수 없다. 아마도 단순

11) 김현·김윤식, 『한국문학사』, 민음사, 1973, p.234.
12) 월남 시인들의 문제에 대해서는 고를 달리 하여 살펴볼 예정이다. 사실 한국 전쟁 이후의 한국 문단은 월남 문인들이 주류가 되어 끌고 간다. 특히 소설 쪽은 이런 경향이 더욱 강하여 흔히 전후 문제 작가로 분류되는 대부분이 월남 작가들이다. 시도 이와 크게 사정이 다르지 않은데도 그 동안의 연구에서는 이 부분이 다소 소홀히 다루어진 감이 없지 않다. 특히 80년대 이후 붐을 이룬 월북문인연구에 비기면 사세는 다소 한심한 형편이다.
13) 『20년』, p.24.

히 통계적인 수치로만 문학의 성쇠를 이해한 결과가 아닌가 짐작될 뿐이다. 실상은 이와 달리, 무언가 말해야 할 것이 있음에도 제대로 말하지 못하는 상황 즉 전(全)문단적 실어증의 시대가 1950년대라고 보는 것이 옳을 것이다. 시단(詩壇)으로 눈을 돌려 보면, 이러한 상황을 중점적으로 밀고 온 주체가 미당이며 그 시발점이 된 작업이 사화집 편찬이었다. 국가민족주의가 부과하는 규율을 문학을 통해 전파하려는 목표가 미당이라는 〈문협〉 정통파를 만남으로써 전통주의나 민족주의적 담론을 중심으로 해체, 재구성되었던 것이다. 문제는 배제의 원리를 바탕으로 편집된 미당의 이 사화집이 당대 이후 구체적 교육 현장에서 하나의 전범으로 뚜렷이 자리 잡는다는 점이다. 무언가 문학사적 대응이 절실한 마당이었다.

3. 『한국전후문제시집』의 문제성

① "해방 이후 1950년의 한국동란까지의 左右翼論爭과 동란 이후의 공산주의 혐오증세는 역사를 총체적으로 관찰하는데 많은 장애를 일으키게 한다. 민주주의와 사회주의 그리고 민족주의에 대한 원초적인 고찰 없는 이데올로기 싸움은 국가가 그 구성원을 인간답게 살게 만드는 터전이라는 사실의 확인에서 오는 비평과 반성을 불가능하게 만들고, 生存하며 살아남아야 한다는 샤머니즘적인 生存思想으로 그 구성원들을 이끈다."(김현·김윤식, 『한국문학사』, 민음사, 1973, p.230.)

② "식민지 치하에서부터 해방이후에까지 활약한 중요한 작가들의 이데올로기 선택 문제는 간단하게 해결될 수 있는 문제가 아니다. 그것이 완전히 밝혀지기 위해서는 더 많은 資料가 公刊되어야 하며, 그것을 자유롭게 다룰 수 있는 정치적·사회적·문화적 환경이 조성되어야 한다. 많은 수의 작가들에 대하여 評價를 유보할 수밖에 없는 것은 그것 때문이다."(같은 책, p.284.)

『20년』과 불과 2년의 시차를 두고 간행된 『한국문학사』 저자들은, 분단이 당대 문학인들로 하여금 식민지 시대 문학인들이 느끼지 못한 새로운 억압체를 경험케 한다는 전제 아래 한국문학사의 문제점을 위와 같이 진단하고 있다. ①이 〈문협〉 정통파 문학정신의 편재(遍在)가 야기할 위험성에 대한 경고라면 ②는 해방 이후의 역사 전개 과정에서 문학사의 배면으로 밀려나버린, 그러나 결코 밀쳐 두어서는 안 되는 문학인들에 대한 고려이자 고민이라는 사실을 쉽게 짐작할 수 있다. 〈문협〉이 화려하게 포장했던 『20년』의 성과가 문학적 사실과는 많이 다를 수 있음에 대한 본격적이며 공식적인 거의 최초의 지적이라는 점에서, 이 책의 중요성은 오늘날에도 결코 낮게 평가될 수 없다. 그런데 한국문학사에 가해진 외압과 그것의 제거 필요성을 제기하고 있는 이들 필자들조차도 사실상 그 억압에서 전혀 자유롭지 못하다. "정치적·사회적·문화적 환경이 조성"되어 있지 않기에 그들도 에둘러 말할 수 있을 뿐인 것이다. 1970년대의 사회적 실어증세가 이러할진대 1960년대의 그것은 가히 미루어 짐작할 수 있지 않을까. 『한국전후문제시집』은 바로 그 1960년대 시문학사의 복잡성을 묵묵히 증언하는 책이라는 점에서 주목에 값한다.

　『한국전후문제시집』(이하 『전후』라 함)은 1964년 신구문화사가 야심차게 펴 낸 〈세계전후문학전집〉의 마지막 권으로 기획 출판되었다. 이 전집으로부터 '전후(戰後)'라는 문학사 용어가 일반화되었던 것으로 보인다. 그런데 문제는 이 부분에서 묘한 불일치가 나타난다는 점이다. 세계의 전후와 한국의 전후가 같을 수 없다는 데서 발생하는 불일치. 말할 것도 없이 세계의 전후란 2차 세계대전 후를 가리키는 말로써 이 경험은 충분히 보편에 값한다. 하지만 한국의 경우는 어떤가. 2차 대전 종전에서 채 5년도 지나지 않아 한국만의 전쟁, 그것도 동족끼리의 전쟁을 또 한 번 치렀다는 특수한 사정에 처해 있었다. 문학인들이 그토록 고민하는 보편과 특수의 종합 문제를 이토록 극명하게 보여주는 사례도 달리 없을 것이다. 『전집』의 편집자들은 이 고민의 틈바구니에서 '한국전쟁 후'라는 내용을 '2차 대전 후'라는 형식에 담는 절충을 취한다. 즉 사화집 수록 대상 시인의 외연을 해방 직후부터 1960년대까지로 넓힌다고 말하면서도 실제로는 6.25 후까지 활동하고 있는 시인들만을 가려 실음으로써 해방기에 활동하고 사라진 많은 시인들을 제거하고 있기 때문이다. 그에 따라 수록 시의 초점도 자연스럽게 한국 전쟁 후로 맞춰져 있다. 따라서 이 점을 『전후』가 지닌 문제성의 첫 번째로 꼽을 수 있다.

『전후』가 지닌 문제성의 두 번째는 1950년대 이후 한국 시사의 기초를 잡았던 미당의 관점에서 벗어나 소위 〈의미의 시〉를 대폭 수용함으로써 문학사의 다양성을 확보했다는 점일 것이다. 1950년에 시작된 미당의 사화집 편찬 작업의 핵심은 국가민족주의와 전통주의라는 잣대로 시인들을 줄 세우는 데 있었다.[14] 『20년』의 시 부문 개설에서도 본 바 있지만 〈문협〉의 노선으로 보아 걸맞지 않는다고 생각되는 시인과 시에 대해서는 가차 없이 비판, 배제해버리는 방법으로 우리 시문학의 정전을 세웠던 것이다. 그리고 그 잣대가 교과서에도 고스란히 반영됨으로써 〈문협〉 중심의 실라버스가 구성되는데 핵심적인 역할을 했다.

그런데 『전후』는 이러한 미당의 태도를 버리고 오히려 중심이 〈의미의 시〉에 놓인 것이 아닐까 생각될 정도로 과감히 시의 폭을 넓히고 있다. 그렇다고 미당이 스스로의 직계로 묘사한 박재삼이나 김남조 등 서정주의적 시인들이 배제된 것은 아니다. 적어도 오늘날 우리가 5,60년대를 떠올릴 때 언급하지 않을 수 없는 시인들이 거의 망라되어 있다고 보는 편이 옳을 것이다.[15] 머리말에서 밝힌 바, "數百의 詩人들 가운

---

14) 미당의 사화집 편찬 문제에 대한 보다 자세한 논의는 이명찬, 「시교육 자료로서의 〈사화집〉」 참조.
15) 박인환, 고원, 고은, 구상, 구자운, 김관식, 김광림, 김남조, 김수영, 김윤성, 김종문, 김종삼, 김춘수, 민재식, 박봉우, 박성룡, 박양균, 박재삼, 박태진, 박희진, 성찬경, 신동문, 신동집, 유정, 이동주, 이원섭, 이형기, 전봉건, 전영경,

데 한 世代의 흐름을 代表할 수 있는 問題作家를 選擇하는데 있어 한 個人의 嗜好나 親疎가 介在한다면 그것은 史家의 曲筆처럼 危殆로운 것"(『전후』, 머리말)이라는 말에서 인선의 원칙에 기해진 엄격성을 엿볼 수 있다. 시적 경향이 아니라 작품의 수준이야말로 포괄과 배제의 가장 중요한 원칙이어야 한다는 뜻이다. 이 점이 무엇보다 큰 미당과의 차별점일 것이다.

사실 이러한 차별성은 '전후'라는 문제의식을 선정하는 순간부터 예견될 수 있는 것이었는데, 그렇게 함으로써 전통주의 중심으로만 설명되는 문학사의 연속성을 끊어버리고 해방기 이후의 다양성만이라도 확보할 수 있을 것이라는 계산이 깔려 있었던 것이다. 물론 이러한 계산이 2차 대전 이후 제기된 서구의 반성적 인식이 영향을 준 것인지 우리 문학인들의 자발적 문제 인식의 결과인지는 분명치 않다.16) 하지만 낡은 연속성보다는 새로운 단절 쪽을 선택하고 그것이 한국문학의 보편성을 확보하는 길이라 생각했다는 점은 분명해 보인다. 작품과 시작노트17)로 구성된 사화집의 가운데 세 편의 비평문이 삽입되어 있는데 김춘수, 박태진, 이어령이라는 필진도 그렇거니와 글들의 초점이 '전통'과 '의미' 가운데 후자에 맞춰져 있기 때문이다. 가령 이어령은 해방후 시단의 흐름이 양 갈래로 나뉘는데 서정주와 전봉건이 각 흐름의 대표라는 것, 그 중에서 후자는 전자의 토속성에 반기를 들면서 현대시의 적자(嫡子)로 자리매김해 왔음을 선언함으로써 『전후』를 지배하는 문학사 인식의 토대를 드러내고 있다.18)

정한모, 조병화, 조향, 황금찬

16) '전후의 세계문학'을 엮고자 했으므로 서구적 보편에 맞추려는 기도가 우선이었을 가능성이 높다. 하지만 〈문협〉 중심의 파행적 문학사 인식이 문제적이라는 점에 대해서는 당대인들 누구나 공감했을 가능성 또한 열려 있다.

17) 간략한 시사(詩史)를 첨부한 경우는 더러 있었지만 시인들의 시작 노트를 부기하는 방식은 이 사화집이 처음이다. 이 형식은 『새로운 도시와 시민들의 합창』을 참고한 것으로 보인다.

18) 이어령, 戰後詩에 대한 노오트 二章, 『한국전후문제시집』, 신구문화사, 1964,

세 번째는 수록 작품의 질적 수준이 매우 고르다는 점이다. 편집 원칙에서 그 이유를 짐작할 수 있는데, 시인이 자신의 시력(詩歷)을 초기·중기·현재로 삼분하여 각 10편씩 총 30편을 자천하면 편집위원들[19]이 거기서 반을 추리는 식으로 선정이 이루어져 다수의 감식안이 고루 반영될 수 있었기 때문이다. 그런데 이러한 원칙은 해방기까지의 최고의 사화집이라 할 수 있는 임학수 편집의 『조선문학전집10-시집』(한성도서, 1949)에서 이미 선례를 찾아볼 수 있다. 임학수 역시 1년여에 걸친 시인들의 자선 원고를 기다려 최고의 작품을 가려 실음으로써 불과 3개월여 뒤인 1950년 2월에 편찬된 미당의 사화집『현대조선명시선』이 가진 한계를 뛰어넘고 있다. 이 부분은 『전후』의 편집진이 미당이 아니라 임학수의 편집 원칙에 손을 들어준 대목이어서 흥미롭기까지 하다.

이렇게 선택된 시들은 대부분 해당 시인들의 대표작을 망라하고 있다. 가령 김춘수의 경우 「소년」, 「서풍부」, 「가을 저녁의 시」, 「늪」, 「꽃」, 「분수」, 「꽃을 위한 서시」, 「타령조」 등이 실리고 김수영의 경우도 「푸른 하늘을」, 「하… 그림자가 없다」, 「파밭 가에서」, 「사랑」, 「폭포」 등이, 박봉우의 경우 역시 「석상의 노래」, 「나비와 철조망」, 「휴전선」, 「진달래도 피면 무엇하리」 등 오늘날 해당 시인들의 대표작으로 꼽는 작품들이 고루 선택되고 있다는 점에서 편집의 엄정성에 충분히 신뢰를 보낼 만하다.

『전후』가 지니는 이런 문제성들은 결국 ""「앤솔로지」로서는 이것이 最大規模의 것이 아닌가 생각되며 戰後詩人들이 共同의 廣場 속에 이렇게 한 자리에 모이게 된 것도 이번이 처음"(머리말)이라는 언급 속에서 볼 수 있는 자부심에 내밀하게 연결되어 있다. 드러내어 말하고 있지는 않지만 그 자부심속에는, 한국의 전후시가 전통주의라는 단일한 목소리만 있는 것이 아니라는 사실을 일목요연하게 보여주는 마당의 역할

---

pp.324-329 여기저기.

19) 백철, 유치환, 조지훈, 이어령

을 이『전후』가 해 줄 것이라는 믿음이 깔려 있다. 필자의 관점으로 볼 때 이러한 믿음이란 결국 1950년대까지를 관통해 온 한국 문학의 사회적 실어증에 대한 자각이 시작된 증거라 판단된다. 해방기 좌우익의 싸움이 불씨를 지피고 한국전쟁이 무섭게 확산시킨 공산주의 혐오증 나아가 이데올로기 혐오증이야말로 사회적 병리 현상이라는 것, 따라서 그것을 그대로 묻어 두고는 결코 치료에 이를 수 없다는 것, 오히려 햇빛 아래 드러내 놓고-매몰된 문학사를 다시 논란의 무대 위로 올려놓고 그 공과를 바르게 따지는 것이야말로 성숙한 치료에 이르는 길이라는 것을, 알게 모르게 승인하기 시작한 전조가 바로『전후』편집의 숨겨진 정신이라는 이야기다. 박태진과 이어령이 미묘한 수사(修辭)의 장막 속에서 아주 조심스럽게 제기하고 있는 문제의식이 바로 이런 고민의 증거다.

> "戰後의 우리 詩壇을 半쯤은 이른바 感性의 크라시시즘이랄까 在來의 스타일을 계승한 것이 누렸다. 詩的 關心을 制限한 詩風인데 혹은 純粹詩라고 일컫고 詩의 安定感을 우선에 생각하는 것이었다. 크라시시즘이란 現時의 世界性을 制限하여 關心하는 데 있고 해서 現代의 詩가 內包하여야 할 現實에 대한 애날리시스를 缺如한 것이다. …… 韓國의 詩的 유니봐스가 결국은 우리의 現實과 現實感의 歷史에 세워진다는 뜻에서 一九二〇年代의 歐美詩가 남긴 자취는 우리에게 세련된 過去感을 주어야 한다는 것이다."
>
> (박태진, 歐美詩와 韓國詩의 比較,『전후』)

> "徐廷柱를 中心으로 한 無數한 韓國詩人이 대개는 이러한 鐵則 밑에서 지금 詩를 쓰고 있다. 그들이 사랑하는 新羅라는 것은 沙漠에서 쓰러진 사람들이 흔히 目擊할 수 있는 신기루거나 綠地의 幻覺일 것이다. 新羅란 言語만 있고 實體가 없는 놀라운 幻想의 城일 수 있기 때문이다. …… 그러니까 이들(김수영, 전봉건, 김종문, 민재식, 김춘수 등 – 인용자) 詩의 美學을 뒷받침하고 있는 것은 歷史的 體驗이요 그 意味이다. 여기에 使用된 言語들은 現實과 絶緣된 密室의 言語가 아니다. 우리의

視線은 言語 그 自體에 머물러 있는 것이 아니라 言語가 指示하는 저편 쪽 現實의 風景과 맞어있다."

(이어령, 戰後詩에 대한 노오트 二章, 『전후』)

　　박태진의 경우는 '서구라는 세계성에 연결된 현재라'는 의미에서의 현실에 눈 뜰 것을 주문하고 있어 그의 논지를 구체적 생활 현실에 대한 강조로 보기에 무리라고 할 수도 있다. 그러나 인용의 마지막 부분에 가면 그 동안 우리가 압축적으로 1920년대 구미시를 공부한 것, 그 자체가 목표여서는 안 되고 그러한 공부가 한국적 현실의 표현에 세련된 영향을 행사할 수 있을 때 의미 있는 것이라는 점을 분명히 하고 있다. '우리의 현실 위에 세워진 시의 역사만이 세계성'을 획득할 수 있다는 것이다. 이어령의 주문 역시 이와 크게 다르지 않다. '행동이 끝난 뒤에 시작되는 언어'로서의 서정주류가 아니라 '언어가 끝난 뒤에 시작되는 행동'으로서의 전봉건 혹은 김수영류의 시가 갖는 현실 관련성이야말로 한국시 혁명의 진원지라는 것이다.[20] 물론 이러한 언급들이 문자 그대로 문학의 현실 관련성에 대한 고민의 증거라고 우긴다면 우스운 일일 터이다. 특히 7,80년대 이후에 복원되는 리얼리즘과 모더니즘의 선취라고 우기는 것은 더욱 터무니없는 일이다. 그러나 그러한 논의에 다다르기 위한 하나의 물꼬로서의 역할을 했다는 점까지 부인키는 어렵지 않을까. 사회적 제도적으로 안착된 금제의 벽을 허무는

---

20) 이어령의 글은 수사의 화려함에 비해 논리성이 떨어지는 경우가 더러 있는데 이 글도 다소간 그런 편이다. 행동과 언어를 기준으로 당대 시를 이원 분류하는 이 체계는 좀 과격한 면이 있다. 김수영의 경우는 모르겠으되 전봉건이나 김종문 특히 김춘수의 시가 행동의 시로 분류될 수 있는지에 대해서는 논란의 소지가 크기 때문이다. 물론 김춘수의 경우 「부다페스트에서의 소녀의 죽음」 한 편만 두고 말한 것이긴 하지만 분류의 엄정성에 대해 보다 깊이 고민해 보았어야 하지 않을까. 또한 이 시기에 그는 위에서 보듯 현실 지향의 시를 옹호하는 입장에 서 있었지만 그 역시도 한갓 제스처였을 가능성이 있다. 김수영과의 참여 논쟁에서 결국은 자신이 주장했던 참여와 행동의 의미에 대해 진지한 고민이 없었음을 드러내기 때문이다. 하지만 당대 문단의 지향점이 어느 쪽인가를 읽어낼 줄 아는 예민한 감수성을 지니고 있었음은 분명해 보인다.

일도 결국은 이런 작은 실천으로부터 시작되기 마련이고 그 시작점에
『전후』라는 사화집이 놓여 있는 것이다.

① 살아서는 너희가 나와 / 미움으로 맺혔건만 / 이제는 오히려 너희의
/ 풀지 못한 원한이 나의 / 바램 속에 깃들여 있도다. // 손에 닿을 듯한
봄 하늘에 / 구름은 무심히도 / 北으로 흘러가고 / 어디서 울려오는
포성 몇발 / 나는 그만 恩怨의 무덤 앞에 / 목놓아 버린다.

　　　　　　　　　　　　　　　　　　(구상, 「敵軍墓地에서」 뒷부분)

② 우리들의 戰線은 눈에 보이지 않는다 / 그것이 우리들의 싸움을 이
다지도 어려운 것으로 만든다 / 우리들의 戰線은 당게르크도 놀만디도
延禧高地도 아니다 / 우리들의 戰線은 地圖冊 속에는 없다 / 그것은 우
리들의 집안 안인 경우도 있고 / 우리들의 職場인 경우도 있고 / 우리들
의 洞里인 경우도 있지만…… / 보이지는 않는다

　　　　　　　　　　　　　　　(김수영, 「하… 그림자가 없다」 2연)

③ 자랑 많은 나라에 태어났어도 / 우리가 이룩한 자랑은 무엇이냐.
/ 가슴은 熱帶인데 結論이 없고 / 아아 화제가 다해버린 날의 슬픈 청년
들. / 祖國은 개평거리냐 / 우리는 贖罪羊이냐. / 窓을 젖치고 / 모두
다 바라보는 하늘가에는 / 훨훨 날아가는 구름이 한폭 / 제 무게도 없는
구름이 한폭만 떠 있다.

　　　　　　　　　　　　　　　　　　(민재식, 「贖罪羊 Ⅰ」 뒷부분)

④ 四月의 피바람도 지나간 / 受難의 都心은 / 아무렇지도 않은 / 表情을
짓고 있구나. // 진달래도 피면 무엇하리. // 갈라진 가슴팍엔 / 살고
싶은 武器도 빼앗겨 버렸구나.

　　　　　　　　　　　　　(박봉우, 「진달래도 피면 무엇하리」 앞부분)

⑤ 아내여 바지런히 밥그릇을 섬기는 / 그대 눈동자 속에도 등불이 영
롱하거니 / 키작은 그대는 오늘도 / 생활의 어려움을 말하지 않았다
/ 얼빠진 내가 / 길 잃고 먼 거리에 서서 저물 때 / 저무는 그 하늘에
/ 호 호 그대는 입김을 모았는가 / 입김은 얼어서 뽀얗게 엉기던가 /
닦고 또 닦아서 티없는 등피!

　　　　　　　　　　　　　　　　　　(유정, 「램프의 시 5」 2연)

사실『전후』속에는 인용된 시편들보다 몇 배나 많은 무국적(無國籍)의 '의미' 시들이 즐비하다. 일본식 발음의 외국어와 한자로 도배를 한 실존과 존재의 시들이 여기저기 흩어져 있다. 같은 소리를 비슷한 분위기 속에서 동어 반복하고 있는, 이 환유적 은유의 무리 가운데서 그래도 이런 목소리들을 가려낼 수 있다는 것은 의미 있는 일이다. 이런 노력들의 위에서 김수영의 후기시와 신동엽[21])의 문제의식이 제자리를 잡을 수 있었기 때문이다. 그리고 그 연장선에 70년대 초 김지하와 신경림으로부터 비롯된 반성적 현실 인식의 노력이 놓이게 된다. 말하고 싶은 핵심을 시로 표현할 수 있는 시대를 향한 어려운 도정이『전후』의 몇몇 시편들에서부터 시작되고 있었다는 것. 1960년대 시문학사에 있어『전후』라는 사화집이 갖는 의의를 결코 사소하다고 말할 수 없는 이유가 바로 이것 때문이라고 한다면 사태를 너무 침소봉대하는 것일까.

4. 남는 문제들

　　다소 거친 감이 없지 않지만, 필자가 보기에 한국전쟁 이후 한국의 시문학사가 보인 행보의 핵심은, 전쟁과 함께 남북의 비무장지대 근처에서 사라져버린 임화와 김기림의 문학 곧 리얼리즘과 모더니즘이라는 물줄기를 복권시키는 일에 바쳐진 듯하다. 말을 바꾸면, 사회적 실어증의 극복 과정이 전후 이후 오늘날까지 한국 문학사의 최대 과제였다는 뜻이다.『한국문학사』저자들이 말하려 했던 바도 바로 이 지점을 겨냥하고 있었던 것으로 보인다. 현장에서 시를 쓰는 시인들의 경우에는 겉으로 드러내지 않고 이들을 사숙(私淑)함으로써 훨씬 일찍부터 두 조

---

21) 신동엽은 이 시기까지 뚜렷한 자기 목소리를 내지 못했던 것으로 보인다.『전후』에는 신동엽의 시가 실려 있지 않다.

류를 체득해온 경우도 적지 않았을 것이다. 하지만 그들에 대한 공식적 논의와 평가가 1980,90년대에 와서야 이루어졌음을 상기할 때, 우리 사회의 문학적 실어증을 치유하는 과정이 참으로 지난했다는 느낌이다. 그리고 그 시작점에 1960년대 벽두의 『전후』가 서 있다는 것이 이 글의 요지인 셈이다.

물론 『전후』가 대단한 전범(典範)이어서 그 정신이 고스란히 현재로 이월되어야 한다는 뜻은 아니다. 『전후』는 『전후』대로 미해결의 문제점들을 많이 안고 있다. 그 가운데서도 대표적인 것이 서구 대 한국이라는 이분법적 인식의 공고함일 것이다. 서구는 진리이고 보편이라서 한국적 현상을 늘 미진한 것으로만 인식하는 이 인식의 후진성 문제는 참 뼈아픈 것이 아닐 수 없다. 그들이 집단적으로 반기를 들었다고 한 토속성의 진정한 함의에 대해 성찰하기보다는 그것을 후진적인 것으로 쉽게 밀쳐버렸던 원인도 바로 이 서구 지향성 때문이었다. 식민지 시대 이상(李箱)이 그랬던 것처럼 근대, 서구, 보편에 잣대를 맞추어 우리의 뒤늦음을 지나치게 탄식하고 있었던 것이다. 일종의 조급성이자 자신 없음, 타자의 눈에만 자신을 꿰어 맞추려는 성급함 등이 또 한 번 반복되고 있었던 것이다. 그런데 문학사조차도 발전의 대상으로 여기는 이런 조급성 역시 한편으로는 식민지 시대의 실패를 드러내 놓고 말할 수 없었던 사회적 실어증세가 빚은 결과일 수 있다는 생각이 든다. 아직 분단 문제도 해결하지 못하고 있는 민족사의 낭비가 문학사에 고스란히 투영된 결과라는 뜻이다.

서구 추수주의도 문제이지만 시단을 지배했던 이분법, 즉 서정주 대 전봉건이라는 분류 체계가 온당한 것인지에 대한 고민이 없었다는 것도 아쉬운 부분이다. 〈의미의 시〉에 기반했지만 끝내 〈무의미 시〉로 자가발전 함으로써 모더니즘의 한 진경을 개척했던 김춘수의 경우라든지, 의미의 현실 지시성이라는 기준으로 볼 때 또 한 차원을 달리했던 김수영이나 박봉우의 경우 전부를 미당과의 대척점으로만 인식하는 눈의 소박함에 대해서는 달리 할 말이 없을 정도다.

　마지막으로 따져 보아야 할 것은, 『전후』의 이 '사소한' 성과마저도 4.19라는 잠깐 동안의 열린 분위기가 있었기에 가능했던 것은 아닐까 하는 점이다. 이어령과 같은 보수적인 논객조차 '언어'가 아니라 '현실'이 중요하다고 말할 수 있었던 것도 이런 이유 때문일 것이다. '검은 구름의 터진 틈으로 언뜻 보인 푸른 하늘'의 존재를 체험해버린 사람들로서는 결코 다시 역사의 물줄기를 뒤로 돌릴 수가 없지 않았을까. 1961년에 처음 편집 작업이 시작돼서 1964년에야 세상에 나올 수 있었던 『전후』의 속사정도 4.19와 5.16 같은 당대 역사에 깊이 연루되어 있으리라 짐작된다.

지식자본주의 시대와 리얼리즘시의 행방

1. 지식 '자본주의' 시대

　고민은 무성하지만 해결의 길이나 기미는 오리무중인 시대다. 다시 생각해보면 그 고민도 일부의 몫일 뿐 집단적 사유의 핵심에 놓여 있지도 못한 게 아닌가 하는 자괴감이 슬며시 머리를 들기도 한다. 돌아보면 그 동안의 모든 문학 관련 담론들의 행방은 그 주체들의 몸 낮추기 혹은 구체적 현실에의 기투라는 기도가 실제로 현실과 화해롭게 조우하지 못하고 자꾸만 어긋나는 데 대해 고통스럽게 통찰하는 일에 그 초점이 맞춰져 있었다고 판단된다. 현실에 보내는 문학의 외사랑이라 말해볼 수 있지 않을까? 사실 사랑이라 하지만 그것은 처음부터 완성을 전제로 한 것이 아니었다. 완성되는 순간 벌써 그 다음을 꿈꾸게 되어 있는 것이 현실과 문학 양자의 공동 운명이기 때문이다.

　지식 자본주의 시대라는 시대 규정의 본질도 현실에 보내는 문학의 외사랑과 깊이 연관되어 있다. 지식 자본주의라는 말 자체가 반성적 사유의 결과물인 바, 반성 대상이 지닌 비현실성을 현실 쪽으로 올바로 돌려놓으려는 의지가 거기에 들어 있기 때문이다. 그 반성 대상이란 한 때 우리 시대의 중심 담론이었던 '포스트주의'를 가리킨다. 탈산업사회론을 바탕에 깔고 탈구조, 탈근대로 치달려 갔던 예의 그 '포스트주의' 담론들은 그 이전 시대와의 차별화 전략을 통해 정체성을 획득한 논리들이었다. 그런데 차별성이란 무엇인가? 포스트주의자 자신들의 주장대로 언어의 변별성에 기댈 때, 동질성 개념을 그 옆에 나란히 세우지 않고서는 설정될 수 없는 개념이 아닌가? 말인 즉슨, 차별성을 강조하여 자신들 논리의 밑바탕을 세우는 꼭 그 만큼 이 시대와 그 이전 시대를 가로지르는 동질성에 대한 차분한 천착도 필요했었다는 말이다. 따라서 순전히 차별화 전략으로만 앞으로 치달아간 논리의 파탄은 이미 어느 정도 예견된 것이었다.[1]

　굳이 캘리니코스의 저 과격한 포스트모더니즘 비판 논리를 끌어들이지 않더라도 우리는 피부에 와 닿는 실감으로 이미 느끼고 있다. 산업의 주력이 굴뚝 산업으로부터 서비스 산업으로 옮아가고 모든 노동자들이 평생 직업을 보장받으며 노동 인구의 만족이 부를 축적하는 데 있어서 선결 요건이 되는 그런 시대를 살아가게 되는 것이 아니라 자본의 무차별한 공격 성향이 다시 한번 뼈저리게 확인되고 그러한 자본이 전지구적으로 확대될 뿐인 세계에 살고 있다는 실감 말이다. 더구나 컴퓨터 네트워크 상에다 자신들의 이익 기반을 두었던 벤처 기업들의 몰락을 목도하고 있는 요즘은 자본의 논리가 오히려 이전보다 더 철저하게 관철되는 시대가 되어버렸다는 느낌이 절실하다. 따라서 다니엘 벨을 비롯한 탈산업사회론자들이 '생산력'이라는 맑스의 용어를 빌어 맑스주의 자체를 용도 폐기하려한 기도에도 불구하고 결과는 오히려 정반대로 나타나, 맑스적 세계 인식의 필요성을 더 공고히 해준 격이 되어버렸다고 하겠다. 자본으로부터 정보(혹은 지식)로 변화하고 있다는 생산력의 내용차를 가지고 탈산업사회론을 주창한 벨의 논리는 정

---

[1] '탈'이라는 번역어 대신 '후기'라는 용어를 선택한 사람들은 그 점에서 보다 용의 주도하다는 점을 인정해야겠다. 그러나 '후기'론자들 역시 궁극적으로는 차별성에 근거하고 있다는 점조차 부정할 수는 없을 것이다. 근대와 후기 근대를 구분하겠다는 발상의 출발점이 동질성보다 차별성을 더 크게 감지하는 지점에서부터이겠기 때문이다.

보든 지식이든 간에 그것들이 궁극적으로 자본의 자기증식 수단의 변화에 불과하다는 점을 놓침으로써 생겨난 착오였던 것이다. 그들이 주장한 탈산업사회란 한 마디로 팍스-캐피탈리즘 시대 위에 씌워진 현란하지만 어울리지 않는 모자였던 셈이다.

지식 자본주의 시대라는 규정은 따라서 탈 혹은 후기 산업사회론이 지닌 차별화 전략을 수정하여 지금이 자본주의 시대라는 즉 여전히 근대일 뿐이라는 인식에 기초함으로써, 차별성과 동질성을 동시에 수용하려는 태도의 표방에 다름 아니다. 이는, 한 동안 포스트주의에 기대어 우리 스스로가 마치 선진국민이나 된 듯이 들떠 있던 과잉 현실 인식[2]을 바로잡아 현실에 대한 정확한 입지를 세우려는 노력이라는 점에서 오늘날의 현실 관련 문학 담론들이 반드시 참조해야 할 태도라 할 수 있다. 우리에겐 여전히 근대가 문제적 범주인 것이다. 지식 자본주의라는 시대 규정이 문학의 현실 외사랑에 깊이 연관되어 있다는 지적은 바로 이 점을 염두엔 둔 것이었다.

우리에겐 여전히 근대성이 문제라고 하는 말이 그러나 과거와의 동질성에 매몰되어 우리 주변에서 일어나고 있는 실질적인 변화에 대해서마저 무관심하자는 말은 아니다. 필자도 작금의 사회 문화적 변동, 특히 인터넷의 확산이 가져다주고 있는 정보화 물결에 대해서 적잖은 관심을 가지고 있는 사람 중의 하나다. 모든 것이 포스트주의자들의 주장대로 된다고 믿지는 않지만 이론적 지식이 상품 생산의 중심적 역할을 맡으리라는 점, 즉 우리 사회가 지식이나 정보 중심으로 움직이는 사회가 되리라는 전망만큼은 어느 정도 동의를 하는 편이다. 그러나 이미 '어느 정도'라는 유보를 단 데서 알 수 있겠지만 이조차도 지식이

---

2) 김영삼 정권 시절의 OECD 가입 노력은 여러모로 이런 포스트주의의 허망성과 닮아 있다. 비슷한 시기에 우리의 이목을 끌었다는 사정 외에, 실질적인 삶의 질 향상에 복무하지 않고 이론에만 집착하려는 엘리트들의 지적 교만과 OECD 가입을 위한 헛된 노력이 사유구조에 있어 근본적으로 상동적이기 때문이다.

나 정보가 모든 것을 결정하는 사회가 되리라는 의미로는 받아들이지 않는다. 한정된 재화를 무한할 정도로 부풀려 공급할 수 있는 지식이 출현하리라고 믿지 않기 때문이기도 하지만, 그럴 수 있다 하더라도 그러한 지식이 도덕적 자기 검열을 할 수 있는 지식일 것이라고 믿지 않기 때문이다. 그러므로 지식 자본주의라는 시대 규정은 '지식'에 초점이 주어지는 규정이 아니라 '자본주의'에 초점이 주어지는 규정이라고 받아들여져야 한다. 그렇지 않고 '지식'에 지나치게 과도한 무게를 줄 경우, 성찰하지 않는 도구적 지식의 가능성을 새로 고평하게 되거나, 사이버 세계로 현실을 대체해버리려 하거나, 문학이라는 현실 관련 담론을 한갓 기호일 뿐이라고 우기려드는 일들이 재탕될 수도 있겠기 때문이다.

이런 점에서 오늘날 리얼리즘 시의 향방은 여전히 우리에게 문제적이며 현재적이다. 음악성이나 회화성을 위주로 문학(특히 시의)의 특성을 논할 수 있다는 것과 문학(시)의 본질이 그것에 닿아있다는 얘기는 성질이 다른 것이다. 아무리 음악성 회화성이 농후한 시라 하더라도 그것이 문학 되는 가장 중요한 이유는 언어 행위의 산물이기 때문이다. 즉, 문식성(文飾性 literacy)이야말로 문학의 가장 근원적 자질이라는 얘기다.[3] 그리고 이 때의 언어는 결코 현실 무관의 기호로 환원될 수 없다. 백번을 양보하여 현재의 언어가 추상적 기호 체계로 작동하는 환경에 놓여 있다 하더라도, 실물과의 1 대 1 대응 관계로 탄생한 1차 언어의 작동 과정을 결코 무시할 수는 없는 법이다. 특히나 시에는 언어를

---

3) 최근의 통신 및 인터넷 환경 때문에 마치 문학 자체에 매우 근본적 변화가 일어나고 있는 양 부산을 떨고 있는 경우를 보게 되는데 이 역시 문학성에 대한 오해에서 비롯했다고 보아야 한다. 변화하고 있는 것은 소통의 구조나 매체 변화에 기인한 장르들의 관습일 뿐 문식성에 근원적 변화가 일어나고 있는 것은 아니다. 즉 아무리 인터넷 아니라 인터넷 할아버지가 등장한다 하더라도 그 매체 위에서 논의되는 예술이 문학 되려면 우선은 글로 씌어져야만 하는 것이다.

통해 세상에 유일무이한 체험의 순간을 고착시키려는 그 1차 언어의
작동 기제가 여전히 중심적 목표가 되고 있지 않은가. 이런 언어관에
기초한 시의 리얼리즘 논의는 어쩌면 구체적 창작방법 논의와 결부되
었던 90년대의 리얼리즘 시 논쟁과는 무관하게, 아이디얼리즘과 대비
되는 범주로 확장된 그것일지도 모르겠다. 그러나 오늘날 필요한 것은
구체적 방법론이자 각론이 아니라 세계와 그것의 표현으로서의 문학
담론을 바라보는 시각의 조정이라 여겨진다.[4] 리얼리즘 시의 행방을
논의하는 이 글이 마치 문화론 일반의 차원을 논하는 글인 양 큰 담론
으로 시작된 소이가 여기 있다.

2. '근대 저 너머'에의 그리움

동질성과 차별성, 지속과 변화를 같이 끌어안고, 지속적 동질성의
제 모습과 그것을 규정하는 모순들을 파악하여 문학적으로 형상화함으
로써 올바른 차별적 변화로 비약할 수 있는 길을 찾아내는 것이 이 시
대 리얼리즘 시의 당면 목표라 전제한다면, 당연히 다음과 같은 질문들
이 제기될 수 있을 것이다. 그렇다면 그 동안의 민족문학 운동이나 리
얼리즘 시운동은 그러한 과정을 밟아오지 않았단 말인가, 밟아오지 않
았다면 그것은 어떤 점에서 그런가 하는 질문들이 그것이다. 이에 대해

---

4) 이 시각 조정 문제에 대해서는 진정석의 글 「민족문학과 모더니즘」(『민족문학
사연구』11, 1997)이 참고할 만하다. 민족문학이라는 큰 고민 아래서의 리얼리
즘 담론의 중심주의적 태도를 비판적으로 검토하고 있는 글이다. 그는 리얼리
즘이든 모더니즘이든 공히 우리 문학의 근대적 징후였다는 점을 수용하고 두
창작 방법을 아울러 고려해야 한다는 태도를 드러낸다. 이러한 문제 제기 자체
에는 분명 경청해야 할 부분이 많다. 다만 필자는 리얼리즘 문제를 창방의 문제
로만 좁혀 보려는 태도에 대해서는 동의하지 않는다. 리얼리즘을 결정하는 궁
극적 잣대는 내포작가의 신념이나 태도 혹은 실제작가의 사회적 실천(문학 실
천을 포함해서) 문제라고 생각하기 때문이다.

서는 진정석의 다음과 같은 언급이 그 좋은 대답이 될 수 있을 것이라 생각한다.

> 엄밀히 말하자면 리얼리즘의 주류적 전통이란 것도 문학사의 객관
> 적 실상이라기보다는 민족문학적 관점에 의해 재구성된 하나의 상(像)
> 일 따름이다. 민족문학-리얼리즘의 관점에 서서 과거의 문학유산 가운
> 데 의미 있는 것과 그렇지 않은 것을 선별, 평가하는 작업은 가능하고
> 또 필요한 일이지만, 그렇게 재구성된 전통을 문학사의 객관적 실재와
> 등치시키는 것은 일종의 비평적 폭력에 속한다.5)

진정석이 항변하고 있는 주장의 핵심은 민족문학의 외피를 쓰고 진행되어온 리얼리즘 논의가 우리 문학(혹은 현실)의 실상을 반영한 것이기보다 당위적 이론 투쟁의 결과물일 가능성이 높다는 것에 다름 아니다. 즉 우리의 구체적 사회 역사 과정으로부터 추상된 결과로서의 리얼리즘을 주장해오기보다는 근대 넘어서기라는 목표에 지나치게 긴박되어 박래(舶來)한 담론을 현실에 거꾸로 덮씌우는 데 급급했던 것이 그간에 진행되어온 리얼리즘 담론들의 공과(功過)라 보는 것이다.

진정석의 이러한 주장은 우리의 모든 근대성 담론들이 처해 있던 공동의 딜레마 하나를 상기시킨다. 근대를 만들어가는 동시에 그것을 해체시켜야 하는 역리(逆理)가 그것이다. 리얼리즘뿐만 아니라 모더니즘조차도 이에서 전혀 자유롭지 못한데, 가령 김기림이 오전의 시론을 통해 도시 문명의 건강성을 예찬하다가도 전체시론을 통해 또한 그것을 넘어서려는 자세를 취했던 것이 그 좋은 보기가 될 것이다.

리얼리즘의 경우에는 사정이 이보다 더욱 나쁘다. 총체적으로 보아 한국 근대 문학에 있어서의 리얼리즘 논의가 밟아온 오류는 크게 세 가지로 정리될 수 있을 것이다. 그 중 첫 번째가 이론에 있어서의 순정주의 곧 종파주의를 지나치게 끝까지 밀고가려 한 오류일 것이다. 이론

---

5) 진정석, 같은 글, p.45.

투쟁의 성격이 본디 그러하긴 하겠지만, 주류연하는 리얼리스트들은 늘 모더니즘에 대해서도 민족주의 문학에 대해서도 혹은 같은 진영 내에 있다고 분류되는 파생 논의들에 대해서조차도 차가운 배타성을 거두어들인 적이 없었다. 두 번째 문제는 이보다 더 심각한 경우인데, 그러한 첫 번째의 오류가 한 번에 그치지 않고 반복되었다는 데 있다. 2,30년대에 한 번, 7,80년대에 한 번. 물론 그 각각의 물적 토대나 전망의 수준이 달랐으므로 완전히 동일한 오류의 반복이라고 말할 수는 없을지 모른다. 그럼에도 찬찬히 되돌아보자면 그 둘 사이에는 피할 수 없는 공통점이 가로놓여 있다는 것을 또한 아무도 쉽게 부정할 수 없을 것이다. 순정한 맑시즘의 확립과 실천을 향한 저돌(猪突)이 그것이다. 세 번째의 것은 진정석의 뼈아픈 반성과도 내밀히 연결되어 있어 보이는데, 이론의 권위에 지나치게 기댄 나머지 그것이 가지고 있는 문제점을 분석, 우리 것으로 만들지 못했다는 데 있다. 맑시즘의 미래상이 시간적으로 보자면 정지된 미래관에 속한다는 것, 그 점에서 궁극적으로 맑스는 21세기 인류가 당면하고 있는 바와 같은 미래 고민에 대해서는 아무런 직접적 대안을 제시하지 않고 있다는 점을 놓쳤던 것이다.[6] 사정이 이리 된 데에는 민족문학적 과제 혹은 분단문학적 지상명제가 과도하게 사람들을 윽박질렀던 탓이 컸을 것이다. 그러나 아무리 그렇다 하더라도 분단 극복 이후의 사회 체제(세계 체제의 일환으로서의) 문제에 조금이라도 관심을 가졌더라면 불투명한 전망을 앞에 두고도 그토록 애매모호한 태도를 취할 수는 없었으리라. 이렇게 본다면, 결국 우리 문학사의 리얼리스트들은, 근대를 만들어가는 일과 그것을 넘어

---

6) 역사 유물론의 과학성을 쉽게 부정할 수 없겠지만 그 결과로 제시되는 역사적 전망의 낭만성도 결코 부정할 수 없다는 게 필자의 생각이다. 이론의 역할은 단지 방법 제시에 있었을 뿐이고, 그것을 우리 역사 현장에 대입하여 구체적이고 실질적인 대안을 모색하는 일은 그것을 도입한 사람들의 몫이었어야 하는 것이다. 일률적 이론으로 재단되는 구체 역사가 도대체 어느 곳에 있을 수 있겠는가.

서는 일 가운데 전자를 이미 이루어진 것으로 착각하고 후자에만 골몰한 아이디얼리스트들이 되고 마는 것이다.

근대를 만들어가며 그것을 해체해야 한다는 명제는, 우선 우리가 처한 현실의 국면들을 매우 냉정히 다시 들여다볼 것을 요구한다. 우리가 어떤 단계에 서 있는지를 먼저 파악하고 그 속에 든 봉건적 오류를 수정함으로써 근대적으로 제도화하는 일이 무엇보다 우선이라는 말이다.[7] 이를 문학사의 문제로 환원했을 때 우리가 할 수 있는 일이란, 그 동안의 리얼리즘적 성취가 과연 어떤 것이었는지를 재평가하는 일로 귀결될 수 있다. 그런데 필자로서는, 이 재평가 작업의 한가운데에 배경으로서의 농촌과 내용으로서의 생명의 문제가 가로놓여 있다고 생각한다. 우리 시문학사에서 리얼리즘적 관심이 처음으로 생겨난 저 1920년대 이래 오늘날까지 우리의 농촌은, 근대화된 도시와 대립쌍으로 등장하여 급격히 해체되어야 할 봉건적 유습의 표본 취급을 당하거나, 반대로 근대 도시화 과정 너머에 대한 형언할 수 없는 그리움의 표상으로 떠받들려져 왔기 때문이다. 가령, 30년대의 이용악이나 오장환, 7,80년대 이후의 신경림이나 고은, 곽재구, 김용택, 고재종 등의 시인들에게 이르기까지 농촌-고향의 문제가 늘 그들 시적 형상화 작업의 중심부에 위치해 있었다는 사실이 이를 반증한다고 하겠다.

흔히 고향이라는 이름으로 통칭되는 이 농어촌 문제는 사실 매우 복잡한 사회 문화사적 스펙트럼을 우리에게 보여주고 있다. 한 개인의 성장사라는 측면에서는 두고 떠나온 장소라는 의미에서 어머니나 유년

---

[7] 그 과정에서 불거지는 제 모순의 연관(오늘날은 특히 세계 체제와의 연관이 깊이 있게 취급되어야 할 것이다.)을 바르게 파악하여 능동적으로 그 대립점을 상호 지양시키는 일, 이 모순 지양의 과정을 인류 단위의 미래상에 대한 탐색으로 연결함으로써 이 땅위에 실현될 수 있는 패러다임으로 응집시키는 일 등은 분명 누군가 해나가야 할 일이지만 그것들은 필자 능력밖의 일이다. 리얼리즘의 유효성을 여전하게 믿고 있는 많은 문학인들이 이 순간에도 이 문제들에 대해 진지하게 고민하고 있을 것으로 짐작한다.

시절, 과거 시간, 모성적 대지의 함의를 갖는다. 반면 사회적인 측면에서는 봉건적 유습이 온존한 저개발 상태를 환기함으로써 낡고 비루한 것으로 치부되기도 하고, 조국 근대화라는 미명 하에 진행된 도시 중심의 산업화, 수출 드라이브 정책 때문에 인적, 물적으로 끝없이 도시의 밑거름이 되어 왔다는 점에서 연민과 동정의 대상이 되기도 했다. 환경, 생태 문제가 부각된 오늘날에는 또 다시, 아직 자연과 더불어 살아갈 수 있는 희망이 남아 있는 곳, 생물종 다양성이 보존되어 있어서 인간 중심주의의 허망함을 비판적으로 되비쳐 보여줄 수 있는 곳이라는 문화적 관점까지 거기에 덧보태지고 있는 형국이다. 또는 모든 생명 있는 것들이 죽어 돌아가야 할 곳이자 생명 그 자체인 곳으로 치켜지기도 한다.

그런데 이 모든 농어촌 이미지들에는, 잠정적으로든 직접적으로든 '고향'이라는 지극히 한국적인 지칭이 얹혀짐으로써 모종의 공통점을 형성한다. 그 '고향'을 이루는 삶의 세목들이나 환경적 요소들은 도시적인 것들의 공격으로 파괴되어서는 결코 안 되고, 보다 적극적으로 나서서 보호하고 지켜냄으로써 우리가 끝내 되돌아갈 수 있게 해야 하는 곳, 혹은 그렇게 할 수 있는 곳이라는 의미를 띤다는 점이 그것이다. 말인 즉, 도시의 뒷골목을 방황하는 동안 부서질 대로 부서지고 닳을 대로 닳은 우리 심신의 영원한 안식처이자 우리 남루한 삶의 배가 가닿아야 할 동경의 포구로 그 농어촌 고향이 기능하고 있다는 뜻이다.[8] 실제로 대부분의 시집들에서 이런 이미지들은 흔하게 출몰한다. 김용택 시인의 다음 시를 보자.

---

8) 여기에는 삶과 죽음이라는 보편적인 문제의식도 포함될 수 있다. 즉 삶의 종착지로서의 자연의 의미가 농어촌 고향에 덧붙어 있다는 뜻이다. 이로 보면 고향은 육체적 의미로부터 비유적 의미, 상징적 의미에 이르기까지 그 함의가 매우 다채롭다는 것을 알 수 있다.

아버님은
풀과 나무와 흙과 바람과 물과 햇빛으로
집을 지으시고
그 집에 살며
곡식을 가꾸셨다
나는
무엇으로 시를 쓰는가
나도 아버지처럼
풀과 나무와 흙과 바람과 물과 햇빛으로
시를 쓰고
그 시 속에서 살고 싶다
(김용택, 「농부와 시인」 전문, 『그 여자네 집』, 창작과비평사, 1998.)

　　'풀, 나무, 흙, 바람, 물, 햇빛' 속에서 집짓고 곡식 가꾸며 우리의 아버지들이 살아냈듯이 그 아들인 우리들도 또한 그렇게 살고 싶어 하거나 그렇게 살아가야 한다는 전언을 평명하게 드러내고 있는 시다. 물론 반대로 전혀 그렇지 못하고 있는 우리들 비루한 삶에 보내는 침 뱉기로 받아들일 수도 있을 것이다. 그러나 그 경우에도 아버지의 삶이 아들대의 삶보다 나은 것이라는 평가 잣대를 받치고 있으니까 결국엔 아버지적으로 살아야 한다는 전언 자체에 뿌리를 대고 있다는 점까지 부인할 수는 없을 것이다. 그런 것이 옳은 삶이고 그 삶이 펼쳐지는 곳이 우리 삶의 고향이라는 얘기다. 그리고 그 고향은 이제 생명이 살아 있는 곳, 우리가 도시에서 근대적으로 살면서 잃어버리고 있는 목숨의 그 유순한 의미를 깨닫게 해주는 곳이라서 우리에게 생기를 불러일으켜 주는 장소이기도 하다. 비교적 짧아서 고른 고재종 시인의 다음 시에 그러한 농촌 자연의 의미가 고스란하다.

　　뒷동산 청솔잎을 빗질해주던 바람이
　　무어라 무어라 하는 솔나무의 속삭임을 듣고
　　푸른 햇살 요동치는 강변으로 달려갔다 하자.

달려가선, 거기 미루나무에게 전하니
알았다 알았다는 듯 나무는 잎새를 흔들어
강물 위에 짤랑짤랑 구슬알을 쏟아냈다 하자.
그 의중 알아챈 바람이 이젠 그 누구보단
앞들 보리밭에서 물결치듯 김을 매다
이마의 구슬땀 씻어올리는 여인에게 전하니,
여인이야 이윽고 아픈 허리를 곧게 펴곤
눈앞 가득 일어서는 마을의 정자나무를 향해
고개를 끄덕끄덕, 무언가 일별을 보냈다 하자.

아무려면 어떤가, 산과 강과 들과 마을이
한 초록으로 짙어가는 오월도 청청한 날에,
소쩍새는 또 바람결에 제 한 목청 다 싣는 날에.
(고재종, 「초록 바람의 전언」 전문, 『앞강도 야위는 이 그리움』, 문학동네, 1997.)

생명 있는 것들의 애애(靄靄)한 화기(和氣)가 이처럼 말쑥하게 드러난 시도 드물 것이다. 산과 강과 들과 마을에 '은밀히 수수되는'[9] 오월의 생기가 눈부시다. 초록으로 전일적인 오월 들판에 서서 살아 있다는 사실이 주는 우주적 비의(秘義)에 흥감해하는 시인의 콧노래가 다 들릴 지경이다. 보라, 정자나무 그늘에 덮여 즉 녹음의 음덕을 누리며 살아가는 것이야말로 생명의 본질 아닌가, 저렇게 사는 게 제대로 사는 게 아닌가 하고 우리의 시선을 인도하는 경이에 찬 시인의 손끝.

그런데 이 지점에서 슬며시 의문 하나가 떠오른다. 농사짓는 아버지나 들일하는 여인의 마을은 그린벨트 안에 있는 장소 아닌가 하는 의문이 그것이다. 시인들이 힘주어 가리키는 마을들은 전부 푸른 자연으로 우리와 절연된 공간에 위치해 있는 것이다. 평균 잡아 9할[10]의 문학 독자들이 살아가는 도시 혹은 준도시 지역의 환경이나 삶의 방식과 크

---

9) 이양하, 「신록예찬」의 한 구절.
10) 통계청 자료에 의하면 99년 현재 농촌 인구는 420만명 정도로 총인구의 9%를 차지하고 있다.

게 관계없는 형태의 마을을 시인들이 그토록 자주 언급하는 까닭이 무엇일까 하는 의문이 뒤따라 떠오른다. 그렇게 희소한 것이니까 가치가 있다는 말을 하고 싶은 것일까? 농촌에서나 도시에서나 생명이란 다같이 중요한 것인데 농촌 환경의 생명이 더 본질적인 것이라는 얘기를 하고 싶은 것일까? 그게 아니라면, 리얼리즘 시 논의들에서 흔히 운위하는 논법대로 전망을 말하고 싶은 것일까? 그런데 그런 식의 농촌 고향 혹은 삶의 제시가 올바른 전망이 될 수도 없다는 사실을 스스로 누구보다 잘 알고 있지 않을까. 도시적 삶 옆에 홀연 도시 범주 너머를 들이대는 것이 결코 올바른 전망에 값할 수는 없다는 점 말이다. 그것은 반명제일 뿐이기 때문이다.

물론 이런 질문들이 김용택이나 고재종 시인과 같이 농촌 혹은 생명의 문제를 필생의 과제로 추구해온 시인들의 작업이 의미 없다고 말하려는 게 아니라는 점은 명백하다. 오히려 필자는 두 시인의 시를 누구보다 애독하는 사람이다. 그렇다면 필자가 진짜 말하고 싶어하는 바가 무엇인가. 1920년대 이래 우리 시문학사 전체가 근대 너머로 상정하고 형상화해온 농촌 고향 지향성(이런 말이 가능할지는 모르겠지만)의 한계를 지적해보고 싶은 것이다. 운동으로서의 문학 주체 문제를 말하는 것이 아니다. 근대를 만들며 동시에 그것을 넘어서야 한다는 우리의 지상 과제를 해결하는 방편으로 우리는 너무 손쉽게 농촌을 그 주무대로 만들어온 게 아닌가 하는 반성을 해볼 때가 되었다는 말을 하고 싶은 것이다.

3. 비루한 도시의 가능성을 위하여

농촌 고향의 문제를 시의 중요 주제로 삼을 수 없다는 말을 하고 싶은 게 아니다. 도시 대 농촌으로 삶의 질을 구획 짓고 농촌의 삶을 손들어줄 때 생기는 그 선명하고 손쉬운 이항 대립의 편의성을 말하고 싶은 것이다. 물론 많은 시인들이 찢기는 농촌, 도시 혹은 도시적 가치 관에 의해 유린당하는 농촌의 문제를 고발해오지 않았던 바도 아니다. 그러나 그럴 때조차 시인들은 도시라는 근대적 군홧발에 짓밟히는 농촌적인 것이야말로 우리가 힘주어 지켜내야 할 삶의 원질이라는 의식을 배경에 깔고 있었던 게 사실 아닐까? 시간적으로 과거에 속하며 변화보다는 지속을 중시하고, 인간 홀로보다는 자연과 더불어 살 줄 알았던 삶의 양식이 부서지는 것에 비분강개하고 못내 아쉬워하던 그 마음이 바탕 되어 오늘날에도 우리는 도시를 버리고 농촌 고향으로 되돌아가야 한다고 말하는 것이 아닐까?

근대 너머에 대한 형언할 수 없는 열망은 곧 유토피아 의식이라 해도 과언이 아니다. 그리고 모든 유토피아 의식의 배면에는 늘 과거적 상상력이 자리 잡고 있는 것이 또한 사실이다. 그러나 그 과거란 거기 머물러 있는 것이 아니라 미래로 투사될 수 있을 때 가능성의 범주로 바뀌는 법이다. 한갓 황홀경이나 환상으로서의 유토피아 의식이 아니라 우리가 열어 젖혀야 할 리얼리즘적 전망이라 말할 때는 더욱 그럴 것이다. 이런 기준으로 우리 리얼리즘 시에서의 농촌 고향이라는 장소를 찬찬히 들여다보면 그것이 전혀 미래로 투사될 수 없는 성질의 것이라는 점이 너무나도 명백해 보인다. 농촌 고향 문제를 취택한 시들의 많은 경우가 개인적 회고 취미나 유년기의 그리움이라는 정서에 의해 지배되고 있거나, 삶의 세목들이 희석되거나 빠져나가버린 채 자연의 아름다움이나 생명 일반의 경이로움의 찬탄에 바쳐지거나, 삶의 문제를 다룰 경우에도 최대한 도시적인 것을 배제한 상태를 지고의 것으로 놓거나 하는 방식들에 의해 지탱되고 있기 때문이다.

한 마디로 현재 우리들 삶의 주류적 형태는 도시적인 그것이다. 몇 세대에 걸친 이촌 향도의 결과 이제는 전체 인구의 9할이 도시 기반 위에서 살고 있는 것이 현실이다. 농촌 출신 4,50대 이상 연령층의 소수

문학 향수자들에게 있어 농촌 고향의 문제는 구체적 실감을 동반한 반가운 무엇이겠지만, 2,30대의 도시 출신(고향도 없는[11])의 주 향수자층들에게 있어 그것은 낯선 어떤 것이기 마련이다. 단적으로, 시골로 여행을 가면 며칠씩 화장실에 못가 변비에 걸려 돌아오곤 한다는 도시 아이들에게 농촌이란 그저 좀 색다른 아름다움이 있긴 하지만 그보다 살아내기에는 불편하기 짝이 없는 낯선 곳이지 않겠는가. 사정이 그러한데도 농촌-고향 / 자연-생명의 문제를 줄기차게 반복 변주한다는 것은 9할의 우리 삶을 방기하는 일에 다름 아니라고 해야 할 것이다. 이분법의 차원에서 농촌을 선이라고 말한다면 도시는 분명히 악이 되는 것이고, 그것은 우리가 필히 버려야 할 무엇이 아니겠는가. 말하자면, 그런 식으로 농촌 고향을 노래하면 할수록 우리는 우리 삶의 젊은 날 대부분과 인구 9할 이상이 숨쉬고 부대끼며 살아가는 도시적 삶 전체를 형편없고 비루하고 천박한 것으로 전락시키게 되는 것이다.

말해 보자. 그토록 힘들게 그토록 오랫동안 많은 이들이 매달려 바꾸어 보려 노력했던 도시적 삶의 양태가 그렇게 전면적으로 부정되어도 좋은 것인가. 정말 수 많은 사람들이 구석구석에서 사랑의 더운 느낌을 주고받았으며, 아들과 손자 세대로서 자기들의 보금자리를 꾸미려 동분서주했던 도시의 네 거리와 뒷골목들에 묻어있는 숨결과 손때가 그

---

11) 현장에서 문학교육을 하고 있는 필자로서는 이 문제에 관심이 많아 학생들에게 자주 고향을 묻곤 한다. 그러면 없다고 대답하거나 쭈뼛거리며 아버지 고향도 고향이냐고 되물어오는 경우가 태반이다. 물론 필자가 재직하고 있는 학교가 서울에 있으니까 더한 측면도 있겠지만 지방 학교라고 해서 사정이 더 나으리라는 보장은 없어 보인다. 인구 비율에 기대면 지방에서 대학을 다니는 경우라도 순전한 농촌 출신의 학생보다는 지방 소도시를 생활 근거로 하고 자란 학생들이 대부분일 것이라고 쉽게 집작할 수 있기 때문이다. 물론 지방 소도시 출신의 학생들이 서울과 같은 대도시 지역 학생들보다 자연이나 농촌 체험에 보다 더 많이 노출되어 있는 것은 사실이겠지만 그것을 고향 체험이라고 말할 수는 없을 것이다. 소풍이나 데이트, 혹은 여행으로 만나는 농촌 자연이 거기서 나고 자란 사람의 정서에 닿아 있는 자연과 어찌 그 뿌리가 같을 수 있을까?

토록 하찮고 비루한 것인가를. 그토록 손쉽게 부정당해 모든 담론들의 뒤안길로 내몰려도 되는 것인가를. 물론 이 도시를 자기 시문학의 주무대로 살아가는 시인들 일군이 있긴 하다. 그러나 그들에게 있어 도회란 독버섯처럼 자라나는 욕망과 그 위를 한없이 미끄러져 달아나는 기호들의 성소(聖所)일 뿐 번득이는 실감으로 대결해야 할 삶의 터전은 아니다. 질주하는 말장난들의 좋은 놀이 공간일 뿐인 것이다.

굳이 리얼리즘 시라서가 아니라 한국의 근대 시문학이라는 일반 조건으로 보아서도 이제 전면적 반성의 시기가 되었다. 도시와 농촌으로 삶의 터전을 양분하고 악인 도시를 넘어 선인 농촌의 삶을 찾아가자고 외쳐대던 우리들 저 오래된 시적 패러다임을 바꿀 때가 되었다는 말이다. 시에 있어서의 리얼리즘 문제를 고민하는 시인이라면 더더구나 이제 도시를 바로 볼 때가 되었다. 앞으로 어떤 삶의 형식이 우리의 미래상으로 제시된다 하더라도 그것이 도시를 떠나고는 형성될 수 없다는 사실, 말을 바꾸면 이제부터의 삶의 변화는 분명히 도시로부터 그 출발점을 삼지 않으면 안 된다는 엄연한 현실을 시인들이 받아들일 때가 되었다는 말이다. 그렇게 인식을 바꾸는 일이야말로 우리의 근대를 제대로 만들어가는 일의 시초이며 그 안에서 이 도시적 삶의 제 모순을 드러내고 충돌시켜 새로운 가능성을 찾아나갈 때 비로소 전망을 말할수 있게 되지 않을까? 근대 너머에 대한 그리움도 바로 도시 안에서 또는 위에서 싹트는 미루나무인 것이다.

농촌 고향이 문제된다면 그것이 도시적 현재 삶과 관계되는 정도에 의해서일 것이며, 생명이 문제된다면 비록 일그러지고 생기를 잃었을망정 콘크리트와 블록과 시멘트를 뚫고 힘겹게 피어나는 생명의 길이 어떤 방향으로 나아가는가에 의해서 판단되어야 하는 것이다. 농촌 고향에서의 삶이 삶의 원질이라고 한다면 그것이 도회라는 괴물딱지와 만나 또 어떻게 변모되어 가는가, 그러면서도 그 안에 아직 어떤 가능성이 남아 있어 근대 도시적 삶을 거꾸로 비루하게 충격하는가, 농촌

공동체는 또 어떻게 변질된 채 우리 도시의 한 구석에서 시든 맨드라미가 되어 가고 있는가, 그러면서도 도시 공동체라 부를 만한 어떤 것으로 변모될 손톱만큼의 희망은 없는 것인가, 피 튀기는 무한 경쟁의 자본이 삶의 최종 규정력이라는 이 무시무시한 패러다임을 바꿀 만한 힘은 도시 어디에도 없는 것인가 하는 질문들이 우리들 앞에 아프게 가로놓여 있는 것이다.

어쩌면 지식 자본주의 사회라는 새로운 조건이 리얼리즘 시의 시각 조정에 하나의 계기가 될 수 있을지도 모르겠다. 특히 그것을 밑받치는 인터넷 환경이야말로 새로운 패러다임을 형성하고 확인하고 전파하는 중요한 도구가 될지도 모르겠다는 생각이다. 예전과는 판이한 형태의 연대와 조직과 모임들이 우후죽순 식으로 생겨나고 사라지고 있기 때문이며 그런 모임들마다 이전의 그 어느 시대보다 민주적인 의사교환이 가능한 시대가 되었기 때문이기도 하다. 물론 역기능들도 많다. 그러나 이 인터넷이란 조건 역시, 도시 문화를 버리고 우리 시가 앞으로 나아갈 수 없는 것과 같은 정도로 이젠 우리 삶의 기본적인 항목이 되었다. 어느 순간 모든 사회를 『오래된 미래』의 라다크로 만들지 않는한 이 기반을 어떻게 떠날 수 있겠는가. 그게 호메이니 식이 되든, 사담 후세인 식이 되든, 정말 라다크 혹은 '미래소년 코난'의 형태가 되든[12] 인류의 미래는 이 9할의 도시적 삶으로부터 출발하지 않으면 안 된다. 그 위에 농촌 고향의 문제의식 혹은 생명의 문제를 올곧게 접목시키지 않는 한 리얼리즘은 결코 그 이름값을 하지 못하고 한갓 아이디얼리즘으로 떨어지는 수모를 겪지 않으면 안 될 것이다.

노동의 문제를 시의 중심에 두어야 한다는 소리가 결코 아니다. 도시 문화 자체에 대한 근본적 애정의 시각을 갖추어야 한다는 말이다. 일거에 부정당할 어떤 것, 결코 안주할 수 없는 괴물로 이 도시를 박대하는

---

12) 이매뉴얼 월러스틴, 나종일·백경영 역, 『역사적 자본주의/자본주의 문명』, 창작과비평사, 1994, p.172.

한 노동이나 계급의 문제 또한 공소한 어떤 지점에서 맴돌게 되고 말리라는 점을 지적하고 있는 것이다. 그렇다고 도시적 삶을 무조건적으로 낙관하고 미화하자는 소리로 들렸다면 듣는 이의 귀와 내 입을 같이 씻어낼 일이다. 큰 미래도 내 발부리 앞의 깨진 보도블럭을 발로 차는 일로부터 시작된다는 사소한 믿음으로부터 우리 시의 향방을 가늠해보자는 것. 그것이 필자가 겁 없이 농촌-고향 / 자연-생명, 그 오래된 우리 시의 자양분에 서툰 필설을 갖다 붙여보는 이유이다.

2 일제강점기의 고뇌

오장환 시의 시공간적 특징

1. 서론

오장환(1918-?)은 한국근대사의 문제적 인물이다. 문학인과 생활인, 그 어느 측면으로 보아도 이는 사실일 것이다. 하위 범주로서의 한국근대시사와 상위 범주로서의 한국근대사의 가장 민감한 돌출부만을 골라 딛고 역사의 뒤꼍으로 사라져간 인물이기 때문이다. 그의 생애는, 일제 강점과 민족해방, 군정 실시와 분단 고착화, 한국전쟁에 이르기까지 기구한 민족사의 한 시기가 만들어낸 첨예한 모순들을 전형적으로 그려 보여주고 있다. 따라서 그의 시를 문제 삼는 것은 그대로 그가 교섭했던 동시대의 삶의 진실을 문제 삼는 것이 된다. 뿐만 아니라 문학사적 으로나 사회사적으로나 그가 온몸으로 제기했던 질문들이 여전히 미결 인 채로 우리 앞에 남아 있다는 점에서, 그의 시문학에 대한 올바른 탐구는 21세기 한국문학의 진로에 하나의 바로미터를 제공하는 일일 수도 있다. 이것이 오장환을 다시 문제 삼는 첫 번째 이유다.

그를 문제 삼는 두 번째 이유는 문학사의 구도를 보는 시각과 관련되 어 있다. 한국근대문학사를 바라보는 신념 체계 가운데 가장 폭넓은 지지를 받는 것이 근대주의와 전통주의라는 잣대에 기대어 문학사적 사실을 설명해보려는 관점일 것이다. 그리고 이 근대주의는 다시 리얼리즘과 모더니즘으로 세분될 수 있다. 따라서 오장환이 활동했던 1930, 40년대에는 이들 세 개의 경향들이 서로 경쟁하거나 상호 충격을 주며 한국근대문학사를 추동시켜 왔다고 흔히 설명된다. 그런데 문제는 많은 연구자들이 리얼리즘과 모더니즘과 전통주의라는 이 잣대들을 지나치게 절대적인 범주로 생각한다는 점이다. 그 중에서도 리얼리즘과 모더니즘 간에는 마치 뛰어넘을 수 없는 장벽이 가로놓여 있는 것인 양 받아들인다. 연구자들은 대상을 보는 스스로의 입장을 리얼리즘과 모더니즘 한 쪽에 세운 다음 그 잣대로만 재단하고 마는 것이다. 오장환에 대한 기존의 연구 경향 역시 이러한 틀로부터 매우 자유롭지 못한 형편이다.

오장환의 시를 리얼리즘으로 설명하려는 입장은 해금 직후부터 줄곧 가장 중요한 담론의 하나로 자리 잡아 왔다. 최두석과 박윤우, 이숭원[1]의 견해가 대표적인데, 특히 최두석은 오장환 시의 전개 과정을 '시적 편력'이라 명명하고 그 밑바탕에 진보주의적 열망이 자리 잡고 있었음을 지적함으로써 다음에 오는 연구들에 하나의 방향을 제시한 바 있다. 해방 후 오장환이 보여준 정치적 행보조차 인생을 위한 문학을 해야 한다는 그의 지론에 따른 당연한 결과라는 것이다. 따라서 이들은 해방 이전과 이후의 오장환 시가 아주 이질적인 것처럼 설명하는 것은 타당하지 않다고 생각한다. 특히 그의 전기시들이 모더니즘과 관련된 퇴폐성만으로 설명될 수 있다고 믿는 것은 어리석은 태도라고 지적하고 있다.[2]

이와 달리 오장환의 시를 모더니즘으로 설명하려는 시도[3] 역시 꾸준

---

1) 최두석, 「오장환의 시적 편력과 진보주의」, 최두석 편, 『오장환전집』하, 창작과
   비평사, 1989.
   박윤우, 『한국현대시와 비판정신』, 국학자료원, 1999.
   이숭원, 『20세기 한국시인론』, 국학자료원, 1997.
2) 이숭원, 같은 책, p.189.
3) 서준섭, 『한국모더니즘문학연구』, 일지사, 2000.

히 이어지고 있다. 서준섭은 모더니즘 문학의 한 가닥에 퇴폐적 요소가 있었음을 주목하고 그것이 오장환에게서 두드러졌다고 주장한다. 그러한 퇴폐성을 통해 서울을 중심으로 한 문명비판의 주제를 구현하고 있다는 것이다.4) 그러나 이렇게 모더니즘에 기반한 관점들은 대개 1930년대적 현상으로 오장환을 이해하고 있기 때문에 그 이후의 변모에 관해서는 특별히 언급을 하지 않는다. 이 관점은 보다 젊은 연구자들에 의해 보완되는데 가령 송기한이나 곽명숙5)의 경우가 대표적이라 할 수 있다. 송기한은 해방 전의 모더니스트 오장환이 해방과 함께 리얼리스트 오장환으로 전향6)했다는 가설 위에서, 후기 구조주의 이론으로부터 자기 동일성 찾기라는 개념을 빌어와 그의 변모를 설명하려 한다. 곽명숙 역시 오장환 시를 알레고리라는 수사적 장치의 변모 양상을 통해 살펴보고 있다. 이들은 공히 해방기 오장환의 시가 1930년대에 비할 때 확연히 다른 세계관에 기초하고 있다는 사실을 받아들인다.

이 두 관점이 오장환을 바라보는 태도란 결국 해방 전 그의 시를 어떻게 볼 것인가 하는 데서 드러난다. 부분적으로 모더니즘의 영향이 드러나지 않는 것은 아니지만 대체적으로 보아 해방 전서부터 일관되게 진보주의적 정치문학을 했다는 것이 전자의 입장이라면, 해방 전에는 문학사에 소중한 모더니즘적 실천을 보여주다가 해방 뒤 정치로 나

이승훈, 『한국모더니즘시사』, 문예출판사, 2000.
4) 서준섭, 위의 책, p.164.
5) 송기한, 「오장환연구—시적 주체의 의미 변이에 대한 기호론적 연구」, 『관악어문연구』 15집, 1990.12.
   곽명숙, 「오장환 시의 수사적 특성과 변모양상 연구」, 서울대대학원(석사), 1997.
6) 이 용어가 '전향'의 일반적 어법에 준해 사용되었다고 볼 수는 없을 것이다. 전향이 반대되는 사상으로의 급작스런 변전을 지칭하는 용어일진대 오장환이 해방을 전후한 시기에 그러한 변모를 나타냈다고 볼 수는 없기 때문이다. 변한 것이 있다면 문학적 스타일이지 그가 세상에 대해 갖고 있던 이념형은 아닌 것이다. 본격적 문단 활동의 초기부터 그는 이미 당파적 태도에 관심을 표명하고 있었을 뿐만 아니라 인간을 위한 문학의 가능성을 염두에 두고 있었기 때문이다.(오장환, 「문단의 파괴와 참다운 신문학」, 조선일보, 1937.1.28.)

아가 문학을 버렸다는 것이 후자의 입장인 것이다.[7] 앞서도 말했지만, 문제는 이 때의 모더니즘과 리얼리즘이 각각 서로를 용납하지 않는 배타적 가치 체계로 이해되고 있다는 사실이다. 이러한 인식은 당대인들이 리얼리즘이나 모더니즘을 오늘날의 범주[8]로 정확히 나누어 이해하고 배타적으로 문학 활동을 전개했으리라는 전제에서만 가능한 이해 방식이 아닐까. 설령 그랬다 하더라도 사람의 인식 활동과 그것의 언어적 표현이 반드시 일치하는 것은 아니라는 점에서 그러한 주의 주장에 지나치게 경직된 반응을 보일 이유가 없다.

문학에서의 리얼리즘과 모더니즘이란 자유롭고 평등한 삶에 대한 인간의 신념을 형상화하는 특징적 방법이나 체계를 가리키는 이름에 다름 아니다. 물론 창작의 방법론이 아니라 세계관으로 그것들을 받아들이는 경우가 없는 것은 아니다. 하지만 그 경우에도 그 자체를 절대화할 수는 없다. 절대화하면 할수록 그것은 좁은 의미의 이데올로기의 나락으로 굴러 떨어질 뿐이기 때문이다. 하물며 한 시대의 특수한 문학적 현상에 대한 지칭인 경우임에랴. 그것들은 얼마든지 내용이 변경될 수 있는 것이며, 그렇기 때문에 특정 주체들에 의해 쉽게 수용 내지는 거부될 수 있다. 그렇지 않고, 리얼리즘이기 때문에 혹은 모더니즘이기 때문에 중요하다고 말하게 된다면, 삶의 옆이나 혹은 위에 문학이라는 권위 하나를 따로 설정하는 꼴이 되고 만다. 그것처럼 비문학적인 일은 다시없을 것이다.

사실 문학사적으로 보아도, 오장환이 주로 활동했던 1930년대 중, 후반은 리얼리즘이나 모더니즘이 일방으로 통행될 수 있는 시대가 이미

---

7) 송기한, 곽명숙의 경우 해방 후 오장환이 나름대로 중요한 성과를 이루었다고 보고 있긴 하지만, 주된 관심이 그의 해방 전의 작품들에 놓여 있다는 것을 부인하기는 어려울 것이다. 특히 '전향'이라는 용어는 대개 그 전의 상황이 그 뒤의 상황보다 문제적이며 중요하다는 인식을 깔고 사용되기 마련이다.
8) 오늘날에도 이 두 범주가 명확히 분리, 인식될 수 있는 것인지에 대한 확신이 필자에게는 없다.

아니었다. 카프 해체 이후의 주조(主潮)를 모색하려는 의도로 촉발되어 시단 초미의 관심사로 부각됐던 기교주의 논쟁이 임화 의견을 중심으로 이미 수렴된 바 있기 때문이다.9) 임화가 문학에 있어서의 내용과 형식 간에는 내용을 중심으로 한 변증법적 종합이 있을 뿐이라는 점을 밝히고, 김기림 역시 부분적으로 이러한 의견에 동조함으로써 형성된 당대 시단의 분위기는, 이미 리얼리즘이나 모더니즘 일방으로만 설명될 수 있는 것이 아니었다. 당대의 많은 신진 시인들과 마찬가지로 오장환 역시도 이런 사실을 잘 알고 있었던 것으로 보인다. 뿐만 아니라 그는 임화의 입장을 보다 분명히 지지하고 있기도 했다.

가령 그는 조선의 신문학을 지용이나 기림, 이상에서 찾을 것이 아니라 신경향파에서 '카프'에 이르는 그룹에서 찾아야 한다고 말하는데, 그 이유는 전자들의 문학이 형식의 발전에 그쳤기 때문이라는 것이다.10) 그리고는 다음과 같이 말하고 있다.

> 참으로 신문학이란 무엇이냐! 나는 그것을 형식만으로서 신자(新字)를 넣어주고 싶지 않다. 습관과 생활이 그러하여서도 그랬겠지만 대체의 인텔리라는 작가들은 모조리 창작방법에서 내용을 잊은 것 같다.

9) 임화, 김기림, 박용철 사이에 벌어진 이 삼각 논쟁의 핵심은 역시 임화와 김기림 사이의 논전에 있었다. 시에 있어서의 내용과 형식의 관계에 대한 질문인 이 논쟁은 정치와 예술의 관계에 대한 질문이자 당대 리얼리즘과 모더니즘의 관계 설정에 대한 질문이기도 했다. 이 논쟁의 와중에, 김기림이 조선적 특수성에 대해서는 몰각하고 언어 실험에만 몰두하고 있다는 임화의 주장을 수용하고 「시인으로서 현실에 적극 관심」을 표해야 한다고 말했음은 주지의 사실이다. 물론 임화의 리얼리즘과 자신의 모더니즘이 양립할 수 있거나 등가적으로 결합할 수 있는 것이 아니기에 종합의 출발점이 자신의 모더니즘이어야 한다는 사실을 뒤에 가서 밝히고 있지만(김기림, 「모더니즘의 역사적 위치」, 『인문평론』, 1939.10.), 그러한 진술이 이미 당대에 폭넓게 형성된 것으로 보이는 모종의 종합적 분위기 자체를 부정한 것은 아니다. 즉 이 논쟁 이후로 조선에서 시를 쓰려는 자는 결단코 리얼리즘과 모더니즘 양쪽이 제기한 문제의식으로부터 자유롭지가 못하게 된 것이다.
10) 오장환, 「문단의 파괴와 참다운 신문학」, 『조선일보』, 1938.1.29. 이하 모든 오장환의 글은 최두석 편의 『전집』(창작과비평사, 1989.)을 저본으로 함.

진정한 신문학이라면 형식은 어떻게 되었든지 위선 우리의 정상한 생활에서 합치될 수 없는 문단을 바숴버리고 진실로 인간에서 입각한 문학 즉 문학을 위한 문학이 아니라 인간을 위한 문학의 길일 것이다.

물론 이러한 진술을 통해 그가 리얼리즘을 일방적으로 옹호하고 있다고 볼 수도 있겠지만, 그가 이미 지용이나 기림이나 이상 문학으로부터 문학사적 권위를 느끼고 있거나 느꼈다는 사실 자체까지 부정할 수는 없어 보인다. 즉 그간 모더니즘이 이루어낸 형식적 발전(창작방법) 위에서 인간의 의무를 다하는 당파적 문학을 해야 한다는 것이 오장환의 생각이었던 것으로 보인다. 적어도 오장환은 1935년말에 시작되어 36년을 뜨겁게 달군 기교주의 논쟁의 경과를 매우 의미 깊게 지켜보고 있었으며, 그 가운데서도 임화의 견해 속에서 조선 문학의 장래를 발견했다는 것을 알 수 있다. 그리고 이 때의 임화 견해란 일방적 정치 우위의 그것이 아니라 김기림의 지적, 곧 시에 있어서의 형식적 요건의 중요성을 받아들인 뒤의 그것이라고 보아야 한다. 오장환 역시 이런 임화 견해의 연장선상에서, 리얼리즘이니 모더니즘이 하는 이즘의 문제가 아니라 참다운 삶의 조건을 만들어내는 일이 문학가의 우선적 목표라는 것을 표 나게 드러내고 있는 것이다.

물론 이런 견해를 가지게 되었다는 것이 곧바로 그런 작품을 쓰는 쪽으로 연결된다고 볼 수는 없다. 그러나 당분간은 작품의 지체 현상에 시달리겠지만, 어느 정도 시간이 흐르면 나름대로의 형상적 원칙을 마련하게 되리라는 점 또한 부인할 수 없다. 따라서 그의 시를 제대로 이해하기 위해서는 리얼리즘, 모더니즘과는 다른 새로운 잣대로 그 형상 원리를 설명해내는 일이 필요하다. 그 점에서는 최근 임화, 이용악, 백석 등 동시대 시인들과의 관련 양상 및 편차를 드러내려 노력한 유종호의 작업[11]이 시사적이다.

---

11) 유종호, 『다시 읽는 한국시인』, 문학동네, 2002.

그는 우선 오장환이 프롤레타리아 문학도 퇴조하고 모더니즘 운동도 이미 대세가 아닌 시기에 문학적 출발을 함으로써 그러한 흐름에 대해서 일정한 거리를 유지하고 있었다고 전제한다.[12] 그러면서도 오장환은 끝내 "신뢰할 만한 현실을 찾아 떠돌이에서 인민 대중 속으로의 자기 투신으로 사회적 소외의 극복을 시도하였다"[13]는 것이다. 그리고 그러한 소외 극복의 노력이 깊은 음률적 울림으로 형상화된 것이 시집 『나 사는 곳』의 세계라는 것이다. 이러한 유종호의 평가는 고전적 평명성(平明性)과 음률성을 갖춘 시를 최상의 것으로 치는 그의 평소 관점이 잘 반영된 결과로 볼 수 있다. 특히 미리 준비된 연역적 잣대를 들이대지 않고 작품 하나하나로부터 구체적인 결과를 귀납해내는 설명의 방법은 값진 바가 있다.

하지만 유종호의 기준은 너무 '잘 된' 시에만 초점이 맞춰져 있어 그의 시세계를 설명하는 데는 다소 무리가 따른다. 뒤로 갈수록 정치적 실천이 문학적 실천의 잣대가 되는 시인을 이해하기에 '아름다운 시'라는 기준은 그 유효성이 떨어지기 마련이다. 어떤 상황에서 그런 시를 쓰게 되었는가를 밝히는 것도 오장환론의 핵심적 과제라고 할 수 있을 것이다.

2. 시에 있어서의 시공간

이 글은 오장환 시의 자율적인 미 곧 모더니즘적 특성이 아니라 버만적인 의미에서의 근대성(modernity)[14]이 어떻게 관철되고 있는가를 밝

---

12) 유종호, 같은 책, P.112.
   이 부분에 대해서 필자는 다소 다른 생각을 갖고 있다. 거리를 유지했다기보다는 현실주의적 입장에서 시의 형식적 성취를 노렸다는 생각이 그것이다.
13) 같은 책, p.173.
14) "오늘날에는 전세계의 모든 사람들이 함께하는 생생한 경험—공간과 시간의

혀 보려는 의도를 갖고 있다. 자본주의 세계 전체를 확장하고 뒤흔드는 이 모든 사람들과 제도를 포괄하고 관장하는 사회적 과정을 근대화 (modernization)라고 불렀을 때, 대개 그 최소 기준으로 언급되는 것이 다음의 네 가지일 것이다. 개인 주체의 확립, 합리성, 객관 세계의 파악 및 제어 가능성, 진보주의가 그것들이다. 사회적 실천 주체로서의 개인 이 그의 합리적인 능력을 통해 세계를 개혁함으로써 보다 나은 상태에 도달할 수 있다는 믿음이야말로 제도적 모더니티의 핵을 이룬다는 뜻 일 것이다.

이러한 근대성의 전제는 말할 것도 없이 개인 주체가 자신의 현실에 대해 가진 불만이라고 할 수 있다. 설령 최종적으로는 그것이 '반근대 적인 전망'이었음이 밝혀진다고 할지라도 진보를 향한 인류의 열망에 부합하는 것이라면 충분히 근대적일 수 있다[15]는 것이 이런 생각의 밑 바탕이다. 이를 두고 거룩한 불만족이라 불러볼 수 있을 것인데, 그 점에서 이 진보주의는 근원적으로 낭만주의나 이상주의적 성격을 어느 정도는 함유하고 있다고 해야 한다. 그럼에도 그러한 체제 바깥으로 도망가지 못하고 내부에서 투쟁하고 사랑할 수밖에 없는 것이 근대인 의 운명일 것이다.

인간이 만족스럽지 못한 사회 현실을 전복, 개혁하거나 자기 자신을 변화시킴으로써 사회와의 괴리를 극복할 수 있다는 태도를 폭넓게 견 지하게 된 것은 근대 이후의 일이다. 합리주의로 무장한 주체 앞에 세 계란 얼마든지 계량화 가능한 것으로 받아들여졌다. 실제 생활 세계에

경험, 자아와 타자(他者)의 경험, 삶의 가능성과 모험의 경험-방식이 존재한 다. 필자는 이러한 경험의 실체를 '현대성'이라고 부르기로 한다."(마샬 버만, 윤호병·이만식 역, 『현대성의 경험』, 현대미학사, 1998. p.12.) 다만 이 '현대 성'을 필자는 '근대성'으로 고쳐 부르기로 한다. 현대라는 어휘는 역사 단계를 지시하는 범주로 적절하지 않고 다만 현재를 가리키는 범주일 뿐이라는 생각 에서다. 결국 이 글에서의 근대성이란 제도적 근대를 완성하는 한편 그것의 모순을 뛰어넘으려는 아이러닉한 경향 일반을 지칭하는 범주가 된다.
15) 마샬 버만, 같은 책 서문, p.10.

서 일어난 자본제적 변화는 이러한 자신감을 뒷받침해 주기에 충분했다. 바야흐로 인간은 여러 가지 압제에서 해방되어 자유로워져 갔으며 그러한 해방감과 자신감이 공간적 확장 혹은 압축[16]의 형태로 나타나기에 이르렀다. 지도야말로 이러한 공간 개념의 대표적 표상이다. 그러나 이렇게 확장된 지도-공간이 반드시 긍정적인 것만은 아니어서 실제 삶의 구체적 질의 차이를 무시하는 결과를 빚기도 한다. 삶은 추상화되어 지도상에 기호의 형태로 나타날 뿐이기 때문이다.

시간 또한 그 이전 시대와는 다르게 작동하는데, 그 특징을 잘 보여주는 개념이 시계-시간이라는 용어다. 이 개념 역시 개인적이고 상대적인 시간의식을 절대적, 등량적으로 균분(均分)된 시간의식으로 바꾸어 놓는 방법으로 근대화를 달성한다. 학교에서나 공장에서나 근대 도시에서는 누구든 이런 시간관에 얽매이게 된다. 시간이 기계가 되어 사람의 생리를 거꾸로 조절하게 되는 것이다. 그런데 이 시간관은 또한 화살처럼 앞으로 전진하기만 하는 시간이라는 생각을 유포함으로써 오히려 미래에 대한 희망이나 진보라는 의식을 생산해내기도 했다.

그런데 오장환이 살았던 시대에는 이런 근대적 시공간관을 비트는 조건 하나가 따로 있었다. 바로 식민지(주변부) 자본주의라는 제약이 그것이다. 식민지 근대화는 받아들일 수밖에 없으면서도 또한 물리쳐야만 하는 역설적 상황을 배태했다. 따라서 시인들은 이를 형식화할 수 있는 나름의 시적 구조나 질서를 찾아야 하는데, 필자가 보기에 그것은 '고향'이라는 시공간 형태로 나타났다. 과거 고향의 의미를 반추하여 현재 불모의 조건의 원인을 찾음으로써 와야 할 미래 고향의 상을 그려내고, 그것을 시적으로 형상화하는 것이 1930년대라는 문제적 시

---

16) 확장과 압축은 같은 현상의 다른 이름이다. 공간 경험의 폭이 넓어지는 것이 확장이라면 단위 시간 당 누릴 수 있는 경험의 폭이 커지니까 공간은 그만큼 상대적으로 압축되는 것이다.
이러한 개념은 D. 하비(구동회·박영민 역, 『포스트모더니티의 조건』, 한울, 1994.)의 견해에 주로 기대고 있다.

기에 시를 쓰기 시작한 시인들의 공통적인 시적 실천의 방법이었다는 것이 본고의 전제다.

3. 오장환 시에 나타난 시공간의 특징

오장환 시의 시공간적 특성을 밝히기 위해서는 그의 생애와 연관된 중요한 공간들을 우선 열거해 둘 필요가 있다. 그는 1918년 충북 보은의 회인에서 첩실의 자식으로 태어나 열 살 무렵까지 살다가 아버지의 고향인 경기도 안성으로 이주한다. 열네 살 이 되던 1931년에야 적출로 호적에 오르는데, 그 전 해인 30년부터 서울로 올라와 중동, 휘문 등의 학교를 다닌다. 1934년에는 일본으로 유학을 가고 38년경 유학생활을 청산하고 귀국한다. 해방 후인 1948년경까지는 주소를 여기저기 바꾸면서도 서울에 거주했지만, 그 해에 월북했던 것으로 알려져 있다.

오장환 초기시의 배경은 따라서 고향 회인이나 안성 어디쯤이 될 것이다. 그 중에서도 세거지(世居地)였던 안성이 주된 시공간 배경으로 등장하는데, 그는 거기서 자기 정체성을 쉽게 느끼지 못했던 것으로 보인다. 그의 시의 첫 번 째 특징으로 이향(離鄕)을 운위하게 되는 배경이다.

3-1. 인습의 부정 : 이향

世世傳代萬年盛하리라는 城壁은 偏狹한 野心처럼 검고 빽빽하거니
그러나 保守는 進步를 許諾치 않어 뜨거운 물 끼언ㅅ고 고추가루 뿌리
든 城壁은 오래인 休息에 인제는 이끼와 등넝쿨이 서로 엉키어 面刀
않은 턱어리처럼 지저분하도다.(「城壁」 전문)[17]

---

17) 특별히 출전을 밝히는 경우를 제외하고 오장환의 시, 산문은 전부 최두석 편의

통상 전통에 대한 부정 정신을 보여주고 있다고 평가되어온 시 「성벽」은 언뜻 보아 전통 대 근대 혹은 보수 대 진보라는 이분법적 태도 위에서 후자들을 가치 있다고 발언하는 시로 볼 수 있다. 그리고 그때의 보수적 전통이란 과거적인 것, 조선적인 것 일반을 지칭한다고 생각할 수 있다. 이와 유사한 주제 의식을 드러내고 있는 시 「성씨보(姓氏譜)」의 부제가 '오래인 관습-그것은 전통을 말함이다'라고 되어 있으므로 봉건 유제(遺制) 곧 전통에 대한 부정이 이 시기 오장환 시의 핵심적 자질이라고 말해도 전혀 잘못된 것은 아니다. 그리고 그렇게 되면 오장환은 제국주의의 본질에 대해 무지한 채 적극적으로 아(亞) 서구 일본을 추수해 간 한낱 이인직류의 개화주의자에 지나지 않게 된다.

그러나 오장환은 그렇게 단순한 시인이 아니다. 이런 판단의 근거가 되는 시가 그의 데뷔작인 「목욕간」인데, 여기에 대해서는 아직 누구도 주목을 하고 있지 않는 것 같다. 시 「목욕간」은 이미 알려진 대로, 돈을 사기 위해 할아버지 열두 살 때 심은 '세전지물(世伝之物)' 밤나무 고목을 왜인이 경영하는 목욕탕에다 팔고 난 아저씨와 화자인 조카가, 때투성이 시골뜨기라는 모욕을 감수하고 그 목욕탕에 다시 목욕을 하러가는 이야기를 형상화하고 있다. 돈이 없으면 학교에서도 정학을 맞는다는 것, 그러니 뭐든 팔아서 돈을 만들어 생활해야 한다는 것, 목욕탕에 돈을 주고 목욕을 하러 다닌다는 것 등 근대 제도가 만들어낸 새로운 유형의 생활 패턴이 이미 시골구석까지 미만(弥満)해 있음을 전제하고서도 화자는, 아저씨가 목욕을 하러 가는 이유가 그런 근대적인 생활 방식과는 무관하다는 것을 알고 있다. 오히려 반대로 아저씨는 그 "나무로 데운 물에라도 좀 몸을 대이고 싶으셔서 할아버님의 유물의 부품이라도 좀더 가차이 하시려고"(「목욕간」) 하는 전근대적 소망을 갖고 있다. 화자는 그러한 아저씨의 소망에 대해 결코 비웃지 않고 있으며

『오장환 전집』(창작과비평사, 1989.)을 저본으로 함. 이하 『전집』이라 약칭함.

오히려 경건한 어조로 은연중 그러한 태도를 지지하고 있기까지 하다.

「성벽」과 「목욕간」에 드러나는 이 태도상의 차이를 어떻게 해석해야 하는 것일까? 다른 것은 관두고라도 과거의 것이면 무조건 반대하는 치졸한 개화주의자로 오장환을 몰아붙여서는 안 되는 것이 아닐까? 그렇다면 정작 오장환이 부정하고 있는 과거의 것이란 전통 일반이 아닐지도 모른다. 시 「성벽」은 그것을 들여다볼 수 있게 해주는 하나의 통로다. 우선 화자는 보수 대 진보의 대립 가운데 진보의 편 즉 성벽의 바깥에 서 있다는 점에서 근대주의자의 면모를 갖추고 있다. 성벽의 밖이란 성벽을 지어 그토록 막아내고 싶어 하는 외세가 물밀어오는 곳이다. 화자는 그 외세에 '진보'라는 범주를 놓은 셈인데 그것이 직선적 시간관과 전방(前方) 상향(上向) 일변도의 공간관에 기초한 지극히 서구 근대적 개념이라는 사실은 이미 주지하는 바대로다.

더구나 화자는 무용지물이 되어버려 온갖 나무와 잡초로 지저분해진 성벽을 두고 "面刀 않은 턱어리"라고 묘사하는데, 면도[18]야말로 이 시가 씌어진 시점으로부터 불과 40여 년 전인 1895년, 김홍집 내각의 '단발령' 이후에 이 땅에 일반화된 풍습이라는 점에서 그의 의식이 이미 깊숙이 서구 근대에 침윤되어 있다는 것을 말해준다. 이쯤 되면 성벽은 이미 거의 쇄국의 표상쯤으로 부상한다. 화자의 비판 의식은 "뜨거운 물 끼언ㅅ고 고추가루 뿌"려서 막아내려 한 의도를 두고 "偏狹한 野心"이라고 하는 대목에 와서 절정에 달한다. 야심이란 아무나 가져볼 수 있는 심보가 아니다. 지위나 재물이 남달라야만 가져볼 수 있는데 그 야심조차 편협하다는 점에서 성벽이 지켜내려고 한 가치가 그다지 달가운 것이 아니라는 점을 환기한다. 사실 역사적으로 보아 백성들을 동원해 성벽을 만들고 역시 백성들의 피땀으로 그것을 지켜 마지막까지 방어하고자 한 것이 백성들의 삶은 아니라는 것은 너무도 분명한

---

18) 이 '면도' 이미지는 시 「海獸」에서 이향을 결심한 젊은이의 결단 혹은 성장과 연관되어 다시 등장한다.

사실이다. 성벽의 방어 목표는 권력이나 정권과 같은 지배자들의 이익일 뿐이었다. 그런데도 그렇게 백성들이 피 흘려 방어해준 권력이, 그러나 변화하는 시류에 제대로 적응하지 못하고 나라를 나락으로 떨어뜨려 오히려 백성들의 삶을 도탄에 빠지게 하지 않았던가. 그러니 오장환이 볼 때, 세상 변화에 둔감한 이 낡은 의식이야말로 과감히 버려야 할 과거의 것이었을 터이다.

「성벽」에 나타난 오장환의 과거 부정은 그러므로 인습에 대한 항거로 고쳐 이해할 수 있다. 그리고 그는 이어서 그러한 인습이 그의 고향 도처에 남아 있다는 사실을 고백한다. 「姓氏譜」에서 그것은 소라껍데기 같이 무거운 족보(族譜)의 형태로, 「宗家」에서 그것은 아무 일도 안하고 고리대금으로 위세를 유지하면서도 끝내 지켜내려는 우스꽝스런 가문 의식으로, 「旌門」에서 그것은 한 개인의 사랑이나 행복과 같은 가장 초보적인 욕망을 왜곡하여 가공의 윤리 의식을 창조해내기까지 하는 불합리로 그려진다. 결국 그에게 있어 고향은, 물려받아야 할 진정한 고향다움은 간 곳 없고(「목욕간」에서 밤나무가 베어지듯이) 가부장제의 봉건적 유습만이 엄존해 진보적 변화를 가로막고 있는 곳이므로 동일성을 전혀 느낄 수가 없는 공간이다. 고향이 어머니적인 의미의 안온한 장소감[19]을 제공해 주지 못한다는 이야기다. 첫 시집 『성벽』 (풍림사, 1937.) 소재의 작품들에서 주로 나타나는 오장환 시의 첫 번째 동인(動因)이 이 고향으로부터의 탈주라는 것은 그래서 의미심장하다.

---

19) '장소감'(a sense of place)은 한 장소에서 느끼는 자기 동일성이자 안정감이라는 의미를 지닌다. 장소감을 느끼는 곳이 삶의 중심지가 되기 마련이다. 이-푸 투안(구동회·심승희 역, 『공간과 장소』, 대윤, 1995.)의 용어를 빌어쓴다. 오장환은 그의 이력 상 처음부터 고향에 대한 애착을 갖지 못할 소지가 충분했다. 첩실의 자식으로 유년을 보냈던 회인이나 본댁에 들어와 정실 자식으로 살았던 안성 모두 훼손된 공간이기 때문이다. 회인이 어머니와 안성이 아버지에 연결되는데, 사실 정상적 상황이라면 그 둘이 분리되지 않았을 것이다.

3-2. 환멸의 근대 : 방황

고향에서 자기 존재의 정체성을 발견하지 못하고 근대 도시로의 탈주를 시도한 오장환은 그 곳에서도 역시 "신뢰할 만한 현실"[20]을 발견하지 못한다. 그리 된 첫 번째 이유는 그 스스로 고향을 부정하고 떠났지만 그것이 진심이 아니었기 때문이다. 봉건적 인습만이 남은 고향일지라도 그곳에는 어머니가 있는데, 이 육친에의 이끌림이란 논리적으로 설명 불가능한 것이라는 점을 시「목욕간」이 이미 보여준 바가 있다. 그 점에서 오장환은 시작(詩作) 생활의 처음부터 이미 "집단적인 한 종족의 커다란 울음소리나 자랑"[21] 쪽으로 경도될 소지를 안고 있었다고 보아야 할 것이다. 즉 해방 뒤의 행보가 새삼스러운 것이 아니라는 얘기다.

두 번째 이유는 그가 자신의 이향(離鄕)을 젊은이다운 열정의 소산으로 이해하고 있음에서 찾아야 할 것이다. 그는 자신의 방황과 이향을 두고 "향배(向背)를 잃어버린 자기의 방향"이나 "생존의 의의를 모르는 자기의 이념"[22]을 찾아 헤매는 일이라고 엄숙히 규정하다가도, 그것이 결국은 "기적 소리에 불현듯 멀리 여행을 떠나고 싶은 마음"[23]에 지나지 않음을 토로하기도 한다. 산문「제 7의 고독」,「여정」,「팔등잡문」 등이 이러한 심의 경향(心意傾向)의 좋은 증거들이다. 그런데 이국취미나 동경(憧憬)으로서의 이 '멀리 떠나고 싶음'이란 꼭 그만큼의 '돌아오고 싶음'을 전제로 성립된다는 점에서 그의 이향이란 이미 귀향에의 의지를 뒤에 받치고 있는 포즈라고 볼 수 있다. "어느 때에 있어서나 가장 새 시대에 관하여 남 먼저 냄새를 맡고 남 먼저 또 그곳으로 지도

---

20) 시「旅愁」(『조광』, 1937.1.)의 한 구절.
21) 산문「방황하는 시정신」, 『전집2』, p.31.
22) 산문「八等雜文」, 『전집2』, p.35.
23) 산문「제 7의 고독－심야의 감상」, 『전집2』, p.28.

해야 할 시인의 운명"을 "아련한 이역의 꿈"이라 해서 이향(離鄕)의 동인(動因)으로 받아들이던 그가, 이미 고독을 느낀다는 것, 그리고 그 고독이란 이향 활동의 성과 없음에서 비롯된다는 것을 자인하고 "영원한 귀향의 노래"[24]를 생각한다는 것이 그 좋은 보기다.

시, 공간의 근대성 자체가 지닌 양가성도 오장환의 주저와 머뭇거림을 만드는 이유가 될 수 있다. 확장/압축된 공간이 경험 주체에게는 무한한 가능성의 영역이기도 하지만, 기계적으로 무차별하게 균분된 지도-공간은 차갑게 인간을 소외시키는 위협의 영역이기도 하다. 근대적 시간 역시 마찬가지여서, 화살처럼 전진하는 시계-시간 개념이 확장성과 가능성의 의미를 낳을 수도 있지만, 분·초 단위로 쪼개진 시간의 그물망에 사람들의 행위를 종속시키는 결과를 빚기도 한다. 오장환은 근대적 시공간의 이러한 문제점을 당대의 어느 누구보다 정확히 인식하고 그것을 시로 형상화하는데, 「首府」나 「戰爭」이 그 좋은 예가된다. 거기로 나아가기 전에 우선 시 「古典」을 살펴봄으로써 이향 직후 시인의 심적 상황을 짐작해 둘 필요가 있다.

> 전당포에 고물상이 지저분하게 늘어슨 골목에는 가로등도 켜지는 않었다. 죄금 높드란 舖道도 깔리우지는 않었다. 죄금 말쑥한 집과 죄금 허름한 집은 모조리 충충하여서 바짝바짝 친밀하게 늘어서 있다. 구멍 뚫린 속내의를 팔러 온 사람, 구멍 뚫린 속내의를 사러 온 사람. 충충한 길목으로는 검은 망또를 두른 쥐정꾼이 비틀거리고, 인력거 위에선 車와 함께 이미 하반신이 썩어가는 기녀들이 비단 내음새를 풍기어가며 가느른 어깨를 흔들거렸다.(「古典」 전문)

우선 근대 도시의 불모성을 말하고 있는 것으로 보이는 이 시가, 형태나 어조 면에서, 인습 부정의 태도를 드러내던 「城壁」과 완전히 동질적이라는 것을 지적해야만 한다. 시집 『城壁』은 몇 가지 점에서 매우

---

24) 같은 곳.

특징적인 면모를 갖고 있는데, 총 22 편의 시 제목이 전부 한문 표기되어 있다는 것이 그 하나다. 시 제목의 글자 수에도 재미있는 대목이 있는데, 7편[25])을 제외한 나머지 열다섯 편의 시가 모두 두 글자 제목으로 되어 있다는 점이 그것이다. 또한 여섯 편을 제외한 열여섯 편의 시가 행갈이를 하지 않은 산문시형으로 되어 있다는 것도 재미있다. 그런데 전술(前述)한 「성벽」과 이 「고전」은 내용상 이향(離鄕)의 전후(前後)에 각각 대응되면서도, 이러한 특징들을 고스란히 공유하고 있다. 뿐만 아니라 화자의 냉소적인 거리두기의 태도까지 같다는 점에서 이들은 이 시기 오장환 시의 전형적 범주[26])를 형성한다고 볼 수 있다. 이 점에서도 그의 고향 부정과 근대 부정이 상호 배타적인 관계에 있지 않다는 것을 알 수 있다.

시 「고전」의 배경은 전당포와 고물상만이 지저분하게 늘어선 도회의 충충한 뒷골목이다. 그리고 그 골목은 가로등이 켜지고 포도가 깔린 밝은 거리와 짝이 된다. 같은 골목 안에서도 조금 말쑥한 집과 조금 허름한 집이 역시 대비되지만 근본적으로 이들 사이에 차이란 있을 수 없다. 정도차는 있겠지만 모두 돈의 다과(多寡)와 관련하여 생겨난 결과들이기 때문이다. 전당포와 고물상 역시 가로등과 포도만큼이나 근대적인 풍물이다. 다만 이들은 가로등이 켜진 포도와는 달리 근대화의 어두운 면을 단박에 표상한다. 은행 같이 빛나는 곳 근처에도 가지 못

---

25) 한 글자 제목이 두 편(「鯨」, 「易」), 세 글자 제목이 네 편(「海港図」, 「温泉地」, 「売淫婦」, 「姓氏譜」), 다섯 글자 제목이 한 편(「月香九天曲」)이다.

26) 고향 부정과 근대 부정이라는 완전히 상반된 내용에 기초해 있으면서도 두 시가 그 형태를 공유하고 있다는 것은 이 시기 그의 부정 의식이 그리 근원적이거나 진정하지 못했다는 것을 일러주는 증거로 볼 수도 있을 것이다. 내용이 변하면 형태 또한 그에 연동되기 마련인데 『성벽』 소재 시편들은 그렇지 못하기 때문이다. 이 시기 오장환의 시를 두고 인기 관리를 한다거나(김용직, 『한국현대시인연구』, 서울대출판부, 2000, p.517.) 자기 현시욕이 강하다거나 하는 평가(유종호, 『다시 읽는 한국 시인』, 문학동네, p.120.)도 바로 이런 대목 때문에 생겨난다고 볼 수 있다. 이 시기를 전후해 나타나는 퇴폐적이고 위악(僞惡的)인 포즈 역시 이와 관련되어 있을 것이다.

하는 구멍 난 인생들이 속내의나 거래하는 공간이 이 뒷골목의 전당포나 고물상들이다. 거기엔 또 술과 기생 같은 퇴폐적인 유혹들이 상존하고 있다. 검은 망토를 두른 대학생이 술에 취해 비틀거린다. 최고 수준의 근대적 지식이 쾌락에 마취 당해 있는 것이다. 그나마 (아)근대의 총아인 인력거나 차(車)는 기생들에게나 주어진 호사일 뿐인데, 그녀들 역시 정상적이지 못한 것은 매한가지다. 그 비정상성을 시인은 하반신이 썩어간다는 충격적인 이미지로 제시한다. 시인은 이 모든 뒷골목의 풍경을 근대 도회가 배태한 퇴폐성의 '고전'으로 전형화하고 있다.

특히 인력거 위에 앉아 가는 어깨를 '흔들거리는' 기생이라는 이 이미지는, 근대적 현실에 뿌리내리지 못한 채 부동(浮動)하는 값싼 존재를 상징하는데, 이러한 존재의 유동성은 두 말할 것도 없이 시인 자신의 몫이기도 하다. 이 시기 시인이 자신의 근대 도시 체험을 항구 체험 혹은 항해(航海) 체험으로 자주 전이시키는 것도 바로 이와 관련되어 있다. 시「海港図」와「海獣」가 이들의 연관성을 증명해준다. 이들 시에서 도시와 항구는 해항(海港)으로 결합되는데27) 나폴리, 아덴, 싱가폴 등 주워들은 외국 항구 도시 이름들을 나열하는 것은 이국정조의 표현이기도 하지만 숨길 수 없는 이물감의 표현이기도 하다. 도박, 아편, 코카인, 술, 홍등녀가 뒤범벅이 되어 있는 이 해항에는 퇴폐와 비애만이 넘실거린다. 그리고 그것은 사회적 외방인28)으로서의 시인 자신의 좌절감과 부동성의 표현이라고 할 수 있다.

또한 이 해항은 바다와 연결되므로 곧바로 항해(航海) 이미지와 연결되는데, 이 때의 바다 역시 출렁거려 도저히 적응할 수 없는 위협의 공간으로 제시된다. 김기림과 정지용이 바다를 낭만적 자신감의 표상으로 이용했음29)에 비길 때, 오장환의 이런 태도는 바다 밖에서 물밀어

---

27) 이 해항(海港) 이미지는 일본 유학 체험의 결과로 보인다.
28) 유종호, 앞의 책, p.128.
29) 이 점에 관해서는 이명찬, 『1930년대 한국시의 근대성』(소명출판사, 2000.) 참조.

오는 근대에 대한 보다 정확한 인식의 소산이라고 해야 할 것이다. 삶이라는 배를 타고 미지로의 항해를 시작한다는 모티프는 젊고 낭만적인 열정의 매우 자연스럽고 보편적인 발상이라고 볼 수 있겠지만, 그 항해를 곧장 비애와 퇴폐, 분노에 연결한 것은 오장환 만의 몫이다. 그리고 그 때의 바다는 부동(浮動)한다. 정주(定住)하여 장소감을 가질 수 있는 공간이 아니라는 얘기다. 그러니 그는 "화물선에 엎디어 구토를[30]" 하거나 "자조와 절망의 구덩이에"서 "몹시 흔들리"거나 할 수밖에 없다. 미지에 대한 동경으로 시작했지만 결코 동화할 수 없는 출렁거림으로서의 항해 이미지는 결국 다음 구절에서 요약적으로 제시된다.

> 어둠의 가로수여!
> 바다의 方向,
> 오 한없이 흉측맞은 구렁이의 살결과 같이
> 능실거리는 검은 바다여!
> 미지의 세계,
> 미지로의 동경,
> 나는 그처럼 물 우로 떠다니어도 바다와 동화치는 못하여왔다.
>
> (「海獸」 11연)

이 '흉측한 구렁이처럼 넘실거리는 바다' 이미지는 시 「해수」의 도처에서 갖가지 이미지로 변주되는데, 시신이 떠밀려오는 바다거나 불결한 하수구에 병든 거리거나 뚱뚱한 계집의 헐떡거리는 뿌연 배때기, 습진과 최악의 꽃이 盛華하는 港市의 하수구, 더러운 수채의 검은 등때기, 더러운 구덩이이자 어두운 굴속 등으로 묘사된다. 이처럼 바다 = 항구 = 도시를 퇴폐적 출렁거림으로 받아들이는 한 그의 성급한 고향으로부터의 이반(離叛)은 완전히 실패한 모험이라는 결론에 도달하게 된다.

---

30) 시 「海獸」의 일절.

「해항도」와 「해수」는 은유적 상황의 설정이나 항해 모티프 등으로 해서 낭만적 열정, 곧 미당과 함께 인생파로 분류되는 특징적 고민들이 그래도 다소간 남아 있다. 하지만 시 「首府」에 이르면 그의 근대 부정은 정면 공격의 형태를 띠고 나타난다. 수도 서울의 자본주의적 '비만화(肥滿化)'를 강도 높게 비판하고 나서는 것이다. 당대의 조선시단에서는 김기림에 의해 『기상도』라는 무국적 문명 비판이 행해진 적은 있어도 당대 조선의 자본제적 특수성에 대한 모더니즘적 비판이 이처럼 적나라하게 진행된 예는 없었다. 그럼에도 「수부」는 「기상도」에 비해 관심을 덜 받아온 것이 사실이다. 「수부」의 중요성에 대해서는 이미 박윤우, 김재용[31] 등이 앞서 지적한 바 있으므로, 여기서는 시공간적 근대성이라는 측면에서만 살펴보겠다.

> 首府의 화장터는 번성하였다.
> 산마루턱에 드높은 굴뚝을 세우고
> 자그르르 기름이 튀는 소리
> 시체가 타오르는 타오르는 끄름은 맑은 하늘을 어지러놓는다.
> 시민들은 기계와 무감각을 가장 즐기어한다.
> 금빛 금빛 금빛 금빛 交錯되는 영구차.
> 호화로운 울음소리에 영구차는 몰리어오고 쫓겨간다.
> 번잡을 尊崇하는 수부의 생명
> 화장장이 앉은 황천고개와 같은 언덕 밑으로 市街圖는 나래를 펼쳤다.
> (1연)」
>
> 신사들이 드난하는 곳
> 주뼛주뼛 하늘을 찔러 위협을 보이는 고층건물
> 둥그름한 柱塔 --- 점잖은 높게 뵈려는 인격
> 꼭대기 꼭대기 발돋움을 하야 所屬의 깃발이 날린다.
> 무던히도 펄럭이는 깃발들이다.

---

31) 박윤우, 『한국현대시와 비판정신』, 국학자료원, 1999.
    김재용, 「식민지 자본주의와 근대 문명의 내파」, 김재용 편, 『오장환전집』, 실천문학사, 2002.

씩, 씩, 뽑아올라간 고층건물---
공식적으로 나열해나가는 도시의 미관
수부는 가장 적은 면적 안에서 가장 많은 건물을 갖는다
수부는 무엇을 먹으며 華美로이 춤추는 것인가!
뽕따라 뿡, 뿡, 연극단의 군악은 어린이들을 꼬리처럼 달고 사잇길로
돌아나가고
有閑의 큰아기들은 연애를 애완견처럼 외진 곳으로 끌고간다.
"호, 호, 사랑을 투우처럼 하는 것은 고풍이얘요"
(4연)

대체 쩌나리즘이란 어째서 과부처럼 살찌기를 좋아하는 것인가!
광고-광고-광고-화장품, 식료품
범람하는 광고들
메인 스튜리트 한낮을 속이는 숙난한 메인 스튜리트
이곳을 거니는 紳商들은
관능을 어금니처럼 애낀다
밤이면 더욱더욱 熱亂키를 바라고
당구장-마작구락부-베비, 콜프
문이 마음대로 열리는 술막--
카푸에-빠-레스트란-茶宛-
젊은 남작도 아닌 사람들은 왜 그리 야위인 몸뚱이로 단장을 두르며
비만한 상가, 비만한 건물, 휘황한 등불 밑으로 기어들기를 좋아하느냐!
너는 늬 애비의 슬픈 교훈을 가졌다
늬들은 돌아오는 앞길 동방의 태양---한낮이 솟을 제
가시뼉다귀 같은 네 모양이 무섭지는 않니!
어른거리는 등롱에 수부는 한층 부어오른다
(10연)

수부는 지도 속에 한낱 화농된 오점이었다
숙란하여가는 수부---
수부의 대확장---인근 읍의 편입
(11연)

　시「수부」는 「전쟁」과 함께 오장환의 초기 장편시를 대표하는데, 총

11연 124행으로 구성되어 있다. 제목인 '수부(首府)'란 말할 것도 없이 수도 서울을 가리키는 명칭이다. 하지만 서울이라고 말할 때 발생하는 후광(後光)이 수부에는 없다. 문화적, 정치적, 경제적 중심지로서 모든 이들이 경배해 마지않는 '서울'이 아니라 메마르고 기계적이며 괴물 같은 조선 자본주의 본산인 수부(首府)만이 문제였던 것이다. 화장터를 수부 탐사의 시작점으로 잡은 것은 그래서 더더욱 의미심장하다고 할 수 있다. 몇 그루 허리 굽은 소나무들이 한가롭게 둘러싸고 있는 햇빛 따사로운 선영에 매장되는 것이 아니라 화장터에서 소각 당한다는 것, 그것이 근대적으로 제도화된 삶의 마지막 형태라는 것을 납득하고 수도 서울의 고밀도 집적(集積)에 동참한 이가 과연 몇이나 될까? 하지만 결과적으로 누구도 그러한 삶의 형태로부터 자유로울 수 없다는 것을 시인은 알고 있었던 것이다. 화장터로 가 흔적도 없이 가루로 뿌려지거나 공동묘지[32]에 한 뼘 누울 자리를 겨우 마련하는 것이 "기계와 무감각을" 즐긴 결과라는 것, 더구나 그러한 화장터가 점점 더 번성해진다는 것은 아이러니가 아닐 수 없다. "호화로운 울음소리"와 "금빛" "영구차"로 표상되는 이 화장터가 "黄泉 고개와 같은 언덕" 위에 서서 수부를 굽어보고 있는데, 그 수부는 한 마디로 "市街図"로 표현된다.

시가지 전체를 개괄적으로 조감하기에 지도만큼 편한 도구가 다시없을 것이다. 그 시가도 위의 점과 선과 면들은 그 구역 안에서 실제 삶을 누리는 구체적 개인들의 이력이나 감정이나 반응과는 무관하게 공간을 나누고 합치고 제거한다. 밭이었던 곳이 어느 날 순식간에 택지가 되거나 화장장 또는 공동묘지가 되는 일이 가능한 것도 도시 계획이라는 이름의 지도상의 공간 기획(企劃) 덕분이다. 수부는 그런 점에서 "지도 속에 한낱 화농된 오점"(11연)일 수밖에 없는데, 문제는 그러한 수부가

---

32) 화장터와 공동묘지가 지닌 근대 제도로서의 성격에 대해서는 전봉관의 연구(「1930년대 한국시에 나타난 도시인의 죽음─화장장, 공동묘지, 외인묘지」, 〈2002년 2월 한국현대문학회 정기학술대회 발표논문〉)로부터 도움을 받았다.

점점 더 커져간다는 것이다. 인근의 읍을 수부로 편입시켜가는 이 확장의 과정이야말로 공간 확장/압축으로서의 근대적 특징을 유감없이 보여주는 대목이라고 할 수 있을 것이다.

근대 공간의 확장은 옆으로만 진행되는 것이 아니라 위아래로도 마찬가지로 진행되는데, 지하실이나 고층 건물이 대표적인 예다. 초가나 기와집만을 보고 자란 이들이, 똑 같이 생긴 육면체 공간이 아래위로 누적되어 있는 건물들을 만났을 때 어떤 충격을 받았을까? "가장 적은 면적 안에서 가장 많은 건물을 가"(4연)지려는 이 도저한 압축의 태도 앞에서 '주삣주삣 하늘을 찌르는 위협감'을 느끼지 않는다면 그게 오히려 이상한 일일 것이다. 신사들은 그곳의 주인이 아니라 '드난살이'를 하면서도 그런 건물의 높이에서 "점잖은 높게 뵈려는 인격"을 발견하고 스스로와 동일시한다.

이 근대 공간은 규모에 있어서만 확장과 압축이 일어나는 것이 아니다. 그 공간을 채우는 근대적 삶의 부피도 점점 퇴폐적으로 비대해져 간다.(10연) 고풍의 연애가 아니라 신식 로맨스를 좇는 이들의 열란(熱亂)한 관능, 도박, 음주, 유기(遊技) 등으로 넘쳐난다. 저널리즘은 이 비만한 자본주의의 본을 받아 스스로 과부처럼 살쪄가며 광고를 범람시킨다. 메인 스트리트에는 외국어가 넘쳐난다. 이 모든 근대 공간은 그래서 한 마디로 "화농된 오점"(11연)일 수밖에 없는 것이다. 그러므로 "비만한 상가, 비만한 건물, 휘황한 등불 밑으로 기어들기를 좋아하"(10연)는 이 신사들을 향한 시인의 비판적 태도는 명확하다. "애비의 슬픈 교훈"(10연)을 갖고도 정신을 차리지 못하고 "돌아오는 앞길 동방의 태양" 앞에 부끄러울 일을 되풀이하고 있다는 것이다. 애비의 슬픈 교훈이 무조건적 개화 추종의 지나간 역사를, 동방의 태양이 와야 할 당위적 미래 시공간을 표상할 수 있다는 점에서, 이런 표현 속에서 오장환이 지닌 식민지 근대에 대한 비판 의식을 뚜렷이 엿볼 수가 있다. 그는 다시 고향으로 돌아가야만 하는 것이다.

3-3. 새로운 자기 발견 : 귀향 의지의 내면화

오장환이 자기 정체성을 찾을 길이 없어 고향을 떠나 바다와 항구와 도시들을 떠돌아 다녔지만 그곳 역시도 자기 삶의 진정한 가치를 발견할 수 없는 퇴폐의 공간이긴 마찬가지였다. 따라서 도시의 퇴폐성이 거기 몸담아 살아온 자기 자신을 썩혀 사라지게 할지도 모른다는 두려움, 소위 육체적 병듦에 대한 두려움은 그의 시의 지향점을 급격히 고향 쪽으로 돌려놓는다. "모름지기 멸하여 가는 것에 눈물을 기울임은 / 분명, 멸하여 가는 나를 위로함이라. 분명 나 자신을 위로함이라."(「영회(咏懷)」의 한 구절)라는 구절에서 그의 이런 두려움을 잘 읽을 수가 있다. 그리고 그는 해방 이전까지의 자신의 작업을 한 마디로 '울음'으로 규정한다. 삼일운동에도 광주학생운동에도 뛰어들지 못하고 뒤로만 돌다가 어쩌다 남보다 먼저 울기 시작했더니 남들의 이목을 끌게 되었다는 것이다.[33]

> 벌써 옳은 생각도 한철의 유행되는 옷감과 같이
> 철이 지났다.
> 그래서 내가 우니까
> 그때엔 모두 다 귀를 기울였다.
> 여기서 시작한 것이 나의 울음이다.
>
> (「나의 길」 3연의 부분)

액면 그대로 받아들이기에는 다소 무리가 따르겠지만, 이 시의 진술은 제목처럼 자전적인 내용으로 채워져 있다. 우선 그 내용에서 주목할 것은 그의 시작(詩作)이 자기 현시욕과 연결되어 있다는 것, 즉 남들

---

[33] 해방 뒤에 쓴 시 「나의 길」 참조. 그러나 더 정확히 말해 울음으로 규정할 수 있는 시기는 2시집 『헌사』를 전후한 시기까지로 보인다. 시집 『헌사』 안에서도 이미 변화의 조짐이 나타나는데, 퇴폐적 도회 방랑의 시대, 곧 비애의 시대를 지나 고향의 의미를 재탐색하는 쪽으로 방향을 틀기 때문이다.

눈에 새롭게 띄기 위해서 시를 쓰기 시작했음을 말해놓고 있는 위의 인용 부분이다. 삼일운동이나 광주학생운동에의 참여, 붉은 시 쓰기 같은 일이 하나의 유행이라는 것, 거기서 뒤져 남보다 빨리 울기 시작하자 남들이 자기를 알아주었다는 것이다. 경박함이 느껴지는 대목이지만 어쨌거나 그 울음과의 결별이 자기가 해방 후 진정으로 나아가야 길 곧 실천의 길이라는 것을 일러주고 있으므로 나름으로 의미가 있는 시라고 할 수 있다.

그런데 1938년경을 지나면서 이미 오장환은 이 울음, 곧 비애와의 결별을 선언하고 새로운 모색으로 나아간 바 있다. 거기에 고향의 재발견이라는 주제의식이 자리잡고 있었던 것이다. 1938년은 오장환에게 있어 여러 가지로 중요한 의미를 지니는 해인데, 우선 기억해야 할 것이 직전 해인 37년에 첫시집을 상재했다는 사실일 것이다. 이제 그는 나름대로 새로운 시세계 탐색에 나서야 한다는 압박감을 가질 때가 되었던 것이다. 그리고 그 해에 그는 일본 유학 생활을 청산하고 귀국을 한다. 학업을 다 마친 것이 아니라 무슨 이유에선지 모르지만 중도 포기였다. 이는 곧 해항(海港)의 체험을 노래하던 시대와의 결별을 뜻했던 것으로 받아들일 수 있을 것이다. 뿐만 아니라 그 해 7월 아버지가 사망하고 재산을 다소 분배받았던 듯하다. 관훈동에 〈남만서점〉을 내고 나름대로 생활인의 모습을 갖추기 시작한 것이다. 그리고 무엇보다 그의 나이가 스물을 넘기고 있었던 것이다.

이 모든 사실에 비출 때, "저무는 역두에서 너를 보냈다. / 비애야!"로 시작하는 시 「The Last Train」은 시사하는 바가 많다. 이 시가 1938년 3월 명치대 전문부를 중퇴하고 귀국한 직후인 4월에 발표되었기 때문이며, 바로 그 '비애와의 결별'을 자기 선언하고 있기 때문이다. 이 시에서 비애는 청춘이자 병든 역사(歷史), 추억이자 슬픔으로 제시되어 있는데 이는 곧 그가 자신의 청춘기와의 결별을 선언하려는 다짐으로 받아들일 수 있을 것이다. 이 시는 또한 매우 음률적인 특성이 강한데,

이는 시인이 그간 몽타주[34]로 근대 도시의 면면을 들추던 태도에 비하면 분명히 또 다른 변모라고 할 수 있다. 이향(離鄕)의 체험이나 근대 도회에서의 부정적 체험을 막론하고 산문체 시형을 고집함으로써 형식과 내용의 괴리 상태에 빠져 있던 시집 『성벽』 시절에 비하면 이러한 변화는 분명 시의 형태적 요소에 대해 민감하게 고민한 결과로 보아야 할 것이다.[35]

청춘기의 비애와 결별을 선언한 시인이 다시 찾은 곳은 결국 고향이었다. 그리고 그는 그곳을 '나 사는 곳'[36]이라고 불렀다. 그러나 다시 돌아온 고향으로서의 '나 사는 곳'이 회고조의 과거 취미에 머무는 공간이어서는 안 된다. 그곳은 근대 도회에서의 삶의 방식을 부정하고 돌아온 시인이 자신의 현재적 삶의 의미를 확인하고 관철시킬 수 있는 생활의 장소라야 하는 것이다. 왜냐면 과거의 그에게 있어 가장 중요한 고민이 "남에게 내세울, 이렇다 할 자기의 생활이 없"[37]이 떠도는 것이었기 때문이다. 이를 그는 다음과 같이 정리한다.

나는 불현듯이 생각해낸다. 그렇구나. 이놈이구나! 바로 이놈이구나. 나의 청춘기를 말끔히 개 싸대듯 싸대게 만든 놈이.
그래서 해마다 동경이요 신호(神戶)요 하고 떠돌게 하며 안정을 주지 않아 다달이 고향이다 배천(白川)이다 하고 뛰어내려가게 하는 놈 이놈이 이 무서운 정지(停止)로구나, 하고 외치게 한다.[38]

---

34) 곽명숙, 「오장환 시의 수사적 특성과 변모 양상 연구」, 서울대대학원(석사), 1997, pp.25-29.
35) 이 역시 내용과 형식의 통일이라는 기교주의 논쟁의 결론에 그 뿌리를 두고 있다는 것이 필자의 생각이다. 시 「상렬」은 음악성에 대한 이 시기 그의 관심을 잘 보여주는 수작이다.
36) 비록 해방 후의 명명이긴 하지만 이 변모의 시기에 씌어진 작품들을 모은 시집의 제목으로 '나 사는 곳'이라는 표현을 썼다는 것이 이미 예사롭지 않다. 그의 귀향이 어느 지점을 향해 있는가를 예견케 하기 때문이다.
37) 산문 「여정」, 『문장』, 1940.4.
38) 산문 『조선일보』, 1940.7.25.

그 동안 어디 안주하지 못하고 싸돌아다닌 것이 "무서운 정지"로 느껴진다는 이 역설적 인식이야말로 청춘기와의 결별을 선언한 그의 내면을 가장 정확히 표현한 말일 것이다. 이제 그는 삶의 안정을 어느 특정한 장소에서 발견하는 것이 아니라 정지하지 않고 앞으로 끊임없이 나아가는 발전적 미래에서 발견하겠다는 것이다. 진보하는 시간관이 만들어낸 이 미래상을 두고 우리는 전망이라 불러볼 수 있을 것이다. 따라서 그가 새로 발견한 고향이란 사적인 의미에 제한되는 것이 아니라 지극히 사회적인 의미로 확장된다. 개인적인 자아 정체성을 찾아 떠난 여행이 근대 도회 체험을 통해 사회성과의 종합을 이룬 것이다. 한 마디로 자본제 하에서 퇴폐적으로 파편화된 개인의 삶의 형태로는 도저히 구원받을 수 없다는 것을 깨닫고 집단적 개인 혹은 사회적 개인의 의미를 확인하기에 이르렀다고 볼 수 있을 것이다. 따라서 이제 그가 발견하는 고향의 이미지는 곧바로 집단적 범주 곧 국가나 민족의 범주로 확장될 소지를 충분히 안게 된다. 그리고 해방 전의 상황에 있어 그 고향은 결코 완전한 형태로 제시될 수가 없다. 원초적으로 결손의 형태이기 때문이다. "가도 가도"[39]라는 표현으로 귀향의 힘겨움을 제시한 다음, 거기에는 생활의 필요와 개발과 수탈로 파헤쳐진 "붉은 산", 곧 "고향뿐"이더라고 진술하고 있는 시 「붉은 산」은 그의 이러한 태도 변화를 잘 보여주고 있는 시다. 그나마 이 시에는 어린 "솔나무 숲"을 배치하여 이 땅에 자라나는 것 혹은 자라나야 하는 것을 암시하고 있다면 시 「성묘하러 가는 길」은 보다 암울한 고향의 상을 제시하고 있다.

솔잎이 모다 타는 칙한 더위에
아버님 산소로 가는 산길은
붉은 흙이 옷에 배는 강퍅한 땅이었노라.

───────────────

39) 시 「붉은 산」의 한 구절.

아 이곳에 새로운 길터를 닦고
그 우에 자갈을 져 나르는 인부들
매미 소리, 풀기운조차 없는 산등셍이에
고향 사람들은 또 어디로 가는 길을 닦는 것일까.

깊은 골에 낭포소리, 산을 울리고
거치른 동네 앞엔
예전부터 굴러 있는 송덕비.

아버님이여
이런 곳에
님이 두고 가신 주검의 자는 무덤은
아무도 헤아리지 아니하는 황토산에, 나의 가슴에……

무엇을 아뢰이러 찾어왔는가,
개굴창이 모다 타는 가뭄더위에
성묘하러 가는 길은 팍팍한 산길이노라.

아버지와 그에 속하는 모든 것의 부정을 통해 청춘기의 방황을 기획했던 그가 이제 탕자처럼 돌아와 죽은 아버지의 성묘를 한다는 설정은 과거 역사와의 참으로 극적인 화해를 암시한다. 못난 인습의 역사일망정 그것을 바탕으로 우리의 현재 정체성이나 미래상이 세워질 수밖에 없다는 사실을 납득하고 있는 것이다. 역사에 대한 이 성숙한 자세야말로 이제 그가 올바른 역사의식, 곧 시간의식을 갖게 된 증거라고 볼 수 있을 것이다. 할아버지가 심은 밤나무를 잘라 데운 물에 몸을 덥히고 싶어 하는 아저씨의 심정을, 아버지가 누워있는 "아무도 헤아리지 아니하는 황토산"을 "나의 가슴"과 등가로 놓는 방식을 통해 고스란히 이어받고 있다. 인습의 송덕비는 마을 앞에 여전히 굴러 있지만 이제 그것이 문제가 아니다. "솔잎이 모다 타는 칙한 더위"이자 "개굴창이 모다 타는 가뭄더위"가 표상하는 시대의 질곡이 문제의 본질이라는 것을 깨달은 것이다. 이 더위에 "붉은 흙이 옷에 배는 강팍한 땅", "매미소리, 풀기운조차 없는 산등생이"에까지 "남포소리" 울리며 길을 내고 있다는 것을 화자는 예사롭지 않은 시선으로 바라보고 있다. 이 새로운 길이 고향의 메마름과 불모성[40]을 만드는 원인이다. 즉 신작로(新作路)는 철로와 함께 시공간을 압축을 통해 자기 증식하는 식민지 근대의 가장 중요한 통로이자 수탈의 상징이라고 할 수 있다.

그에게 남은 일은 이제 고향을 뒤덮은 식민의 "남포소리"가 곧 걷힐 것이라는 믿음을 갖고 그것을 극복할 방안을 찾는 일이다. 그 믿음을 형상화한 시가 「산협의 노래」인데 거기서 고향은 북국의 거친 '산협'으로 상징화되어 있다. 그곳은 한겨울 내린 눈이 두텁게 쌓여 있고 추위에 쫓긴 이리떼와 눈 속에 잠자는 토끼, 병든 사슴이 공존하는 곳이다. 그리고 화자는 그 모든 생명 있는 것들을 다스한 사랑 한 가지로 걱정한다. 그런 걱정 끝에 그는 결국 "한 동안 그리움 속에 / 고운 흙 한 줌 / 내 마음에는 보리이삭이 솟아났노라"라고 진술함으로써 희망의 미래상을 제시한다. 겨울의 추위와 짐승들의 병듦과 같은 조건들을 사랑으로 다 극복하고 나면 희망의 보리 이삭을 피우게 되리라는 믿음인 것이다.

시 「성탄제」는 열악한 현실의 알레고리를 바탕으로 고향의 풍성한 생명력을 회복할 방안으로서의 희생과 사랑의 가능성을 제시하고 있어 주목된다. 시의 배경은 몰이꾼과 사냥개와 포수가 뭇 짐승들의 뒤를 쫓는 겨울 산이다. 표범과 늑대, 사슴에 이르기까지 모든 짐승들이 사냥의 표적이 된다는 점에서 현실적 폭력의 무차별성을 전제하고 있다는 점도 「산협의 노래」와 유사하다. 화자는 쫓기는 짐승들 가운데서

---

40) 따라서 아직 그러한 고향은 시인이 만족한 생활을 누릴 수 있는 장소가 될 수가 없다. 사회적 고향과의 이 불화를 드러내는 방법으로 오장환이 선택한 또 하나의 시적 형태가 고향까지 가지 못하고 그 앞에서 주저하는 화자의 설정이다. 시 「고향 앞에서」가 바로 그 예다.

상처 입어 눈 위에 피 흘리는 어미 사슴과 어미 사슴의 상처를 핥으며
치유의 방안을 꿈꾸는 어린 사슴의 관계 설정을 통해 희생과 사랑의
가치를 말하려고 한다.

> 어미의 상처를 입에 대고 핥으며
> 어린 사슴이 생각하는 것
> 그는
> 어두운 골짝에 밤에도 잠들 줄 모르며 솟는 샘과
> 깊은 골을 넘어 눈 속에 하얀 꽃 피는 약초.
>
> 아슬한 참으로 아슬한 곳에서 쇠북소리 울린다.
> 죽은 이로 하여금
> 죽는 이를 묻게 하라.
>
> 길이 돌아가는 사슴의
> 두 뺨에는
> 맑은 이슬이 나리고
> 눈 우엔 아직도 따듯한 핏방울……
>
> (「성탄제」마지막 4,5,6연)

어린 사슴이 어미 사슴을 소생시킬 수 있는 샘과 약초를 그리지만
그 꿈은 실현되지 않는다. 어미는 새끼에 대한 사랑과 걱정의 눈물 가
운데 눈을 감고, 화자는 이미 죽은 이들이 지금 죽어가는 이들을 용납
할 것을 권고한다. 쇠북 소리가 죽은 자의 영혼을 위무(慰撫)한다는 불
가(仏家)의 믿음도 여기 연결될 수 있을 것이다. 눈 위의 피 이미지는
생명에 위해를 가하는 폭력의 섬뜩함을 부각시키기도 하지만, 아름답
고 선명한 색채 대비로 해서 정화와 대속(代贖)의 의미를 생성하기도
한다. 제목에 연관지어 보면 보다 그 피의 의미가 선명해진다고 볼 수
있을 것이다.

그런데 문제는 이 무조건적 사랑과 용서의 의미를 어떻게 받아들인

것인가에 있다. 보편적으로는 현실의 속악함을 극복하는 방법으로 사랑의 가치를 강조하고 부각하는 일이 옳을 수 있다. 그러나 이 시들의 배경인 눈 쌓인 겨울을 식민의 현실을 알레고리 한 것으로 읽을 경우 사랑은 자칫 문제 해결의 방법이 아니라 미봉적인 회피가 될 수도 있을 것이기 때문이다. 이 시기 그의 시를 두고 끝내 귀향했다고 말하지 못하는 이유도 이 때문이다. 그에게 있어 귀향은 여전히 낭만적이고 이상적인 관념의 범주였다. 생활할 현실이 존재하지 않았던 것이다.

3-4. 낭만적 근대 초극 : 고향 만들기라는 환상

시에 있어서 내용과 형식은 내용의 우위성 가운데서 변증법적으로 통일될 수밖에 없는 것이라는 임화의 논리[41]를 자신의 시관(詩觀)으로 받아들인 대개의 시인들이 그랬듯이, 오장환 역시도 가장 견디기 힘들어했던 부분이 자신의 소시민성이었다. 시대에 민감해야 할 시인이 우울과 고독과 분노와 애수만을 노래하다 명멸해가는 일에 대한 안타까움을 토로한다든가[42] 원고료 몇 푼에 매문(売文)에 나서는 자기를 러시아 '십등관 귀족'에 비유하여 자조한다든가[43]하는 일들이 모두 소시민성에 대한 반성의 표현이었음을 우리는 안다. 이는 곧 "행동력의 완전한 구속을 받은 조선시민사회의 공기"[44] 앞에서의 좌절을 뜻하는 것이었다. 따라서 해방 후 오장환이 그린 정치적 궤적은 바로 이 소시민성의 극복 과정이었던 셈이다. 다시 말해, "저도 모르게 소시민을 고집하려는 나와 또 하나 바른 역사의 궤도에서 자아를 지양하려는 나와의 거리"[45]를 없애려는 지난한 노력의 과정에서 의도적으로 선택한 결과

---

41) 임화, 기교파와 조선시단」, 『문학의 논리』, 학예사, p.666.
42) 산문 「제 칠의 고독」, 『전집2』, p.25.
43) 산문 「팔등잡문」, 『전집2』, p.35.
44) 산문 「소월시의 특성」, 『전집2』, p.108.
45) 산문 「자아의 형벌」, 『전집2』, p.121.

라는 뜻이다. 「병든 서울」은 그러한 당대 인식을 읽어낼 수 있는 작품
이다.

> 그렇다. 병든 서울아,
> 지난날에 네가, 이 잡놈 저 잡놈
> 모두 다 술취한 놈들과 밤늦도록 어깨동무를 하다시피
> 아 다정한 서울아
> 나도 밑천을 털고 보면 그런 놈 중의 하나이다.
> 나라 없는 원통함에
> 에이, 나라 없는 우리들 청춘의 반항은 이러한 것이었다.
> 반항이여! 반항이여! 이 얼마나 눈물나게 신명나는 일이냐
>
> 아름다운 서울, 사랑하는 그리고 정들은 나의 서울아
> 나는 조급히 병원 문에서 뛰어나온다
> 포장친 음식점, 다 썩은 구루마에 차려 놓은 술장수
> 사뭇 돼지 구융같이 늘어선
> 끝끝내 더러운 거릴지라도
> 아, 나의 뼈와 살은 이곳에서 굵어졌다.
>
> 병든 서울, 아름다운, 그리고 미칠 것 같은 나의 서울아
> 네 품에 아무리 춤추는 바보와 술취한 망종이 다시 끓어도
> 나는 또 보았다.
> 우리들 인민의 이름으로 씩씩한 새 나라를 세우려 힘쓰는 이들
> 을……
> 그리고 나는 외친다.
> 우리 모든 인민의 이름으로
> 우리네 인민의 공통된 행복을 위하여
> 우리들은 얼마나 이것을 바라는 것이냐.
> 아, 인민의 힘으로 되는 새 나라
>
> (「병든 서울」의 4,5,6연)

우선 이 시는 그가 일제하에 심었던 보리 이삭의 터전이 '서울'임을
분명히 밝히고 있어 주목된다. 자신에게는 돌아갈 고향이 없었다는 것,

결국 자기의 "뼈와 살"을 키워 준 이 곳 종로 뒷골목이야말로 그가 돌아가 묻힐 곳으로 생각하고 있었다는 것이다(8연). 그는 심지어 서울의 병듦과 자기 자신의 병듦을 동일시하고 있기도 하다. 일제하에 온갖 잡놈과 술 취한 놈들에 의해 점령당해 서울이 병들었다는 인식(4연)은, 그곳이 결코 그렇게 더럽혀져서는 안 되는 곳이라는 인식의 반증이다. 이는 한 때 서울을 '首府'라고 싸잡아 매도하던 것과는 완전히 다른 태도인 것이다. 말할 것도 없이 이 때의 서울은 '내' 서울이 아니라 '우리'의 서울[46]이기 때문이다. 따라서 이 병든 서울은 아무리 더러운 거릴지라도 우리에게는 아름답고 정든 곳이라야 한다(5연).

이렇게 병들었으면서도 아름다운 '우리'의 거리 서울은 그런 모순과 애증 때문에 미칠 것 같이 격렬한 감정적 반응을 불러일으킨다. 뿐만 아니라 병듦과 아름다움은 상호 배제적인 가치이어서는 안 된다. "춤추는 바보와 술취한 망종"이 다시 끓는 옆에서 "우리들 인민의 이름으로 씩씩한 새 나라를 세우려 힘쓰는 이들"이 애쓰듯이, 서울 위에 펼쳐질 새로운 고향, "새 나라"는 "우리 모든 인민의 이름으로 / 우리네 인민의 공통된 행복을 위하야" 만들어져야만 한다(6연). 사실 이렇게 꿈꾸는 오장환의 새나라가 노동자 계급의 낙원이어야 할 이유는 없다. 그것은 그저 국민 최대 다수의 최대 행복을 꿈꾸는 계몽적 공리주의자의 이상에 닿아 있을 뿐이다.

해방 후 오장환이 서울에서 펼쳐 보인 시적 실천의 내용은 이처럼 낭만적 고향 만들기의 범주 곧 인민이 주인 되는 민주 공화국 만들기[47]

---

46) 시집 『나 사는 곳』 서문, 『전집2』, p.100.
47) 김재용, 「식민지 자본주의와 근대 문명의 내파」, 김재용 편, 『오장환 전집』, 실천문학사, 2002, p.657.
   인민의 범주 그리고 국체 등에 관해 오장환 나름의 사유형이 존재했는지 여부는 확실치 않다. 남아 있는 산문에는 그러한 주제를 다루고 있는 글이 없기 때문이다. 따라서 그의 인민 주체의 민주공화국론은 특기할 실체를 가진 것이기보다 상식적인 수준인 것으로 생각된다. 결국 그것은 그가 추종해간 임화의 논의에 뿌리를 두고 있을 터이다.

라는 소박한 꿈에서 크게 벗어난 것이 아니었다. 해방 이후의 정국 전개 앞에서 그의 이러한 소박한 꿈은 쉽게 흔들리고 만다. "아, 우리의 젊은 가슴이 기다리고 벼르던 꿈들은 어디로 갔느냐 / 굳건히 나가려던 새 고향은 어디에 있느냐"(「어둔 밤의 노래」 중에서)라고 노래하거나, "내 나라의 심장부"인 서울이 "내 나라의 똥수깐"으로 바뀌어버렸다는 인식 아래 "아, 그리고 이 세월도 속절없이 물러서느냐."(「이 歲月도 헛되이」 부분)라고 탄식하는 부분에서 그러한 실망의 흔적을 쉽게 눈치 챌 수 있다.

그리고 이 무렵 8,15와 함께 말끔히 날아갈 줄 알았던 그 자신의 병마(病魔)가 오히려 더 깊어졌던 것 같다. 이는 건강하게 다시 일어서 자신의 고향이 되어줄 줄 알았던 서울의 여전한 병듦과 너무나도 상동적(相同的)이다. "탕아"인 자기가 돌아가는 게 아니라 어머니가 자신의 병수발을 들러 서울로 오셨음을 노래한 시 「어머니 서울에 오시다」는, 생각보다 죽음에 가까이 다가서 있는 시인의 두려움을 여기저기서 드러내고 있다. 가령 다른 식구(특히 아버지)들의 죽음을 지킨 어머니가 자식인 자기를 시중들러 왔음에서 모종의 불길함을 느끼고 있는 다음과 같은 구절, "――내 붙이, 내가 위해 받드는 어른 / 내가 사랑하는 자식 / 한평생을 나는 이들이 죽어갈 때마다 / 옆에서 미음을 끓이고, 약을 달인 게 나의 일이었다. / 자, 너마저 시중을 받어라."에서는 그러한 두려움이 물씬 묻어나고 있음을 알 수 있다. 그러므로 다음처럼 현실의 병듦과 몸의 병듦을 중첩시켜 그것과 싸워 이길 것이라는 의지를 불태우는 구절에서도 왠지 공허한 안간힘만을 발견하게 되는 것이다.

병든 몸이여!
병든 마음이여!
이런 것이 무어냐

어둔 밤의 횃불과 같이, 나의 싸우려는
싸워서 이기려는 마음만이
지금도 나의 삶을 지킨다.

(시「入院室에서」의 마지막 연)

4. 결론 : 시인의 운명

　오장환의 남겨진 여정(旅程)은 익히 알려진 대로다. 그는 서울의 어
지러운 정세를 더 이상 견디지 못하고 고향에 어머니를 남겨둔 채,
1948년 2월 어름에 월북해 평양에 들어갔던 것으로 보인다. 거기서 그
는 자신을 괴롭혔던 신장 결핵을 치료하기 위해 모스크바에 다녀오는
행운을 얻었다. 그리고 그 여정을, 해방 후 임화 시가 보여준 형태를
빌어 감격적인 목소리로 노래한 시집 『붉은 기』⁴⁸⁾를 남기고 있지만
시로 쓸 만한 것은 「連歌」 달랑 한 편뿐이다. 그 「연가」가 고향의 어머
니를 그리는 향수로 채워져 있다는 것은 참으로 시사하는 바가 크다고
하겠다. 비록 자신이 원해서 만들어진 결과는 아니겠지만, 분단의 어느
한 지역에서 만들어가는 고향은 결코 국민의 혹은 인민의 이름으로 누
리는 복락의 고향이 될 수 없다는 사실을 뼈저리게 각인시키고 있기
때문이다.

　시인 오장환은, 종족의 크나큰 울음이든 한 개인의 비애든 간에 해방
전 스스로의 시를 '울음'으로 정리한 바 있다. 그래도 '울음'인 그 시가
있어 스스로 완전한 퇴폐의 나락으로 떨어지지는 않았다는 것이다. "불
로소득을 즐기고 책임없는 비난을 일삼던 그 때의 필자가 인간 최하층
의 생활을 하면서도, 아주 구할 수 없는 곳에까지 이르지 않았던 것은
천만다행으로 시를 영위하였기 때문"⁴⁹⁾이라는 진술이 이를 뒷받침해

---

48) 김재용 편의 『전집』을 참고함. 1950년 5월 간행된 것으로 되어 있음.

준다. 그 때의 시는 그러나 생활과 유리된 것, 곧 생활 현장으로서의 고향을 노래할 수 없는 것이었다.

따라서 해방 뒤의 그가 시와 생활을 일치시키려 부단히 노력했다는 것, 즉 자기 시대에 대해 책임 있는 비판을 하기 위해 노력하는 방향으로 나아가려 했다는 것은 역사 앞에 선 시인으로서의 윤리 감각을 여실히 드러낸 것으로 보아야 할 것이다. 그러나 김소월과 에세닌의 죽음을 설명하는 자리에서 스스로 했던 다음 진술처럼 그것은 분명 쉬운 일이 아니었다. "그렇다. 급격한 전환기에 선 우리에게는 이성과 감성이 혼연(渾然)한 일체로서 행동과 보조를 맞추기는 힘드는 일이다."50) 그 점에서 그의 김소월과 에세닌 탐구는 인상적인 데가 있는데, 그는 그들에게서 늘 앞서가는 영웅적 유형의 시인을 읽은 것이 아니라, 작품을 통하여 시대와의 "보조를 맞추기에 피 흐르는 노력을 아끼지 않은"51) 늦깎이를 읽어냈던 것이다. 그리고 김소월에게서는 시의 음악성에 대한 중요성을, 에세닌에게서는 고향의 가치 발견이라는 자질을 찾아냈던 것으로 보인다.

이 모든 것들은 해방 정국의 소란 앞에서는 무용(無用)할 뿐이었다. 인민이 주인 되는 나라에 대한 그의 열망은 지나치게 소박하거나 이상적이었다는 것을 그 이후의 역사가 일찍이 증명한 바 있다. 그러나 바로 그렇기 때문에 오늘날 우리는, 그를 해방 전후를 살아냈던 한 빼어난 시인으로 길이 기억할 수가 있게 되었다. 이상적이고 낭만적인 그 지점이 오히려 훨씬 본질적으로 시인답기 때문이다. 시대의 흐름을 정확히 예측하고 기획하고 실천해가는 일은 시인의 몫이 아니라 혁명가의 몫이다.

오장환의 생애와 시적 편력은, 그가 사랑한 서울이라는 공간이 해방

---

49) 『나 사는 곳』 서문, 『전집2』, p.99.
50) 산문 「自我의 刑罰」, 『전집2』, p.119.
51) 같은 글, p.120.

기에 도달한 물적 토대의 수준을 병력(病歷)에 연계된 신체 이미지로 정확히 반영하고 있다는 점에서 운명적이다. 에세닌과 김소월처럼 자살은 아니지만, 서른넷의 나이(1951년)에 요절했다는 점조차 예사로워 보이지 않는 이유가 바로 이 때문이다. 결론의 소제목은 이 점을 지칭하고 있다.

윤동주 시에 나타난 〈방〉의 상징성

1. 서론

윤동주의 시는 이제 한국현대시사의 한 고전이 되었다. 근 250여 편[1]에 달하는 각종의 2차 문서들이 그것을 증명한다. 집중 조명을 받기로는 이상의 경우가 더하다고 봐야겠지만, 그의 경우는 작품이 우수해서라기보다 2차 담론 생산의 가능성이 많기 때문에 자주 언급되는 것뿐이다. 윤동주의 경우, 그의 운명적 생애가 후인들에게 드리운 그늘도 결코 좁지는 않겠지만, 그보다 우선해서 시 작품 자체가 지닌 청순성과 염결성, 도덕적 우월성 등의 미덕이 연구자들을 압도한 탓이 더 크다고 해야 할 것이다. 소위 정전(正典)의 반열에 올라 인구에 회자될 뿐만 아니라 각급 학교의 교과서에 등재된 시들이 줄잡아 10여 편에 이르는 시인을 달리 손꼽기가 쉽지 않은 형편이고 보면, 우리 시사, 나아가 사회사 일반에 미친 윤동주 시의 영향력이 그 동안 얼마나 큰 힘을 발휘해 왔는지 쉽게 짐작할 수 있을 것이다.

---

1) 이선영 편의 『윤동주 시론집』(바른 글방, 1989)에 모두 205편의 서지 목록이 수습되어 있고, 1995년 권영민에 의해 편집된 『윤동주 연구』(문학사상사)에 추가로 46편의 목록이 더 추가되어 있다. 이것만 해도 251편인데, 그 후 약 10년 간 진행된 연구들의 목록이 더해진다면 양은 거의 300편에 육박할 것으로 보인다.

윤동주에 대한 그 동안의 연구는, 자료 수집을 통해 윤동주 생애의 미진한 부분을 보완하려는 문학 외적인 작업2)과 시세계를 해명해 보려는 내적인 작업이 동시에 이루어져 왔다. 후자의 경우는 다시 몇 개의 범주로 묶일 수 있는데, 시대와 관련해서 윤동주 시의 특질을 정리하려는 작업이 대종을 이룬다면, 시어가 지닌 상징성과 이미지의 특질, 수사(修辭)상의 특징을 추출하려는 작업이 그 뒤를 잇고, 다른 시인들과의 비교 연구나 외국 시인들과의 비교 대조를 통해 윤동주 시의 정체성을 캐보려는 연구들이 또 한 그룹을 형성하고 있다.3) 거기다 대표작으로 분류되는 개별 시에 대한 정치한 분석을 시도한 글들의 무리나 단평류를 더하면 연구사는 일견 차고 넘치는 형편이라고 할 수 있다.

사정이 이러하니 윤동주 혹은 그의 문학에 대해 무언가 새로운 이야기를 하기가 쉽지 않은 것이 사실이다. 하지만 그 동안의 연구 동향을 냉정하게 따져보면 아직도 해결되지 못하거나 논의가 거듭되어야 할 부분이 적지 않음을 알 수 있다. 특히 개별 시의 해석 차원으로 관점을 좁혀 보면, 그 동안 중점적으로 논의되었던 몇몇 작품에 대해서도 여전히 관점들이 충돌하고 있는 형편인 것이다. 김영민 역시 이러한 연구들의 경향을 상세하게 분석한 뒤, 아직 해결되지 않은 연구사의 쟁점으로 1) 저항시인 여부 2) 문학사적 위치 3) 기독교적 세계관 4) 전기적 연구 5) 서지와 판본의 문제 등을 꼽고 있다. 연구사의 빈틈을 채우는 풍부한 작업이 앞으로도 지속적으로 이루어져야 할 필요성을 제기하고 있

---

2) 이 부분은 주로 윤동주의 가족들과 친지, 『문학사상』 편집부, 그리고 일본인 연구자 오오무라 마스오(大村益夫)의 노력에 힘입은 바 크다. 특히 오오무라씨는 일본 연구자 특유의 사실과 자료에 대한 엄정한 접근으로 향후 윤동주 연구의 밑거름이 될 작업을 지속적으로 펼쳐 주목받은 바 있다. 윤동주 전체시를 사진판으로 엮은 작업(민음사 간)과 『윤동주와 한국문학』(소명출판사, 2001)이라는 저서는 그러한 작업의 결정판이라 할 만하다.
3) 연구가 방대하게 진행된 만큼 연구사 자체도 여러 번에 걸쳐 정리된 바 있는데, 이 글은 그 중 김영민의 정리에 주로 힘입었다.
김영민, 윤동주 연구사의 평가 정리, 『윤동주 시론집』, 바른글방, 1989.
박호영, 윤동주론의 문제점, 『현대시』1집, 문학세계사, 1984.

는 셈이다.

이 글은 윤동주 시에 드러나는 '방' 이미지가 지니는 상징성을 통해, 그의 시세계 전반의 특징을 유추해보려는 소박한 시고(試稿)다. 이러한 시도가 나름대로 의의를 가진다고 보는 이유는, 그간의 연구들이 윤동주 시의 특질을 설명하기 위해 선택적으로 분석한 시어들의 항목에 '방' 이미지가 포함되지 않거나, 포함되더라도 대수롭지 않게 처리되어 왔기 때문이다. 그 동안 많은 수의 연구자들이 '별, 하늘, 우물, 백골, 고향, 밤, 봄' 등의 어휘들이 지니는 상징성을 푸는 일에 매달려 왔다. 하지만 그것들과 밀접한 상관관계가 있을 뿐만 아니라, 그것들의 의미를 확정하는 작업의 열쇠를 쥐고 있다고 생각되는 '방'에 대해서는 정작 크게 주의를 집중하지 않았던 것이 사실이다. 따라서 이 글은 우선 윤동주의 작품 가운데 방 이미지를 사용하고 있는 시들을 따로 분류해보고, 그 편차를 따지는 일에 주력할 것이다. 그렇게 함으로써 윤동주 시 해석 가능성의 폭을 한층 넓히는 한 계기를 마련해 보고자 한다. 이 모든 시도들이 가능한 일차적 이유가 윤동주 시가 지닌 풍부한 문학성 때문임은 두말할 필요가 없다.

2. 세계의 중심으로서의 방

윤동주 시의 바른 이해를 위해서 이 글은 다음 두 가지 전제에서 출발한다. 하나는 그가 독실한 기독교 집안에서 자라난 기독교인이라는 사실이며, 두 번째는 간도에서 태어나 식민지 모국으로 유학을 온 시인이라는 점이다. 이 두 가지 조건은 각각 2중의 의미로 시인의 의식을 제약하는 요소라고 할 수 있다. 당대의 기독교는, 반봉건의 근대주의라는 보편성과 반제국주의적 민족주의라는 특수성을 어떻게 하나로 수렴할 것인가 하는 고민에 내밀히 연결되어 있었다. 이 고민은 더 나아가, 간도가 지닌 이중성에 의해 더욱 강화되는 측면을 지닌다. 당대의 간도[4] 땅이란, 모국 조선으로부터 어떤 식으로든 버림받은 민초들[5]이 새로운 희망을 안고 몰려든 개척지였을 뿐만 아니라, 그럼에도 결국에는 모국의 식민 상태를 해결하기 위해 목숨을 걸어야 하는 거점일 수밖에 없었다. '간도의 기독교인'이라는 이 이중의 역설적 성격이, 시인으로 하여금, 간도라는 안주할 수 없는 땅을 떠나 새로운 고향 찾기에 몰두하게 만들었다고 보아야 할 것이다. 윤동주의 시 정신이 드러내는 유목민적 성격은, 말하자면 거의 태생적으로 주어진 조건이었던 셈이다. 그 첫 형태가 시 자화상이 드러내는, '나는 누구인가'라는 물음이었다. 모순이 중첩된 자신의 존재 조건 탐색이, 자기 정체성에 대한 가열(苛烈)찬 질문의 형식으로 제기된다는 것은 거의 자명한 일이 아닐까. 이 질문에 답하기 위한 윤동주의 자학이 가히 종교적 경건성이라 부를 만한 염결함으로 가득 차 있었다는 점은 이미 익히 알려진 바대로다.

그 점에서, 종교적 인간의 사유 구조와 그 상징적 흔적을 추적해 온 엘리아데의 원형 상징학으로서의 종교학은 윤동주 시 이해에 하나의 좋은 거점이 될 수 있다. 그는 종교적 인간이 갖는 사유의 특징을 시, 공간적 기준에 따라 다음처럼 정리한 바 있다. 이 세계를 세계(Cosmos)로 받아들이지 못하고 혼돈(Chaos)으로 인식하는 종교적 인간은, 우선 공간적으로 그 혼돈상에 하나의 방향적 지표에 해당하는 신성한 장소

---

4) 만주가 아니라 간도라 불러야 옳다는 것이 필자의 생각이다. 우리 민족의 근현대사에 밀접히 연결된 이곳을 두고 이미 17세기경부터 우리 선조들은 만주나 동북삼성이 아니라 '간도'라 지칭해 왔었기 때문이다.

5) 윤동주의 원적은 함경북도 청진이며(광명중학 학적부 기재 내용), 증조부 때인 1886년 함북 종성에서 간도로 이주(왕신영 외 편, 『사진판 윤동주 자필 시고 전집』, 민음사, 1999의 연보 참조. 이하『사진판』으로 적음)했다. 이용악의 오랑캐꽃에 비추어, 관서 혹은 관북 지방민들이 중앙에 대해 가졌음직한 사유 구조를 가리켜 필자는 '변방민 의식'이라고 명명한 바 있거니와(졸저,『1930년대 한국시의 근대성』, 소명출판사, 2000, p.22 7) 윤동주 집안의 이주 동인(動因)도 이와 크게 다르지 않았을 것이다.

를 만들려는 경향[6]이 있다는 것이다. '대지의 배꼽'으로 불리는 이 성소(聖所)는 국가 전체일 때도 있고, 도시나 마을, 성전, 집 혹은 방의 형태로 나타나기도 하는데, 이것들은 모두 그것을 만든 사람으로 하여금 자기 자신이 세계의 중심에 위치하고 있다는 믿음을 갖게 한다. 뿐만 아니라 이 성소는 산, 사다리나 굴뚝, 나뭇가지 혹은 지붕의 구멍 등[7]을 통해 초월적인 것과 연결되는데, 신성(神聖)과의 근접성이라는 이 조건이야말로 인간이 실재감을 갖는 중요한 이유라는 것이다. 기독교의 낙원 의식 역시 이러한 심의 경향의 산물임은 두말할 필요도 없다.

또한 종교적 인간은 세계가 처음 등장한 최초의 때로 되돌아가려는 욕망을 드러낸다. 기원의 시간으로 끊임없이 회귀하려는 이유는, 인간적이고 역사적인 시간이 삶의 덧없는 소모를 의미하기 때문이다. 주기적으로 기원 시간으로 되돌아감으로써, 인간은 삶을 상징적으로 다시 시작할 수가 있게 된다. 그런데 주기적 의례(儀禮)를 통해 반복적으로 등장하던, 무한히 지속 가능한 영원한 현재로서의 기원 시간 개념을 미래로(직선적으로) 투사(投射)함으로써, 역사적 시간 자체를 일회적으로 신성화한 것이 유대-기독교의 시간관이다. 기독교에 의해 인간은 비로소 신의 뜻이 관철되는 인간-역사적 시간의 개념을 가질 수 있었다는 것이다. 비종교적 근대인들은 그 신성의 역사 시간으로부터 점차 구원론적, 초역사적인 의미를 계시해주는 주는 모든 가능성들을 제거하는 탈신성화의 방법을 통해, 사실(史實) 자체만을 인정하는 인식을 발전시켰다는 것이다.[8]

종교적 인간의 이러한 사유 구조는 자연물들의 표상 체계에 고스란히 녹아 있다. 탈신성성의 표본인 근대인들조차 이러한 사유로부터 완

---

6) M. 엘리아데, 이은봉 역, 『성과 속』, 한길사, 1998, pp. 55-87.
7) 이러한 상징 장치들은 모두 종교적 인간의 상승 의지를 표상한다. 지상과 천상을 연결해주는 매개물인 것이다.
8) M. 엘리아데, 같은 책, pp. 89-120.

전히 자유로울 수는 없어서, 알게 모르게 그러한 체계에 의존하려는 경향을 강하게 드러낸다. 우리 근대시사의 한 정점인 윤동주의 시 역시 이러한 표상 체계에 밀접히 관련되어 있다. 굳이 엘리아데를 빌지 않더라도 그의 시에 등장하는 하늘, 별, 바람, 태양, 나무, 물, 어둠 등의 상징성을 깨닫지 못할 바는 아니다. 그러나 엘리아데에 기댈 때, 우리는 윤동주가 즐겨 사용한 시어들의 함의에 보다 명확히 다가갈 수 있게 된다. 애매하고 다층적인 상징의 숲을 가로질러 하나의 선명한 의미 궤적을 그려보는 일은, 윤동주 시의 의미를 왜소하게 하는 것이 아니라 오히려 풍부하게 하는 것이라는 믿음이 선행되어야 한다. 그 동안에 진행된 많은 의미부여 옆에 나란히 또 하나의 해석을 덧붙이는 일이기 때문이다. 뿐만 아니라 종교적 상징과 연관된 그 해석은, 종국에 가서 반드시 사회적 의미를 되묻는 일로 보완되어야 마땅하다. 그 출발이 '간도 기독교인'이라는 사회적 자각에 있음을 이미 전제하고 있기 때문이다. 즉 개인의 종교적 이상과 사회적 현실이 어떤 형태로 관계하는가 하는 질문에 대한 좋은 대답이 윤동주의 시라는 뜻이다.

이처럼 윤동주의 시들을 종교적 원형성을 담지한 상징체계로 해석하려면, 그러한 해석 행위를 개별 시 단위로 고립시켜서는 안 된다. 상징이 상징일 수 있는 가장 기초적 요건이, 개별 시인의 시들 가운데서든 문학적 전통 속에서든 여러 번 반복되어야 한다는 점이기 때문이다. 굳이 이러한 상식적인 상징론에 기대지 않더라도, 한 시인의 시에 사용된 시어들이 개별 시를 뛰어넘어 내적 연관성을 갖는다는 사실은 자명해 보인다. 특정 시기 한 시인이 가졌던 관심이 해당 시기에 씌어진 시들 전체에 반복적으로 그 편모를 드러내기 마련일 것이기 때문이다. 그 점에서, 텍스트들의 상호 관련성은, 시인들 사이에서가 아니라 일차적으로 한 시인의 작품들 사이에서 먼저 문제되어야 한다. 유종호는 텍스트들의 이러한 상호 관련성을 상호 보족적인 '가족 유사성'이라 부른 바 있다.9) 이렇게, 여러 시편에 공통적으로 등장하는 시어들의 상호

계시적인 의미를 확정하고 난 뒤, 그 결과를 개별 시에 적용하여 해석의 다양한 가능성을 탐색해가는 것이 시 이해의 바른 방법일 것이다. 뿐만 아니라 개별 시인의 시들을 발표순 혹은 제작 연대순으로 배열해놓고 표상들의 의미 형성 과정을 살펴보는 자세도 필수적으로 요청된다. 현실이 시에 틈입하는 흔적을 더듬을 수 있기 때문이다.

3. 윤동주 시에 나타난 '방'의 의미

인간의 삶은 방향 감각과 결합되어 있다. 특히 그 삶의 앞날이 뚜렷해 보이지 않을 때 이 정향(定向) 감각은 더욱 중요해진다. 하나의 출발점에 서서 지향점을 정하고 그곳을 향해 꾸준히 나아가는 것이 삶의 가장 일반적인 형식이기 때문이다. 미래의 희망에 불타거나 과거 회상에 젖거나 낮은 곳으로 침잠하거나 어떤 높이에 도달하려 애쓰거나 하는 노력들이 모두 그러한 정향 감각의 결과들인 것이다. 그러한 지향점을 일러 소박하게는 삶의 목표라 부르고, 윤리적으로는 도덕적 높이, 형이상학적으로는 이상이라 말해 왔으며, 사회학적으로는 전망이라 불러 왔던 것이다. 그런데 이러한 지향점을 문제 삼기 위해서는 일차적으로 출발점이 어딘가를 묻지 않을 수 없다. 삶의 중심을 어디로 잡느냐에 따라 지향점이 결정될 것이기 때문이다. 문화지리학에서는 한 개인의 성장에 따라, 그 중심이 어머니로부터, 집, 마을, 도시, 국가의 형태로 확장되어 나간다고 설명한다.[10] 엘리아데 역시 이러한 중심 지향성이 종교적 인간의 기초 심리임을 지적하고 있다.[11] 그리고 그 중심 지향성의 가장 보편적인 형식의 하나로 집(방)을 꼽는다. 이 때의 집이란

---

9) 유종호, 『시란 무엇인가』, 민음사, 1995, p.60.
10) Yi-Fu Tuan, Space and Place, Univ. of Minnesota Press, 1977, passim.
11) 엘리아데, 위의 책, p.71.

가능한 한 세계의 중심에 서고자 하는 염원의 표상으로서, 그 안에 설 때만 인간은 동서남북과 위아래 가운데 어디로든 방향을 잡을 수 있게 된다는 것이다. 이는 결국, 무상하고 혼돈스러운 일상의 한가운데를 헤쳐가기 위해서는 집과 같은 마음의 정주처(定住處)를 갖지 않으면 안 된다는 뜻으로 풀이할 수 있을 것이다.

3-1. 「돌아와보는밤」 : 서울의 하숙방

윤동주의 시에서 방의 이미지가 문제되는 시들은 모두 6편으로, 전체적으로 보자면 그다지 많은 수가 아니다. 하지만 개별 시의 면면과 작품이 발표된 시기를 꼽아 보면, 그리 만만하게 보아 넘길 수가 없다는 것을 알 수 있다. 그 중에서도 1937년 작인 「遺言」은 '방'을 단순히 소재의 차원에서 사용하고 있을 뿐[12]이므로 논외로 치면, 「돌아와보는밤」(1941.6), 「또다른故鄕」(1941.9), 「흰그림자」(1942.4.14), 「사랑스런 追憶」(1942.5.13), 「쉽게씨워진詩」(1942.6 .3) 등 5편이 남는데, 이들은 모두 연희 전문 마지막 해와 릿쿄대 재학시절에 씌어진 시들로, 윤동주 시력(詩歷)의 마지막을 장식하는 명편들이라 할 수 있기 때문이다. 이 시편들에서는 세 개의 방이 문제시 된다. 돌아와보는밤의 '서울 하숙방'과 또다른故鄕의 '용정 고향집', 그리고 나머지 시편들, 특히 쉽게씨워진詩에 등장하는 '적도(敵都) 동경의 하숙방'이 그것들이다. 그리고 그 모든 방들은 공히 밤에 홀로 돌아와 불 밝히는 이미지와 결합되어 있다. 돌아와보는밤에 등장하는 '방'의 의미부터 짚어보자.

---

12) 그러나 이 시에서 화자가 방을 통해 인식하는 세계상이 죽음과 관련되어 있다는 점은 여타 시의 상황과 유사하다. 하지만 방안에 주검이 놓여 있는 상황의 진술이라는 점에서 방이 화자의 정주처로 기능하지는 못한다.

세상으로부터 돌아오듯이 이제 내 좁은 방에 돌아와 불을 끄옵니다.
불을 켜두는것은 너무나 피로롭은 일이옵니다. 그것은 낮의 延長이옵
기에—

이제 窓을 열어 空氣를 밧구어 드려야 할턴데 밖을 가만이 내다 보아야
房안과 같이 어두어 꼭 세상같은데 비를 맞고 오든길이 그대로 비속에
젖어 있사옵니다.

하로의 울분을 씻을바 없어 가만히 눈을 감으면 마음속으로 흐르는 소
리, 이제, 思想이 능금처럼 저절로 익어 가옵니다.[13]

(1941.6)

시 돌아와보는밤에는 낮과 밤, 어둠과 밝음, 세상과 방 등 대립적
이미지가 가득하다. 그 중에서도 가장 핵심적인 대립이 세상과 방에
의해 형성된다. 세상은 우선 '피로'와 '울분'의 '낮'이 지배하는 곳이다.
그래서 화자는 그 세상과의 단절을 위해 자기만의 '방'으로 돌아와 불을
끈다. 일차적으로는 불의 밝음이 낮의 피로와 울분을 연장하기 때문이
다. 이로써 온전히 화자는 자기 자신에게로 귀속될 수 있다고 느낀다.
그런데 생각해 보면 그 피로와 울분의 원인 때문에 대낮에도 사실 세상
은 맑고 밝지 않았다. 본질적으로 어두움이 지배하고 있었던 것이다.
그래서 축축이 비에 젖은 길의 이미지가 자연스럽다.
    반대로, 자기만의 방에 돌아와 불을 끄는 것만으로는 세상의 피로를
다 차단시킬 수가 없다. 즉, 실제로는 밝은 시간인데도 어둡고 축축하
다고 느끼는 화자의 이 모순 인식이 엄존하는 한, 밤이 되어도 안온함
을 느낄 수가 없다. 이제는 세상을 실제로 뒤덮은 어둠이 그의 '방'안에
까지 침투해 들어와 있다는 것을 깨닫게 되기 때문이다. 불을 켜면 낮
이 연장되지만, 불을 끄니 그 어둠으로 해서 세상의 본질적 어둠이 화
자를 덮치고 있는 상황이 오히려 더 명료하게 인지되는 사태가 빚어지

---

13) 『사진판』을 저본으로 한다. 이하 마찬가지임.

는 것이다. 2연의 '밖을 가만히 내다보아야 방안과 같이 어두워 꼭 세상 같다'고 하는 진술은 이 때문이라고 할 수 있다. 따라서 화자는 세상을 뒤덮은 본질적 어둠을 물리칠 수 있는 방도를 찾아야만 하는데, 방안에 가만히 앉아 '눈을 감는 것'이 그 해답으로 제시된다. 눈을 감아 능금 같이 익어가는 사상을 마련한다는 것, 그것만이 세상의 어둠을 물리치는 길이라는 것이다.

이를 두고 어둔 방안에서 불을 켜듯 '마음속에 불을 밝히는 형식', 곧 '어둠의 근본을 파헤치려는 사유의 형식'이라 불러볼 수 있겠다. 단단한 사유 혹은 사상만이 세상을 뒤덮은 어둠에 대항하는 방식이라는 이 정신주의자의 면모는 '능금'이라는 매우 긍정적인 이미지의 도움을 받아 확신에 찬 자아상으로 나타난다. 그리고 그러한 확신을 섣불리 내비치는 것이 아니라, 극존칭의 어미를 동원해 마치 신격(神格)을 향해 고해하듯 드러내고 있다는 점도 기억할 만하다. 결국 이 돌아와보는 밤의 '서울의 하숙방'은 화자로 하여금 자기 정체성에 대한 확신을 갖게 해주는 삶의 중심인 것이다. 그러나 아직 화자는 명확한 방향 감각까지 갖춘 것은 아니다. 다만 그 방향이 '마음속으로 흐르는 소리'의 향배와 밀접히 관련되리라는 점과 '능금이 익어간다'는 이미지가 환기하는바 어떤 결단의 때가 머지않았다는 것만 짐작할 수 있을 뿐이다. 시 또다른故鄉에는 이러한 이미저리들이 보다 명확한 방향성을 갖고 등장한다.

3-2.「또다른故鄉」: 용정의 방

故鄉에 돌아온날밤에
내 白骨이 따라와 한방에 누었다.

어둔 房은 宇宙로 通하고

하늘에선가 소리처럼 바람이 불어온다.

어둠속에 곱게 風化作用하는
白骨을 드려다 보며
눈물 짓는것이 내가 우는것이냐
白骨이 우는것이냐
아름다운 魂이 우는것이냐

志操 높은 개는
밤을 새워 어둠을 짖는다.

어둠을 짖는 개는
나를 쫓는 것일게다.

가자 가자
쫓기우는 사람처럼 가자
白骨몰래
아름다운 또다른 故鄕에 가자.

(1941.9)

시 돌아와보는밤의 정신주의는 아름답긴 하지만 위험하다. 그렇게 마련된 사상이 '피로와 울분의 대낮'으로부터 담금질되어 궁극적으로 그것을 갈아엎는 실천에 연결되지 않는다면, 한갓 고만(高慢)한 자기만 족이나 도피에 머물고 말 것이기 때문이다. 시 또다른고향에는 돌아와 보는밤에서 비롯된 방과 소리의 이미지, 그리고 사상의 내용이 보다 풍부하고 명료하게 드러나는 만큼, 예의 그 위험성 또한 한결 강화되어 등장한다.

윤동주의 작품 가운데 가장 모호한 것으로 알려져 있는 이 시 역시 '방'의 이미지가 근간을 이룬다는 점을 부인할 수는 없을 것이다. 그런 데 이 '방'은, '어둠과 대결하는 자아의 사유'를 단단하게 표상하던 돌아 와보는밤에서와 달리, 그 어둠 앞에서 갈래갈래 분열되어 있는 자아상에 연결되어 있다. '백골'과 '나'와 '아름다운 혼'의 분열이 그것이다. 이때의 분열은 이 '고향 용정의 방'이 방학을 맞아 '서울에서 잠시 돌아와 누운 방'이라는 자각과 결부된 것으로 읽을 수 있다. 고향 용정의 어둠을 피해 혹은 해결하기 위해 서울이라는 다른 고향으로 나아갔지만, 그 서울 고향에서 잠시 돌아와 용정 고향에 누워보니 전과 조금도 다름없이 어둠이 짓누르고 있는 것이다. 그렇다면 그렇게 용정을 떠나갔던 '나'는 누구며 서울에서 이렇게 돌아와 누워있는 '나'는 또 누구인가, 뿐만 아니라 앞으로의 '나'는 어떻게 행동해야 하며 어떤 '또 다른 고향'을 향해 나아가야 하는가 하는 질문들이 잇따르는 것이 자연스럽다. 이 시의 화자는 결국, 과거-현재-미래의 시간 연쇄에 '백골'-'나'-'아름다운 혼'이라는 자아들을 대응시키고, 나아가 그 자아의 자기실현의 터전으로 '고향(용정)'-'다른 고향(서울)'-'또 다른 고향(?)'이라는 장소들을 연계시키고 있는 것이다. 이 다음 해에 일본 유학을 떠났던 사실에 비추어 형식 논리적으로만 보자면, 윤동주는 그 '또 다른 고향'이라는 물음표의 자리에 적도(敵都) 동경을 놓았다고 말할 수 있게 된다.

왜 하필 동경인가 하는 질문에 대해서는 두 가지 상식적인 대답이 가능해 보인다. 용정과 서울 모두를 짓누르고 있던 어둠의 진원지가 동경이라는 사실이 그 하나며, 그가 어둠과 대결하는 단단한 사유를 꿈꾸었다고 했을 때, 그 사유의 근대적 모델을 제시해 줄 수 있는 곳도 동경이라는(이라고 생각했다는) 사실이 그 두 번째다. 윤동주는 생각보다 철저한 준비론자였던 듯한데, 서울에서 연희 전문 문과 공부를 마치고도 문학 공부를 더 하러 도일했다는 것이 이를 뒷받침한다. 근대적 지식의 뿌리에 닿아보겠다는 욕망이 그를 압도하고 있었던 것이다. 다음과 같은 수필 한 구절도 그의 이러한 면모를 짐작케 하기에 충분하다.

이제 닭이 홰를 치면서 맵짠 울음을 뽑아 밤을 쫓고 어둠을 줏내몰아 동켠으로 훠―ㄴ히 새벽이란 새로운 손님을 불러온다 하자. 하나 輕妄스럽게 그리 반가워할 것은 없다. 보아라 假令 새벽이 왔다 하더래도 이 마을은 그대로 暗澹하고 나도 그대로 暗澹하고 하여서 너나 나나 이 가랑지길에서 躊躇 躊躇 아니치 못할 存在들이 아니냐.

(「별똥 떨어진데」)

이 글은, 우리 스스로에게 마련된 실력이 없으면 불쑥 새벽이 찾아온다 하더라도 생활의 진보란 있을 수 없다는 준비론적 인식에 그가 철저히 기울어 있었음을 보여준다. 이런 점들에 비출 때, 시「또다른故鄕」은 「懺悔錄」과 마찬가지로, '적의 목을 치기 위해 적의 칼'을 빌려 쓸 수밖에 없었던 일제 강점기 도일 유학생들의 내면을 정확히 반영하고 있는 시라고 할 수 있다. 비록 '쫓겨 가듯' 해협을 건너지만, '내일이나 모레나 그 어느 즐거운 날'이 오면 그 때 '왜 그런 부끄런 고백을 했던가'(「懺悔錄」) 하고 반성할 수 있도록, 결코 부끄럽지 않은 치열한 앎의 삶을 살겠다는 자기 다짐을 하고 있는 것이다. 따라서 적도 동경은 새로운 고향이 아니라 '내일이나 모레'에 건설할 '또 다른 고향'의 어쩔 수 없는 발판이었던 셈이다.[14]

그런데 문제는 '백골 몰래'라는 시어에 있다. 이 구절은, 그가 과거-현재-미래라는 시간을 변증법적 혹은 역사적으로 이해한 것이 아니라 단절적으로 인식한 것이 아닌가 하는 의문을 갖게 만든다. 시간의 경과에 따라 성숙해 가는 자아란 '백골' 단계의 과거와 단절되는 것이 아니기 때문이다. '백골'을 '고향에 뼈를 묻고 있는 조상들의 삶'[15]으로 이해

---

14) '쫓기우는 사람'이라는 구절을 이렇게 해석해도 '개'의 상징성이 해명되지는 않는다. 윤동주 시에서 유일하게 한 번 나타나 곤혹스럽게 하는 시어가 이 '개'인데, 긍정과 부정의 어느 쪽으로도 해석이 가능하다는 점에서 상징적 어법의 좋은 보기가 된다. '개'를 부정적으로 본다면, '지조 높은 개처럼 나의 이 행위를 비판한다고 하더라도 나의 이 또 다른 고향 찾기가 옳은 방법임을 끝내는 알게 될 것'이라는 믿음을 드러냄으로써 역으로 '개'를 비판하고 있는 시라고 생각할 수 있다.

한다 하더라도, 그 삶과의 화해를 꿈꾸는 '또 다른 고향 찾기'가 '몰래' 이루어질 성질의 것은 아니지 않을까. 이 점에서 윤동주는 이 또다른故鄕 단계에서는 아직 진정한 근대인의 자리에까지 나아가지 못한 것으로 볼 수 있다. 서구인들이 자신들의 하늘로부터 기독(基督)을 제거하고 그 자리에 개인 내면의 도덕률을 올려놓음으로써 근대인으로 거듭날 수 있었던데 비해, 한 축의 조선인들은 오히려 기독을 새로 모시는 일로부터 개명인(開明人)에 진입하려는 아이러니를 빚는데, 윤동주의 경우가 표본이라고 할 수 있다. 또다른고향의 자아 분열과 궁극적 치유의 방향이 초월적 높이에 연결되는 이유도 그 때문이다.

이 시에서 어두운 '방'은 '우주로 통'한다. 즉 우주적 질서의 근원에 연결되는 것이다. 따라서 그의 '방'은, "위로 열려져 있는 공간, 즉 상징적으로 지평의 단절이 보증된, 따라서 다른 세계, 초월적 세계와의 접촉이 의례를 통해 가능한"[16] 장소다. 그 장소가 '위로 열려져 있음'은 '하늘에선가 소리처럼 바람이 불어온다'는 표현이 증명하고 있다. 돌아와보는밤의 '마음 속으로 흐르는 소리'가 수직의 방향성을 획득하고 있는 것이다. '바람'은 이 '하늘의 소리'를 화자에게 실어 나르는 매개체이자 메신저다. 우주 기둥으로서의 사다리나 나무의 역할을 바람이 맡고 있다.

'하늘로부터 들려오는 소리'라는 이 모티프는 윤동주 시의 도처에서 발견된다. 새벽이올때까지에서는 그것이 '나팔소리'로, 무서운時間에서는 '나를 부르는 소리'로, 十字架에서는 '종소리'로 변주되며, 또太初의아침에서는 '잉잉 우는 하느님의 말씀'이라고 아예 규정되기도 한다. 이 소리를 굳이 종교적인 문제로만 귀속시킬 필요는 없을지 모르겠다. 윤리적으로나 사회학적으로도 얼마든지 해석이 가능하기 때문이다. 그러

---

15) 최동호, 윤동주 시의 의식 현상, 권영민 편, 『윤동주 연구』, 문학사상사, 1995, p.500.
16) 엘리아데, 위의 책, p.71.

나 그러한 이미지들이 주로 기독교적 표상으로부터 빌려온 것이라는 사실 자체를 부인할 필요 역시 없을 것이다. 한 시인의 표상 안에 종교성이 강하게 들어 있다고 인정하는 것이 시의 질이 낮다고 말하는 것은 아닐 것이기 때문이다.

그런데 이 하강하는 소리의 이미지는 필연적으로, 거기에 가 닿으려는 주체의 상승 의지를 낳기 마련이다. 「自畵像」17)과 「肝」에 나타난, 물밑으로부터 수면 위로 그리고 파란 바람이 부는 하늘로의 상승 의지가 그 좋은 보기다. 더구나 그는 간과 십자가에서 보듯, 희생과 고통을 감수하고서라도 하늘의 높이에 도달하겠다는 결연함을 드러낸다. 특히 이때의 물은 모든 것을 무(無)로 만들어버리는 질서 이전의 혼돈과 무명을 상징한다는 점에서, 이 시들의 화자는 그러한 상황을 벗어나 하늘이 환기하는 신성성에 가닿겠다는 질서 추구 의식을 선명히 드러낸 것으로 볼 수 있다.

결국 이러한 방의 형상으로 표상된 자아는 하늘이라는 '또 다른 고향'에 닿고자 하는 열망과 동격이라 볼 수 있다. 이로 보아, 그의 준비론의 핵심이 신성에 가 닿으려는 정신주의자의 그것이라고 판단한다면 지나친 생각일까. '백골 몰래'나 '쫓기우는 사람'이라는 표현의 밑바닥에도 이 고고한 높이에의 동경이라는 낭만주의적 자세가 자리 잡고 있었다고 보아야 한다. 그러한 높이에 도달할 수 있다면, 현실이 불러일으키는 육체의 고통이나 부끄러움쯤은 아무것도 아닐 수 있었던 것이다. 기독교에 연원을 두고 있는 것이 분명한 이 동경(憧憬)의 끝 지점에 놓인 것이, 그의 세 번째 방인 '동경(東京)의 하숙방'이다.

---

17) 자화상의 우물 이미지를 자기반성이나 성찰로만 읽을 수 있는 것은 아니다. 우물 자체를 과거의 자기로 놓으면 하늘을 배경으로 하고 있는 미래의 자기에로 나아가려는 태도를 드러낸 것으로 읽을 수도 있기 때문이다.

3-3. 「쉽게씨워진시」 : 동경의 하숙방

窓밖에 밤비가 속살거려
六疊房은남의나라,

詩人이란 슬픈天命인줄알면서도
한줄詩를 적어볼가,

땀내와 사랑내 포그니 품긴
보내주신 學費封套를 받어

大學노-트를 끼고
늙은敎授의講義 들으려간다.

생각해보면 어린때동무를
하나, 둘, 죄다 잃어버리고

나는 무얼 바라
나는 다만, 홀로 沈澱하는것일가?

人生은 살기어렵다는데
詩가 이렇게 쉽게 씨워지는것은
부끄러운 일이다.

六疊房은남의나라,
窓밖에 밤비가속살거리는데,

등불을 밝혀 어둠을 조곰 내몰고,
時代처럼 올 아츰을 기다리는 最後의 나,

나는 나에게 적은 손을내밀어
눈물과 慰安으로잡는 最初의 握手.

(1942.6.3)

시 「돌아와보는밤」의 방이 비록 방향이 없기는 하지만 자아의 실현 가능성을 긍정적으로 비쳐 보여주는 표상이고, 「또다른고향」에서의 방은 분열된 자아가 높이 추구의 형식으로 그것을 극복하려는 의지의 표상이었음에 비해, 「쉽게씨워진시」에서의 방은 존재의 위기감과 그것을 넘어서려는 자아의 고투(苦鬪)를 드러내는 상징이라고 할 수 있다. 뒤로 나아갈수록 방의 상징성에 불안감이 배가(倍加)되고 있는 형국이다. 그의 방은 이미 더 이상 자신을 안온하게 보호해줄 수가 없다. '남의 나라'라고 두 번이나 반복해서 자기 방의 성격을 규정하고 있는 데서, 그에게 닥친 정체성의 위기를 엿볼 수 있다. 이제 방은 더 이상 화자로 하여금 하늘에 가 닿을 수 있는 가능성을 제공하지도 않는다. 그에게 우주의 질서가 머리 위에 있음을 알려주던 메시지로서의 '소리' 또한 이 시에서는 한갓 창밖에서 그를 꼬여내려 애쓰는 '속살거림'으로 변질되어 있을 뿐이다. 무엇이 이런 급격한 변화를 유도한 것일까.

동경 시절에 쓴 또 다른 시들이 이러한 변화를 이해하는 창구가 된다. 이 시를 쓰기 전에 윤동주는 「힌그림자」과 「사랑스런追憶」을 남기고 있는데, 이 시들에도 역시 '하숙방'의 이미지가 사용되고 있다. 사고 무친의 적도(敵都)에서 소통의 향방을 잃어버린 채 자기에로 몰두할 수밖에 없는 정황 때문에 이 무렵의 시들에 '방'의 이미지가 집중적으로 나타난다고 보아야 할 것이다. 그런데 이 시들에서 화자가 발견하고 있는 것은, '흰 그림자'가 환기하는 민족 현실과의 단절(「힌그림자」)이거나 정든 서울 거리에서의 청춘의 한 시절과의 결별(「사랑스런追憶」)이다. 화자는 '연연히 사랑하든 흰 그림자들'을 다 돌려보내고 홀로 '黃昏처럼 물드는 내방'으로 돌아오거나(「힌그림자」), '東京 郊外 어느 조용한 / 下宿房'에서 '옛거리에 남은 나를 希望과 / 사랑처럼 그리워한다'(「사랑스런追憶」). 새로운 지식이나 상급학교 진학이 안겨준 자신감[18]

---

18) 『사진판』 소재 참회록에 보이는 시인의 자필 낙서들은 도일 당시 시인의 내면을 비추는 좋은 거울이다. 고경(古鏡), 비애(悲哀) 금물(禁物), 시(詩)란 부지도

이 아니라 이러한 애련이 화자의 심정을 지배하게 된 이유는, 일본으로 건너올 때에 가졌던 자신의 목표가 현실에서 실현될 가망성이 없거나 목표 자체가 부질없다는 사실을 깨닫게 된 때문이었을 것이다.

　시인이 또다른고향을 통해, 초월적 높이에 도달하려는 의지를 드러냈다는 것, 그리고 그러한 욕망의 실현 방도로 현실에서의 동경행을 택했다는 것은 앞에서 진술한 바다. 그리고 그러한 생각이 준비론의 성격을 지니는 것임도 이미 진술한 바 있다. 그런데 그러한 개인적 욕망을 채우기 위해 선택한 도일(渡日)이라는 방법은 그에게 생각보다 큰 희생을 감내하도록 만들었다. 창씨개명이 그것이다. 히라누마(平沼)라는 일본식 성을 달고 도항 증명을 따내기까지 그의 내밀한 정서를 다 짐작할 길은 없지만, 『사진판』에 실린 시 「懺悔錄」 원고에 여기저기 남아 있는 낙서들이 그 일단을 짐작케 한다. '悲哀 禁物, 古鏡, 古鏡, 詩란 不知道, 文學, 生活, 生存, 生, 힘, 上級, 航, 渡航, 渡, 證明, 詩人의 生活, 落書' 등이 그것인데, 이로 보아 이 시기 그의 고민의 핵이 도항(渡航)에 있었다는 것을 알 수 있다. 그는 도항 전과 후를 각각 생존과 생활로 대비하고, 시가 무엇인지 알 수는 없지만 도항이 자신을 시인의 생활로 이끌어 주리라는 것, 도항이 그에게 힘과 상급의 어떤 것을 주리라는 것을 믿었던 것이다. 그런데 도항에는 한 가지 결정적 조건이 있었으니 바로 창씨개명이라는 치욕이었다. 자신의 가족 혹은 민족 정체성을 부정한다는 것은 민족어를 다루는 시인으로서는 가장 참기 힘든 굴욕이 아닐 것인가. 그래서 고경(古鏡) 즉 청동 거울에 비친 자기의 문제를 두 번이나 노정하고 있었던 것이다. 비록 평양 체험과 서울에서의 유학 생활 때문에 민족 문제에 예민할 수밖에 없었지만, 그리고 그 결과를 「슬픈 族屬」과 같은 시로 남기기도 했지만, 그것은 당대 지식인이면 누구나 가졌을 법한 일반적 심의 경향의 표현이라고 볼 수 있다. 하지만 도항

　(不知道), 문학(文學), 생활(生活), 생존(生存), 생(生), 힘, 상급(上級), 도항(渡航) 증명(證明) 등의 낙서들이 보이는데,

증명을 따내기 위해 스스로의 성을 바꾸어야 한다는 문제는 달랐다. 명백히 자기 자신에게 닥친 선택 사항이었기 때문이다. 그럼에도 그는 결국 창씨와 도항을 선택했다. '시' 혹은 '문학'이 가져다줄 '상급'의 '힘'에 대한 신뢰가 더 컸기 때문이다. 이를 두고 앞에서 준비론이라 일컬었던 것이다.

그러한 선택은 분명 비애를 낳을 수밖에 없다. 그 비애에 '금물'이라는 금제의 띠를 두르기 위해서는 자기 자신도 속아 넘어갈 만한 부적 혹은 방어기제가 마련되지 않으면 안 된다. 그것이 바로 앞서 말한 바 있는, 미래 그 어느 즐거운 날에 또 다시 부끄러워하는 일이 없도록 다부진 삶을 살겠다는 「참회록」[19]의 다짐이었고, 상급의 '문학' 혹은 '앎'을 얻는 길을 찾는 것이 그 다짐의 내용이었다. 그러니 「또다른고향」의 '쫓기우는 사람처럼'이라는 표현 속에는, 민족적 자존심을 구기고 창씨개명에 동의해 도항증명을 따내서 일본으로 건너가야 한다는 당위성과 그로 인해 빚어지는 말할 수 없는 울분의 감정이 고스란히 묻어있었던 것이다. 이로 보아, 윤동주는 '소리'가 이끄는 '하늘의 높이'에 도달하는 길이 '시' 혹은 '문학'에 있다고 생각했다는 것을 알 수 있다. 굳이 민족적 자존심까지 내버리고 동경행[20]을 택한 비밀이 여기 있었던 것이다.

「쉽게씨워진시」로 볼 때, '상급의 문학'이라는 이 자기 방어의 부적은 이내 그 효력을 잃어버린 듯하다. 아마도 '고경(古鏡)'에 비친 자기라는 충격이 더 크게 작동한 때문일 것이다. 앞서 언급한 시 힌그림자, 사랑스런추억, 흐르는거리 등의 상실감이 이를 증명한다. 동경서 그가 발견한 것은 "詩人이란 슬픈 天命"을 지닌 자라는 자각이었다. 그 자신이 시를 선택한 순간부터 자기 존재의 증명은 시 혹은 문학이라는 글 나부

---

19) 연희전문에 도항을 위한 창씨계를 제출한 것이 42년 1월 19일이고, 참회록은 그 닷새 뒤인 1월 24일에 씌어졌다. 고국에서의 마지막 작품인 것이다. (『사진판』 연보 참조)

20) 동북제대가 아니라 입교대를 선택하고 나아가 동지사대 영문과를 선택한 것도 모두 문학에의 갈증 때문이었다.

랑이로 이루어질 수밖에 없다는 것을 깨달았던 것이다. 민족의 문제는 외교나 내적 준비가 아니라 무장투쟁만이 해결의 실마리를 제공하는 것이라는 깨달음에까지 도달했다고 말한다면 무리일까. 서울 생활을 정리하며, 하늘과 바람과 별의 위치에 '시'를 놓고 그것의 완성을 위해 동경으로 건너온다고 내심 자기변명을 했던 것인데, 그 믿음에 이미 금이 가버렸다는 사실을 '슬픈 천명'이라는 고백이 드러내고 있음은 분명해 보인다. 따라서 부모님의 돈을 받아 강의를 들으러 다니는 일(상급의 문학을 얻는 일)도 더 이상 기쁜 일이 아니다. 현실에 무용한 것이라는 자각이 '늙은'이라는 형용어를 통해 표현된 것이라는 점은 이미 주지하는 바와 같다. 그 무용성을 그는 '沈澱'이라는 과학 용어로 한 번 더 강화한다. 이 용어가, 간에서 보았듯 집단을 위한 자기희생의 의미로서가 아니라 오히려 그러하지 못함을 드러내는 용법으로 사용되고 있음도 도항(渡航) 전후에 걸쳐 나타난 시인 내면의 변화를 증명한다고 하겠다. 그런 다음 그는 결정적으로, '살기 어려운 인생'에 대비해서 '쉽게 씌어지는 시'에 대한 부끄러움을 확인한다. 하늘과 바람과 별에 이르는 길이 '시'가 아니라는 진술이다. 또다른고향을 통해 수렴했던 자선 시집 『하늘과 바람과 별과 시』의 결론에 대한 전면 부정인 셈이다. 문학이 그 대답이 아니라면 무엇이 그것을 대체할 수 있는 것일까. '六疊房은 남의 나라, / 窓밖에 밤비가 속살거리는데,' 하고서 한 번 더 호흡을 고른 다음, 결심이 선 듯 그는 마지막 두 연을 단호하게 들이밀고 있다. 거기에는, 한 개인의 슬픈 운명과 우리 시문학사의 위기의식과 전체 민족사의 암울함이, 2연 4행의 간명한 언술 속에 응집되어 있다.

'등불을 밝혀 어둠을 조곰 내모'는 행위를 통해 시인은 '방'과 '자아'를 온전히 하나로 통합시킨다. 방안에서 등불을 밝히는 행위는 화자 안의 사유가 새로 시작된다는 것과 등가다. 이 새로운 사유란 화자가 할 수 있는 현재의 최대치로서 자기 갱신의 의미를 지니고 있다. 과거의 자기를 부정하고 거듭나겠다는 다짐의 상징인 것이다. 그런데 이 거듭남은

「또다른고향」에서 보았던 과거와의 단순한 단절을 통한 갱신이 아니다. 불민(不敏)했던 과거의 나마저도 그러안고 새롭게 시작하겠다는 단절의식이 나타나고 있는 것이다. '최후의 나와 최초의 나'와의 악수가 이를 형상화하고 있다. 종교적 인간의 주기적 의례 행위는 과거 모든 것을 무상한 것, 혼돈스러운 것으로 파악한 다음, 신격이 세상을 새로 창조하던 단계의 모방을 통해 스스로를 정화하는 방법으로 새로운 시간을 시작한다. 그런데 쉽게 씌어진 시의 화자는 과거의 자기를 용서한다. '눈물과 위안으로' 포용하고 있는 것이다. 그러한 과거까지도 '시대처럼 올 아침'의 밑거름으로 이해하고 있는 것으로 읽을 수 있지 않을까.

그런데 그러한 거듭남 자체도 어둠의 질과 양에 비출 때 그리 대단한 것은 못 된다. 최대치의 응전으로도 어둠을 불과 '조곰' 내몰 수 있을 뿐이기 때문이다. 그러나 그런 만큼 그것은 정직하다. 영웅 심리나 낭만주의적 과장 없이 역사의 거대한 심연을 응시하고 있는 자의 솔직성을 읽을 수 있는 것이다. 어쩌면 거대 역사의 흐름 앞에 한 인간의 대응이란 지극히 사소해 보일 수도 있다. 그러나 그렇다고 행하지 않을 수도 없는 노릇이다. 이 지점에서 김수영이 「어느 날 고궁을 나오면서」에서 중얼거렸던 '내 하찮은 분개가 정말 사소한 것인가'라는 질문을 떠올리게 된다. 혁명조차도, 작고 하찮아 보이지만 근원적인 작은 의문과 부정으로부터 시작될 수 있고 또 되어야 한다는 명제를, 윤동주의 이 구절들이 이미 선취하고 있었던 것이다. 그런 만큼 윤동주의 시간 의식은 이제 역사 안에 머물러 있다고 보아야 한다. 저 높은 곳으로부터의 구원의 가능성 따위는 이제 알 바 아닌 것이다.

독서 모임을 통해, 역사 안에서의 최소한의 역할을 찾기 위해 분투하고, 피체되고, 그리고 감옥 안에서 죽어간, 이 이후 그의 이력 앞에 '저항적'이라는 수식어를 굳이 붙일 수 없을지는 모른다. 그러나 '흐름 위에 보금자리 친' 유목민의 사유 구조를 통해, 자기 갱신과 작은 실천의 필요성을 발견하고, 그것들 하나하나를 자기 일상 행동의 실천으로 옮겨 놓았고, 그것이 일경(日警)의 감시와 피체를 불러들였다는 사실 자체를 부정할 필요는 없을 것이다. 최초의 나와 최후의 나와의 눈물과 위안으로 잡는 이 악수라는 형상이, 차가운 후쿠오카 형무소에서 숨져 간 그의 종말과 상동성을 이룬다는 것을 지적하는 것으로 족하다.

4. 맺음 말

이 글에서 필자는 윤동주 시에 나타난 '방'의 이미지를 중심으로 윤동주 시 의식의 변모를 추적해보았다. 그 결과, 서울과 용정, 동경으로 대별되어 나타나는 그의 '방'들은, 혼돈의 시대 복판에 자기 위치를 정립하려는 명민한 한 영혼의 자기 탐색 과정과 동궤를 이루는 것으로 나타났다. 방이라는 형상을 통해 자기 성찰의 결과를 구체화함으로써 그는 자기가 나아가야 할 방향을 선택하여 상징화할 수 있었던 것이다. 왜 하필 방이라는 표상인가 하는 질문에 대해서는, 그가 종교적인 경건성으로 자신의 삶을 설계하고 실천해간 시인이었기 때문이라고 답해볼 수 있겠다. 종교적 인간이 드러내는 표상 체계에 대해서는 엘리아데의 도움을 받았다. 두 번째로 꼽아볼 수 있는 이유는, 그가 간도 땅의 지식인이었다는 점을 들어야 할 것이다. 자기 땅으로부터 밀려나 새로운 터전을 이룰 수밖에 없었던 간도 사람들에게 집과 땅의 문제는 거의 태생적 고민거리가 아니었을까. 유치환, 백석을 비롯하여 당대의 많은 시인 지식인들이 간도 혹은 만주 땅 위에 새로운 방을 마련하기 위해 몰려갔던 것과 달리, 그 땅에 세우는 방의 본질적 뿌리 없음을 어릴 적부터의 체험으로 알고 있던 윤동주이기에 그는 자신만의 또 다른 고향 찾기에 나서게 되었던 것이다.

시 「돌아와보는밤」에 나타난 '서울의 하숙방'은 화자로 하여금 자기 정체성에 대한 확신을 갖게 해주는 삶의 중심이었다. 하지만 아직 화자는 명확한 방향 감각을 갖춘 상태는 아니었다. 다만 그 방향이 '마음속으로 흐르는 어떤 소리'의 향배와 밀접히 관련되리라는 점과 어떤 결단의 때가 머지않았다는 것만 어렴풋이 느끼고 있는 자아가 등장할 뿐이다.

시「또다른故鄕」에서의 방의 형상은, 하늘이라는 '또 다른 고향'에 닿고자 하는 자아의 열망과 동격이다. 그는 시 혹은 문학을 통해 그러한 높이에 도달할 수 있다고 믿었던 것 같다. 동경 유학을 통한 '힘'의 비축이 그러한 높이 추구의 실제 방안이었다는 점에서, 그는 준비론으로 무장하고 일본으로 건너간 당대 유학생들의 내면을 관찰할 수 있는 좋은 보기다. 한편으로 그의 준비론의 핵심이 신성(神聖)에 가 닿으려는 정신주의자의 그것이라는 점에서, 이 시기 그의 내면을 사로잡은 높이에의 동경이 낭만주의적인 것임을 알 수 있었다.

그의 세 번째 방인 '동경(東京) 하숙방'의 의미는 시「쉽게씨워진시」를 통해 파악할 수 있다. 「쉽게씨워진시」에서의 방은 존재의 위기감과 그것을 넘어서려는 자아의 고투(苦鬪)를 드러내는 상징이다. "남의 나라"에 만들어진 방이라는 점을 두 번이나 반복해 진술하고 있는 데서, 그에게 닥친 정체성의 위기를 엿볼 수 있다. 그는 이 방에서 비로소, 시를 통한 구원이라는 높이 추구의 의지가 허상이라는 사실을 깨닫고, 자기 갱신의 의지를 드러내기에 이른다. 거대한 시대의 심연 앞에서 한 줄기 가느다란 불빛을 밝히는 일처럼 사소해 보일지라도, 지금은 작은 실천이나마 시작하지 않을 수 없는 시간이라는 의식이 작동하고 있다. 부끄러운 과거의 나를 모두 감싸 안고 시대처럼 와야 할 아침을 위해 투신하려는 의지, 이를 두고 절정 의식이라 불러볼 수 있을 것이다.

'아름다움'에 이르려는 방황: 임학수론

1. 임학수 논의하기의 문제점

사실 시인 임학수(林學洙 1911-1982)를 한국근대시문학사를 빛낸 일급의 시인으로 손꼽을 수는 없다. 당장 임학수라는 이름에 뒤따라 뭇 입길에 오르내리는 시가 한 편도 없다는 것이 그 뚜렷한 증거다. 그런데 현실을 잘 톺아보면 인구에 회자된다는 것이 사람들의 자연스런 심리적 반응의 결과가 아닌 경우도 종종 있다는 것을 알게 된다. 사실과 다른 과장된 예우(禮遇)가 정치적 정전(正典)을 생산 유통해 온 경우들을 얼마든지 알고 있기 때문이다.

임학수의 경우 그 역 방향에서의 정치의식이 작동한 결과로 볼 필요가 있다. 임학수가 당대에 받던 관심과 조명에 비할 때, 한국 전쟁기 이후에는 문학사에서 의도적으로 그의 작품들이 지워져 온 혐의가 짙기 때문이다. 그러한 제거 작업은 두 방향에서 진행되는데, 납(월)북 시인이라는 점이 그 이유의 첫 번째고 친일 시인이라는 점이 그 두 번째다. 88년 이후 전자의 사유가 쓸모없게 된 이후에도 임학수의 시는 관심도 면에서 순번이 한참 뒤로 밀려나 있었다. 바로 『전선시집』(인문사, 1939)이라는 문제아 때문이었다. 시단을 통틀어 친일이라는 시치미를 공개적으로 붙일 수 있는 유일한 시집의 사례를 그가 생산해 낸 꼴이었으니 연구자들의 구미가 덜 동할 수밖에 없었던 것이다.

이처럼 그간의 얼마 아니 되는 임학수 연구들은 대부분 이 친일의 문제에 그 초점을 맞추어 왔다.[1] 그 가운데 동향인으로서 임학수 관련 자료를 착실히 모으는 역할을 맡은 허근이 객관적 자료 제시의 자세를 취한다면, 적극적인 친일로 보아서는 안 된다는 박호영의 경우가 제일 오른쪽에 위치하고 임종국, 박용찬이 제일 왼편에 서서 그의 시문학을 선명한 친일의 사례로 언급하고 있다. 나머지 연구들은 비교적 임종국 쪽에 가까운 그 어느 한 지점에 서서 임학수가 왜 그런 짓을 했을까 하고 다소 처연한 눈길을 보내는 쯤에서 자신들의 소임을 다하고 있다.

박호영이 임학수의 『전선시집』을 친일의 적극적 증거로 보는 관점에 반대하며 그에 대한 재평가가 필요하다고 하는 데에는 두 가지 이유가 있다. 두 가지 중 첫 번째는 직접적 증거라기보다는 방증(傍證)에 해당하는데, 『전선시집』 앞에 내 놓은 시집이 『팔도풍물시집』(인문사, 1938)인바 이를 통해 임학수는 "조선의 문화유산을 제재로 하여 조선에 대한 애정과 민족의 자긍심을 보여주려고 했"[2]다는 것이다. 그랬던 시

1) 허근, 임학수의 삶과 문학, 『임학수 시 전집』, 아세아, 2002.
   채수영, 임학수론, 홍기삼 편, 『해금문학론』, 미리내, 1991.
   조용훈, 센티멘탈 로맨티시즘의 한 양상 : 임학수론, 『근대시인연구』, 새문사, 1995.
   박호영, 임학수의 기행시에 나타난 내면의식, 『한국시학연구』, 한국시학회, 2008.4.
   _____, 일제강점기 낭만주의 수용의 행간 읽기 : 임학수의 경우, 『국어교육』 128호, 2009.2.
   전봉관, 식민지 지식인의 눈에 비친 중일전쟁-임학수의 『전선시집』(인문사, 1939)을 중심으로, 『한중인문학』, 한중인문학회, 2004.
   _____, 황군위문작가단의 북중국 전선 시찰과 임학수의 『전선시집』, 『어문논총』 제42호, 한국문학언어학회, 2005.6.
   김승구, 식민지 지식인의 제국 여행-임학수, 『국제어문』 43집, 국제어문학회, 2008.8.
   박용찬, 친일시의 양상과 자기비판의 문제, 『국어교육연구』 35집, 2003.
   김용직, 『한국현대시사. 하』, 한국문연, 1996.
   임종국, 『친일문학론』, 평화출판사, 1966.

인이 1년 만에 완연한 친일 분자로 커밍아웃했다고 주장하는 것은 아닌게아니라 설득력이 약한 측면이 있기도 하다. 사실 박호영 교수의 지적대로 임학수 시를 친일의 의지가 뚜렷한 경우로 몰아붙이려면 이 두 시집 사이에 가로놓인 간극을 설명하는 정치한 논리가 필요해 보인다. 그런데 대부분의 글들은 이 지점을 슬쩍 비켜간다.

박호영 교수의 두 번째 논거는 『전선시집』의 시들이 취하는 객관적 묘사 태도에 있다. 화자들이 취하는 객관 묘사의 태도는 임학수가 '군국주의 사상을 가지고 전황을 보고함으로써 후방 국민들의 전투의욕을 고취하려는 뜻'이 없었음을 보여준다는 것이다. 따라서 그는 임학수의 시를 "친일시로 규정지을 개연성은 있으나, 적어도 노골적인 친일시는 아니라는 판단"[3]에 이르고 있다.

문제는 여기까지라는 데 있다. 임학수 시에 대한 논의는 딱 여기에서 멈춰 있다. 비교적 호의적인 태도를 비춘 박호영의 논의도 『팔도풍물시집』과 『전선시집』을 연결하는 정도에서 그치고 있으니 다른 논의들은 더 말할 게 없다. 처음 시단에 발을 들이민 1931년서부터 남한에서의 마지막 작품(「눈」, 『백민』)을 발표하는 1950년 3월까지의 그의 시세계 전모에 대해서는, 그리고 그것의 변모 과정과 내밀한 이유에 대해서는 별다른 설명을 내놓고 있지 않은 것이다.

본고는 시집 『석류』(한성도서, 1937. 자가본)까지를 1기, 『팔도풍물시집』, 『후조』(한성도서, 1939.1), 『전선시집』까지를 묶어 2기, 『필부의 노래』(고려문화사, 1948)로 대표되는 해방기를 3기로 보고 임학수 시의 전모를 살피고자 한다. 중요한 것은 변모를 설명하는 내적 논리의 발견일 것이다. 섣부른 사회학주의와 이유 없는 온정주의를 동시에 경계하면서 우리 근대사 최고의 격랑기를 헤쳐 간 한 문제적 문학인의

---

2) 박호영, 임학수의 기행시에 나타난 내면의식, 『한국시학연구』, 한국시학회, 2008.4, p.106.
3) 같은 글, p.111.

내면 풍경을 사실에 가깝게 그려내는 일, 그것이 본고의 유일한 목적일
것이다.

2. 아름다움에 눈멀다

2-1. 서구적 낭만의 발견 : 『석류』

주지하다시피 임학수는 1911년 전남 순천시 금곡동 214번지에서 임
백호의 후손으로 태어났다. 부친은 금방(金房)을 운영했으며 학교 기록
에 재산을 1만원으로 기재했을 정도로 부유한 편(당시 보통학교 선생
들의 월급이 50원 정도였다고 함)이었다. 한학을 하던 어린 시절부터
신동이라는 소리를 들었으며, 1926년에 서울로 올라가 경성제일고보에
입학, 1931(21세)년에 졸업하였다. 이어 같은 해에 경성제국대학 예과
에 입학하였다. 이해에 시 「우울」(『동아일보』, 1931.5.23.), 「여름의 一
瞬」(『동아일보』, 1931.7.12.)을 발표하며 시작 활동을 시작했다. 1936
년 1월에 이호순(예산 출신)과 결혼하고 3월에 경성제대 법문학부 을조
(혹은 B조)[4]를 영문학 전공으로 졸업했다.[5] 졸업 뒤에는 경성제대 조
교를 거쳐, 개성의 호수돈여고, 한성상업, 배화여고, 성신여학교 등에
서 교원으로 있었으며, 해방 후에는 숙명여대, 이화여대 강사를 거쳐
49년에 고려대 교수로 취임했으나 6.25 이후 해임되었다. 이로 보듯
6.25 이전까지의 그의 삶은 참으로 순탄하다 아니할 수 없다.

잘 알려진 대로 문제의 한국전쟁은 임학수의 가족을 비켜가지 않았
다. 납, 월북을 둘러싼 여러 증언들이 있지만, 1951년 4월 어느 날 지프
차를 타고 온 정체불명의 사람들에 의해 본인과, 처, 차녀와 4녀가 끌려

---

4) 갑반은 법학 전공, 을반은 문사철 전공으로 구분되었다.(이충우, 『경성제국대
학』, 다락원, 1980.)
5) 그가 순천 태생으로서는 경성제국대학 1호 졸업생이었다고 한다.(허근 편, 『임
학수시전집』, 아세아, 2002, p.372. 이하 『전집』으로 표기.)

나갔다고 하는 증언이 가장 유력한 설이다. 1950년 12월 말에 전 가족이 부산으로 피난하려고 했으나 부인이 병이 나는 바람에 장녀와 삼녀만이 친척을 따라 부산으로 왔다는 장녀의 기억이 이러한 납북설을 충분히 방증한다. 사정이 이러함에도 자진 월북설이 나돌았던 데는, 후술하겠지만 해방기 그의 시세계의 변화가 한몫을 했던 듯하다.

　이처럼 압축적으로 살펴본 임학수의 생애에서, 시인으로서의 그의 진면목이 어떻게 형성되는가를 살피려면 대학 시절로 잠깐 돌아가야만 한다. 이효석(2회), 최재서(3회)에 이어 8회가 되는 임학수의 경성제대 영문학과 졸업 논문의 제목은 「Shelley's Prometheus Unbound」였다. 임학수에게 강한 영향력을 행사한 최재서의 논문[6]도 셸리에 관한 것이었고 보면 이 시기 경성제대 영문학과의 분위기가 학과장이자 시인이었던 사또 기요시[佐藤淸]의 주도 아래 영국 낭만주의 일색으로 물들어 있었다는 말이 틀림없는 사실임을 알겠다.[7] 브라우닝, 키츠, 바이런, 워즈워드들의 시가 주요 강독 대상이고 보면 이들의 흔적이 임학수의 시에 어떤 식으로든 남지 않을 까닭이 없다. 가령 다음과 같은 시에서 그러한 흔적이 낭만적 이국정취의 형태로 남겨져 있음을 볼 수 있다.

　　羊떼 조고마한 무덤가에 모여
　　고개 수구리고 잔디 뜯는곳
　　부드러히 기우린 들을 지나
　　멀리 두던뒤로 넘어갔습니다.

　　하얀 들薔薇 고요히 욱어저
　　여기저기 허무러진 돌탑끝에서
　　언제나 한결같이 噴水가 속삭이며
　　머리우에선 분홍별들이 일제히 웃더이다.

　　　　　　　　　　　　　　　　　　　（「五月밤」[8]의 마지막 부분）

---

6) 「The Development of Shelley's Poetic Mind」(김용직, 앞의 책, p.134.)
7) 박호영, 위의 글, p.97.

이 시를 쓸 당시 임학수의 나이가 24세였다는 것을 감안하면 그에게 시의 천품(天稟)이 크게 있었다고 생각되지는 않는다. 그러면서 이 시는 언뜻 훗날 시집 『촛불』에 실려 그의 대표작이 된 신석정의 「그 먼 나라를 알으십니까」를 연상시킨다. '양떼가 풀을 뜯는 부드러운 구릉지대나 우거진 들장미와 허물어진 돌탑 사이로 분수가 보이는 폐원(廢園)'의 이미지는 '흰 물새 우는 깊은 삼림지대의 호수나 들장미가 붉게 피는 목장' 만큼이나 이국풍의 무인지경을 즉각 소환하기 때문이다.[9] 이는 책으로 배운, 즉 교양으로서의 낭만주의에 그의 초기시가 기울어 있었음을 말해 주는 것이다. 서구적 교양으로서의 낭만성의 흔적은 이 이외에도 그리스 신화 속의 이름들을 스스럼없이 호명하는 자리나 특정의 대상도 없이 순간순간 호명되는 낭만적 '사랑'의 모티프에서도 흔히 산견(散見)되곤 한다.

그러나 낭만성 속에서 '서구적인 것'의 본질을 읽고 그것으로 스스로를 계몽하려는 임학수의 의중이 관철된 것으로 다음 세 가지 결과를 지적하는 것이 가장 중요하다. 첫 번째는 그의 시 전체에 걸쳐 '순수한 아름다움'의 이미지가 미만(彌滿)해 있다는 것이다. 그것과 관련하여 핵심적으로 반복되는 소재들이 '바닷 속 자개(조개), 은어(銀魚), 장미'인데 그것들은 대개 여성성의 의미로 수용되었던 듯하다. 임학수의 최대 후견인이었던 최재서가 그를 두고 "탐미주의자"[10]라고 불렀던 것도 이에서 연유한다.

두 번째는, 서구를 보편이자 최량의 것으로 보는 인식에 되비추어

---

8) 『카톨릭청년』, 1934.1.
9) 임학수의 시는 임화나 김기림의 편이 아니라 신석정이나 김영랑의 세계에 가깝다. 임학수와 시문학파, 그 중에서도 신석정과의 친연성에 대해서는 고(稿)를 달리해 살펴볼 필요가 있다. 엑조틱한 서정의 세계를 배회하다 해방 후 현실의 쓴맛을 토로하는 과정까지 둘의 시세계나 상상의 작동 방식이 상당 부분 흡사하기 때문이다. 습작기의 임학수가 『문학』이나 『카톨릭청년』에 작품을 다수 발표하고 있음도 눈여겨 볼 대목이다.
10) 최재서, 시와 도덕과 생활, 『문학과 지성』, 인문사, 1939, p.191.

'나'나 '우리'의 상(像)을 상상하는 태도가 자리 잡는다는 것이다. 「조선의 소녀」는 '수줍고, 유순하고, 천진한 아름다움'이야말로 조선적인 아름다움이라는 인식을 드러내고 있어 주목되는 시다. 한편 시 「독수리」는 '전 지구에로 퍼져 가는 서구 문명의 힘과 가능성'을 "일즉 사람의 발 이르지 못한 곳 / 일즉 思想의 다다르지도 못한 곳 / 이 地球의 상상봉"11)에 거처를 잡은 '독수리'의 표상으로 제시하고 그 위세에 자신이나 조선의 바람직한 상을 투사하고 있다. 소위 이광수가 친일이라는 방식을 통해 '민족의 힘'을 꿈꾼 것처럼12) 임학수는 파미르 고원과 히말라야 산맥, 북해(北海)라는 지구의 변방 끝까지 미치는 독수리의 비상에 자기 자신의 욕망을 은밀히 비벼 넣고 있다.13)

마지막으로 근대인으로서의 공간적 확장감이 여행이나 유랑에의 기대로 변주된다는 것이다. 비행기, 선박, 기차, 자동차와 같은 근대적 탈것들이 인간 상상력의 범주를 극대화해 왔음은 주지의 사실이다. 시 「길」의 화자는 '로마, 모스코봐, 쉬카고, 말세이유, 싱가폴, 천산 남로, 아라비아, 코카사스'에 이르는 길을 꿈꾼다. 그러다 "쓰러진 기둥, 깍인 石像…… / 雜草 한옥쿰 外에는 찾는이 없는 / 저 薄暮의 北海, 기슭의 옛殿堂에 다다른다 합니다."(8연)에 이르면 그의 확장된 상상력의 지향점이 두 번째 비상 욕구에 근거하고 있는 것임을 알 수 있다.

---

11) 『전집』, p.81.
12) 조관자, '민족의 힘'을 욕망한 '친일 내셔널리스트' 이광수, 이영훈 외 편, 『해방 전후사의 재인식』, 책세상, 2006. (윤대석, '친일문학'과 문학교육, 『문학교육학』, 문학교육학회, 2011.4.에서 재인용.)
13) '취우(驟雨) 몰아치는 설산(雪山)의 절벽 위에 웅크린 독수리의 이미지'는 그의 제2기 여행 시편들에서도 여전히 중심적인 역할을 한다. 서구 교양에 기초한 그의 세계 인식이 2기에도 크게 변하지 않았음을 이로 미루어 알 수 있다.

2-2. 돌아보기와 나아가기 : 『팔도풍물시집』, 『후조』, 『전선시집』

1시집 『석류』까지의 시기는 시인 임학수의 문학적 정체성이 만들어지는 일종의 습작기이자 모색기였다고 할 수 있다. 그것은 한마디로 서구적 미의식에 기초하여 자신의 상을 찾으려는 여로에 비길 수 있을 것이다. 그 방법으로 그는 자신을 돌아보거나 시선을 확장하는 길을 택하는데, 2기의 시력(詩歷)은 고스란히 그 길의 구체화에 바쳐진 것으로 볼 수 있다. 이 시기 그의 화자들은 어디 한 군데 머물지 못하고 조선 팔도로부터 '지나사변'의 현장까지를 떠돌아다닌다.

그 가운데 『팔도풍물시집』(인문사, 1938. 이하 『팔도』라 칭함)과 『후조』(한성도서, 1939.1)는 타자에 눈뜬 자의 자아 찾기로서의 '돌아보기'의 성격을 구체화한 시집들이다. 즉 1기 「조선의 소녀」류가 보여주던 '내용 없는 아름다움'에의 추구가 '조선적인 것'이라는 구체적 대상을 만나 나름의 의미를 만들어낸 경우라는 뜻이다. 물론 이때의 '경주, 개성, 평양, 서울의 다양한 풍물'과 '인정각, 석굴암, 관세음보살상, 고려청자, 고분 벽화' 등이 대표하는 '조선적인 것'을 기획, 조직하고 그 결과에 의미를 부여하고, 그 아름다움의 요소를 설명하는 시선이나 논리에 일본 제국의 입맛이 잠복해 있다는 점[14]에서 이 또한 여전히 '내용 없는' 것으로 치부할 수도 있다. 나아가 이 시기 조선의 문학인들에 의해 집중적으로 선택되는 '조선 기행 문학'이란 20년대와 같은 민족주의 담론에 거점을 둔 것이 아니라 '서구=보편 / 동양(조선)=특수'라는 시선이 '일본=보편 / 조선=특수'로 옮아간 증거일 뿐이라는 점에서 '향토색'의 표현에 불과하다고 평가할 수도 있다.[15]

---

14) 곽승미, 식민지 시대 여행 문화의 향유 실태와 서사적 수용 양상, 『대중서사연구』 15호, 대중서사학회, 2006.6.
15) 고봉준, 일제 후반기 시에 나타난 향토성 문제, 『우리문학연구』 30집, 우리문학회, 2010.
    그러나 서구=보편론자들이 특정 시기에 모두 예외 없이 일본=보편론자가 되

그러나 '1930년대 후반기에 조선인이 조선을 말하는 일' 속에 아무리 제국의 시선이 스며 있다하더라도 일본인의 입장에서 '조선'을 말하는 것과 조선인 입장에서 그것을 호명하는 일 사이에는 분명한 차이가 개재할 수밖에 없는 것도 또한 사실일 것이다.[16] 동일하게 '제국적 취향의 향토색'을 띠는 체하여 검열의 칼날을 피하면서 비동일화에의 욕망을 은밀히 깔아두는 방식을 상상하는 것은 크게 어렵지 않은 일이다. 즉 '서구=보편 / 일본=조금 빠른 특수 / 조선=조금 늦은 특수'라는 인식틀을 통해 일본과 조선 사이의 저 지체를 '무실역행'으로 극복하면 자치권을 넘겨받을 날이 오리라고 믿었던 준비론적 사유에, 임학수 '조선기행'의 뿌리가 닿아 있었을 것이라는 뜻이다. 임학수에게 있어 영문학은 바로 그 '무실역행'의 실천 방법이었을 것이고.[17]

이렇게 읽으면 임학수에게 있어서 '조선적인 것'은 일본에 대한 조선의 지체(遲滯)를 일거에 만회할 수 있으며, 어쩌면 서구 근대성과 맞세울 수 있을지도 모르는 심리적 보상물[18]의 역할을 했던 것으로 볼 수 있지 않을까. 문제는 그것들이 조선의 '지금/여기'에 아무런 역할도 하

었을 것이라는 전제는 위험해 보인다. 오늘날의 로컬 논의가 일제 강점의 말기를 이해하는 기왕의 굳은 논의들에 흠집을 내서, 보다 다양한 시선이 있을 수 있음을 증명하는 일이라는 의의를 갖는다면, 스스로의 논의에도 구멍을 내어둘 필요가 있다.

16) 고봉준은 이 시기에 표 나게 내세울 만한 민족주의 담론이 등장하지 않는다는 이유를 들어 '조선'의 호명이 향토색 담론일 것이라고 추정하지만, 그것은 논리의 문제가 아니라 생리의 차원일 수도 있다.(같은 글.) 비슷한 시기, 임화가 "故鄕을 노래하면 반듯이 서러워지는 心情, 그것은 鄕愁에서 일어나는 「페이소스」에 그치지 않는다는 것은 적어도 朝鮮詩에서만은 眞理"(임화, 시와 현실과의 교섭, 『인문평론』, 1940.5.)라고 했을 때도 바로 이 점을 가리키고 있는 것으로 볼 수 있다.

17) 그렇다면 서구와의 동일화는 문제없는 것이냐 하는 문제 제기가 있을 수 있다. 서구 제국주의에 대한 형언할 수 없는 그리움일지라도 그것을 지녀 일제 강점의 세월을 견디는 무기로 썼다면 그 또한 이해할 만한 사유 방식의 하나일 것이다.

18) 김승구는 이를 두고 "민족의 상실과 예술을 통한 민족의 대리보충"으로 명명한다.(김승구, 식민지 지식인의 제국 여행-임학수, 『국제어문』 43집, 국제어문학회, 2008.8.)

지 못하는 '옛 영화(榮華)'라는 데 있다. 임학수의 '조선으로의 여행'이 비창감을 수반하는 이유는 모두 이 때문이다. 가령 과거 이순신 장군의 승전고가 울렸던 남해 바다에 서서 "여기가, 여기가 / 북울려 旗幅 날려 / 소스라친 波濤를 먹피로 물디리던 곳이어늘! / 아, 孤島의 저믄 봄 / 나는 이제 무엇으로 이바지할꼬?"(「南海에서」, 『팔도』 마지막 연)라 고 말할 때, 그의 은밀한 비동일화에의 의지와 현실에서의 무력함이 주는 비창감이 도드라지게 되는 것이다.

『팔도』에 이어 『후조』에서도 임학수는 경주나 평양, 개성 지역의 여 행 체험[19]을 통해 '조선적인 것'의 가치를 톺아보려 하지만 『팔도』에서 한번 시작된 비애는 한층 더 짙은 그늘을 드리운다. 최재서나 박영희 등이 적극적으로 일본 제국과의 동일화에 앞장서며 수다에 신명을 낼 때, 임학수 시의 화자들은 길손이 되어 북녘 하늘밑을 떠돌 궁리에만 빠져들 뿐이다.[20]

> 벽력같이 소리를 지르며 新京行列車가 홈에 드러온다. 한패가 우루 루 나리고 서넛이 오른다. 이윽고 희미한 불빛이 흐르는 車窓과 車窓이 또 점점 머러저 뽀-얀 연기를 남기며 山모통이를 도라갔다. ……오늘 學校에서 映畵로 보고 내가 八年前에 가보았든 奉天의 遼陽의 市街와 曠野와 陵과 하늘에 소슨 殿閣들이 아득히 머리를 스치고 지나간다. 갑 자기 내 머리가 또 흔들린다. 내 가슴에 또 적은 波紋이 이러났다. 曠野, 黃塵, 白雪, 解放-.(「土曜日」 부분)

---

19) 이런 여행지에서 그가 발견하는 대상들은 쉽게 '영국의 도버 해협이나 지브롤터, 시인 로버트 브라우닝 혹은 알베르 싸맹'에 연결된다. 여전히 그가 생각하는 아름다움의 참조 지점은 책으로 만난 영국을 위시한 유럽 언저리였던 것이다.
20) 그런 점에서 『팔도』 23편의 시 가운데 「밤停車場」은 조선적인 것의 탐구라는 주제 뒤에 숨은 임학수의 페이소스를 대변한다. 22편의 시가 명승고적이거나 옛 예술품에서 찾을 수 있는 '조선'을 주제로 다루는데 비해 이 시는 유일하게 '북향차'를 기다리는 사람들의 심정을 그림으로써 『팔도』의 기본 정신에 균열 을 내고 있다. 따라서 이 무렵의 조선 기행에서 얻은 비창감이, 민족주의를 포기하고 스스로를 제국의 일원으로 편입하게 만든 것(김승구, 앞의 글)이 아 니라 '지금/여기'를 등지고 북쪽으로의 표랑에 나서게 만들었다고 보아야 한다.

임학수의 이 시가 드러내려는 것이 만주 특수가 가져온 2등 식민 지배자로서의 유쾌함에 있지 않은 것은 분명하다. '광막한 땅에서 느꼈던 해방감'을 다시 느끼고 싶다고 말하는 것이 주조음이기 때문이다. 따라서 이 시는 조선 팔도를 돌아다니며 찾아본 '조선적인 것'이 더 이상 화자에게 위로를 주지 못한다는 것, 그러니 '백합이나 장미'를 찾아 '벽력같은 소리를 지르는 신경행 열차'(의 경우도 일본적이기보다는 근대적인 것으로 읽힌다.)를 타고 '에트랑제나 길손, 나그네'가 되어 다시 떠나가야 한다는 것, 그리고 그 표랑이란 북쪽의 광야를 향한 나아가기라는 것을 보여주고 있다. 이런 태도는 일본=보편을 수용하여 '국가'의 새 운명 개척에 동참해야 한다는 박영희적 태도와는 명확히 구별되는 데가 있다. 시 「十月밤」의 끝 구절은 이 모든 사정을 정확히 보고하고 있다는 점에서 주목할 필요가 있다.

> 時間은 千年전으로 뒷거름질 치고 空間은 한숨에 萬里밖을 달리노나!
> 이윽고 壁틈에 귀또리도 그 가느다란 노래를 걷울제 – 다시 자리에 누
> 으면, 바다속같이 고요한 밤! 벼개우에는 겹겹이 겹겹이 꼬리치는 銀魚
> 가 나려싸이고 달은 小亞細亞 어느 山脈쯤을 넘었나 마침 멀리 北天을
> 기러기떼가 울며 간다.

예의 '장미, 백설, 북향, 솔개'의 이미지에 뒤이어진 이 인용 부분에서 화자는 '지금/여기'라는 시공간으로부터의 일탈을 상상한다. 그를 유혹하는 것은 역시 바닷 속 '은어'의 형상을 하고 있다. 그리고 그의 일탈은 기러기떼로 몸 바꾸어 저 북쪽 소아시아의 어느 산맥을 울며 넘어가고 있는 것이다. 시 「봉오리」는 그러한 일탈이 지향하는 바가 결국 1기에서 보았던 그 강한 자아에로 나아가려는 충동을 조준하고 있다는 점을 강력히 시사한다.

솟은 連峰 / 걸린 層巖 / 이 悽慘히 / 威壓하는 萬年雪. / 驟雨 山허리를
쳤다. / 일제히 허공에 날르는 落葉…… / 자우--키 / 숲뒤로 몰려가는
빗발 / 다시 琉璃조각 같은 하늘. / 오, 바람이 이-ㄴ다 / 해가 졌다!
/ 겹겹이 겹겹이 / 톱날 같은 그림자, / 唐慌히 나려덮은 그늘. / 보라
/ 빙-도라 너울 뜬 독수리 / 쏜살인듯 떠러졌다! / 저 넘어 / 검푸른
큰 못, / 구비치는 銀鱗.(「봉오리」 전문)

그리고 『戰線詩集』(인문사, 1939.9. 이하 『전선』으로 칭함). 사실 지
금까지의 논의는 임학수가 이 문제적인 시집을 왜, 어떤 태도로 썼는가
하는 질문에 답해 보기 위한 준비 과정이었던 셈이다. 시인 임학수와
함께 북지(北支) 전선(戰線)에 황군 위문 차 다녀온 박영희가 당대의
전쟁문학을 두고 "일본 정신의 예술화와 문학화"라 한다거나 "이 일본
정신은 세계정신의 중추를 형성하면서 있으니, 이 정신 위에서 창작되
는 문학적 작품은 세계 문학의 이상을 만들어낼 것"[21]이라 기대하며
『전선기행』을 발간했음에 비출 때, 그에 연계된 결과물인 임학수의 『전
선』이 그 팩트에 있어 친일문학으로 분류되는 것은 자명한 일이다. 그
리고 그렇게 분류하여 단죄하는 것은 참으로 쉬운 일이기도 하다. 역사
학은 거기까지를 다루면 된다. 그런데 문제는 우리가 문학을 하고 있다
는 사실이다. 채 1년도 안 되는 사이에 『팔도』에서 『전선』으로 급선회
를 하는 시인의 마음 밑바닥에는 무슨 생각이 자리하고 있는가, 그게
급선회이긴 한 것인가를 묻고 답하는 것, 즉 임학수라는 시인이 무슨
생각으로 그런 행동에로 나아갔는지 논리적인 답을 준비해 보는 것이
문학 연구가 맡아야 할 몫이지 않으면 안 된다.
　결론부터 말하자면 『전선』은 시인 임학수나, 그를 보낸 문단이나,
그것을 용인한 일제 당국이 서로를 이용한 결과물일 뿐이라는 것이다.
일제는 황군위문작가단의 활동이 자발적인 시국 협조의 결과라는 점을
홍보함으로써 조선인들의 신민화에 박차를 가할 수 있으니 괜찮고, 문

---

21) 박영희, 전쟁과 조선문학, 『인문평론』, 1939.10, p.39-40.

단 전체로 보자면 그 세 사람(김동인, 박영희, 임학수)으로 해서 나머지의 안녕이 보장되니 기쁘고, 임학수로서는 명분은 명분대로 채우면서 자신의 사적인 욕망, 즉 다년간 동경하여 오던 지나(支那)의 오지를 여행하고픈 욕망을 채울 수 있으니 좋았던 것이다. 다시 말해 임학수를 북지 전선으로 밀어올린 힘은 박영희처럼 "'성전'을 명분으로 모든 사회 구성원의 정신과 육체를 국가로 회수하는 '제국 일본'의 국책을 선무하"[22]겠다는 원대한 포부가 아니라 "1개월의 대륙 여행!"[23], 즉 시「봉오리」에서 드러냈던바 대륙의 광야를 표랑하고 싶다는 사적 욕구였던 것이다.[24]

『전선』의 시들이 황군(皇軍)과 동일화된 목소리로 국책(國策)을 선무하는 데 바쳐진 시들이 아니라는 주장은 이미 박호영에 의해 제기된 바 있다. 『전선』의 화자는 전쟁 관련 장면에 관한 한 철저히 보고자의 자세거나 전달자의 목소리를 낸다. 심지어 친일의 범주로 묶기에 모자람이 없는 「하단군조」나 「도라오지 않는 荒鷲」의 경우도 '남의 돈을

---

22) 정선태, 총력전 시기 전쟁문학론과 종군문학―『보리와 병정』과 『전선기행』을 중심으로, 『동양정치사상사』 제5권 2호, 한국동양정치사상사학회, 2006.9.

23) 임학수, 北支戰線에 皇軍慰問 떠남에 際하야, 『삼천리』, 1939.9. 비록 말로는 참 로맨틱하다고 온돌방에서 감탄할 일이 아니라 "황군을 위문하야 東西建設의 道程을 銃後 국민에게 보고하기 위해서" 가는 것이므로 긴장된다고 하지만, 그의 글 전면에는 오히려 여행이 주는 흥분이 넘쳐나고 있다. "1개월의 대륙 여행!"이라는 말이 짧은 단락 속에 두 번이나 언급되고 있음이 그 증거다.

24) 세 사람이 귀환 보고에서 밝힌 전선 체험 양상의 차이도 흥미롭다. 박영희가 죽은 황군의 목비(木碑) 앞에서 "조국의 방위에 殉한 그분들의 忠勇"에 격한 미안함을 느꼈다고 말한 데 비해, 김동인은 엉뚱하게 중국이 과연 큰 나라라는 느낌을 받았다고 밝히고 있다. 그가 병을 핑계로 끝내 전선 보고 작품을 남기지 않은 것은 아마도 일본의 중국 침략이 끝내 성공하지 못할 것이라는 눈치 빠른 계산을 했던 때문이 아닐까. 이들에 비해 임학수는 만리(萬里) 호지(胡地)의 산정에서 보초를 서고 있는 한 병사(일본)를 보고 가슴이 뜨거워지는 느낌을 받았다고 말하고 있다. 그 가슴 뜨거움의 내용을 굳이 '충용(忠勇)'에의 고마움으로 풀이해야 할 필요는 없어 보인다. 광야에 선 존재의 막막함으로도 얼마든지 읽어낼 수 있기 때문이다.(박영희·김동인·임학수, 文壇使節歸還報告: 皇軍慰問次 北支에 다녀와서, 『삼천리』, 1939.7.)

쓰면서 여행을 하고 돌아온 자'가 보고 들은 바를 배역적(配役的)인 목소리에 실어 의무적으로 전달하고 있는 냄새 외에 시인 자신의 흥분이나 감흥을 묻힌 흔적을 찾을 길이 없다.

임종국이 명백한 친일시로 규정한 「야전」이나 「야연」의 경우도 전쟁의 장면을 이미지화하고는 있으나 섣부른 가치 판단을 배제하고 있어 다분히 즉물적인 느낌을 주고 있다. 그의 시가 중국이나 중국인을 식민자의 시선으로 타자화한다는 지적을 하는 경우도 있으나 그 식민자가 곧바로 일제라는 주장에는 동의가 쉽지 않다. 중국의 인민들이 도탄에 빠져 불결하고 힘든 삶을 산다는 인식의 뒷배를 봐주고 있는 논리로 서구적 근대성이나 합리성을 드는 것이 더 적절해 보이기 때문이다. 시「중국의 형제에게」에서 그들 삶의 부조리를 재는 기준점이 "自然을 征服함은 人類의 特權이다"에서 보는 바와 같은 근대화 논리들이기 때문이다.

> 임학수의 북중국 전선 시찰은 개인 자격의 중국 여행이 아니라 '황군 위문'이라는 공적인 임무를 띤 출장이었던 만큼, 『전선시집』에 수록된 시편들에는 임학수 개인의 서정과 함께 그를 중국으로 파견한 '황군위문작가단'의 이데올로기가 들어 있음은 당연한 일일 것이다.[25]

전봉관의 이러한 지적은 「하단군조」나 「도라오지 않는 荒鷲」와 같은 작품을 관통하고 있는 시선이 임학수 개인의 것과는 무관할 수 있음을 말해 주는 진술이다. 기실 시집 『전선』은 공적 의무를 이행하는 행들 사이사이에 자신의 개인적 느낌을 교직함으로써 그 공공성을 스스로 위반하고 있는 텍스트였던 것이다.

---

25) 같은 글.

독수리
너 무엇을 채려느냐,
長松 낙낙
黑風이 휘몰려 오고
蒼穹 찢겨 펄럭어리는
砲壘 우에?

해가 젓다!
달이 푸르다!
─날러서 날러서 아득히
「고비」구름 넘어 沙場으로 떠가는 잎 하나……

層巖이,
斷壁이,
峨峨한 連山이
다시 太初처럼
寂寞하여라!

(「娘子關」 전문)

　이 시는 시집 『전선』의 기저에 흐르는 시인 임학수의 은밀한 욕망이
어디를 향하고 있는지 잘 보여준다. 1기와 2기를 대표하는 작품들인
「독수리」와 「봉오리」의 세계에 고스란히 연결되고 있기 때문이다. 물
론 이 작품만을 두고 봤을 때, 시에 등장하는 독수리를 두고 중국을
먹기 위해 낭자관을 넘어 물밀어가는 일군(日軍)의 이미지[26]로 읽어
큰 잘못은 아닐지 모른다. 그러나 가족 유사 관계에 있는 전게 작품들
과 관련지어 보면 이 시의 독수리나 낙엽은 표랑의 정신으로 읽는 것이
훨씬 자연스럽다는 것을 알게 된다. 한 시인의 시적 상징체계 안에서
동일한 어휘가 채 1년이 안 되어 전혀 다른 의미와 기능을 갖는 일이

---

26) 전봉관, 황군위문작가단의 북중국 전선 시찰과 임학수의 『전선시집』, 『어문논
총』 제42호, 한국문학언어학회, 2005.6.

거의 없다는 점도 우리의 이런 풀이를 뒷받침한다. 낭자관을 소재로한 또 다른 시 「낭자관의 추풍」은 공적 이데올로기에 버무린 표랑에의 사적 욕망을 가장 잘 형상화하고 있는 시다.

2-3. 현실의 발견, 다소 뒤늦은 : 『필부의 노래』

일제 강점 기간을 통해 임학수가 보여준 '조선 돌아보기'와 '북변(北邊)에로 나아가기'란 결국 신뢰할 현실(근대적 시선으로 볼 때) 없음에서 비롯한 것이었다고 할 수 있다. '지금/여기' 너머에 있을 것으로 생각되는 아름다움을 찾아가는 방황의 형식이 곧 임학수의 시였던 것이다. 그러나 아름다움이 진정한 것이 되려면 '지금/여기'의 삶과의 주고받기를 통해 그 의미가 중요하게 각인되지 않으면 안 된다. 즉 조선이라는 과거가 아니라 '지금'의, 저 머나먼 북변이 아니라 '여기'의 삶을 냉철하게 들여다보고 그것을 아름답게 물들일 수 있는 요목(要目)들을 꼽고 추장(推獎)하는 것이 근대 시인됨의 요건인 것이다.

해방을 전후한 어느 땐가 임학수는 '지금/여기'를 자꾸만 비껴가려는 자신의 벽(癖)을 느꼈던 것 같다. 가령 "暴風과 / 大洋과 / 흐린 날씨와…… / 이제는 귓가에 없고, //눈은 수리갠 듯 / 大空을 달리다가 / 다시 圓 을 그리고 / 창황히 돌아와 / 잿빛 안개에 덮이나니."(「자화상」,『필부의 노래』, 고려문화사, 1948. 부분)에서처럼 달아나려는 사념을 주저앉히려는 포즈를 취하기 때문이다. 그럼에도 해방 전까지 그의 시의 주조음은 여전히 '떠남'이었음이 「추풍령에 올라 북방을 바라며」 같은 가작에서 거듭 확인되는 바다. 그렇게 제대로 그 실상을 확인한 적 없는 자신의 현실 위에 해방이 '도적같이' 찾아왔다.

꿈에서 살던 그대 이제야 오는다?
구름으로 繡놓아 별로 아로삭인

그대 象牙의 상자를 열으라.
하나는 自由.
하나는 平等.

(중략)

오, 自由!
一切가 平等!
隷屬과 傲慢과 缺乏과 이 악착함이
어찌 호사로운 그대 앞에야 다시 용납되오리?
이제 마침내 그대는 오나니,
이 地球의 가시덤불 위에
왼갖 罪惡을 淸算할 새날은 왔나니,
내 꿈에 살던 그대 永遠히 내게 있으라.
그대 華麗한 상자를 열어 흘으라.

　　　　　　　　　　　　　　　　(「새날을 맞음」의 처음과 끝 연)

　　해방을 희망의 상자로 파악하고 거기서 자유와 평등이 쏟아져 나와
세상 천지에 가득해지길 기대하는 마음이 격렬한 어휘 선택과 흥분한
말투 속에 넘쳐난다. 실감이 아니라 지식의 형태로 공화제를 꿈꿔온
식자(識者)들의 환상이 선명하다. 이렇게 원론적이고 비현실적인 기대
치는 엄혹한 현실 앞에서 그 무능함을 금방 드러내기 마련이다. 이처럼
임학수의 해방기 시는 스스로를 한 마리 독수리에서 '필부(匹夫)'의 지
위로 격하시키는 데서 출발한다. 그리고 그 필부는 제대로 된 역사 인
식을 한 번도 가져본 적이 없으므로 뜨거운 기대와 차가운 절망 사이를
배회한다.
　　스스로를 패배자로 호명하는 「싸움」이나 골목마다 빈곤과 저주가
엎드려 있다는 「흐르는 불빛」, 창자를 에이는 가을바람을 그린 「낙엽」
등이 냉탕의 대표작들이라면 노랫소리 우렁차게 개척할 옥토를 그린
「나의 태양」, 민주주의에 대한 기대를 피력한 「데모크라씨」, 새 세기의

억센 파도가 가까워 옴을 노래한 「가까워 온다」가 온탕의 대표 주자들이다. 이럴 때는 차라리 소박하고 솔직한 기대를 그리는 일이 거대 역사의 전망에 그리 밝지 못한 시인의 체면을 조금이라도 살리는 일이다.

언제나 살기 좋은 날은 오느냐?
모든 機關을 우리 손으로
三홉의 쌀은 配給되고
겨레의 좀들 말끔히 쓸어내
汚吏라 謀利라 하는 單語는 없어지고
電車는 타기 쉬웁고
汽車 旅行은 즐거웁고
들에는 豊年歌 들리고
工場은 연기 뿜고
言論과 集會는 自由
아해들 다 學校에 가고
뜰에는 薔薇 피고
女人들 快活해
일하기 즐거웁고 살기 즐거운
언제나 보람 있는 날은 오느냐?

(「언제나 오느냐」 전문)

이쯤 되면 문학가동맹이 지향했던바 인민성을 축으로 하는 새로운 나라 만들기라는 염원과 흡사하다 말할 수 있겠다. 30년대 중참의 기교주의 논쟁을 통해 임화의 편에 합류하고 마침내는 동맹의 시부 위원장으로서 새 나라에 대한 열망을 드러냈던 김기림의 소박한 기대에 충분히 부응하고 있기 때문이다. 그러나 역사는 우리가 알고 있다시피 46년 겨울을 지나면서 이러한 기대를 배반해 가기 시작했다. 그러기를 따라서 그의 시들이 내보인 톤도 무겁게 가라앉는다.

앞날이 벽으로 꽉 막혔음에 좌절하는 심정을 그린 「어떻게 살을게냐」, 1947년 1월의 시점에 아무 희망도 가진 게 없음을 고백하는 시 「해방」,

"부대 당신들의 앞날에 / 좋은 나라 서기를!" 하는 구절을 부적처럼, 후렴구처럼 반복해 보지만 거꾸로 그럴 일 없으리라는 절망감만이 번져 나오는 「C 停車場」을 거쳐 마침내 남한 땅에서의 마지막 작품이 된 「눈」을 발표하기에 이른다.

눈이 날린다
눈이 날린다

왼 하로 거리를
헤매어 보낸다

눈이 날린다
눈이 날린다

마음 둘 곳 없어
情 부칠 곳 없어

이 골목 저 골목
저 窓밑 이 門깐을
배에서 내린 水夫처럼
헤매어 보낸다

눈이 날린다.
눈이 날린다.

九萬里 長空을 구비구비 돌아
훨 훨 날리는
나는 눈인가

(『백민』, 1950.3)

이 시는 황동규의 '땅 어디에도 내려앉지 못하고 눈 뜨고 떨며 이리 저리 헤매 다니는 눈발'의 이미지를 선취하고 있어 이채롭다. 생활을 외면하고 북방의 하늘을 떠돌다가 돌아와 이제는 자신의 거소(居所)를 찾아 안주하려 하지만 끝내 그 자리를 찾지 못하고 있는 형국이다. 이런 정도의 인식을 두고 그의 사상적 기반이 좌경화되었다고 판단할 수는 분명코 없는 일이다. 그야말로 목숨의 무차별성에 눈 뜬 시인이라면 누구나 가질 법한 수준의 인식들이기 때문이다. 그러나 이런 생각만일지라도 이승만 정권의 앞날과 함께 할 수는 없었으리라는 판단을 조심스럽게 해보는 자료로 삼을 수는 있겠다는 생각이 든다. 그의 제국대학 동창이자 처남이기도 한 이정호가, 납북과 월북의 의견이 엇갈리는 시기에 굳이 월북으로 그의 거취를 처리하고 있었던 사정도 이에서 말미암았을 것이다.

3. 맺음말 : 운명의 표정

이미 말한 바 있지만 한국전쟁 이전까지 임학수의 생애는 참으로 순탄했다. 유복한 환경, 뛰어난 학업 능력, 순조로운 상급학교 입학과 졸업, 결혼, 취직 등 무엇 하나 남들에게 빠지는 게 없다고 말해도 좋을 삶을 살았다. 문학적 이력에 있어서도 사정은 마찬가지였다. 조선 최고의 학부에 적을 두고 서구 문학을 익혔다는 것과 내로라하는 선후배를 가졌다는 점이 작동한 탓일까? 본격적으로 보면 불과 10년을 조금 넘는 문단 생활 동안 그는 무려 5권의 시집을 상재한다. 김동인, 박영희와 나란히 황군 위문 대표로 선발되었다는 사실 자체만 보아도 그의 벼락출세(?)가 얼마나 눈부셨는지 가히 짐작할 수 있을 것이다.

한 마디로 말해 해방 이전의 임학수는, 아직 안으로 시인으로서의 능력을 제대로 기르기도 전에 밖으로 자신에게는 과한 명성부터 덮어썼던 것이다. 시적 언어의 엄정성에 대한 감각과 시인됨의 의미에 대한 성숙한 인식을 기르기도 전에 이미 그는 당대 조선을 대표하는 시인의 자리에 올라 있었다. 그렇게 보면 『전선』은 어른의 세계 한가운데 문득 서게 된 한 미성숙한 주체의 운명적 반응에 다름 아니라고 할 수 있는 것이다. 공적인 포즈 밑에 사적인 욕망을 얼마든지 숨겨 둘 수 있으리라는 믿음, 공적 표현으로서의 시적 언어가 그렇게 읽히거나 말거나 내밀한 의사(意思)만 그러하지 않으면 그만이라는 착각의 자리에 핀 시집이 『전선』이라는 이야기다. 결국 『전선』은 조선 문단 전체가 나서서, 아직 큰 시인되기에 많이 모자라는 한 사람을 중심의 자리에 불러내 시킨 어릿광대짓에 불과했던 것이다. 이는 정확히 조선 문단 자체의 미성숙을 반영한 결과라고 평가할 수 있다.

임학수는 해방 후에 와서야 비로소 자기 시의 갈 길에 대한 고민을 시작했던 듯하다. 서툰 서구 경험에 기댄 부박(浮薄)한 수사(修辭)들을 물리고 소박하나마 자신의 맨얼굴을 보여주는 언사(言辭)들로 시를 채우고 있었기 때문이다. '필부'라는 시집 제목에도 자신을 덮고 있던 평가 과잉의 그늘을 걷어내 보려는 시인 임학수의 자의식이 작동했던 것으로 보인다. 이렇게 그가 시단의 혹은 역사의 한 필부로 진정한 제 목소리를 내어 보겠다고 결심한 그 직후에, 역사는 전쟁의 소용돌이를 몰아 그의 순탄했던 삶 전체를 부숴버리고 말았다. 북한에서의 그가 시업(詩業)에서 손을 뗀 채 줄곧 영문학자로서만 살았다는 사실은 '시(詩)'라는 마물(魔物)에 잘못 얽혀든 임학수의 운명 같은 것을 생각게 만든다. 스스로 시를 잘 써보려 했으나 끝내 그 소원을 이루지 못하고, 삶 그 자체가 곧 고통스런 질문으로서의 시가 되어 우리 앞에 가로놓인 사람, 그게 곧 임학수였던 것이다.

네 거리를 고향으로 둔 시인의 운명
―임화시론

1. 근대시인의 조건

근대를 두고 흔히 신이 숨어버린 궁핍한 시대라고들 한다. 근대에 대한 이런 식의 사유 체계는 이미 꽤나 낯익다. 소위 '고전시대'라 부르든 '황금시대'라 부르든 근대 이전의 어느 시점엔가 신이 지상을 떠나지 않고 인간과 동서(同棲)하던 때가 있었다는 것, 곧 보편적 격률의 체계와 인간의 개별적인 행위가 전혀 상충되지 않는, 그야말로 지상 낙원이 있었다는 게 '숨은 신' 사유의 핵심이다.[1] 세속과 신성, 개인과 사회, 자아와 세계의 구별이 없던 이 시대 혹은 장소를 두고, 루카치가 하늘의 별이 가야할 길의 지도가 되어주던 시대라 했던가.

이러한 근대 사유 속에는 적어도 두 가지의 공통점이 내재되어 있다. 이 '숨은 신의 시대' 곧 '근대'의 문학이 떠맡아야 할 중심 주제가 개인 주체의 발견 문제라는 데 동의하고 있다는 점과 그 황금시대를 미래에

---

[1] 이 황금시대 사유는 시간의 문제이기도 하고 때로는 공간의 문제이기도 하다. 아르카디아 지방이나 고전시대의 이태리 혹은 그리스, 때로는 유토피아라는 이름으로 이 황금시대가 공간화 되는 예를 많이 볼 수 있기 때문이다. 시간은 공간에 의해, 공간은 시간에 의해 지각될 수밖에 없다는 사정을 감안하면, 이는 자연스런 현상이라 할 수 있다.

투사함으로써 인류가 만들어가야 할 어떤 것으로 전치시키고 있다는 점이 그것이다. 사실 황금시대라는 게 있었다면 거기에는 오늘날과 같은 자아의식이란 전혀 존재하지 않았을 것이다. 세계로부터 고립된 자아를 사유한다는 것 자체가 르네상스 이후의 일이었기 때문이다. 루카치는 바로 그 자아 찾기 과정을 두고 여행이라 불렀다.[2]

루카치는, 자신의 그런 모순 상황에 눈떠 그것을 타개할 방책을 찾아가는(여행하는) 이를 두고 '문제적 개인'이라고 불렀다. 그가 바로 진정한 근대인이자 산문 시대 소설의 주인공이라는 것이다. 루카치의 이런 인식에는 소설이야말로 근대의 장르 지배소(dominant)라는 생각이 깔려 있다. 그러나 그것이 어찌 소설만의 문제일까? 이해할 수 없는 세계에 대한 주체의 진정한 대응인 한에 있어서, 모든 근대 문학이 이 문제로부터 자유로울 수는 없을 것이다. 특히 서정시의 경우엔 그것이 세계를 자아화 하려는 노력의 소산이라는 점에서 본질적으로 주체의 문학이 될 수밖에 없다는 점을 감안한다면, 이 문제는 오히려 보다 근본적인 측면에서 시의 과제라 할 수 있다.

오늘날의 시는 소설과는 분명히 다른 방식으로 이 조건을 만족시킨다. 동일한 근대적 상황을 두고 하이데거가 '부재(不在)' 혹은 '심연(深淵)'이라고 명명한 다음, 시인의 사명이나 시업(詩業)이야말로 바로 이 부재 이전의 축제의 장소를 찾아가려는 노력에 해당한다고 보았던 사실[3]이 이를 뒷받침한다. 하이데거의 경우, 루카치가 소설의 주인공에게서 읽었던 '문제성'을 시인에게서 찾고 있는 것이다. 말인 즉, 근대

---

2) 엄밀히 보면 이러한 사유 체계는 사실 리얼리즘이 아니라 아이디얼리즘에 속하는 것이다. 사실성보다는 낭만성에 기초해 있기 때문이다. 어쩌면 이러한 경향에는 제도로서의 근대화 자체를 부정하는 듯하면서도 그것을 이루어온 주체의 가능성에 대해서는 은근한 신뢰를 보내는 이중적 태도가 들어있을 수도 있다. 그리고 그런 태도를 두고 역사의 궁극을 문제삼는 몰역사적 태도이자 형이상학일 뿐이라고 비판할 수도 있다. 그러나 그런 평가가 가능하다는 것과 그런 심의 경향이 실재했다는 것과는 별개의 문제다.

3) M.Heidegger, 소광희 역, 『시와 철학』, 박영사, 1980, pp.209-211.

시인은 스스로 문제적 개인으로서의 소설의 주인공이 되지 않으면 안 된다는 것, 그러한 삶을 살아낼 때만 시인이라는 칭호를 부여받을 수 있다는 것, 그러기 위해 시인은 그의 삶과 시를 끊임없이 일치시키려 노력하지 않으면 안 된다는 것이 하이데거의 생각이었다. 시 곧 시인의 삶인 것이다.[4]

시와 시인의 조건을 이런 식으로 파악할 때, 미래로 투사되는 '부재 이전의 축제 장소'를 무엇으로 상정할 것인가 하는 점이 문제가 된다. 근대 너머의 상을 결정하는 일[5]이기 때문이다. 근대 문학으로서의 리얼리즘은 이 투사된 황금시대의 자리에 맑시즘적 미래상을 놓았다. 자본제적 근대의 유일한 과학적 대안이었기 때문이다. 비록 식민지라는 조건 아래서 변형과 굴곡을 겪긴 했지만, 이런 서구적 근대화 과정이 많은 부분에서 그대로 관철되고 있던 일제 강점기 조선의 상황도 이에서 크게 다르지 않다. 카프를 중심으로 활동했던 많은 시인 작가들이 그들 세계를 이해하고 미래를 전망하는 방법으로 맑시즘을 선택했다는 것이 그 증거다. 창작으로나 비평으로나 카프의 효장 노릇을 했던 임화의 세계 이해 역시 이 틀 위에 서 있었음은 두말할 필요도 없다.

그런데 문학은 형상화를 전제로 한다. 형상이라는 공간적 표지로 구체화되지 않으면 문학이 아니라는 뜻이다. 따라서 1930년대의 시인들이 조선 현실에 대해 자각하고 그것을 넘어설 수 있는 방안을 아무리 이론적으로 정치하게 마련했다 하더라도 그것의 형상적 매개를 발견하지 않으면 문학으로서는 무용지물일 뿐이다. 1930년대는 그 매개물로 '고향'이라는 공간적 표지를 선택한 시대였다. '과거 축제의 장소'로 고향을 문제 삼는다는 것, 그런데 지금 그 고향을 노래하면 반듯이 서러

---

4) 최두석, 『시와 리얼리즘』, 창작과비평사, 1996, p.115.
5) 우리는 이를 전망이라고 부르는데, 황금시대라는 과거상이 전망의 전제라는 점에서, 이는 근대인의 시간 인식이 갖는 특성을 보여주기도 한다. 즉 과거 체험을 미래에 투사하고 그렇게 얻어진 상으로 현재를 제약하려는 직선적 시간관이 근대를 대표하는 시간관인 것이다.

워진다는 것, 그리고 그 서러움이 단순히 향수에서 일어나는 「페이소스」에 그치지 않는다는 것, 그것들이 적어도 조선시에서만은 진리[6]라는 진술은 당대인들에게 있어 고향이 무슨 의미를 띠고 부각된 것인가를 말해준다. 적어도 임화에게 있어 고향이란 조선적 특수성에 값하는 어떤 것이었다.

더구나 임화 시에 있어서 이 고향의 형상화는 또 다른 특수성을 동반한 문제이기도 하다. 대다수의 조선 시인들이 기반하고 있던 농촌이 아니라 서울의 한가운데 종로 네거리를 자신의 고향으로 하고 있기 때문이다. 생활인으로서, 정치적 실천가로서, 시인으로서 그의 성공과 실패는 그러므로 이 종로 네거리 고향의 성격과 내밀하게 연결되어 있다. 제도로서의 근대를 만들어가는 일과 그것을 부정, 비판해 넘어서야 하는 근대성의 조선적 특수성을 종로 네거리만큼 선명히 부각시켜주는 장소를 달리 어디서 찾을 수 있겠는가?

2. 문학, 정치, 생활

시인 비평가이자 맑시즘적 세계관을 이 땅에 관철시키려한 조직 운동가, 두 번을 결혼했으며 두 아이를 가졌던 생활인으로서의 임화의 면면에 대해서는 그 동안 비교적 많은 연구의 조명들이 가해졌음에도 불구하고 아직 미진한 부분들이 남아 있는 형편이다. 눈을 문학 내부로만 돌려도 사정은 마찬가지여서, 가령 그의 비평의 전모가 아직도 채 제대로 정리, 평가되지 못하고 있다거나 문학사 서술의 가치 평가에

---

6) 임화, 시와 현실과의 교섭, 『인문평론』, 1940.5.
   우리 시에서의 이 고향의 문제는 따라서 그 성격이 매우 중층적이라 할 수 있다. 개인적 / 집단적, 직접적 / 우의적, 세계적 / 조선적인 여러 관계항들이 변수로 작용함으로써 매우 다층적인 의미를 낳기 때문이다.

대해서도 의견의 일치를 보지 못하고 있다거나 하는 점들이 대표적 예다. 미진한 가운데서도 대부분의 연구들이 생애나 비평, 시론 혹은 문학사 연구 부분에만 매달린 점도 지적되어야 할 것이다.[7] 정작 시인으로서의 임화를 문제 삼은 경우에도 많은 논문들이 그의 비교적 초기작이라 할 수 있는 소위 '단편서사시' 계열을 중심으로 논의를 진행함으로써 전체적인 맥락을 잡기 어렵게 해 왔다.[8] 사정이 이리 된 것은 그의 생애의 마지막에 해당하는 전쟁 전후의 행적이나 작품 활동의 면모가 뒤늦게 공개되었기 때문일 것이다.[9]

이 글은 임화 시의 전체적 특징을 고향의식[10]이라는 범주로 설명해 보려는 시도다. 고향이라는 단어 자체가 시간적이면서 공간적인 개념이라는 점에서 이 글은 결국 임화 시의 시공간 의식을 문제 삼게 될 것이다. 인간은 어떤 형태로든 자신의 주변 환경과 관련될 수밖에 없다는 것, 그리고 문학에서는 그 관련이 시간이나 공간의 지표로 반드시 현현될 수밖에 없다는 것이 이 글의 대전제인 셈이다. 그 중에서도 공

---

7) 김윤식, 임화연구,『한국근대문예비평사연구』, 일지사, 1976.
  신승엽, 식민지시대 임화의 삶과 문학,『한국현대리얼리즘시인론』, 태학사, 1990.
  신두원, 「임화의 현실주의론 연구」, 서울대대학원(석사), 1990.12.
  박윤우, 1930년대 후반 프로시론의 현실성 인식,『한국현대시와 비판정신』, 국학자료원, 1999.
8) 최두석,『시와 리얼리즘』, 창작과비평사, 1996.
  이숭원, 임화시와 격정·고뇌의 가락,『한국현대시감상론』, 집문당, 1996.
  김재홍, 낭만파 프로 시인 임화,『카프시인비평』, 서울대학교출판부, 1990.
  정재찬, 「1920-30년대 한국 경향시의 서사지향성 연구」, 서울대대학원(석사), 1987.
9) 그런 가운데서도 김윤식의『임화연구』(문학사상사, 1989.)와 김용직의『임화문학연구』(세계사, 1991.)는 임화 문학 세계를 비교적 소상히 밝히고 있다는 점에서 주목에 값한다. 그러나 이들 연구는 평전의 성격이 짙어 본격적 시연구서로 받아들이기는 힘든 한계를 지닌다는 점을 부기해 두어야 할 것이다.
10) 의식이라는 말이 이미 지향성을 뜻한다. 그리고 지향이란 언제나 보다 나은 상태에 대한 경향성을 의미하므로 고향의식이 결코 과거적 상상력에 의해서만 지배되지 않으리라는 점도 충분히 예견 가능하다.

간과 관련해서, 근대 시인은 누구나 자신을 에워싼 균질적으로 등분된 공간을 친숙하고 좋은 장소로 바꾸려는 노력으로 살아가게 된다는 것, 거기에 시간적 과거를 미래에 투사하는 과정을 겹침으로써 하나의 체계적 시공성(時空性)을 형성하게 된다는 것이 본고의 기본 입장이라고 할 수 있다. 그러므로 '종로 네거리'와 '현해탄'이라는 시공간 표지가 주된 분석의 대상이 될 것이다.

논의의 진행을 위해 이 글에서는 임화의 시력(詩歷)을 3단계로 분리해 보고자 한다. 1935년 카프 해산 이전까지의 시를 초기시로 규정하고, 그 이후부터 해방까지를 중기시, 해방 이후 사망 때까지의 작품 활동을 후기시로 보는 틀이 그것이다. 이럴 경우 초기시에는 단편서사시 계열이 고스란히 해당되고, 중기시에는 시집 『현해탄』 전후의 시가, 후기시에는 해방기 및 『너 어느 곳에 있느냐』 소재의 시들이 포함되게 된다. 각 시기의 앞에 '네거리' 계열의 시들이 놓여있음이 인상적이다.

2-1. : 네거리에 선 청춘 – 초기시

주지하듯이 김윤식은 임화시의 두 가지 기둥으로 누이 콤플렉스와 현해탄 콤플렉스를 든다.[11] 이 두 가지 기둥이 그의 모든 시를 지배하는 동력이지만 시기에 따라 그 중 한 가지가 전경화 되기도 하는데, 이 글에서 초기시로 규정한 단편서사시 계열의 시까지가 그 중에서도 특히 누이 콤플렉스를 축으로 만들어진 작품들이라는 것이다. 가출아의 아비 찾기이자 배우로서의 몸 가벼운 연기력이라는 또 다른 틀로도 설명 가능하지만, 이 시기 그의 작품을 지배하는 것이 여성편향성[12]이라는 점에는 이견이 있을 수 없다고 보고 있다. 그리고 이 때의 여성편향성이란, 누이동생 위에 혼자 힘으로 군림하는 오빠를 상정하고 거

---

11) 김윤식, 위의 책, p.189.
12) 같은 책, p.184.

기에 시인 자신을 끼워 맞춤으로써 심리적 균형에 도달하려는 감각이라는 것이다.

그러나 찬찬히 생각해보면, 임화의 여성 편향성은 1920년대의 그것과 성격이 좀 다르다는 것을 알 수 있다. 님이 부재하는 시대에 님의 귀환을 애타게 소망하는 화자의 목소리를 여성화하여, 아비 없음 곧 국가 상실이라는 상황의 알레고리로 기능토록 했던 것이 20년대 여성 편향성의 기본 성격인데 비해, 임화의 경우엔 그 님의 자리에 자신을 직접 놓아두는 방식을 취하기 때문이다. 이는 곧 시적 주체 스스로가 님, 오빠, 남편, 아버지가 되려는 욕망을 드러내는 형식이라 부를 수 있을 것인데, 임화의 이러한 욕망은 우리에게 몇 가지 시사하는 바가 있다. 이 욕망의 형식이야말로 스스로 '히로익한 감정'[13]이라 부른 영웅 심리의 문학적 형상화에 해당한다는 점, 그리고 이 때의 영웅 심리란 사회적으로 인정받고 싶은 욕망[14]과 등가라는 점, 따라서 그가 든든한 오빠가 되어 누이를 보호해야 한다고 말할 때조차도 거꾸로 누이를 비롯한 여자들로부터 인정받고 싶은 마음 곧 사랑받고 싶은 마음이 같이 드러난다는 점, 그리고 그것은 이제 막 사회적 지위와 역할을 찾아 길거리로 나선 20세 전후의 그의 나이와 무관치 않으며 사랑의 실패, 아버지의 사업 실패로 인한 짧은 학력, 어머니의 죽음 등의 전기적 사실[15]과도 내밀히 연결되어 있다는 점 등이 그것이다.

이 때 문제가 되는 것이 왜 하필 그의 사랑이 누이 쪽으로 제약되는가 하는 점일 것이다. 나이로 볼 때나 서정시의 성격으로 볼 때나 이성에 대한 사랑을 표현하는 것이 정상적 과정일진대, 왜 유독 임화에게서

---

13) 임화, 문단의 그 시절을 회상한다, 『조선일보』,1933.10.8.
14) 「어떤 靑年의 懺悔」(『문장』2권 2호, 1940.2.)에 그의 시작 활동이 팔봉이나 석송의 칭찬으로 크게 고무되었다는 내용이 등장한다.
15) 임화, 어떤 청년의 참회, 『문장』,1940.2. 후술되겠지만 1940년이라는 시기에 자신의 젊은 날을 되돌아보고 있는 글의 제목으로 참회를 운운하고 있다는 것은 파시즘 앞에 항복해버린 자의 자기 정리 욕구가 반영된 결과일 것이다.

그것은 누이라는 근친에 대한 사랑으로 왜곡 변형되어 나타나는 것일까? 이 질문에 대답하는 일이야말로 임화시의 원질(原質)을 캐는 일이 될 수 있지 않을까? 필자가 보기에 그것은 공적(公的) 생활을 중시하려는 임화 나름의 '네 거리 중심주의'가 드러난 결과로 이해된다. 사회적이고 공적인 목표에 헌신하는 것이 바른 삶인데, 그 성스러운 일에 나약하고 사적인 감정을 개입시킬 수 없다는 자기 검열의 논리가 작동한 결과라는 뜻이다. 남녀의 사사로운 사랑이 아니라 동지애적 사랑 혹은 가족적 사랑이야말로 공적 활동의 정당성을 담보해주는 무기라는 인식이 그의 내면에 자리 잡고 있었음은 여러 가지로 확인이 된다. 여러 단편서사시16)들에서 누이의 실제 애인으로 등장하는 '근로하는 청년'과 누이의 관계를 동지적 관계로 묶는다든지, 그 누이와 오빠인 나를 가족적이면서도 동지적인 사랑으로 묶는다든지, 또한 실제로 이귀례와의 부부 생활을 동지적 관계로 규정한다든지17) 하는 예가 그것이다.

가족 사랑의 형태를 공적 활동의 중심 형상이자 무기로 삼겠다는 인식은, 그러나 일장과 일단이 있다. 공적 투쟁에 복무하는 사람들의 내부 결속력을 손쉽게 그려내어 이해시킬 수 있다는 것이 장점이라면, 가족이 지닌, 생각보다 사적인 성격 때문에 그의 공적 의도에도 불구하고 스스로의 활동을 자꾸 사적 비전에 얽매이게 한다는 것이 단점이다. 그가 카프와 운명적 유대감을 갖고 있다든지, 그 결과 카프의 의미를 지나치게 사적인 차원에서 수용하고 있다든지 하는 지적18)이 설득력을 얻는 것은 그 때문이다. 가족과의 관계야말로 논리적 청산이 불가능

---

16) 필자는 이 용어를 양식 개념이 아니라 문학사적 개념으로 파악하여, 이야기가 들어 있는 카프시 정도로 사용할 것을 제안한 최두석의 견해에 동의한다.(최두석,『시와 리얼리즘』, 창작과비평사, 1996.p.117 주 15 참조.)

17)『조선일보』, 1932.1.7.
   이 부분은 이귀례 측의 증언이긴 하지만 임화의 동의가 전제되었다고 보아야 할 것이다.

18) 최두석, 같은 책, p.186.

한 운명이 아닐까. 그가 1930년대 말에 보여주는 비관적 운명론도 결국 그의 가족주의에 그 뿌리를 두고 있을 것이다. 그 스스로 카프와 운명 공동체라는 생각이 카프 해체를 자기 삶의 일단락에 연결시켰다는 이야기다.

가족 사랑으로 표현된 공적 활동이란 혁명가 실천가 곧 영웅의 길이다. 이에 비해 사적 활동이란 생활인의 길. 그는 그 둘을 시인이라는 제 삼의 역할을 통해 매개, 결합시켜야 옳았다. 그런데 사적 활동을 빼버리고 시인 스스로 공적인 측면에만 주목할 경우 시는 주관적 낭만성이나 관념으로 치달아갈 수밖에 없다. 초기 임화시는 이처럼 공적인 것이 사적인 것을 압도하는 형세에 기초해 있다. 그러니 남은 것은 눈먼 관념의 다양한 형식화(실험)일 수밖에 없었다. 그 관념의 맨 앞자리에 '조선'의 문제가, 그리고 그 바로 뒤에 맑시즘이 자리 잡는다. 조선적 특수성이라는 문제를 맑시즘이라는 보편론으로 손쉽게 해소해버림으로써 파국으로 내달았던 카프 전체의 몰역사성이, 이미 임화 초기시에서부터 그 싹을 예비하고 있었던 것이다.

그의 초기시는, 흔히 이르는 바, 상징주의와 다다이즘의 영향을 받은 실험적 경향의 시들과 단편서사시 계열로 다시 양분되는데, 전자에서 조선에 대한 인식을 후자에서 맑시즘의 방법적 대입을 읽을 수가 있다. 「무엇 찾니」에서 「지구와 '빡테리아'」에 이르는 다양한 실험을 관통하는 것은 관념어라는 색안경으로 조망된 '나의 조선의 민중'(「혁토」, 『조선일보』, 1927.1.2.)[19]의 현실이다. 관념어라는 말에서 이미 예견되는 바지만 이 시기 임화의 현실 인식은 결코 구체적인 어떤 것이 아니다. '큰 시각'으로서의 조선 문제라는 방향은 잡았지만 그것을 조직화할 사유의 형식이 아직 자리 잡히지 않았기 때문이다. 민요형으로부터 다다

---

19) 앞으로 인용하는 시들의 경우, 『너 어느 곳에 있느냐』 소재의 시들은 『전집』 (김외곤 편, 박이정, 2000.)의 것을, 나머지는 『현해탄』(신승엽 편, 풀빛, 1988.) 소재의 작품들을 저본으로 한다.

이즘 풍, 상징주의에 이르기까지 다양하게 전개되는 실험 자체가 그 반증이다.

그런데 「화가의 시」(『조선일보』, 1927.5.8.)와 「담-1927」(『예술운동』 창간호, 1927.11.)을 거치면서 그 사유의 자리에 맑시즘이 이식된다. 그가 선택한 맑시즘이 생활의 구체적 실감으로부터 나온 것이 아님은 물론이다. 윤기정등의 친구가 있는 하나의 그룹에 스스로를 귀속시켜 야겠다는 역할 귀속 의지가 받아들인 관념일 뿐이었다. 주체적 성찰이 빠져버린 이론에의 경사가 어떤 결과를 낳을 것인가는 불을 보듯 뻔한 일이라고 할 수 있다. 움직일 수 없는 객관적 진리로 성스럽게 받아들 여지고 있던 이론을 드러낼 방법만을 찾기에 골몰하게 되지 않겠는가. 그 방법 모색의 결과 그는 단편서사시를 제출한다.

> 네가 지금 간다면, 어디를 간단 말이냐?
> 그러면, 내 사랑하는 젊은 동무,
> 너, 내 사랑하는 오직 하나뿐인 누이동생 順伊,
> 너의 사랑하는 그 귀중한 사내,
> 근로하는 모든 여자의 연인 ……
> 그 청년인 용감한 사내가 어디서 온단 말이냐?
>
> 눈바람 찬 불쌍한 도시 종로 복판에 순이야!
> 너와 나는 지나간 꽃피는 봄에 사랑하는 한 어머니를
> 눈물 나는 가난 속에서 여의였지!
> 그리하여 이 믿지 못할 얼굴 하얀 오빠를 염려하고,
> 오빠는 가냘픈 너를 근심하는,
> 서글프고 가난한 그 날 속에서도,
> 순이야, 너는 마음을 맡길 믿음성 있는 이곳 청년을 가졌었고,
> 내 사랑하는 동무는 ……
> 청년의 연인 근로하는 여자, 너를 가졌었다.
>
> (2,3연 생략)

순이야, 누이야!
근로하는 청년, 용감한 사내의 연인아!
생각해보아라, 오늘은 네 귀중한 청년인 용감한 사내가
젊은 날을 부지런한 일에 보내던 그 여윈 손가락으로
지금은 굳은 벽돌담에다 달력을 그리겠구나!
또 이거 봐라, 어서.
이 사내도 네 커다란 오빠를 ……
남은 것이라고는 때 묻은 넥타이 하나뿐이 아니냐!
오오, 눈보라는 '튜럭'처럼 길거리를 휘몰아간다.
자 좋다, 바로 종로 네거리가 예 아니냐!
어서 너와 나는 번개처럼 두 손을 잡고,
내일을 위하여 저 골목으로 들어가자.
네 사내를 위하여,
또 근로하는 모든 여자의 연인을 위하여 ……

이것이 너와 나의 행복된 청춘이 아니냐?
　　　　　　　（「네 거리의 순이」, 『조선지광』 82호, 1929.1）

　카프의 부진한 작품 실천이라는 현상 타개와 낭독성 강화[20]라는 요구에 부응해 창안된 임화 단편서사시의 대표적 작품이 「네거리의 순이」라는 점에서 이 작품은 임화 초기시의 성격을 잘 보여준다. 편지체를 비롯한 대화체의 도입이야말로 임화 득의의 영역일 것인데, 그것은 이 시를 읽는 사람으로 하여금 시 속에 극적으로 몰입하게 만드는 기능을 하기 때문이다.[21] 이른 바 배역시나 역할시에 해당한다는 지적이 여기 기초해 있다.

　극적 배역시로서의 단편서사시의 특징은 화자와 시적 주체인 내포

---

20) 윤기정, 문예시평, 『조선지광』, 1928.12.
　　낭독성을 강화하라는 요구 조건은 카프 문학의 대중화를 향한 노력이라는 점에서 팔봉의 통속적 대중화론으로 곧바로 연결된다. 임화, 윤기정, 김기진 등의 이러한 노력은 모두 방법에 대한 고민이라는 공통점을 지닌다.
21) 단편서사시의 이러한 가능성에 대해서는 졸고, 1920-30년대 한국시의 서사화 과정에 대한 연구(『1930년대 한국시의 근대성』, 소명출판사, 2000.) 참조.

시인의 분리가 선명하다는 점일 것이다. 화자-청자가 극중 인물처럼 도드라져 대화를 나누거나 독백을 하고 그 뒤에 숨어있는 내포 시인이 이들을 조종하고 있는 형국이라는 얘기다. 따라서 화자-청자로 기능하는 인물들은 모두 내포 시인의 의도적인 고안물이 된다. 이렇게 의도적으로 고안된(허구화 된) 인물들이 각각 하나의 역할을 맡아 일정한 이야기를 이루어 나간다는 점에서 강한 서사지향성을 갖게 된다는 것이 팔봉 이래 많은 연구자들의 공통된 지적이었다. 그러나 그 표현이 전부 대화나 독백에 의해 전개된다는 점에서 그것은 오히려 극적 특성으로 불려야 할 것이다. 선동의 현장에서 이 시들을 낭독할 경우 낭독자 스스로가 시 속의 인물로 전화(轉化)되어 연기가 가능하게 되어 있는 구조기 때문이다. 화자-청자의 종류도 다양해서, 순라꾼을 포기하고 노동자가 된 동생과 형님(「젊은 순라의 편지」), 누이와 감옥 간 오빠(「우리 옵바와 화로」), 아들과 죽은 어머니(「어머니」), 감옥 밖의 친구와 옥 속의 친구(「봄이 오는구나」), 감옥 밖의 친구와 감옥에서 죽은 친구(「병감에서 죽은 녀석」), 조선인 청년과 일본인 여자(「우산받은 요꼬하마의 부두」), 감옥 속의 노동자와 밖의 동지(「양말 속의 편지」[22]), 감옥 속의 아버지와 밖의 아들(「오늘밤 아버지는 퍼렁이불을 덮고」)등이 등장하는데, 여기에 위의 「네거리의 순이」에 등장하는 오빠와 누이라는 문제적 화-청자까지 덧보태진다. 이 다양한 인물들이 갖는 공통점은 가족애나 그것에 준하는 동지애 위에서 움직인다는 점, 그 인물들의 활동 공간이 감옥 밖과 속으로 구분되어 있는 점일 것이다.[23] 「네거리의 순이」를 통해 그것들이 갖는 의미를 추출해볼 차례다.

언뜻 보아 통속 소설의 기본 구조인 '애정의 삼각 구도'를 연상시키는

---

22) 독백의 형식이지만 그것이 양말 속에 넣어 내보낸 편지 형식이라는 점에서 옥 밖의 노동자 동지들에게 보내는 전언이라고 추측할 수 있다.

23) 「우산받은 요꼬하마의 부두」만이 좀 특이하게 돌출되어 있는데, 그 공간적 배경이나 인물의 유다름이 예외적일 뿐 이 시 역시도 매개 없이 사상으로 치달아간 임화의 관념벽을 보여주는 시라는 점에서는 예외가 될 수 없다.

이 시의 각 축에는 오빠인 나, 누이, 누이의 애인으로 현재는 감옥에 가 있는 근로하는 청년이 서 있다. 아마도 상황이 더 낫고 임화 자신의 직접적인 체험이 있었더라면, 시인은 근로하는 청년이 감옥에 가게 된 그 일에 대해 말하고 싶었을 것이다. 그러나 그에겐 그런 조건들이 갖춰져 있지 않았을 뿐만 아니라, 그것을 자칫 잘못 건드리면 재미없는 '뻑다귀'가 되기 쉬워서 대중화라는 목표에 역행할 우려가 농후했다. 대신에 그는 '눈물나는 가난한 젊은날의 가진 이 불상한 즐거움'[24], 곧 운동하는 사람들의 '사랑'을 선택했다. 어쩌면 심정적으로는 그 스스로 한 여자의 애인 자리에 서 있고 싶었을지도 모른다. 그런데 그에게는 사회적 실천 때문에 감옥에 간 경험이 없었다. 따라서 스스로를 애인의 자리에 놓을 경우 그것은 단순한 남녀간의 애정으로 환원될 공산이 컸다. 청년과 누이의 애정을 다룰 경우에도 그것이 결코 사치스런 감정의 유희나 향락으로 흘러서는 안 되었다. 사랑조차 교육적 공기능을 갖는 것으로 만들 필요가 있었기 때문이다. 그만큼 그들 모두가 투신해 있는 목표가 성스러운 것이었다. 그 결과 누이의 사랑이 결코 사적인 것이 아니라 공적인 활동으로 일치 수렴되는 것이라는 점을 보장해주고 인정해주는 장치가 필요했다. 누이의 오빠인 '나'가 끼어드는 것은 이 때문이다. 가족의 가장인 오빠가 인정해주는 사랑이라는 점, 더구나 누이의 애인과 나와는 동지라는 점에서 가족애가 동지애로 자연스럽게 합치되는 길을 오빠가 열어놓게 되는 것이다. 그런 사랑에 개인의 독점적 욕망 같은 삿된 무엇이 끼어들어서는 안 된다는 것을 강조하기 위해, 시인은 누이의 '사내'가 '근로하는 모든 여자의 연인'이라는 점을 두 번씩이나 강조하고 있다.

그리고 그 모든 활동은 전부 '종로 네거리'의 의미로 수렴된다. 종로 네거리란 '조선의 서울'(「젊은 순라의 편지」) 한복판이며 감옥이라는

---

24) 1929년 1월 『조선지광』에 발표된 원시에 들어있다가 『현해탄』에 재수록되면서 삭제된 구절.

폐쇄 공간과 대척적인 위치에 놓인 공간이다. 그곳은 누이의 애인이 감옥에 가 있음으로 해서 '눈바람 찬 불상한' 곳이자 눈보라가 트럭처럼 휘몰아가는 길거리일 뿐이지만, '내일'에는 누이와 애인, 오빠를 비롯한 '행복된 청춘'들이 '청춘의 정렬'[25]을 수놓아야 할 자유의 장소다. 즉 지금은 추위로 얼어붙은 위협의 공간이지만, 뒷골목과 공장에서 누이와 오빠가 벌이는 사업 여하에 따라, 행복을 약속하는 가능성의 장소로 바뀔 수가 있는 것이다. 그 점에서 현재의 종로 네거리는 가능성과 위협의 의미를 동시에 내포하는 시인 임화의 '광활한' 개방 공간[26]이라 할 수 있다.

이에 비해 '뒷골목'은 내일을 예비하는 사적인 장소가 되는 셈인데, 임화에게 있어서는 그조차도 용납되지 않는다. '뒷골목'의 변형이 '방'일 것인데, 그 방의 의미를 잘 보여주는 시가 「우리 옵바와 화로」다. '장소'가 생물학적 필요(식량, 물, 휴식, 번식)가 충족되는 가치의 중심지[27]라면 '방'이야말로 대표적 장소라고 할 수 있다. 그런데 공적 생활 우위의 논리가 거기에도 철저히 관철되고 있다. 「우리 옵바와 화로」에 등장하는 방은 공장에서 쫓겨난 누이와 영남이의 쉼 없는 투쟁이 관철되는 공적 장소에 다름 아니다. 그러니 거기서 움직이고 있는 인물들도 기계적이다. 한 치의 의심이나 망설임도 없이 수만 장의 봉투를 붙인다. 공공의 가치관이 어린아이들에게 그대로 관철되고 있는 것이다. 단편서사시를 받치고 있는 네거리 / 뒷골목의 공간 대립이 최인훈의 광장 / 밀실의 그것에 비길 수 없는 까닭이 바로 여기에 있다. 사적인 장소 개념이 전혀 성립되어 있지 않은 것이다.

---

25) 생략한 3연에 등장하는 구절.
26) 인간이 공간과 장소를 필요로 한다는 것, 또한 인간의 삶이 보금자리와 모험, 애착과 자유 사이의 변증법적 운동이라는 것을 주장하는 문화지리학자 투안은, 광활한 개방 공간이 자유와 위협을 동시에 의미한다고 보고 있다.(이-푸 투안, 구동회·심승희 역, 『공간과 장소』, 대윤, 1995, pp.90-94.)
27) 같은 책, p.17.

초기시를 대표하는 단편서사시를 두고 관념적이라고 말하게 되는 것은 지금까지 본 것처럼, 그것이 주관적 체험의 객관화가 아니라는 점, 인물들을 허구적으로 배열하는 시적 주체의 작위성, 공적 생활로만 일관하는 인물의 비인간성 때문이다. 이 모든 현상은 시인 임화가 아직 생활인과 실천가로서의 자기 정체성을 제대로 확보하지 못했음을 반증한다고 볼 수 있다. 단순히 이론만 선택하고 카프에만 가입하면, 저절로 종로 네거리의 광휘가 확보되는 게 아니라는 것을 그는 미처 깨닫지 못하고 있었던 것이다. '네거리'에 '조선'을 막바로 대입했을 때 거기에 남은 것은 허황한 관념뿐이었다. 그러므로 이 단계의 '네거리'란, 길이 사방으로 뚫려 있음에도 갈 곳을 몰라 허둥대는 '청춘'과 동의어라 할 수 있다. 이념을 향해 치닫고는 있지만 왜 가야 하는지를 납득했다고 보기 어렵기 때문이다. 무작정 나아간다는 것은 어디로 가는지를 모르는 것과 동격이 아닐까. 그가 서기장이 되어 카프의 앞길을 스스로 열어젖혀야 했던 31년 이후에는 더 이상 단편서사시를 쓸 수 없게 되는 것은 따라서 당연하다. 그제서야 비로소 고민과 성찰이 시작되었던 것이다. 현해탄을 옆에 두고 종로 네거리의 의미를 따지는 일이 그 성찰의 주요 내용이다.

2-2. : 이향과 귀향의 대차대조표 — 『현해탄』

이론적이고 낭만적으로만 공적 생활의 가능성에 주목했던 초기의 임화와 시집『현해탄』을 통해 진보적 '낭만주의'의 가능성에 매달렸던 중기의 임화 사이에는, 건널 수 없는 괴리가 가로놓여 있다. 사회적으로는 카프 해산, 개인적으로는 죽음의 공포라는 좌절[28]을 동시에 경험한

---

28) 겉보기에는 전자가 더 큰 좌절의 원인인 듯하지만 내밀하게는 후자의 영향이 더 큰 것 같다. 그의 전향의 논리도 결국엔 생명 즉 목숨 보존의 논리에 다름 아니라는 점, 시간을 다루는 시도 결국 그 시간 앞에 무용할 수밖에 없는 생명의 문제에 직결된다는 점이 그런 판단의 이유다.

것이다. 더 이상 '청춘'일 수 없다는 것을 깨달은 그가 시간의 탐구로 나아간다는 것(「세월」, 「주리라 네 탐내는 모든 것을」, 「1년」)은 그래서 자연스럽다. 시간을 문제 삼는 순간 역사의식과 만나게 될 것인데, 역사란 늘 지방적이고 특수한 지점의 회고로부터 출발할 수밖에 없다는 점에서, 개인적이면서 집단적인 자기 성찰과 대타적 인식이 필수적으로 동반된다. 시집 『현해탄』이 아주 의도적 기획으로 시작되었다는 그 자신의 후기가, 『현해탄』이 바로 그 성찰과 인식의 산물임을 말해주고 있다. '현해탄'이야말로 '근대 조선의 역사적 생활과 인연 깊은'(『현해탄』 후서.) 바다였기 때문이다. 이 바다에 비쳐보았을 때라야만, '네거리'의 본 모습이 가능성의 그것인지 아닌지를 알 수 있게 될 것이다. 그 탐색의 첫 자리에 예의 그 네거리 계열의 시가 놓여 있다는 사실도 우연이 아니다. 나머지 바다 탐색의 시편들이 이 네거리로부터 촉발된 것이기 때문이다.

(1,2,3연 생략)
오오, 그리운 내 고향의 거리여! 여기는 종로 네거리,
나는 왔다, 멀리 駱山 밑 오막사리를 나와 오직 네가 네가 보고싶은
마음에……
넓은 길이여, 단정한 집들이여!
높은 하늘 그 밑을 오고가는 허구한 내 행인들이여!
다 잘 있었는가?
오, 나는 이 가슴 그득 찬 반가움을 어찌 다 내토를 할가?
나는 손을 들어 몇 번을 인사했고 모든 것에게 웃어보였다.
번화로운 거리여! 내 고향의 종로여!
웬일인가? 너는 죽었는가, 모르는 사람에게 팔렸는가?
그렇지 않으면 다 잊었는가?
나를! 일찌기 뛰는 가슴으로 너를 노래하던 사내를,
그리고 네 가슴이 메어지도록 이 길을 흘러간 청년들의 거센 물결을,
그때 내 불상한 順伊는 이곳에 엎더져 울었었다.

그리운 거리여! 그뒤로는 누구 하나 네 위에서 청년을 XX긴 원한에 울
지도 않고,
낯익은 행인은 하나도 지내지 않던가?

(5연 및 6연의 4행 생략)

허나, 일찌기 우리가 안 몇사람의 위대한 청년들과 같이,
진실로 용감한 영웅의 단(熱한) 발자국이네 위에 끊인 적이 있었는가?
나는 이들 모든 새 세대의 얼굴을 하나도 모른다.
그러나 "정말 건재하라! 그대들의 쓰린 앞길에 광영이 있으라"고.
원컨대 거리어! 그들 모두에게 전하여 다오!
잘 있거라! 고향의 거리여!
그리고 그들 청년들에게 은혜로우라,
지금 돌아가 내 다시 일어나지를 못한 채 죽어가도
불상한 도시! 종로 네거리여! 사랑하는 내 순이야!
나는 뉘우침도 부탁도 아무것도 유언장 위에 적지 않으리라.

(「다시 네거리에서」, 『조선중앙일보』, 1935.7.27.)

　다시 네거리에 선 시인의 표정은 복잡하다. 우선 「네거리의 순이」와
는 달리 이 시는 단편서사시적 성격이 많이 약화되어 있다는 것을 알
수 있다. 순이와 오빠, 청년이라는 구도는 유지되고 있지만 순이와 청
년이 더 이상 하나의 배역으로 작동하지 않으며 지난 시절의 인물로
처리되고 있을 뿐이다. 대화의 상대도 의인화된 종로 네거리로 설정되
는데, 이 '의인화된 종로'는 우리에게 다음의 두 가지를 상기시킨다. 의
인화가 본디 대상을 인간에게 동화(assimilation)[29]시키는 방식이라는
점에서, 종로에 대한 시인의 심정적 친연성을 드러낸다는 점과, 그럼에
도 그것이 제대로 된 청자의 기능을 맡지 못하는 무정물이라는 점에서,
이 시를 '성찰의 결과를 독백하는 것'으로 읽게 만든다는 점이 그것이
다. 자기 성찰이란 과거로부터 현재까지의 자기를 반추하는 일이다.

---

29) 김준오, 『시론』, 문장, p.28.

내부로 향한 화자의 시선은 따라서 회상의 성격을 띠게 된다.[30] 이것이 종로 네거리를 두고 곧바로 '고향'이라는 과거적 시공간 표지를 달아 심정적 친연성을 토로하게 되는 이유라고 할 수 있다. 이 시에서의 종로 네거리 고향은 그 점에서 익숙한 '과거'의 장소가 된다. '현재'의 나로서는 더 이상 중심에 서 있을 수 없는, 새 세대 청년들의 공간인 것이다.

고향이라는 이름의 이 과거형 장소는 사라진 순이와 동격이자 그와 함께 했던 지난날의 청춘 그 자체를 환기한다. 따라서 무모하고 부끄러운 열정이었다고 비판할 수는 있어도 생애에서 아예 지워 없애버릴 수는 없다. '뉘우침도 부탁도' 남기지 않겠다는 진술은 관념적 편향으로 얼룩진 과거일망정 그대로 용인하겠다는 의지의 표명이자 그 관념이 목표했던 바 자체는 여전히 유효하다는 태도의 표명일 것이다. 그렇지만 주체가 순이의 오빠 그대로 남을 수도 없는 노릇이다. 내일을 믿고 뒷골목에서 기획했던 일들이 실패로 귀착되고 말았기 때문이다. 카프는 이미 해산되고 없었다. 그러니 이제 진짜 뒷골목의 '방'으로 돌아갈 때가 된 것이다. 공적 생활의 논리가 관철되는 방이 아니라 성찰과 사유의 내밀한 방, 자기 자신의 내면과 맞닥뜨릴 때가 되었다는 뜻이다. 그것은 곧, 네거리의 순이라는 관념(맑시즘)을 얻기 위해 종로 네거리를 떠나 일본으로 달려갔던 이향(離鄕)의 의미를 캐볼 때가 되었다는 뜻이기도 하다.

그러나 고향이 고향인 이유는 그것이 가치의 중심이자 정감어린 기록의 저장고이며 현재에 영감을 주는 과거[31]이기 때문이다. 그 점에서 이향은 언제나 귀향을 전제로 하는 행위가 되고, 고향은 그 여행의 원점회귀 단위가 되는 것이다. 물론 완전한 원점회귀란 없다. 모든 여행은 출발시의 목표에 도달하지 못하는, 영원한 미달의 형식이기 때문이다.[32] 출발 시에 머리 속에서 그렸던 여행지의 모습이 실제 여행의 결

---

30) 투안, 같은 책, p.204.
31) 같은 책, p.247.

과와 같을 리가 만무하다. 뿐만 아니라 여행지를 경유하는 동안에 생겨
난 사유와 체험의 층위는 여행자 스스로를 변화시킨다. 그러니 임화의
이향 역시 그것이 완수되면, 그 이향의 결과 생겨난 새로운 가치와 태
도를 예전의 고향 위에 덮씌워 전혀 다른 고향의 상을 만들어내게 될
것이다.

이 바다 물결은
예부터 높다.

그렇지만 우리 청년들은
두려움보다 용기가 앞섰다.
산불이
어린 사슴들을
거친 들로 내몰은 게다.

대마도를 지나면
한 가닥 수평선 밖엔 티끌 한 점 안 보인다.
이 곳에 태평양 바다 거센 물결과
남진해 온 대륙의 북풍이 마주친다.

(중간 부분 생략)

영원히 현해탄은 우리들의 해협이다.

삼 등 선실 밑 깊은 속
찌든 침상에도 어머니들 눈물이 배었고,
흐린 불빛에도 아버지들 한숨이 어리었다.
어버이를 잃은 어린 아이들의
아프고 쓰린 울음에
대체 어떤 죄가 있었는가?

---

32) 이진경, 은하철도999-인간과 기계 사이를 달리는 위태로운 여행의 역설들, 『문
　　예중앙』, 2001 봄.

나는 울음 소리를 무찌른
외방 말을 역력히 기억하고 있다.

오오! 현해탄은, 현해탄은,
우리들의 운명과 더불어
영구히 잊을 수 없는 바다이다.

청년들아!
그대들은 조약돌보다 가볍게
현해의 큰 물결을 걷어찼다.
그러나 관문 해협 저쪽
이른 봄 바람은
과연 반도의 북풍보다 따스로웠는가?
정다운 부산 부두 위
대륙의 물결은,
정녕 현해탄보다도 얕았는가

오오! 어느 날
먼먼 앞의 어느 날,
우리들의 괴로운 역사와 더불어
그대들의 불행한 생애와 숨은 이름이
커다랗게 기록될 것을 나는 안다.

1890년대의
1920년대의
1930년대의
1940년대의
19××년대의
....

모든 것이 과거로 돌아간
폐허의 거칠고 큰 비석 위
새벽 별이 그대들의 이름을 비칠 때,
현해탄의 물결은

우리들이 어려서
고기떼를 쫓던 실내처럼
그대들의 일생을
아름다운 전설 가운데 속삭이리라.

그러나 우리는 아직도
이 바다 높은 물결 위에 있다.

(「현해탄」, 『현해탄』, 동광당서점, 1938.)

이 시는 1937,8년의 시점에서, 「우산받은 요꼬하마의 부두」에서 선명한 도식에 도달한 바 있던 국적 불문의 계급 사상이 얼마나 단순하기 짝이 없는 보편성 편향이었던가를 고백하는 시라 해도 과언이 아니다. 따라서 과거 회상이자 자기 성찰, 고향의 의미를 되묻기 위해 떠난 여로로서의 이 현해탄 반추는, 임화의 이력과 결부시킬 때 뒤늦은 자각의 형식화에 해당한다고 말할 수 있다.

이미 알려진 바대로 임화의 도일은 1929년경에 이루어지는데, 그 때라면 이미 「우리 옵바와 화로」를 비롯한 몇 편의 단편서사시로 한창 주가를 올리고 있던 때다. 따라서 시인으로서의 임화에게는 도일의 필요성이 없었던 것이다. 그럼에도 그가 현해탄을 건넌 것은, 조직 운동의 논리, 곧 카프의 이론적 실세로 부각되고 있던 동경의 〈무산자〉 그룹 속으로의 전신(轉身)이 필요했기 때문이다.[33] 영웅 심리가 밑받침된 이 실제적 이향은 가치 중심의 이동이라는 점에서 새로운 고향 찾기의 범주에 드는 행위라 볼 수 있다. 육체의 고향을 떠나 사상의 고향을 발견했기 때문이다. 그것이 볼셰비즘이었다.

볼셰비즘 앞에 지방성이 문제될 까닭이 없다. 일본과 한국이라는 장소 대결 의식, 곧 조선적 특수성에 대한 대타적 인식이 자라날 수가 없는 것이다. 일본에서 그가 본 것도 계급 사상에 기반한 일본 지식인

---

33) 김윤식, 『임화연구』, 문학사상사, p.144.

과 조선 지식인의 연대거나 조선 노동자들이 대거 참가한 파업 같은 것들이었다. 「우산받은 요꼬하마의 부두」가 드러내는 낭만적 연대감이 거기서 기인하는 것이다. 그런데 사상의 고향이라는 중심이 현실의 벽 앞에서는 무력하기 짝이 없다는 것이 카프 해산으로 증명되고 나자, 남은 것은 '암흑의 끝없는 洞穴'(「암흑의 정신」)의 공간과 '모든 것을 쌓아올리고, 모든 것을 허물어 내리는'(「세월」) 시간이었다. 이 암흑의 세월 앞에서, 1929년의 첫 번째 이향의 의미를 되묻지 않을 수가 없었을 것이다. 시집 『현해탄』이 뒤늦은 자각의 형식이라는 판단은 이에서 연유한다. 시 「현해탄」이 현해탄의 지정학적 의미를 '태평양 바다 거센 물결과 / 남진해온 대륙의 북풍이 마주치'는 곳으로 규정하며 긴 진술을 시작한다는 것은 그래서 의미가 있다.

바다라는 공간만큼 개방 공간의 의미를 잘 보여주는 곳도 달리 없을 것이다. 광활하게 열린 가능성의 공간이라는 점에서 그것은 늘 외부로 뻗어나가려는 자아의 확장감에 대응된다. 그리고 그 바다 너머에 근대 세계가 실재하고 있었다는 점에서, 식민지 시대 지식인들에게 현해탄이라는 바다는 가능성을 넘어 근대 그 자체였다. 최남선으로부터 시작되어 정지용을 거쳐 김기림에 이르는 바다 형상들이, 늘 주체의 자신감과 등가였다는 사정이 이를 잘 보여준다. 그러나 그곳은 또, '현해'라는 말이 함의하는 위험과 위협의 요소가 넘치는 공간이기도 했다. 근대의 통로이자 그 근대의 앞머리를 장식하는 제국주의의 통로였으며, 오랜 세월에 걸쳐 한중일 삼국의 이해관계가 창끝처럼 부딪치고 이합 집산해 가던 갈등의 역사 자체이기도 했던 것이다.[34] 다시 말해 현해탄은 '경계'이자 '통로'로서의 공간적 지표이자, 오래 축적된 역사로서의 시간적 지표이기도 하다는 뜻이다. '태평양 물결'과 '대륙 북풍'의 충돌이라

---

34) 졸고, 현해탄에 대한 단상, 『문학과교육』, 1999 봄.
　　김기림이 이 점을 의식하고 「바다와 나비」를 쓰고 있지만 그것은 한갓 비유의 수준일 뿐이었다. 이미지즘의 시기 때문이다.

는 진술을 순전히 공간적인 것으로만 읽을 수 없다는 것이 이를 반증한다. 마지막 두 연에서, 과거로부터 미래로 나아가는 역사의 축도를 현해탄 위에 겹쳐놓는 것도 그 때문이다.

현해탄의 공간적 의미를 이처럼 역사적인 잣대에 기대 읽어내는 눈을 갖추었을 때, 바로 그 위의 연에서 보는 것처럼 '관문 해협 저쪽의 이른 봄바람'과 '반도의 북풍', '대륙의 물결'과 '현해탄'의 대차대조가 가능해진다. 관문 해협 너머의 근대 일본이 결코 따스한 곳도, 중국보다 덜 위험한 곳도 아니라는 것이다. 그곳은 단지 '어버이를 잃은 어린 아이들의 / 아프고 쓰린 울음' 소리를 무찌른 '외방 말'의 고장일 뿐이라는 점에서, 동화나 투사의 태도가 스며들 여지가 없다. 이 선명한 대타의식을 바닥에 깔고서야 임화는, '그러나 우리는 아직도 / 이 바다 높은 물결 위에 있다'라고 최후진술을 한다. 우리 삶의 현재에 틈입한 '현해탄은, / 우리들의 운명과 더불어 / 영구히 잊을 수 없는 바다'이기 때문이다. 먼 미래의 어느 날 오늘의 역사를 전설로 말하게 되는 날이 오겠지만, 현해탄을 사이에 둔 근대사의 격랑은 여전히 현재 진행형의 당대사라는 인식이 거기 깔려 있는 것이다.

임화가 29년의 실제 도일에서 읽지 못했던 현해탄의 이중성을 이처럼 읽어냈다는 것은, 시집 『현해탄』 기획이야말로 제대로 된 이향이자 여행의 형식이라는 것을 말해준다. 근대 일본에서 사상의 거처를 마련했던 29년의 도일과 달리, 이 『현해탄』을 통해 시적 주체는 일본이 타자일 뿐이며 따라서 가치의 중심이 될 수 없다는 사실을 명확하게 각인하기 때문이다. 특히 그것이 단편서사시류의 배역적 목소리를 통해서가 아니라 시적 주체의 자기 진술이라는 점이 이채롭다. 배역을 시켜 자기 성찰을 감행할 수는 없는 노릇이었을 것이다. 이 지점이 조직운동가로서의 임화가 아니라 시인으로서의 임화가 본 모습을 드러내기 시작하는 자리라고 불러야 하지 않을까.

현해탄이라는 공간의 이중성에 대한 이 인식은 이 시기 임화시를 지배하는 명제가 된다. 도처에서 출몰하는 모순 형용이 그 증거다. 가령, '오오, 사랑스럽기 한이 없는 나의 필생의 동무 / 적이여! 정말 너는 우리들의 용기다.'(「적」), '아아! 너 하나, 너 하나[35] 때문에, / 나는 굴욕마저를 사랑한다.'(「너 하나 때문에」), '적이 클쑤록 승리도 크구나.'(「해협의 로맨티시즘」), '과연 그대는 / 적에 대한 / 미움 없이 / 그대의 애인을 / 온전히 / 사랑할 수가 있는가'(「사랑의 찬가」)라고 읊었을 때, 이 모순 형용들은 분명 임화의 내면에서 길항하고 있는 이중성이 반영된 결과라고 봐야할 것이다. 즉 맑시즘적 근대 너머를 향해 나아가고픈 진보주의[36]와 제국주의적 현실의 위협에 눈뜬 패배주의 사이에서 그의 의식이 부동(浮動)하는 증거라는 말이다. 위대한 낭만적 정신의 가능성을 믿으며 '청년! 오오, 자랑스러운 이름아!'(「해협의 로맨티시즘」)라고 말하다가도, 또 곧바로 '오 밤길을 걷는 마음'(「밤길」)이라는 진술을 통해 마음의 추위를 드러내는 이 이중적 태도 때문에, 그의 이 시기 고향 의식도 부단히 양분된다. 고향을 떠나 가능성을 향해 나아가는 청년들의 모습을 로맨티시즘으로 감싸는가 하면, 귀향하는 자의 어두운 내면을 비관적으로 드러내기도 하는 임화의 의식 상태로 볼 때, 그가 이미 완전한 자기 정체성을 갖추었다고 보기는 어려울 것이다. 이 시기 비평의 형태로 제출한 주체 재건론은 정확히 그 자신을 향하고 있었던 것이다.

현해탄과의 대결을 통해, 그곳 너머가 고향이 될 수 없다는 사실을 확인하고 귀향하려 하지만, 어느 사이 종로 네거리도 더 이상 '희망의 수부(首府)'가 아니라 천공의 별이 사라져버린 곳, '돌아갈 기약도 막막한 / 영원한 길손의 마음'(「행복은 어디 있었느냐?」)이 터 잡은 곳이 되어 있다. 이념의 실천도 낭만의 형상화도 불가능하고, 오로지 남은 가능성이 있다면 비루한 생활인이 되어 목숨을 부지해야 하는 곳, 그곳이

---

35) '너 하나'란 바다를 가리킨다.
36) 최두석, 같은 책, p.36.

1930년대의 말에 그가 도달한 종로 네거리였다. 「자고 새면」의 저 유명한 운명론이 그나마 빛나는 것은, 시 전반(全般)을 관통하는 비극성이 그의 생애 전반(前半)을 걸고서 도달한 패배의 결과물이기 때문일 것이다.

2-3. : 종로 네거리 중심주의자의 운명 - 후기시

1930년대 말은 임화에게 있어 분명히 암흑기였다. 파시즘의 진군 앞에서 자발적으로 전향의 논리를 마련하고 있었기 때문이다. "가령 이번 태평양전쟁에 만일 일본이 지지 않고 승리를 헌다……이때 만일 「내」가 일개의 초부로 평생을 두메에 묻혀 끝맺자는 것이, 한줄기 양심이 있었다면 이 순간에 「내」마음 속 어느 한구퉁이에 강잉히 숨어 있는 생명욕이 승리한 일본과 타협하고 싶지 않았던가?"[37]라는 자기 고백이 그 단초다. 가정의 상황이긴 하지만, 그의 마음속에 일본 승리의 가능성을 믿는 구석이 있었다는 것, 살고 싶다는 욕망이 일본과의 타협을 꿈꾸기도 했다는 것이다. 더구나 그는 폐병으로 죽음의 문턱을 드나들지 않았던가. 개인적, 사회적 위기감이 되레 어쩔 수 없는 '생명욕'을 촉발시키기도 했을 것이다.

그 무렵 그가 했던 작업들, 시집과 평론집 간행, 문학사 서술 등은 그런 면에서, 자신이 지나온 과정을 일차 정리하겠다는 마음의 소산이라 할 수 있겠다. 이 모든 일, 특히 그 중에서도 문학사 서술까지 혼자 도맡고 있다는 것은, 적어도 이 순간까지는 개인 임화가 아니라 카프의 서기장이자 당대의 조직 운동을 끌고 가던 지도자로서의 대표단수적 성격을 심정적으로 유지하고 있었음을 말해준다고 보아야 한다. 「다시 네거리에서」가 비록 과도적인 틀이긴 하지만 단편서사시류의 감정 과

---

37) 문학자의 자기비판, 『중성』 창간호, 1946.2.p.44.

잉 상태를 채 벗어나지 못하고 있었던 것도 그 때문이 아닐까. 그의 내면에 '근로하는 모든 여인의 연인'이고픈 마음이 채 다 가시지 않았던 것이다.

그러나 그것으로 끝이었다. 그에게 남은 일이란, 〈조선총력연맹〉에 가입하고 문화부장 矢鍋永三郎과 대담을 나누는 등 목숨을 부지하려고 애쓰는 생활인의 역할뿐이었기 때문이다. '강잉히' 생명욕을 드러낸 이 지점을 통과하는 순간, '싸움에서 살았던 지난날의 복된 청춘'[38]이라는 낭만적 영웅성은 회복될 수 없는 치명상을 입고 만다. 그런 그에게 해방이 도둑처럼 찾아들었을 때, 그리고 다시 그 지난날의 네거리에 섰을 때, 그의 표정은 또 어떠했을까?

조선 근로자의
위대한 首領의 연설이
유행가처럼 흘러나오는
마이크를 높이 달고

부끄러운
나의 생애의
쓰라린 기억이
鋪石마다 널린
서울ㅅ거리는
비에 젖어

아득한 산도
가차운 들窓도
眩氣로워 바라볼 수 없는
鐘路ㅅ거리

---

38) 신승엽은 시집 『현해탄』의 주제를 '청년'과 '싸움'으로 정리하고 있다. (신승엽, 식민지 시대 임화의 삶과 문학, 『한국현대리얼리즘시인론』, 태학사, 1990, p.138.)

저 사람의 이름 부르며
위대한 수령의 만세 부르며
개아미마냥 모여드는
千萬의 사람

어데선가
외로이 죽은
나의 누이의 얼골
찬 獄房에 숨지운
그리운 동무의 모습
모두 다 살아오는 날
그 밑에 전사하리라
노래부르던 旗ㅅ발
자꾸만 바라보며

자랑도 재물도 없는
두 아이와
가난한 안해여

가을비 차거운
길가에
노래처럼
죽는 생애의
마지막을 그리워
눈물짓는
한 사람을 위하여

원컨대 용기이어라.
(「9월 12일 – 1945년, 또다시 네거리에서」 전문, 『찬가』, 백양당, 1947.)

이제 시적 주체와 화자는 완전히 일치되어 있으며, 그 주체가 드러내고 있는 것은 네거리 앞에 또다시 선 자의 내면이다. 이 시에 이르러서야 비로소 그의 시는 서정시가 된 것이다. 또 하나, 이제 그는 대표단수가 아니다. 스스로 오빠와 청년과 아비와 지도자로 몸을 바꾸어야 할 이유가 없기 때문이다. 이미 전향의 마지막 터널을 통과해버린 그의 눈앞에, 진짜 영웅이 나타나 떡하니 버티고 서 있지 않은가. '조선 근로자의 위대한 수령', 박헌영이 그다. 조직운동의 지도자로, 시인으로, 생활인으로 나뉜 역할들 속에서 분열되어 갔던 과거에 비해, 이제 그의 몸은 한결 홀가분하다. 지도자(비유적 아버지)의 자리를 내주고 자기는 시인과 생활인(생물학적 아버지)의 면모를 하나로 아우르는, 시적 실천에 종사하면 될 일이기 때문이다. 여기 이르러 그의 시가 비로소 서정시가 되었다는 것은, 그가 비로소 시인으로서의 제자리를 찾았다는 말과 동격이다. 맨 얼굴을 완연히 드러낸 임화가, 그 위대한 수령의 연설이 흘러나오는[39] 종로 네거리에 서서, 기쁨이 아니라 부끄러움을 토로하고 있다는 것이 그 뚜렷한 증거다. 조직을 이끄는 자라면, 조선인민공화국 수립과 조선공산당 재건을 경축하는 시가행진이 펼쳐지는 네거리에 서서, 부끄러움과 회한, 비애를 드러내고 있을 수는 없을 것이다. 「9월12일」은 그 점에서, 시인 임화의 내면 고백에 정확히 대응되는 서정시인 것이다.

시인은 종로 네거리 위에 내놓을 것이 없다. '자랑'스러운 과거도 '재물'도 그의 것이 아니기 때문이다. 조직인으로서도 생활인으로서도 실패했다는 이 자기 확인이 '부끄러움'과 '현기증'의 원인이다. 서울 종로 거리를 실제로 휩쓰는 건 '개아미마냥 몰여드는 / 천만의 사람'이지만, 그에게는 부끄러운 생애의 쓰라린 기억들만이 진짜 '유행가처럼' 흘러다니고 있는 것이다. 2연의 서울 거리를 적시는 '비'는 그래서, 임화 심리의 투사적 등가물이 된다. 이 '비'가 마음을 적시는 비애로 전치(轉置)

---

39) 1연의 '유행가'와 '마이크'는 아무래도 적절치 못한 용어 구사로 보인다. 유행가 같은 연설이라고 했을 때 원관념인 연설의 가치가 떨어지는 것을 막을 도리가 없게 되어 부적절하다는 느낌을 주기 때문이다. 마이크의 경우엔 스피커를 오인한 것으로 생각된다.

되어, 눈앞이 가물거리는 '현기로움'의 구체적 이미지로 변환되는 것도 썩 적절하다고 할 수 있다. 그리고는 이 시가 여전히 네거리 계열의 시임을 확인시켜주는, 누이와 동무에 관한 진술이 이어져 있다. 이쯤 되면 누이와 동무는 하나의 상징이라 부를 만한데, 문제는 그들과 화자인 내가 동질적으로 묶일 수 없다는 사실의 확인에 있다. 그들은 '그 밑에 전사하리라 / 노래부르든 깃발'아래 실제로 자랑스럽게 숨겨갔음에 비해, 자기는 부끄럽게도 그렇지 못한 생활인, 가난한 가장으로 돌아와 있기 때문이다.

해방 공간의 그 누구도 감히 입 밖에 내어 말하지 못했던 '부끄러움'을 이렇게 전면에 드러내놓고[40], 화자는 마지막 용기를 다짐한다. 그 부끄러움을 딛고 '가을비 차거운 / 길가에 / 노래처럼 / 죽는 생애의 / 마지막'을 그려보는 것이다. 9월 12일이라는 날짜, 그가 선 길가가 바로 종로 네거리라는 것, 거기 나부끼는 깃발을 위해 목숨을 걸겠다는 것, 회한과 부끄러움을 딛고 마지막으로 스스로에게 하는 약속이라는 것[41] 등을 종합해보면 그의 '종로 네거리'가 지닌 궁극적 함의가 짐작된다. 인민 혹은 백성이 주인 되는 새로운 나라의 표상인 것이다. 그 점에서 이제 종로는, 자신의 생활과 공공의 활동을 일치시킬 수 있는 새로운 고향 개념으로 변모한다. 공적 목표만이 현실 위를 폭주해가는 괴리의 형식이 아니라, 개인적인 과거 고향에 기초해 집단적 미래 고향을 설계할 수 있는 가치 중심의 장소라는 형식이 완성되는 것이다. 그러나 이처럼, 결코 바꿀 수 없는 운명으로서의 출신지 고향이라는 개념에 기초해, 선택과 의지로 건설해 가야할 국가로서의 고향 개념을 세울 수 있었다는 점[42]은 시인 임화의 행이자 불행이라고 말할 수 있다. 태

---

40) 문학자의 자기반성이 시로 형상화된 거의 유일한 예가 아닐까?

41) '원컨대 용기이어라'라는 마지막 진술은 다른 누구에게가 아니라 스스로에게 하는 다짐일 것이다.

42) 해방기에 자주 공간 개념을 갖다 붙이는 것도, 그 기간이 전무후무한 시간대로 고립되어 있다는 이유 외에, 무엇이든 만들어갈 수 있는 가능성의 시간이었

어나면서부터 근대 도시적 생리를 익힐 수 있다는 것[43]이 행에 해당한 다면, 천지개벽을 해도 서울 중심을 부정할 수 없다는 것이 불행에 해 당한다. 도저히 평양 중심을 받아들일 수 없는 그 생리가 자신을 죽음 으로 내몰게 되기 때문이다. 더구나 그는 이미 그곳(그것)을 위해 죽겠 다는 생애의 마지막 맹세를 이렇게 해버리지 않았는가.

특히 이 시는 시적 형식에 있어서도 그가 도달한 마지막 수준을 유감 없이 보여주고 있어 주목된다. 시적 주체가 두세 어절의 짧은 행갈이를 통해 생각의 덩어리를 단속시킴으로써, 독자로 하여금 행과 행 사이에 많은 휴지를 두게 만들고 있다. 그 결과 주저주저하면서도 마지막 '용 기'를 향해 끝내 나아가는 자의 내면이 절묘하게 형상화되고 있다. 이 방법은 그의 또 다른 해방기 시 「3월1일이 온다」(『자유신문』, 1946.2. 25.) 에서도 적절히 사용되는데, 가령 '外國官署의 / 지붕 우 / 조국의 하눌이 / 刻 刻으로 / 나려앉는 / 서울'(6연)이라는 진술을 통해, 조국의 앞날이 접차적 으로 암울해져가는 상황을 기막히게 시각화하고 있는 것이 그 좋은 예다.

해방기의 다른 시들은 사실 행사용으로 만들어진 것들이라 평가 자 체가 무의미한 경우가 대부분이다. 시의 주체가 집단 논리의 필사자가 되어 스스로의 표지를 지우고 있기 때문이다. 가령 「박헌영선생이시여 『노력인민』이 나옵니다」[44] 같은 시에 이르면, 정지용의 신앙시 모양 대상이 너무 거대하여 주체가 소멸되는 형국이 펼쳐져 있다. 다만 이 경우에도 새로운 시형태가 그대로 쓰이고 있어서 시의 최소한의 요건 을 만족시킨다는 점은 지적되어야 할 것이다.

그리고는 역사의 신(神)에 이끌려 나아간 지점이 『너 어느 곳에 있느

는 점에서 그 자체 개방 공간의 성격을 갖고 있다는 이유도 클 것이다. 그렇게 본다면 해방기 자체가 종로 네거리와 등가였다고 말할 수도 있을 것이다.
43) 당대의 대부분의 시인들에게 도시는 일단 타자성의 세계였다. 어린 시절의 삶 속에 내밀히 스며들어 생리화된 장소가 아니라 자신의 농촌공동체적 정체 성에 심각하게 대립되는 낯선 공간이었다는 말이다.
44) 『노력인민』, 1947.6.19.

냐』(전선문고, 1951.5.9.)였다. 이미 알려져 있다시피 이 시집을 관통하는 경향은 남쪽지향성이다. 조국해방전쟁이라는 명분을 전면에 깔아놓고도 종국엔 '어떠한 일이 있어도 영구히 / 서울은 우리 인민의 거리이고 / 어떠한 먼 미래에도 또한 영구히 / 서울은 우리 조국의 수도이다'(「서울」)라고 말하고 있을 때, 그 속에서 '우리'라는 집단 주체 속에 섞어 놓은 시인 임화의 내밀한 종로중심주의를 찾아내기란 그리 어렵지 않은 일이다.

임화는 자신의 생리적 서울중심주의가 지닌 위험성을 스스로도 이미 예견하고 있었던 것 같다. 전쟁의 먼지 속에서 서둘러 '평양과 '모스크바'⁴⁵⁾를 노래하는 시를 남기고 있기 때문이다. 그러나 이 시에서조차 그는 끝내 평양을 수도라고 말하지 않는다. 그래도 그에게 있어 조국의 수도는 서울이어야만 했던 것이다. 이 포즈로서의 중심 이동, 즉 마지막 이향은 귀향으로 보상받지 못했다. 여로의 끝이 열려버린 문학사의 유랑객이 되어 떠돌기 때문이다.

3. 네거리의 의미

정도 차는 있겠지만 모든 문학작품은 내가 살아가고 있는 '지금 – 여기'에 대한 판단과 관련되어 있다. 어느 정도는 내 사는 현실의 시공성(時空性)을 드러내게 된다는 뜻이다. 그 때 '지금 – 여기'는 대개의 경우 부정적인 것으로 비치기 마련이다. 현실이 지극히 만족스러운데 문학을 할 까닭이 없지 않을까. '지금–여기' 부정의 몇 가지 방식을 시공간과 관련하여 다음처럼 나누어 볼 수 있다.

그 중 우선 생각해볼 수 있는 방식이 '지금 – 여기'가 아니라 '지금-거기'와 같은 다른 장소로 삶의 중심을 옮겨보는 일이다. 정지용의 「백록

---

45) 시 「평양」(『문학예술』, 1951.4.)과 「모쓰크바」(『젊은 투사의 기빨』, 청년생활사, 1951.6.)가 그것이다.

담」이 그러한 시공성을 보여주는데, 어쨌든 여기를 문제 삼지 못한다는 점에서 이 형식은 도피의 그것이 된다. 두 번째로 생각할 수 있는 길이, 시간의 축을 따라 '과거 - 여기'를 문제 삼는 방식일 것이다. 옛날 좋았던 여기를, 속악한 지금의 여기와 나란히 놓는 시간의 공간화46)를 통해, 지금을 반성하거나 과거로 도피해 가는 방식이다. 백석이 그 좋은 보기인데, 그는 우리 민족의 예스런 삶에로 눈길을 돌려 그것을 자꾸 현재화한다. 그리고 이 때의 '과거 - 여기'가 바로 고향이라는 이름의 중심이다. 그런데 우선적으로 그것만에 몰두하게 되면 역시 도피의 형태가 된다. 미래, 현재와의 연관이라는 역사적 함량이 모자라기 때문이다. 따라서 보다 본격적이고 바람직한 세 번째의 길이 거기서 발생하는데, 과거 고향의 상을 미래에 투사함으로써 현재의 문제점을 지적하는 방식이 그것이다. 미래에 만들어가야 할 고향의 상(전망)에 비추어 현재를 반성한다는 것은, 반성에서 그치는 것이 아니라 현실 개조의 실천을 요구한다는 점에서, 그러한 시공성을 가진 문학인들을 문제적 개인이 되게 한다.

그들은 이향과 귀향을 반복하며 과거 고향의 상을 수정, 현실의 방향을 제시하는 세계관으로 변형시키게 된다. 문학에서 역사나 현실을 올바르게 문제 삼을 수 있다면, 바로 이런 시인 작가들을 통해서일 것이다. 이용악, 오장환 등과 함께 임화 역시, 바로 이러한 틀로 당대를 이해하고 스스로를 거기에 맞춰나간 시인이었다. 자기 삶을 시적 실천으로 통합한, 문학사 그리고 그 상위 단위로서의 한국사 전체에서도 몇 안 되는 문제적 개인이었던 것이다.

임화에게 있어 고향은 서울의 종로 네거리였다. 시간의 경과와 이향 귀향의 반복에 따라 질적 차이가 누적되는 원점회귀 단위로서의 종로 네거리는, 사적 체험과 공적 목표를 일치시킬 수 있는 행운과 거기에

---

46) 유진 런, 김병익 역, 『마르크시즘과 모더니즘』, 문학과지성사, 1988, p.47.

운명적으로 얽힘으로써 스스로의 삶에 족쇄를 채우는 불행을 동시에 가져다준 공간이자 장소[47]였다. 지금도 마찬가지지만, 당대 다른 시인들의 고향이 대개 농촌인 점에서 그 상을 근대 도시인 서울 위에 덮씌우기가 쉽지 않아 쉬 추상화되거나 자족적인 어떤 것으로 변모되는데 비해, 임화의 고향은 서울 한복판이라는 점에서 상징적 의미를 몇 겹으로 쓰고도 생동한다는 장점이 있었다. 제대로 세우기만 한다면, 그의 개인적 고민이 종로 사람들의 고민, 서울 사람들의 고민, 조선 사람들의 고민으로 일반화될 소지가 다분했던 것이다.

그러나 그곳은 또 자기를 손쉽게 현시할 수 있는 광장이기도 했다. 영웅이 되어 사람들의 시선을 한 몸에 받겠다는 치기가 생겨나기 쉬운 곳이라는 뜻이다. 자기 생활의 체험이 빠져버린 상태에서 초, 중기시를 통해 맑시즘이라는 강렬하기 짝이 없는 이념에로 그토록 날렵하게 경도되어 나갈 수 있었던 것도, 개방 공간 종로의 이러한 성격과 무관하지 않다. 전향과 뜻밖의 해방을 거쳐, 두 아이의 아비이자 한 여자의 지아비 자리, 즉 일상인의 자리로 내려앉는 체험의 끝에서야 '생애의 마지막'을 그리워하는 '용기'를 간구하게 된다는 점도, 종로 네거리 고향이 사통팔달의 손쉬운 가능성만이 지배하는 공간이 아니었음을 보여주는 증거라 하겠다.

하나의 존재가 자기 동일성을 유지하기 위해서는 자기를 떠났다가 다시 자기에로 되돌아오는 일이 가능해야만 한다.[48] 즉 '자기를 떠남'이라는 조건이야말로 '자기가 있음'이라는 사실을 보증해주는 가장 확실한 전제라는 말이다. 그 점에서, 종로 네거리로부터의 이향과 귀향은 자기 정체성을 찾으려는 임화라는 주체의 부단한 노력에 정확히 대응

---

47) 초기시에서 중기시를 거쳐 후기시로 나아가면서 종로 공간은 점차 장소의 의미로 변모된다. 관념으로 폭주함으로써 가능성으로만 남아있던 종로가, 해방 뒤에는 비교적 큰 장소 단위로서의 국가 개념에 수렴되기 때문이다.

48) 서동욱, 잠이란 무엇인가?, 『문학동네』, 2001봄, p.324.

된다. 좀 과장해 말한다면 종로 네거리란 곧 임화 자신이었던 것이다. 이 운명적 친연성을 두고 네거리중심주의라 불러볼 수 있지 않을까? 통상 촛불이 밝혀진 밀폐된 방의 형상으로 구체화되는 시적 주체들의 의식에 비길 때, 사방이 뚫린 네거리를 자의식의 메타포로 놓는다는 것에 임화의 임화다움이 자리하고 있다. 임화의 이 네거리란, 낭만적 관념의 인형(人形)들이 현실 위를 폭주하던 공간으로부터 낙백(落魄)한 혼이 타락한 일상성을 구현하던 공간으로, 그리고는 마지막으로 인민 주체의 새로운 나라를 만들 수 있는 가능성의 공간으로 그 의미가 변전해왔던 것이다.

21세기 우리 시문학이 나가야 할 방향에 대한 탐구들이 여러모로 진행되고 있다. 생태주의니 여성주의 하는 것들이 그 예들이다. 그러나 그 방향이 어디로 향하든 그 출발점만큼은 반드시 도시로부터라야 한다는 게 필자의 생각이다. 제도적 측면이든 미학적 측면이든 도시라는 공간을 떠나고서는 우리의 근대를 설명할 수 없다는 것이 그 이유다. 농촌 고향의 상을 자꾸 우리 현재 옆에다 나란히 놓음으로써, 우리 근대시는 총인구 91%의 도시인의 삶을 간단히 부정해오지 않았던가. 21세기에도 시의 리얼리즘이 여전히 문제적이라면 그 초점을 종로 네거리에 제대로 맞출 때일 것이다. 임화의 네거리는 여전히 현재형 질문으로 우리 앞에 가로놓여 있다. 보다 나은 공동체에 대한 인간의 열망이 다 사라지지 않는 한 어떤 식으로든 여행은 계속될 것이기 때문이다.

3 분단과 시대고(時代苦)

김규동론

1. 연구사 검토

김규동(1925-2011)은 함경북도 종성(鍾城)에서 태어나 1944년에 경성고등보통학교를 졸업했다.[1] 그는 해방 후 김일성종합대학 조선어문학과에 잠깐 적을 두기도 했지만 1948년 초에 바로 서울로 내려와, 한국의 분단 현실을 문학화하는 일에 평생을 매달리다 지난 2011년에 86세로 작고한 우리 시대의 마지막 월남 시인이다. 1948년 『예술조선』에 시 「강」이 당선되어 등단한 이후로, 언론과 출판계에 종사하며 시와 비평 작업에 관심을 고루 기울인 결과 그는 모두 여섯 권의 정규 시집을 포함하여 다수의 시선집과 평론집, 산문집을 발표한바 있다.[2]

---

[1] 생애와 연보의 정리는 시인 자신이 쓴 『나는 시인이다』(바이북스, 2011)와 『김규동 시전집』(창비, 2011)에 의거하였다.

[2] 간행 시집과 주목할 만한 비평, 산문집의 목록을 정리하면 아래와 같다.
　〈시집〉
　　1955 『나비와 광장』, 산호장(1시집)
　　1957 『평화에의 증언』(공저), 삼중당
　　1958 『현대의 신화』, 덕련문화사(2시집)
　　1977 『죽음 속의 영웅』, 근역서재(3시집)
　　1985 『깨끗한 희망』, 창작과비평사(신작시를 포함한 시선집)
　　1987 『하나의 세상』, 자유문학사(신작시를 포함한 시선집)
　　1989 『오늘밤 기러기떼는』, 동광출판사(4시집)

김규동 연구자들은 2011년을 특별히 기억할 만하다. 가을로 다가온 운명의 때(9월 28일)를 예감한 탓이었던 듯, 시인은 그해 초에 『전집』 정리 작업과 자전 에세이집 『나는 시인이다』 출간 작업을 마무리 지었기 때문이다. 여기에 고인의 1주기를 기하여 시인 맹문재의 손으로 그에 관한 연구 작업들까지 일목요연하게 수습됨으로써[3] 이제 우리는 김규동 문학의 총체에 보다 편하게 접근할 수 있게 되었다.

　　『깊이』를 중심으로 김규동 문학에 관한 그간의 연구들을 살펴보면 크게 세 경향을 발견할 수 있다. 그 가운데 첫째로 선편(先鞭)을 쥔 경향이 〈후반기〉 동인 시절로 대표되는 김규동의 초기시 세계와 시론에 대한 검토들이라 할 수 있다. 이 시기의 김규동 문학은 늘 1950년대 모더니즘이라는 유파 개념에 묶여 관념에 갇힌 한계를 노정했다는 평가를 받아왔다.[4] 한국전쟁기 최후방의 임시 수도 부산에서 박인환(朴

　　　1991 『생명의 노래』, 한길사(5시집)
　　　2001 『길은 멀어도』, 미래사(신작시를 포함한 시선집)
　　　2005 『느릅나무에게』, 창비(6시집)
　　　2011 『김규동 시전집』, 창비 (미발표작 포함 총 432편 수록. 이하 『전집』으로
　　　　　표기)
　　〈평론집〉
　　　1959 『새로운 시론』, 산호장
　　　1962 『지성과 고독의 문학』, 한일출판사
　　　1979 『어두운 시대의 마지막 언어』, 백미사
　　〈산문집〉
　　　1962 『지폐와 피아노』, 한일출판사
　　　1987 『어머님전 상서』, 한길사
　　　1991 『어머니 지금 몇 시인가요』, 나루
　　　1994 『시인의 빈손-어느 모더니스트의 변신』, 소담출판사
　　　2011 『나는 시인이다』, 바이북스
　　〈기타〉
　　　1986 『친일문학작품선집 1.2』, 김병걸 공편, 실천문학사
3) 맹문재편, 『김규동 깊이 읽기』, 푸른사상, 2012.(이하 『깊이』로 표기)
4) 이러한 평가는, 1950년대 시문학의 핵심 성과를 소위 '청록파'(청록파나 생명파
　　따위의 내용 없는 유파 개념을 문학사의 현장에서 빨리 축출해야 한다는 필자
　　의 문제의식에는 변함이 없다.)와 그 주변 문학주의자들의 작품에서 찾고 있던
　　초기 연구자들의 입장 정리로부터 비롯하였다. (오세영, 후반기 동인의 시사적

寅煥), 김경린(金璟麟), 이봉래(李奉來), 조향(趙鄕), 김차영(金次榮) 등과 함께 벌인 〈후반기〉 동인 활동은 그의 전체 문학 이력을 조망하는 기준점이 되어준다는 점에서는 의의가 있다고 할 것이나, 그의 문학 세계를 집단 혹은 문학 운동의 한 부분 정도로 얽어매는 관점의 단초를 제공한다는 점에서는 필생의 업이 되기도 한다. 특히 이 50년대 〈후반기〉 모더니즘을 김기림 중심의 1930년대 모더니즘 운동과의 관계 속에서 의미 규정하려고 하는 경우 평가는 거개가 부정적인 쪽으로 쏠리곤 하였다.[5]

김규동 문학 연구의 두 번째 흐름은 후기 시세계로의 변화 의미를 추적하는 작업들과 관련되어 있다. 이 부분의 논의를 연 분은 염무웅인데, 그는 김규동 시세계 변화의 핵심 증거로 꼽히는 세 번째 시집 『죽음

위치, 『문학사상』99, 1981.1., 김재홍, 모국어의 회복과 1950년대의 시적인식, 김용직 외, 『한국현대시사연구』, 일지사, 1963., 최동호, 현실적인 시와 진실한 시, 『불확정 시대의 문학』, 문학과지성사, 1987.)

5) 이렇게 부정적인 평가를 내린 글로는 이경수(불안과 충돌의 시학−김규동 시 연구, 송하춘·이남호 편, 『1950년대의 시인들』, 나남, 1994.)와 이명찬(1950년대 전후 모더니즘의 역사적 성격에 대한 검토, 『개신어문연구』11, 개신어문학회, 1994)을 들 수 있다. 1950년대 모더니즘을 몰역사적이라고 이해한 필자의 판단은 아직도 유효하다. 목표 의식에 걸맞은 바깥 형식의 발견에까지 도달하지는 못한 것이 분명하기 때문이다. 그러나 미완인 그대로 50년대 모더니즘이 맡고 있는 문학사적 몫의 심중함에 대해서는 제 평가를 못했다는 생각이 든다. 그 점에서 이 글에는 김규동 시를 빌미로 1950년대 모더니즘의 역사적 위치를 새롭게 가늠하고 평가하려는 의도 역시 밑받침되어 있다.

기왕의 부정적 평가와 달리, 90년대 말에 들면서 김규동 문학이 전쟁으로 대표되는 한국의 1950년대 특수한 현실을 분명하게 인식하고 있었다는 점을 밝히는 글과 그에 기초하여 1950년대 모더니즘 일반이 지닌 성과를 새롭게 조명하는 시도들도 잇따르고 있다. 윤여탁(1950년대 모더니스트의 자기 모색−김규동의 경우, 『선청어문』25, 1997.)을 필두로 하여 김지연(1950년대 김규동 시의 시정신, 『어문연구』108, 한국어문교육연구회, 2000.), 류순태(전후 현실과 1950년대 모더지즘시의 표상, 『한국 전후시의 미적 모더니티 연구』, 월인, 2002.), 박몽구(모더니티와 비판정신의 지평, 『한중인문학연구』19, 한중인문학회, 2006.), 송기한(후반기 동인과 전위의 의미, 『한국시학연구』20, 한국시학회, 2007.), 박윤우(1950년대 김규동 시론에 나타난 현실성 인식, 『비평문학』33, 한국비평문학회, 2009.), 강정구·김종회(1950년대 김규동의 문학에 나타난 모더니티 고찰, 『외국문학연구』46, 2012.) 등이 연이어 김규동 시 문학의 긍정적 가능성을 조심스럽게 타진하여 왔다.

속의 영웅』에 실은 발문을 통해, "이제 그는 민족 분단의 질곡을 응시하는 시인으로서, 사회의 민주화를 갈망하는 시인으로서, 그리고 역사의 암흑을 깨고 광명의 새날을 끌어당기려는 민중의 한 사람으로서 당당하게 노래한다."[6]라고 규정함으로써 민중 시인으로의 변모를 확인해 주었다. 70년대 이후의 김규동 시의 성취에 대해 긍정적이든[7] 부정적이든[8] 간에 새로이 시작된 이 논의들이 대부분 염무웅의 문제의식에 발 딛고 있다는 점에서는 공통적이라 할 수 있다.

김규동 문학에 대한 세 번째 연구 흐름은 그의 문학 세계 전체를 대상으로 하여 하나의 일관된 상을 세워보려는 본격적 시도들이다. 장사선의 시범적인 논의에 뒤이은 이동순의 지속적 관심이 연구의 중요성을 확인시킨 계기였다.[9] 2000년대 들어 한강희, 박몽구, 맹문재, 김홍진[10] 등으로 논의가 확산되고 『깊이』까지 엮이면서, 이제 김규동 문

---

6) 염무웅, 김규동씨의 시세계, 김규동, 『죽음속의 영웅』, p.118.
  이후에 계속된 김규동론의 목록을 꼽아보면 다음과 같다.
  염무웅, 「서평 : 김규동 『어두운 시대의 마지막 언어』」, 『한국문학』, 1979.12.
  _____, 「김규동소론」, 『민중시대의 문학』, 창작과비평사, 1979.
  _____, 「50년대 시의 비판적 개관」, 『민중시대의 문학』, 창작과비평사, 1979.
  _____, 「민족현실의 문학적 형상화」, 김규동, 『깨끗한 희망』, 창작과비평사, 1985.
 7) 강형철, 통일의 징소리, 그리고 어머니, 김규동, 『오늘 밤 기러기떼는』, 동광출판사, 1989.
  박진환 시적 자각과 민중의식-시집 『깨끗한 희망』을 통해 본 김규동론, 『시문학』, 1985.7.
  임헌영, 김규동의 시세계, 『예술평론』, 1989.7.
  김효은, 허망의 광장에서 희망의 느릅나무에게로-김규동의 후기 시 세계, 『시와사람』, 2011 겨울.
 8) 조남현, 어느 노시인의 변모의 의미, 『월간조선』, 1985.6. 등
 9) 장사선, 김규동론-모더니즘에서 리얼리즘으로, 김용직 외, 『한국현대시연구』, 민음사, 1989.
  이동순, 흰 나비와 자기부정의 시학, 김규동, 『길은 멀어도』, 미래사, 1991.
  이동순, 김규동 시세계의 변모 과정과 회복의 시정신, 『동북아문화연구』, 26, 2011.
10) 한강희, '분열'과 '부정'에서 '통일 염원'에 이르는 도정-김규동론, 『현대문학이론연구』 28, 현대문학이론학회, 2006.

학은 한국전쟁기 이후 한국시문학사의 흐름을 판단하거나 민중문학 혹은 분단문학의 현주소를 파악하는 하나의 기준점으로 뚜렷이 부각된 느낌이다.

그런데 이렇게 나뉘는 3단계 김규동 연구들에는 보이지 않는 공통의 이해 하나가 작동하고 있어 이채롭다. 김규동 문학 자체를 별로 신뢰하지 않는 일부를 제외한 모든 연구자들이 대동소이하게, 김규동 시가 1960년대를 전후로 하여 크게 변전한다는 점, 그리고 변화 이전보다 이후의 시를 더 중요한 성취이자 진보의 결과로 여긴다는 점이 그것이다. 이동순의 어법을 따라가 보자. 그가 보기에 김규동은 "모더니즘이 지니고 있는 근원적 중량의 결핍과 부박성(浮薄性)을 인식"한 결과 "과거적 삶에 대한 반성과 자기 갱신의 시기"로 접어들어 "문학의 현실참여에 대한 적극성"[11]을 띠게 되었다는 것이다. 애초에 리얼리즘 문학에 대해 옹호의 입장인 염무웅, 이동순, 박몽구 등의 논의에 힘입은 이러한 인식틀은 새로운 시대의 연구자들에게도 꽤 널리 수용되고 있는 듯하다.

하지만 일군의 젊은 연구자들은 갱신이나 진보, 변신이라는 용어로 그의 변화를 바로 받아들이기에는 뭔가 찜찜한 구석이 남는다는 사실을 알고 있었다. 그가 현실에 보내는 비판적 관심이 전후(前後) 시세계에 있어 발현 정도의 차이는 있을지언정 일관되게 드러난다는 것, 변신으로 불리는 77년 이후의 시집들에도 전기(前期) 풍의 모던한 언어가 여전히 사용된다는 것 등이 판단을 주저케 하는 대목들이었다. 그래서

박몽구, 위의 글.

맹문재, 나비와 광장의 시학-김규동의 시, 『시학의 변주』, 서정시학, 2007.

김홍진, 모더니티에서 민중적 현실인식으로의 시적 갱신-김규동의 시적 편력과 변신의 의미 자장, 『시와 사람』, 2011 겨울.

11) 이동순(2011). 이런 인식은 박몽구의 논의에서도 고스란히 재연된다. 그 역시 김규동 시인이 "역사의식을 토대로 하는 사회성 짙은 리얼리즘의 민중시 쪽으로 자기 갱신을 이루어 냈다는 사실을 적시하고 있다.(『깊이』, p.86.)

'연속적 단절'[12]이라는 다소간 요령부득인 어휘를 적용하려 하거나, 김 규동 시인이 "철저한 자기반성을 통해 '민중'을 발견하고 '통일 염원'에 이르"게 된다는 것은 동의하면서도 그의 리얼리즘으로의 심리적 변환 이란 "초기부터 견지한 현실 연관의 '민중적 상상력'이 내재적 힘으로 변모한 결과"[13]라고 하여 그에게서 불변의 지점을 발견해내려는 시도 를 하게 되는 것이다.

이제까지 정리한 대로, 이 글은 김규동 문학의 전, 후기를 변신과 연속성 가운데 무엇을 기준으로 삼을 것인가 하는 문제의식과 각 시기 의 속성으로 꼽히는 모더니즘과 리얼리즘이 진실로 의미하는 바가 무 엇인지를 밝히는 것을 목표로 기획되었다. 그러자면 우선 월남을 전후 한 몇 가지 전기적 사실이 갖는 의미를 더듬어 이어질 논의의 발판으로 삼을 필요가 있다.

2. 김기림 찾기로서의 '문학적 월남'

김규동 시인은, 널리 알려진 것과는 다르게 함경북도 경성(鏡城)이 아니라 당시의 교통수단으로 거기서 정북(正北) 방향으로 네 시간이나 더 달려가야 하는 두만강변 끝자락 함경북도 종성 땅에서 1925년에 2 남 2녀 중 장남으로 태어났다.[14] 의사인 아버지와 어머니 사이에는 먼

---

12) 김홍진, 위의 글, 『깊이』, p.60.
13) 한강희, 위의 글, 『깊이』, p.85. 이런 이해가 바탕이 되어서 "이와 같은 변화는 문학의 현실참여와 실천을 강조한 사회파 모더니즘으로의 적극적인 변모로 평가된다."(『한국현대문학대사전』)라는 다소 생경한 유파 개념까지 등장할 수 있었던 것이다.
14) 사이버 세상에서 확인한 문학 사전마다 지금도 한결같이 경성으로 표기하고 있을 정도로 이 부분은 거의 굳은 지식에 해당했었다. 1977년 세 번째 시집을 통해 스승 김기림의 영향에 대해 처음 토설을 할 때에도 고향만은 경성으로 표기할 정도였다. 그가 그토록 오랫동안 견고하게 사실과 다른 방어막을 쳐두

저 난 누이 둘이 있었고 밑으로 남동생 규천이 있었으며, 집안 형편은 비교적 유족한 편이었다. 부친에 대한 기억을 끄집어낼 때의 시인의 목소리에는 자랑스러움이 뚜렷이 묻어난다. 특히 만주 명동촌에서 활약하던 독립운동가 김약연 선생께서 집에 들를 때면 다리미로 빳빳이 다린 지폐 다발을 한밤중에 무릎 꿇고 받쳐 올리던 아버지였다. 경성고보에 다니는 아들의 건강을 염려하여 수시로 찾아와 밤을 같이 보내고, 갈 적마다 하숙집 주인에게 돈을 쥐어주며 잘 먹이기를 당부하던 분이었다. 그런데 17세 되던 1942년의 가을에 그렇게 자랑스럽던 아버지가 51세의 나이로 갑작스럽게 세상을 떠나버렸다. 과로사였을 것으로 시인은 짐작하고 있다.

1940년 3월에 경성고등보통학교에 입학한 그는, 2학년 때 서울로부터 부임해온 시인 김기림[15]을 만나 그에게서 영어와 수학을 배우는 한편으로 인생과 문학에 대한 감화를 크게 받았다. 그의 고보 시절은 그러니, 물리적 아버지를 잃고 문학의 아버지를 얻는 정신의 격동기였다고 할 수 있다.

1944년 경성고보 졸업과 동시에 서울의 경성제대 예과에 응시하였으나 떨어지는 바람에 1946년까지 연변의과대학에 청강생으로 나가 의학 공부를 했다. 동생과 함께, 의사였던 아버지의 뒤를 이을 생각이었다. 하지만 그는 그마저도 그만두고 1947년 1월에 돌연 김일성종합대학교

었던 연유는, 혹여 자신의 글과 행동 때문에 북에 있는 가족들이 피해를 볼까 저어하는 마음 때문이었단다. 가슴 아픈 일이다. 이런 사실이 확인되기 전, 두만강에 대한 유년의 기억을 떠올리는 김규동 시인의 글을 볼 적마다 동해 바닷가 경성 사람이 어떻게 중국 쪽 두만강변에 대한 추억을 갖게 됐을까, 외가가 그쪽이었나 보다 지레짐작하고는 했었다. 이용악, 김기림, 김광섭, 김동환 등 기라성 같은 함북 출신 시인들이 보여준 광휘 덕에 필자에게 있어 함경북도 경성 근처는 늘 소중한 의식의 지향처였다. 통일에 대한 개인적 염원이 필자에게 부분적이라도 있다면 그것은 전부 함북 경성과 평북 정주 근처를 고향으로 두고 있는 북녘 출신 글쟁이들의 문학이 끼친 영향일 것이다.

15) 일제 말 암흑기 서울에서의 핍박을 피해 김기림은 고향과 가까운 이곳으로 소개(疏開)해 왔다.

조선어문학과 2학년에 편입하였다. 이미 해방 전에 다양한 독서 활동을 통해 카프 이후의 조선 문학의 흐름에 대해서는 밝은 편이었기에 쉽게 합격할 수 있었다. 문제는 그해 11월에 받은 〈문학 동맹〉 가입 심사였다. 당연히 통과하리라고 예상했으나 시인 박세영이 '김기림의 제자라는 이유'로 가입을 거부했던 것이다.

역사에 가정은 없다고는 하지만, 그 심사에 통과했다면 어떠하였을까. 아마 모르긴 해도, 그가 1948년 2월에 결행한 단신 월남이라는 저 하늘과 땅을 건 일척(一擲)은 실행되지 않았을 것이다.[16] 삼년 정도면 다시 돌아갈 수 있으리라는 계산 위에, 기왕 스승 김기림 때문에 물먹은 이상 차라리 서울이라는 큰물에서 활약하고 있는 바로 그 김기림 선생 밑으로 가서 문학 공부나 착실히 더해보자는 의도를 실은 결행이었다. 오늘날에 와 생각해 보면, 이 한 순간의 판단이야말로 가족생활이라는 측면에서 시인 김규동의 86년 인생을 나락에 떨어뜨리는 결정적 패착이 되고 말았다.

김일성종합대학생 신분[17]으로 월남하는 과정에도 스승 김기림의 입김이 작용하고 있다. 목숨의 위협을 느끼면서도 김일성종합대학생 신분을 떳떳이 밝히고 스스로 자발적으로 내려온 길임에도, 그를 기다리고 있는 것은 '일본 순사보다 더한' 우리 경찰의 무차별적인 구타와 심

---

16) 스스로 밝힌, 해방 후의 행적을 유심히 살펴보면 그의 월남은 상당히 즉흥적이라는 느낌이 든다. 해방 직후 그는 농민 연극 운동을 벌인다든지 시국강연회에 참여하고 맑스레닌주의 강좌를 열기도 했고 김일성대학에서는 대학신문에 시 「아침의 그라운드」를 발표하기도 하였다. 〈문학 동맹〉 가입 심사 문제만 제외하면 집안 쪽으로나 개인적으로나 북한에 막 들어서고 있던 체제와 불화했다고 볼 만한 특별한 이력을 찾기 힘들다. 그렇다고 그가 사회주의적 세계 이해 방식에 표 나게 줄을 대고 있었던 것도 아니었다. 기회가 주어졌다면 그 체제 내에 자연스럽게 연착륙할 가능성이 높은 생활인의 하나였을 뿐이라는 뜻이다. 그 점에서 그의 월남을 두고는 이념적인 선택의 결과가 아니었던 것으로 판단할 수 있다.

17) 교복과 교모를 그대로 착용(이는 곧 그의 신분과 자부심의 표징이었을 터)하고 그는 안내인의 도움을 받아 밤을 도와 북쪽 철원에서 남녘 포천 땅으로 넘어왔다. 1948년 1월 그믐께의 일이었다.

문이었다. 바로 그 자리에서 그의 돌이킬 수 없는 후회가 이미 출발하고 있었던 것이다.[18] 의정부경찰서로 넘겨져 보름 가까이 심문을 받은 뒤, 김규동의 신분과 인간을 증명해줄 남한 인사로 김기림 선생의 이름을 대고서야 풀려날 수 있었다. 어렵게 서울에 발을 딛자마자 이화동에 거주하고 있던 스승을 찾아보는 대목이 인상적이다. 좀 길더라도 인용해 보자. 그를 본 선생은 내려온 연유를 물은 뒤,

> "여기는 꼴이 말이 아니다. 서민은 돈도 쌀도 없어서 살기가 힘들다. 있는 건 양키 물건뿐인데 비싸서 못 산다. 전기도 들어오다 말다 해서 등잔불을 켜고 산다. 전차와 버스도 한 시간씩 기다려야 온다. 이런데 뭐 하러 왔느냐. 그쪽에서 견디지 않고……." 아주 기가 차단 표정이었어요.
> "이북에서 공부를 하는데 뜻에 맞지 않습니다. 여기 오면 선생님도 계시고 문학 공부도 할 수 있을 것 같아 내려왔습니다. 선생님을 기다렸는데 3년을 기다려도 소식이 없어 경사겸사 내려온 것입니다." "글쎄 넘어가고 싶어도 조무래기가 다섯인데 애들 손목 잡고 어떻게 삼팔선을 넘어가나."[19] (밑줄은 인용자)

스승 김기림은 힘들 때일수록 삶의 근거가 있는 고향 근처에서 때를 기다리며 견뎌내야 한다는 것, 가능하다면 자기도 그러고 싶다는 뜻[20]

---

18) '버리고 떠난 곳(이북)이나 선택해 온 곳(이남)이 실상 크게 다를 바 없이 덜떨어졌다는 이 인식'이야말로 월남 문학인들의 행동과 내면을 설명하는 중심 잣대가 될 수 있다. 이명준으로 하여금 중립국행을 선택토록 하는 운명적 강제, 곧 최인훈의 저 유명한 광장과 밀실 변증법의 밑바닥에도 이러한 현실인식이 어김없이 작동하고 있기 때문이다. 다만 대부분의 월남 작가들이 '남한 땅도 크게 잘못되어 있다.'는 말을 입 밖에 내는 일을 매우 힘겨워 했던 것은 분명하다. 매카시즘이 생각보다 강력하게 작동하고 있었던 탓이다. 필자는 이를 일러 '사회적 실어증'이라 명명한바 있다.
19) 김규동(2011), pp.174-5.
이 책은 『나는 시인이다』, 바이북스, 2011, 선생이 타계하기 불과 6개월 전 이승에서의 마지막 저서로 발표했다는 점에서 충분히 신빙성이 있다. 특히 해방기 무렵의 김기림 내면 읽기에 대해 시사하는 바가 적지 않다.
20) 나중에 겪어야 했던 보도연맹 가입이라는 굴욕과 납북이라는 횡액을 생각해

을 에둘러 드러내고 있는데 비해, 제자 김규동은 스승 김기림 밑에서의 문학공부라는 다소 순진한 혹은 낭만적인 월남 목표를 선명히 밝히고 있다. 이를 두고 '문학적 월남'이라 칭할 수는 없는 일일까. 가령 시집 『응향』 사건에 연루되어 월경했던 구상 시인의 경우처럼 이데올로기도 현실적 핍박도 아닌, 문학 공부라는 낭만적 목표로 결행한 월남이니 '문학적'이라는 수식어를 붙여 무방해 보이기 때문이다.

이후의 일은 익히 알려진 대로다. 김기림의 소개로 1948년 3월에 김규동은 상공중학(현 중대부고) 교사로 부임하였으며, 그해 말에는 『예술조선』에 시「강」을 발표하여 문단에도 발을 들여놓을 수 있었다. 시「플라워」다방에 소개된 것처럼 소공동 '플라워' 다방에서 소위 『문예』지 필진인 김동리 일파를 만나고 왔다는 말을 듣고 김기림은 '사람을 가려 사귀'[21]라고 충고하는 한편, 될성부른 시인으로 박인환과 조병화를 소개하기도 하였다. 그의 월남의 빌미가 된 김기림과의 주고받기는 일단 여기까지이다.

한국전쟁이 나자 김기림은 거짓말처럼 납북되어 서울에서 자취를 감추어 버렸다. 가족도 스승도 모두 북녘에 두고 이제 남한 천지에 그만 오롯이 남겨진 것이다. 따라서 그 이후에 본격화된 김규동의 문학이란 '세상 천지에 홀로 남겨진 외로움'을 말로 번역한 것들이 아닐 수 없다. 우연일까? 그의 첫 시집 『나비와 광장』을 채우고 있는 것이 '황막한 공간에 내팽개쳐진 채[geworfenheit] 갈 곳을 잃어버린 여린 실존'으로서의 '나비' 이미지라는 것. 시집의 첫 번째로 실려 있는 「하늘과 태양만이 남아있는 도시」의 다음 구절은, 그래서 그의 전체 시력을 암시하는 시참(詩讖)이라는 생각마저 든다. 구두 닦으라는 소리 울려퍼지는 서울 거리에 서서 그 구두를 신고도 갈 곳 몰라 하는 허허로운 심경이 손에 잡힐 듯하기 때문이다. 한국 모더니즘 시를 비판할 때면 빠지지

보면 이 대목이 김기림 생애를 분기하는 결절점(結節點)이었다는 생각이 든다.
21) 『전집』, p.781.

않는 감상성까지 갖추고 있어 더 애처롭다.

슈-샤인

> 애수에 젖어
> 음향에 젖어
> 저물어 가는 태양 아래
> 아 나는 어디로 가는 것인가
> 간판이 커서 기울어진 거리여
> 빛깔이 짙어 서글픈 도시여.[22]

3. 자라지 않는 시세계

필자는 1장에서 김규동 문학의 전, 후기를 변신과 연속성 가운데 무엇을 기준으로 삼을 것인가 하는 문제의식이 이 글을 촉발한 계기라고 밝힌바 있다. 그렇다면 모더니스트에서 리얼리스트로 존재 전이를 이루었다는 저간의 논의와는 다른 문제적 결이 그의 문학 세계에 존재한다는 얘기가 된다.

사실 이 부분은 이런 논의 자체를 촉발시킨 염무웅 선생의 글에서도 이미 어느 정도 감지가 되고 있다. 염무웅 선생은 『죽음 속의 영웅』 발문에서, 김기림 이후 한국에서의 모더니즘이 일정한 공적과 함께 커다란 폐해, 즉 식민지 민중의 눈으로 현실을 보지 못함으로써 언어유희에 빠지거나 세계주의의 환상만을 남기는 우를 범했다고 보고 있다.

---

22) 시 「하늘과 태양만이 남아있는 도시」의 마지막 부분(『전집』, p.21.). 김규동의 월남을 생각할 적마다 필자는 한용운의 「님의 침묵」에 등장하는 이른바 '운명의 지침'이라는 표현을 떠올려버릇한다. 운명이라는 말이 아니고서는 묘사할 방법이 없는, 한 시인의 형극(荊棘)의 행로가 바로 한순간의 낭만적 판단에서 비롯하기 때문이다. 문학이 곧잘 운명의 문제를 다룬다는 사실도 문학적 월남이라는 용어의 적절성을 밑받침한다.

이를 비판적으로 극복하는 것이 우리 시에 획기적이고도 본질적인 발전을 가져올 것이라 전제하고 김규동 시를 들여다보니, 김규동 시인은 "모더니즘에의 집착을 버리지 못한 면모와 모더니즘을 비판적으로 극복한 면모"[23]를 동시에 보여주고 있더라는 것이다. 여기에는 다음 시집이 나올 때쯤이면 이런 오류 정도는 말끔히 가셔져 있으리라는 기대가 깔려 있었다. 그러나 다음 시집도 염무웅의 그런 기대를 보기 좋게 배반했던 모양이다. 신작을 일부 포함하여 1985년에 새로이 엮은 창비 간행의 시집 발문에서 염무웅은 다음과 같이, 전날에 쏟았던 말의 상당 부분을 거둬들이고 있기 때문이다.

> 나는 이 선집을 훑어보고 김 선생이 한창 초현실주의니 다다이즘이니 하는 데에 경도되어 있던 젊은 날에도 「열차를 기다려서」처럼 소박하고 절실한 언어로 분단의 아픔을 노래한 시를 썼다는 사실에 놀랐고, 다른 한편 그런 모더니즘적 경향에 대해 비판적 의사를 분명히 표시한 근년에도 「이카로스 비가(悲歌)」「사막의 노래」처럼 그 시절의 화법을 그대로 구사한 시를 발표한 사실에 또한 그에 못지 않게 놀랐다. 그러나 생각해 보면 이것은 한 시인에게 있어서 무엇인가를 간직해 나가고 또 무엇인가를 버린다는 것이 얼마나 그의 내적 생존 깊숙한 곳에서 불가피한 형태로 이루어지는가를 알려주는 예로서, 우리가 가벼이 이렇다저렇다 용훼할 바가 아니다.[24]

한 마디로 김규동의 시에는 전기[25]에나 후기에나 공히 두 가지 경향

23) 염무웅, 김규동씨의 시세계, 김규동, 『죽음 속의 영웅』, 근역서재, 1977, p.118.
24) 염무웅, 민족현실의 문학적 형상화, 김규동, 『깨끗한 희망』, 창작과비평사, 1985, pp.171-2.
25) 이로 보아 염무웅 선생은 1977년 첫 발문을 쓸 무렵 시인의 1, 2시집에 대해 별다른 검토를 하지 않았던 것을 알 수 있다. 그러니 김규동의 시를 '변신'이라는 코드로 읽는 일은 시작부터 이미 그 근거가 박약했던 것이다. 별다른 사회 활동을 보이지 않던 시인이, 1974년 말에 백낙청, 김정한, 김병걸, 고은 등과 함께 〈민주회복국민회의〉에 참가한 이후 〈자유실천문인협의회〉(1975), 〈민족문학작가회의〉(1989) 등 주요 민족문학 진영 단체에 적극적으로 참여함으로써 많은 이들의 주목을 받았던바, 그 행보의 파격성이 문학 행위의 실체

이 공존한다는 것을 이제야 발견했는데, 그것에 대해서는 함부로 왈가왈부할 일이 아니라는 것이다. 한술 더 떠 그는 이러한 김규동의 노력이 "자기를 찾고 자신의 진정한 자아를 회복하기 위한 노력의 과정이었다"[26]고 받아들인다. 이쯤 되면 초기 그의 말을 믿고 변신의 논리를 만들기 위해 고군분투했던 여타 연구자들은 문득 무연(憮然)해질 수밖에 없다.

아닌 게 아니라 초기시로 규정되는 그의 1, 2시집을 주의해 읽어본 구안자(具眼者)라면 그의 시집에서 염무웅 선생이 말한 두 가지 태도, 즉 '소박하고 절실한 언어'로 노래하는 유형과 '모더니즘의 화법을 구사'하는 유형을 어렵지 않게 변별해낼 수 있을 것이다. 그의 모더니티를 두루 증명한 것으로 평가받는 첫 시집 39편의 시들 가운데는, '이런 것이 새로운 시'라는 미적 자의식이 물씬 묻어나는 「보일러 사건의 진상」이나 「진공 회담」, 「헤리콥타처럼 下降하는 POÉSIE는 우리들의 機關銃 陣地를 타고」와 같은 시편들이 두루 포진하고 있다. 이와 더불어 표현과 내용의 양면에서 소박한 진정성이 돋보이는 「열차를 기다려서」, 「3.1절에 부치는 노래」, 「조국」, 「8월은 회상의 달」, 「헌사」, 「고향」 등의 시편들 역시 나란한 비중으로 편집되어 있다.[27]

> 女子들은 ULYSSES의 하루속에서 限量없는 時間을 늙어만 간다. 詩
> 人들은 로—타리의 한복판에서 커—피를 마시며 狙擊稜線을 向한 비둘기
> 들의 歸還을 바라보고 기빨처럼 나부끼는 政治人의 喊聲은 「골고다」의
> 하늘위에 우지짖는 까마귀의 울음소리를 닮아갔다. 로켙의 抛物線이

변화에로 직결되리라는 기대를 갖게 했던 것으로 짐작된다. 시인 스스로도 『시인의 빈손』이라는 산문집을 내면서 '어느 모더니스트의 변신'이라는 문구를 부제로 삼아 항간의 오해를 사는 일에 일조를 한 측면이 있다. 나아가 현실에 대한 발언의 문학은 당연히 리얼리즘에 기댈 수밖에 없다는 단선적 문학사 이해의 오랜 폐해도 이런 오류를 낳은 먼 원인이라 보아야 할 것이다.
26) 염무웅, 같은 곳.
27) 특히 시 「헌사」는 그가 늘 그리워하던 오장환의 시집과 제목이 겹치지만 내용적으로는 임화의 시 「깃발을 내리자」에 대한 오마주이다.

피샤의 投影처럼 다가오는 時刻……눈빨처럼 휘날려오는 POÉSIE의 空間은 우리들의 機關銃陣地위에 있고, 무수한 밤의 太陽—헤리콥터처럼 下降하여 오는 太陽들은 火星의 平面위에 빛나는 運命! 찬란한 薔薇의 花河를 이루어 놓는다.

    (「헤리콥타처럼 下降하는 POÉSIE는 우리들의 機關銃 陣地를 타고」 전문)

    고향엔 / 무슨 뜨거운 연정이 있는 것이 아니었다. // 산을 두르고 돌아앉아서 / 산과 더불어 나이를 먹어가는 마을 // 마을에선 먼 바다가 그리운 포플라 나무들이 / 목메어 푸른 하늘에 나부끼고 // 이웃 낮닭들은 홰를 치며 / 한가히 古典을 울었다. // 고향엔 고향엔 / 무슨 뜨거운 연정이 기다리고 있는 것이 아니었다.   (「고향」 전문」)

「헤리콥타처럼 下降하는 POÉSIE는 우리들의 機關銃 陣地를 타고」(이하 「헤리콥타」)에는 외국어, 외국 어휘, 관념적 한자어, 근대적 사물과 개념어, 외국 인명과 지명들의 간단없는 나열과 병치에 더해 김수영이나 전봉건 등 다른 모더니즘 계열 시인들과의 텍스트 상호관련적 어법들까지 뒤섞여 한바탕 북새통을 이루고 있다. 곱고 예쁘고 우아한 문협 정통파적 시어관(詩語觀)으로는 결코 아우를 수 없는 세계가 거기 펼쳐져 있는 것이다. 나아가 헬리콥터나 기관총 진지, 저격 능선 등의 군사 용어를 과감하게 차용함으로써 한국전쟁에 뿌리를 둔 상상력의 가능성을 탐색하는 것이 혹 가능하지 않을까 하는 기대도 갖게 한다. 하지만 「헤리콥타」의 성취는 딱 거기까지만이다. 한국전쟁의 원인과 경과와 그 결과인 당대 현실의 비루함 쪽으로는 결코 나아가지 않는다. 그래도 전봉건은 전쟁의 한복판에 내던져진 인간 실존의 문제를 탐색하기에 기관총 진지와 저격 능선의 이미지를 활용한바 있었다. 하지만 김규동은 그러한 수사(修辭) 쪽으로도 나아가지 않고, '시인과 여자와 율리시즈와 정치인과 화성과 장미'라는 이미지 연쇄를 빌려 안전하고 아름다운 공간/시간으로의 귀환 혹은 귀향에 대한 염원을 어렴풋이 펼치는데 그친다. 전쟁 상황과 까마귀 소리 같은 정치인의 함성을 그러한 소망 옆에 병치함으로써 그 꿈이 쉬 이루어질 수 없을 것이라는 불안감을 드러내고 있는 것이 사실이지만 그 꿈과 불안을 전후 한국만의 것으로 특칭할 수 없다는 것 또한 사실이 아닐 수 없다. 그에 비해 시 「고향」은 그 무슨 대단한 '연정'을 두고 와서가 아니라 그냥 고향이기에 뜨겁게 그리워할 수밖에 없는 심경을 담담히 그려 보임으로써 '안으로 열하고 겉으로 서늘'하여야 한다는 정지용 식의 시적 절제관을 훌륭히 구현한 수작이라 할 수 있다.

이처럼 첫 시집에서 확인할 수 있는 이 두 경향의 혼재 현상은 마지막 시집인 『느릅나무에게』에 이르기까지 변함없이 반복된다. 변하는 것은 '모던' 대 '소박'의 비율일 터인데, 뒤로 갈수록 표현의 새로움에 기대는 전자 유형이 줄어드는 것은 사실이다. 줄어들고는 있어도 무언가 부정하고 비꼬아야 할 대상이 보일 때 시인의 저 오래된 어법은 어김없이 현실 세계로 호출된다.[28] 이는 결국 전경화(前景化)의 문제였던 것이다.

이 두 세계 가운데 소박한 감정 토로라는 방법이 훨씬 원초적인 것은 물론이다. 김규동이 부끄러움을 무릅쓰고 공개한, 생애 처음 써 첫사랑에게 바쳤다는 시들의 세계는 진정하고 소박하지만 서툴기 짝이 없는 것이었다. 거기에 언어적 형상을 얹는 훈련이 채 영글기도 전에 김기림 식의 신세계가 들이닥쳤고 그 나이대가 흔히 그러하듯 그는 열정적으로 그 물결에 휩쓸려 들어갔다. 스승 곁에서, 기법만으로서의 모더니즘 너머에 무엇이 있고 또 있어야 하는지를 적절히 훈육 받으며 글을 써나갔다면 상황은 달라졌을 것이다. 그러나 이미 전술(前述)했듯 기림은 사라지고 그의 해타(咳唾)만이 남은 형국이었다. 논리적으로도 역사적

---

28) 필자는 지금 1950년대를 질주한 청록파적 언어 전통에 대해 '새로움'이라는 반기를 들었던 김규동 식 방법의 오래고 아이러니컬한 반복에 대해 말하고 있다.

으로도 혹은 정치적으로도 제대로 된 근거를 대지 못한 채 '기법들만의 해타'에 빠져 허우적대는 에피고넨이 〈후반기〉였던 것이다. '소박한 언어'를 더 전경화 하고 있는 후기의 김규동에게서 염무웅이 진정한 자기 회복의 도정을 읽어낸 것은 아마도 이 점에 근거하고 있을 터이다.

1-1. '기억 투쟁'으로서의 모더니즘

흔히 그러하듯 문예미학 차원의 좁은 의미로 이해하더라도, 문학의 모더니즘은 쌍둥이 리얼리즘과 함께 사회 제도적, 물질적 근대의 완결과 그 너머로의 역사 진행을 당연한 것으로 전제하는 미적 인식이자 문학 실천의 방법이라는 점에서 불확실한 근대에 대한 부정을 본질로 한다. 따라서 우선은 완미(完美)한 자본제적 근대 세계를 이루도록 도우면서도[29] 결국에는 자체 모순으로 인해 내파되어 가는 과정[30]을 비판적으로 그려보여야 할 의무가 모더니스트들에게 있다는 것이다. 다만 재현의 방법이 아니라 비재현적 방법, 흔히 비동시적인 것의 비논리적인 병치[31]와 같은 방식으로 부정의식을 형상화해야 한다는 점에서 리얼리스트들과는 차이가 두드러지게 된다. 물론 이때 형상화나 부정의 실상이 각 체제가 처한 역사적 단계에 부합해야 함은 물론이다.

1930년대의 김기림이 완미한 근대 세계에 대한 열망은 그러면서도 그 너머로의 열망을 형상화하는데 실패한 것은 바로 이 현단계에 대한 이해의 부족 때문이었다. 물론 이해 부족이라기보다 일제 강점 하의

---

29) 30년대에 김기림이 소위 '오전의 시론'이라는 용어로 속도나 기계화에 대해 친연성을 드러냈다든지 서구 문명의 건강성을 설파했다든지 하는 것들은 모두 이 단계에 연관되어 있는 것이다.
30) 사회주의 체제도 억압체제의 하나에 불과하다고 보는 아도르노의 입장은 근대 너머를 보다 근원적으로 파악하는 입장이라 할 것이다.
홍승용, 아도르노의 모더니즘론, 『현대시사상』 1, 고려원, 1988, p.94.
31) 유진 런, 김병익 역, 『마르크시즘가 모더니즘』, 문학과지성사, 1996, p.45.

왜곡된 자본주의의 실체를 언급하지 못하게 작동하는 강력한 여러 기제들이 사회적 실어증을 광범위하게 유포한 탓 때문이라고 말할 수 있을 것이다.[32] 범박하게 보아, 김기림이 해방기에 임화 권역에서 움직이며 보여준 사회적 실천과 문학 행위는 모두 이 지점에 대한 반성과 결부되어 있었을 가능성이 높다.

주지하다시피 임화와 김기림의 이러한 노력은 1948년 이후 모두 수포로 돌아갔다. 참혹한 전쟁이 한반도를 휩쓸어가고 남한 땅에는 매카시즘의 광풍만이 남았다. 문학판도 철저히 재편된 채 리얼리즘과 모더니즘의 유산은 일거에 소멸되었다. 그들의 존재를 입에 올리는 일조차 어려운 일이 되어버렸다.[33] 그 폐허 위에서 소위 전후 소설가들 혹은 〈후반기〉 동인과 같은 '애비 없는 세대'가 탄생하였던 것이다. 그러나 이들도 다만 입에 올려 말할 수가 없었을 뿐 실상 습작기에는 리얼리즘과 모더니즘의, 그러니까 정지용, 이상, 김기림, 오장환과 임화, 이기영, 김남천, 한설야, 홍명희와 같은 문학적 아버지의 끼침을 받고 문학에의 꿈을 키웠을 것이다. 한 번도 가져보지 못한 근대 국민 국가의 수립과 그조차도 넘어서는 지점에서 다가오는 광막하고 현기증 나는 미래의 가능성에 눈먼 이 시대의 홍길동들이 모두 청록파나 『문예』파 아래에 들어가 헌신할 수는 없는 일이었다. 시단의 〈후반기〉는 바로 이러한 심의 경향의 산물인 셈이었다.

필자 역시도 그러했지만, 우리는 사실 〈후반기〉 모더니즘의 한계를 쉽게 지적해 왔다. 내용과 형식 모두 30년대 선배들이 이미 다 훑고 지나간 것들의 반복이라고. 문명 일반에 대한 비판으로 너무 쉽게 당대

---

32) 김기림은 조선일보사가 1930년에 처음 시도한 공채에서 불과 25세의 나이로 무려 40대 1의 경쟁률을 뚫고 합격한 뒤, 사회부에서 잔뼈가 굵은 베테랑 기자였다. 문학보다 저널리즘적인 세계 인식에 더 능했던 사람이라는 뜻이다. 그러니 그가 역사 발전 단계나 혁명에 대한 맑스적 인식에 둔감했을 까닭이 없다.
33) 1980년대까지는 대학에서 사용하는 연구서에서조차도 그들이 'O'자 돌림 형제들이었다는 사실을 환기해 보라.

한국 사회에 대한 비판을 비켜갔으며, 언어들은 추상적이고 관념적인데다가 외국 이론의 수입과 적용에만 조급하게 매달렸다는 것이다. 김규동의 '나비'를 두고 "나비를 노래하되 김기림처럼「바다」에 떠 있는 나비를 노래하는 것도 그렇지만 활주로에 있는 나비를 노래한다는 것은 충분히 현대성을 띤다."고 하여 50년대적 가능성을 인정한 경우도, 그러한 논리의 전제로 "김규동의 경우는 30년대의 모더니스트인 김기림의 의식을 50년대의 상황으로 투사한다는 느낌을 준다."[34]라고 하는 것을 보면, 〈후반기〉를 보는 우리 시대 연구자들의 시각의 기초를 대강 짐작할 수가 있다. 그런데 이 모든 비판은 적어도, 이 두 시대의 결과물들을 객관적으로 앞에 두고 그리고 그것들을 보고 말하는데 특별히 장애를 느끼지 않아도 되는 8,90년대 이후의 언술들이라는 문제점을 분명히 밝혀 두어야 한다.

주지하듯 주인과 노예의 변증법이라는 인식틀이 있다. 강력한 실체로서의 아버지 혹은 주인이 있을 때 그 아들 혹은 노예는 스스로 자유로운 자기의식을 가진 뚜렷한 주체라는 점을 인정받으려 하게 된다. 흔히 인정투쟁이라 불리는 이 과정을 통해 그는 새로운 아버지 혹은 주인이 된다는 것이다. 문제는 이 인정투쟁이 제대로 진행되려면 아버지 혹은 주인의 권위가 현실적으로 강력하게 작동하는 실체여야만 한다는 것이다.

50년대 모더니즘의 운명이 대체로 이와 유사하다. 김기림 시대의 권위가 1950년대 문학사의 현장에서 실체로 작동하고 있었다면, 즉 새로움을 갈급해 하는 젊은 시인들의 영양 공급처이자 반성의 계기로 제대로 작동하고 있었다면 후배들은 오래지 않아 김기림과는 다른 지점에로 진보의 발걸음을 내디뎠을 것이다. 그런데 현실적으로 그들이 참조할 수 있도록 허용된 유형은 청록파뿐이었다. 그러니 그들의 투쟁은

---

34) 이승훈, 1950년대의 우리 시와 모더니즘, 『현대시사상』, 24, 고려원, 1995 가을, p.133.

인정받기 위한 것이 아니라, 프리모 레비의 말처럼 기억하기 위한 것이어야 했다. 자기들이 30년대 김기림이 펼쳤던 만큼 혹은 그보다 더 새롭고 의미 있는 모더니즘 운동을 펼칠 능력을 가졌음을 증명하는 것이아니라, 자기들 이전에 이미 김기림류가 주인으로 존재했었다는 사실35) 그리고 어느새 터무니없이 지워졌다는 사실을 끊임없이 환기하는 작업이 50년대 모더니스트들이 맡은 주 임무였던 것이다.

1960년대에 들어 한국시의 다양성이 다시 공식화된다든지36) 참여문학논쟁이 촉발된다든지 하는 것은, 따라서 김규동을 비롯한 50년대 모더니스트들의 끈질긴 이 기억투쟁 덕분이라고 해야 옳다. 5,60년대에계속된 이런 기억투쟁의 결과가 70년대를 전후해 『창비』와 『문지』 진영으로 정비될 수 있는 문학사적 지반이었던 것이다.37) 결국 1950년대모더니즘의 기억 투쟁이란 전쟁 이후 전면화 한 사회적 실어 증세와의싸움이었다고 말해 볼 수 있다. 김규동이 자신의 문학 뒷배에 김기림이버티고 있다는 것에 대해 일반에 처음 입을 열기 시작한 것이 3시집(1977년)부터였다는 것을 떠올려 보면 우리 근대시문학사에 드리운 실어증의 골이 얼마나 깊은지 실감할 수 있을 것이다. 이처럼 1950년대남한 땅에서 이루어진 〈후반기〉 모더니즘은 내용과 형식의 양면에서몰역사적이고 몰현실적이라는 비판을 받긴 하겠지만 문협 정통파 일색의 문학판에 흠집을 내고 리얼리즘과 모더니즘의 찬란했던 역사가 있음을 환기하는 역할을 했다는 점에서 충분히 의의를 인정할 수 있다.

모더니즘 풍으로 꼽히는 김규동의 초기시들은 완성도나 주체성이라

---

35) 임화라는 또 한쪽의 아버지는 50년대의 이 기억투쟁 현장에서도 결코 호명될수 없는 불행한 이름이었다.

36) 1964년에 신구문화사가 펴낸 『한국전후문제시집』에 이르면 당대 한국시의 흐름이 '전통'시와 '의미'의 시로 정리되고 있다. 이때 후자에는 모더니즘 계보만이 아니라 박봉우적인 흐름까지 포괄된다.

37) 신경림이 1980년대 들어서야 백석이나 임화를 자신의 문학적 아버지로 호명하고 있다는 사실도 기억해야 할 것이다.

는 측면에서 사실 좋은 평가를 받기 힘들다. 기법의 낡음은 둘째 치고 그의 시 곳곳에서 선배 및 동료 시인들의 흔적이 과하게 묻어나고 있기 때문이다. 이상, 김광균, 정지용, 김기림, 오장환, 이용악, 조향, 박인환, 김수영[38]의 것으로 볼 수 있는 어휘, 구절, 모티브가 여기저기서 출몰한다. 그것들은 의도적이고 기법적으로 차용된 텍스트 상호관련성의 예증들이라기보다 아직 그 자신만의 시세계가 성립하지 않았음을 보여주는 증거라 할 수 있다. 후기 시세계로의 변화를 두고 자기 목소리를 찾아가는 과정이라고 한 염무웅의 판단은 그 점을 정확하게 지적한 것이다.

1-2. '민중성'의 의미

1990년대 초반을 달구었던 '시에 있어서의 리얼리즘 논쟁'이라는 것이 있었다. 충실한 세부 묘사라는 요건은 갈래의 본질상 시문학이 본격적으로 충족하기 어려우므로 젖혀 두고, 상황의 전형성과 인물의 전형성을 어떻게 구현할 수 있겠는가 하는 문제를 '이야기시'라는 양식 개념에 적용하여 판을 달구었던 논쟁이었다. 그러면서 예거하였던 시들 대부분이 1930년대 이용악과 백석의 작품들이었다. 가령 「팔원」이나 「낡은 집」에 드러나는 서사성을 어떻게 평가할 것인지, 사회주의적 리얼리즘의 핵심 요소인 전망의 형상화 여부를 어떻게 판단할 것인지 하는 쟁점들을 중심으로 다수의 연구자들이 꽤나 진지하게 오랜 기간을 숙고했던 기억이 새롭다.

이 논쟁은 1930년대 시의 분석 도구를 찾기 위한 것이 아니었다. 그

---

38) 특히 그는 이들 가운데 이상이나 박인환과 관련한 일화나 만남 등을 중요 소재로 반복하여 다룬다. 김기림과의 조우가 아니라 이들을 내세우는 이유는 그들이 언급 가능한 '합법적 텍스트'였기 때문이다. 77년 이후의 시집들에서는 김기림에 관한 묘사가 전면에 도드라진다는 점이 이를 뒷받침한다.

결과를, 7,80년대에 일어나 당대에 이르도록 강력한 영향력을 행사하고 있는 민중시 운동에 회향(回向)함으로써 바람직한 시 창작 모델을 제시 하겠다는 의도가 밑받침되어 있었다. 이때의 논의들이 모두가 동의하 는 외형적 결론에 도달하지는 않았지만, 리얼리즘에 기반한 민중시가 지향해야 할 몇 가지 최소한의 원칙들에 대해서는 서로 확인한 바가 있었다. 전형성을 재는 원칙이 당대가 지닌 모순 구조를 얼마나 본질적 으로 보여주느냐여야 한다는 것, 갖지 못한 자들의 계층의식이나 연대 의식이 가능한 한 구체적이고 살아있는 형상으로 그려져야 한다는 것, 인물이 없이 상황만으로도 전형성에 접근할 수 있다는 것, 너무 쉽게 전망을 말하는 일이 위선일 수 있다는 것 등이 그것이다.

이런 기준들을 3시집 이후 김규동의 시에 적용한다면 어떤 결과를 도출할 수 있을까? 결론부터 확인하자면, 그의 시집에서 민중성을 제대 로 구현하고 있는 시를 찾기란 쉽지가 않다는 사실이다. 민중 시인으로 면모를 일신했다고 흔히 평가하는 4,5 시집에서의 사정도 마찬가지다. 말인즉슨 그는 민중으로 분류되는 사람들의 구체적인 삶이나 그들에의 연대감을 그리는 일에 전혀 기민하지 않았던 것이다. 특히나 그들의 삶을 그렇게 틀 지운 구조적 원인이 무엇인지 분석하는 일에도 매달리 지 않는다. 시위나 재개발 현장 같이 부딪힘의 실 사례가 존재하고 있 는 바닥들에도 카메라를 들이대지 않는다.

시인의 주된 관심이 '민중성'이 아니라 분단 문제에 놓여 있었기 때문 이다. 물론 분단 문제 그 자체는 이 땅의 민중주의 시들이 주요하게 다루고 있고 또 다루어야 하는 소재임이 분명하다. 분단 모순이야말로 한국 사회의 중층적 모순 구조의 최종 심급이라는 백낙청 선생의 지적 이 아니더라도, 민중들의 삶을 통어하는 첫 번째 중요 원인으로서 제거 되어야 할 압박이라는 점이 누가 보아도 분명했기 때문이다. 그런데 대부분의 시인들은 분단 문제를 다룰 때에도 그러한 결과를 가져온 내 외적 원인과 과정에 대해 분석을 시도한다. 냉전 혹은 신냉전의 세계

질서, 이데올로기의 충돌, 외세나 독재 권력, 분단 현실을 이용하여 자기 계층이나 집단의 이익을 챙기려는 모리배들을 밑바닥에 두고, 그 위에서 살아 움직이는 분단 모순의 피해자들을 형상화함으로써 핍진감을 획득하는 것이다.

그런데 김규동 시인은 이런 일에마저도 무심하다. 그에게는 1시집에 실어 발표한 「열차를 기다려서」류의 '소박한 진정성의 세계' 곧 어머니를 포함한 육친들, 지인들에 대한 형언할 수 없는 그리움, 고향과 그것을 구성하는 자연물들에 대해 느끼는 유정(有情)함, 그런 유정한 것들 옆에서 누리던 평화로운 때가 다시 회복되지 않을지도 모른다는 서글픔과 죄의식, 분노들이 묘사의 대상으로 부각되고 있을 뿐이다. 이 경향의 시들은 후기 시집의 도처에서 반복적으로 출몰한다. 『깨끗한 희망』의 「모정(母情)」, 『하나의 세상』의 「두만강」, 「50년 후」, 「추억」, 『오늘밤 기러기떼는』의 「형벌」, 「기다림」을 포함한 거의 대부분의 시들, 『생명의 노래』의 「찾지 말아요」, 「개성 인삼주」, 『느릅나무에게』의 「느릅나무에게」, 「천」, 「누님」 등이 대표적이다.

> 나의 어머니는 무학이라 / 시계를 볼 줄 몰랐지만 / 시간을 잘 맞혔다 / 그래서 장난으로 / 어머니한테 시간을 묻곤 했다 / 분단으로 40년간 어머니를 못 보지만 / 그분께 얼마나 많이 시간을 물었던가 / 공해속에서도 / 나뭇잎이 무성해 가는 6월에 / 포성과 유혈이 낭자한 민족 비극의 / 그날을 보며 / 나날이 늘어 가는 고층빌딩의 음산한 그늘 아래를 / 또 그분께 시간이나 물으며 간다 / 어머니 / 지금 몇 신가요
> (「기다림」 전문)[39]

어머님에 대한 기억이 오늘의 내 삶을 살리는 근원임을, 그런데 전쟁의 그날 이후로 안온하던 삶의 시간은 정지해 버리고 도대체 낮인지 밤인지 알 수 없는 분단의 한 세월을 꾸역꾸역 살아내고 있음을 말하는

---

39) 『전집』, p.410.

시적 화자의 억하심정이 물큰하게 묻어나 아프다. 그래도 이렇게 소박한 대로나마 분단의 상처를 안고 살아가는 사람들이 멈추지 않은 시계가 도처에 널려 있음을 말하는 일은 그것대로 작지 않은 의의가 있다. 이 땅의 그러지 않은 독자들에게 분단의 고통을 계속 각인시키는 효과. 이 점에서는 이것도 역시 기억 투쟁의 하나라고 불러 옳지 않을까. 문제는, 그러면 어떻게 해야 하는가에 대해 고민하는 쪽으로 시를 밀고 나가지 않는다는 데 있다. 그 대신에 그는 시집 『생명의 노래』에 이르러 고향에 가려는 심경을 더 극화하여 아예 그 고향에 가 있는 자신의 모습을 상상적으로 그려 보여준다.[40] 이러한 가상 혹은 환상의 도입은 그의 이성적인 인내가 임계치에 이르렀음을 반증하는 것으로 보여 안타깝다. 남은 것이 있다면 고향에 돌아가지도 못하고 종말을 맞이할지도 모른다는 우울하고 비관적인 정조나 자학[41]이다.

자신의 비극적 생의 형상으로 그가 마지막으로 의미 있게 제시하고 있는 것이 '새'라는 표상이다. 이 현실로부터의 탈출과 귀향에의 의지를 표상하기 위하여 날개 가진 '새'의 형상을 택했음에도 그 새는 곧바로 죽음의 이미지와 결부된다. 그만큼 그의 내면이 비극적 정조로 물들어 간다는 뜻일 것이다. 「새」에서 그것은 '검푸른 벽 속을 날아가는, 울음이 굳어버린 딱딱한 고체'의 형상으로 화자에게 지옥과 신선의 세계를 떠올려준다.[42] 새 이미지는 그의 마지막 시집 『느릅나무에게』에서도 반복적으로 등장하는데 「별이 달에게」에서 그것은 "떨어지는 불덩이를 안고 / 비스듬히 나는 새 // 새는 죽어서 / 싸늘한 돌에 제 자태를 새겨놓았구려"[43]와 같이 묘사된다. 죽은 새인 것이다. 심지어 그는 이제 봄빛에서도 죽음을 발견한다.

---

40) 시 「만남」, 「북행길」, 「어머니 오시다」 등.
41) 시 「노아의 홍수」나 「고백」은 그의 분노와 자학의 심경이 어떤 수준인지 보여준다.
42) 『전집』, p.542.
43) 『전집』, p.662.

부드러워라 / 부드러우니 살그마니 들치고 / 반쯤 누워보는 / 이 흙
내음 // 아, 입구가 너무 좁다 / 그러니 / 누운 사람이 / 시인 박인환의
걱정근심같이 / 아늑할 수밖에 없나니 // 봄은 고루 왔다 / 남과 북에
(「봄빛은 이불처럼」의 후반부)44)

목련꽃이 피면 / 온다더니 / 하얀 신작로길 / 타박타박 걸어서 온다
더니 / 개울을 건너고 / 양지바른 산굽이를 / 개암나무 냄새 맡으며
온다더니 / 만나기 전부터 / 넘치는 눈물 / 먼 길 하염없이 걸어서 /
목련꽃 필 때는 / 까만 눈동자 빛내며 온다더니 / 목련꽃 흰 그림자
속에 / 터널처럼 뚫린 / 빈 하늘 하나   (「만남」 전문)45)

　　전자에서 화자는 남북에 고루 내린 봄빛 속에 무덤의 문을 열고 들어
가 누워보는 자세를 취하고 있다. 마지막 두 시집에서 시인은, 자신과
관계가 깊었던 그러나 이미 죽어버린 시인들의 생애와 일화, 이름을
시에 불러내는 일에 자주 매달리곤 했는데, 이 시에도 죽은 박인환이
등장한다. 죽으면 다시 만나게 될지도 모르겠다는 일말의 기대 같은
것이 아련히 깔려 있다.46) 후자에서 화자는 이미 저승길에 계실 것이
확실한 어머니에 빙의되어 있다. 목련꽃 피면 온다던 아들을 평생 그리
워하다 가셨을 어머니의 심정 가운데로 흡인되어 들어가 있는 형국이
다. 그러니 마지막의 "목련꽃 흰 그림자 속에 / 터널처럼 뚫린 / 빈 하늘
하나"는 봄 하늘인데도 불구하고 전혀 밝지 않아 오히려 소멸이나 죽음
의 분위기를 조성하여 독자의 마음을 무겁게 한다.
　　이들 시가 보여주듯이 그가 마지막으로 도달한 지점이 어머니/죽음
이었다는 것은, 전기에서 후기로의 김규동 시세계의 변화가 민중의식
의 성장이나 발전 쪽으로가 아니라, 한 순간의 판단 착오로 생애 전체
를 망쳐버린 그 순간으로의 혹은 그 순간 이전으로의 회귀에 대한 욕구

---

44) 『전집』, p.650.
45) 『전집』, p.649.
46) 김기림, 정지용, 박인환, 천상병, 김수영, 박봉우 등이 자주 호명되는 시인들이다.

를 반영한 것이라는 판단을 하게 만든다. 그의 시세계를 '자라지 않는 것'으로 정의한 것은 정확히 이 부분을 지적하기 위한 것이었다.

4. 한 월남시인의 비극

이 글은 시인 김규동을 재는 두 가지 잣대, 즉 그가 1950년대 모더니즘을 대표하는 〈후반기〉시인이지만 정작 그 모더니즘의 문학성에는 회의를 표할 수밖에 없다는 관점과 모더니즘을 버리고 1970년대 이후 민중문학으로 선회함으로써 시적 성취를 이루었다는 관점에 대한 의문으로 출발하였다. 우선 1960년대를 기점으로 해서 그의 시세계에 커다란 변전이 있었던 것으로 보는 것은 바른 인식틀이 아니라는 점을 확인할 수 있었다. 그의 시에는 초기부터 모더니즘적 언어 실험 경향과 소박한 정서 토로의 경향이 혼재되어 있었고 민중문학인으로 지목된 이후의 시집들에서도 그러한 양면성이 어김없이 드러나고 있었기 때문이다. 이러한 인식틀은 그 점에서 1970년대 이후 각종의 문학 및 사회단체 참여 활동이 도드라진 것을 그의 문학적 전향 선언으로 성글게 연결해 이해한 결과로 판단된다.

모더니즘을 표방한 그의 시편들이 김수영이나 황지우 혹은 이성복이 보여준 것과 같은 언어적, 정치적 성취 쪽에로 나아가지 못했다는 것은 비교적 분명해 보인다. 그러나 〈후반기〉에 묻혀 호명되는 그의 1950년대 모더니즘 문학을 부정적인 평가 잣대로만 이해하는 것은 부당하다. 전쟁과 분단으로 문단은 문협 정통파 중심으로 재편되고, 김기림과 임화류의 문학적 성취에 대해서는 언급조차 할 수 없는 사회적 실어 상황하에서, '아스팔트 위에서 갈 곳 몰라 하는 나비'의 형상을 '청노루 뛰노는 이상화된 자연'에 병치함으로써 우리 사는 세상의 병듦에 대해 정치적으로 지적하는 유(類)의 문학이 엄존하고 있었음을 환기하려 했다는 점에서, 그는 일종의 기억투쟁을 진행하고 있었던 것이다. 그 점에서 보자면 정작 아쉬운 것은 1970년대 이후의 시집들에서 여전하게 반복되는 무국적의 모더니즘적 언어 구사 취향이 아닐 수 없다. 김수영 이후의 다양하게 펼쳐볼 수 있는 참조항목들이 있음에도 그의 언어가 그것들을 참조한 흔적을 보이지 않고 〈후반기〉적 언어에 매몰되어 있기 때문이다.

흔히들 민중문학적인 성취로 평가하는 1970년대 이후의 시편들에 대해서도 보다 냉정한 평가가 이루어져야 할 것으로 보인다. 민중성 혹은 리얼리즘적 특질로 고평할 수 있는 자질들이 그의 시편들에서 쉽게 발견되지 않기 때문이다. 있다면 되풀이하여 노래되는 고향에 대한 그리움의 시편들인바 그것들은 육친에 대한 넘치는 그리움, 고향 풍정에 대한 회억으로 가득 차 분단문학의 정화로 꽃필 가능성이 충분했다. 하지만 분단 모순에 대한 천착과 그 결과의 구현에로까지 나아가지 못하고 소박한 정서 토로의 수준에 머물고 말아 아쉬움을 준다.

그의 모더니즘과 리얼리즘 경향의 시편들 모두에서 공통으로 발견되는 문제점을 요약해 보면 결국 한국 현실과의 대결에 나서지 않는다는 점과 유사한 감정과 언어들을 환유적으로 반복한다는 점이다. 그는 한국의 현실에 대해 깊이 있게 파고 들어가지 않는다. 남한 사회에 임리(淋漓)한 불모성과 그 원인에 대해, 그리고 그러한 상황 속에서 생을 낭비하고 있는 인간 군상들에 대해, 분단 현실이 그들의 삶에 어떤 작동을 하고 있는지에 대해 그는 초점을 맞추지 않는다. 돌아가지 못하는 고향에 대한 그리움과 원망만을 반복하고 있다. 은유의 속성상 동일한 대상에 대한 그리움은 한두 번의 형상화로 그치는 것이 옳다. 김기림의 나비는 「바다와 나비」에 한번 나타나 깊게 각인되는데 비해 그의 나비는 생애 내내 여러 번에 걸쳐 반복하여 나타나는데도 표현의 강렬성이 증가되지 않아 기이하다.

사실 박남수, 전봉건, 구상, 김종삼 등의 월남 문인들은 남한의 부정적 현실을 구체적으로 형상화하는 일에로 쉽게 나아가지 '못'한다. 박남수의 경우에는 심지어 남한 땅에서의 삶을 버리고 이민을 가면서까지도 이 땅에 대한 손가락질을 피한다. 필자는 그것을 일러 '삼팔따라지 의식'[47]이라 명명한 적이 있는데 김규동의 경우도 같은 범주로 이해할 수 있을 것이다. 남의 밀실도 북의 광장도 틀렸다는 저 이명준 식의 인식을 표명하는 일이 가능했던 것이 4.19라는 열린 시공간의 영향이었다는 점을 떠올려 보면, 시인이 한국 혹은 남한이라는 이 자본주의 세상도 틀려먹었다는 점을 쉽게 적시(摘示)하지 못하는 이유를 쉽게 짐작할 수 있다. '빨갱이'로 호명될 가능성을 염려하는 이 피해 의식을 두고 '삼팔따라지 의식'이라 불렀던 것이다. 이야말로 사회적 실어증의 명확한 실례가 아닐 수 없다.

김규동 시인이 비슷한 문제의식이나 정서를 반복적으로 언어화하는 일에 매달렸던 것은 분단 모순과 남한 사회의 적폐에로 바로 저돌하지 못하게 발목을 붙드는 사회적 실어증상의 폐해 때문이었다는 것이 필자의 판단이다. 그리고서 그는 전 시력(詩歷)을 걸어, 떠나오던 그 순간의 고향을 형상화는 일에로 퇴행하고 만다. 그의 한계가 결국 분단 모순의 생생한 구현이라는 점에서 그의 삶은 비극적이다. 월남 시인으로서의 운명을 끝내 문학이 구원해 주지 못했기 때문이다.

---

47) 이명찬, 박남수 시의 재인식,『한국시학연구』31, 한국시학회, 2011.

라산스카, 낯선 아름다움

─ 김종삼론

1. 시와 현실

극복해야 할 무언가를 자기 앞에 놓고 고민했던 세대는 그래도 행복했다고 말할 수 있다. 1950년대에 문학을 업으로 하겠다고 작심했던 시인들에게 있어, 이 말은 무엇보다 뼈저린 진실일 것이다. 그냥 꽃이나 이슬을 노래하는 것이 아니라, 시를 통해, 그것을 있게 만든 제도의 터무니없는 편협성을 공격하여 우리 삶이 지독하게 남루한 것임을 지적하고 싶어 했던 시인들의 경우, 사정이 더 나빴음은 두말할 필요도 없는 일이다. 그들이 기준으로 삼아 밟고 건널 수 있는 사람들, 예컨대 임화라거나 김기림이라거나 정지용이라거나 하는 준거의 틀들이 모두 사라졌기 때문이다.[1]

---

[1] 50년대 시인의 가슴 아픈 비극적 정황을 언급하며, 김현은 이 세대가 제대로 전통(선배)의 세례와 단련을 받지 못했다는 점과 그랬기 때문에 전통을 부정적 측면에서만 관찰하게 되었다는 점을 아울러 지적하고 있다.(김현, 김종삼을 찾아서, 장석주 편, 『김종삼전집』, 청하, 1988, p.236. 이하 『전집』으로 표기함.) 그러나 필자가 보기에 부정 정신은 50년대 시인들에게만 국한되는 것은 아니며, 오히려 어느 세대든지 제대로 시를 쓰려고 하는 경우엔 그러한 태도를 바탕에 깔 수밖에 없을 것이라고 생각한다. 50년대 세대의 문제는, 그러한 부정 정신을 선배와의 대결을 통해 얻어낸 것이 아니라 스스로 고안해내야만 했다

김종삼(1921-1984)은 1940년대에 20대를, 1950년대에 30대를 보냈으며, 서른셋이 되던 1953년도에 시업을 시작한 시인이라는 점에서, 상기 진술의 표본에 해당한다. 도적놈처럼 급작스럽게 온 해방과, 그 뒤의 혼란 정국, 그리고 한국전쟁의 소용돌이 가운데, 그 어디서도 신뢰할 만한 현실을 찾지 못하고 방황한 시인이기 때문이다. 더구나 김종삼에게는 박남수, 전봉건 등과 마찬가지로 월남민 혹은 삼팔따라지라는 딱지가 하나 더 따라붙었다. 다른 이들과 달리, 가족과 함께 월남했으니 그래도 상황이 나은 편 아니냐고 반문할 수도 있겠다. 물론 다른 가족을 다 두고 혈혈단신 넘어왔거나, 겨우 부부만 빠져나온 경우보다야 낫다고 말할 수는 있겠지만, 자신의 정체성을 형성해 주었던 시간과 공간의 온갖 조건들을 두고 떠나와, 다시 돌아가 안겨볼 수 없다는 것은 매우 참혹한 일이 아닐 수 없다. 더구나 '삼팔따라지'라는 말에는, 고향을 부정하고 떠나온 사람들에게, 이 남쪽 땅도 새로운 고향으로서의 역할을 제대로 해 주지 못했다는 뉘앙스가 짙게 배어 있지 않은가. 이 땅의 내부자로 자리 잡지 못하고 머나먼 이역(異域)으로 이민 가 외롭게 죽은 시인 박남수의 경우가 보여주듯이, 남한 땅에서 월남민들은 물에 뜬 기름 같은 신세일 수밖에 없었다.

전쟁 통에도 김종삼은 서양 음악 레코드 수집에 열중했었다고 전한다. 그 중의 한 장, 바흐의 브란덴부르크 협주곡을 들으며, 그의 친구였던 젊은 불문학도 전봉래는 다방에서 스스로 목숨을 끊었다. 그 어름에 시작된 김종삼의 시업(詩業)에서, 생활의 흔적을 찾을 수 없다고 말하는 것은, 그래서 판단 착오가 될 소지가 크다. 그에게는 견뎌내야 할 생활이 오히려 너무 많았던 것인지도 모른다. 나는 그것을 '생활의 과잉'이라고 부를 것을 제안한다. 모든 공부를 일본어로 하며 자아를 만

는 점에서 논리적 토대가 박약해 쉬 부서질 수 있다는 사실이다. 물론 3, 40년대 시인들의 보이지 않는 영향을 입고는 있었겠지만 드러내놓고 그들과의 친소 관계를 논의할 수 없다는 것은 50년대 세대의 치명적 약점이었다.

들었으나 덜컥 해방이 되어 자신의 모든 것이 쓸모없게 되고, 김일성 정권이 싫어 월남했지만 곧이어 전쟁의 소용돌이에 휘말려 들고, 피난을 가고, 나이 서른이 넘도록 변변하게 밥 빌어 먹을 직장 하나 마련하지 못하고, 그 와중에 친구는 자살을 하는, 이 견딜 수 없이 힘든 생활 과잉의 상태를, 그는 시로 풀어보고자 했던 것이다. 그것도 지긋지긋한 현실로부터 가장 멀리 도망가는 언어2)를 선택함으로써, 그는 역으로 현실의 참혹성에 대응하려 했다.

시가 언어의 물성(物性)을 완롱(玩弄)하는 자족적 질서라는 견해가 없는 것은 아니다. 그러나 시와 시인의 삶에는, 또한 사회 제도라는 현실의 손때가 많든 적든 묻어 있기 마련이라는 견해가 엄존하는 것도 사실이다. 이 글은 후자의 입장에서, 김종삼의 시가 환상성에 기초하거나 동화적 세계 혹은 서구 지향적 태도를 드러낸다면, 그 이유가 '신뢰할 만한 현실'의 부재에 있을 것이라는 가정 하에 그의 시를 재점검해 보려 한다.3) 김현은 시 「원정(園丁)」의 분석을 통해 김종삼이 시인과 세계와의 사이를 비화해적인 것으로 보는 "비극적 세계 인식"4)을 갖고 있다고 지적했다. 그렇다면 세계의 어떤 점이 그를 그렇게 몰고 갔는가에 대한 질문이 자연스럽게 뒤이어질 필요가 있지 않을까.

---

2) 그의 '언어'에 대해서는, 중요한 언급들이 이미 상당 부분 행해진 바 있다. 황동규는 김종삼 시어의 특성이 여백미 즉 잔상(殘像) 효과를 중시하는 데 있다고 보아 그를 미학주의자라 칭했으며, 김주연은 그의 시가 비세속적이며 동화적이라고 보았다. 또한 이승훈은 김종삼 시에 등장하는 물과 돌의 이미지에 주목하여 그것이 각각 행복과 고통을 상징한다고 보는 한편 그런 이미지를 뒤에서 기율(紀律)하는 것이 환상성이라 설명하고 있다.
황동규, 잔상의 미학, 『전집』
김주연, 비세속적인 시, 『전집』
이승훈, 평화의 시학, 『전집』

3) 이승원 역시 "…그 도저한 순수미에 대한 집착 역시 현실과의 관련 속에 파악되어야" 할 필요성이 있음을 역설한 바 있다. 하지만 이승원은 그 현실을 '삶의 모순'이라는 일반론으로 풀어가고 있어 아쉬운 점이 남는다.(이승원, 김종삼 시의 환상과 현실, 『20세기 한국시인론』, 국학자료원, 1997.)

4) 김현, 시인을 찾아서, 『전집』, p.238.

문제는 질문에 대한 답을 찾기가 쉽지 않다는 데 있다. 익히 알려진 대로, 김종삼의 시는, '무엇무엇 때문에 이렇게 이렇게 되었다거나 이런 것들이 필요하다'는 완결문의 형식이 아니라, 전반의 '무엇무엇 때문에'는 사라지고 후반의 결과나 상황만을 툭 던져놓은 형태를 하고 있기 때문이다. 어느 시인보다도 넓은, 그 여백을 복구하는 일에는 따라서 어느 정도의 무리수가 뒤따를 수도 있겠다. 대개 한 시인이 남긴 여백을 메우는 데 그 자신의 산문이 요긴한 법인데, 그는 그조차도 별로 남겨놓지 않았다. 그의 시업(詩業)을 되짚어보는 일은 오히려 그래서 즐거움이 배가(倍加)된다. 그의 말마따나 행방이 '묘연(杳然)한 / 옛 / G. 마이나'(「G.마이나」)를 더듬는 일이기 때문이다.

2. 과잉의 현실을 넘는 세 가지 방법

정도 차는 있겠지만 시인은 지금-여기가 아닌 곳(것)에 대해 동경(憧憬)하거나 몽상하는 사람이다. 현재가 만족스러운데 시를 쓰고 있는 바보는 아무도 없겠기 때문이다. 지금-여기를 부정했을 때 시인이 나아갈 수 있는 방향은, 시간적으로는 과거 혹은 미래이고 공간적으로는 어느 다른 곳이어야 한다. 물론 그가 강골(强骨)이라면 7, 80년대 우리 민중 시인들이 그랬던 것처럼, 만족스럽지 못한 현재의 상황들을 따져보고 그 이유를 분석해서 대안을 제시하는 일[5]에 매달릴 수도 있었을 것이다. 김종삼은 그러나, 부정적 현실을 적시(摘示)하는 후자의 방법보다는 지금-여기로부터 일탈해 나아가는 전자의 방법으로 시를 썼다. 그가 처음 매달렸던 일탈처(逸脫處)는 고향과 음악이었다.

이북 고향[6]과 음악이라는 이 피난처들은, 겉보기에는 그 유가 매우

5) 그러나 대안 제시의 경우도 미래에의 투사(投射)라는 점에서 '지금' 시간에 대한 부정 의식을 동반하고 있기 마련이다.

달라 보이지만, 김종삼에게는 동일한 의미를 지니고 있었던 것으로 보인다. 긍정적으로 자신의 정체성을 형성해 가던 유소년과 청년기의 체험에, 이들이 각각 대응하기 때문이다. 이북 고향이 세상과의 불화를 겪기 이전의 장소를 표상한다면, 음악은 아버지의 강권(强勸)을 뿌리치고 자신만의 세계를 만들어가던 7년간의 동경 유학 시절 체험에 연결되어 있다.[7] 해방으로 귀국하고 거기다 분단으로 인해 월남한 김종삼에게, 그 시기 혹은 장소들은 결코 회복될 수 없기에 역으로 그리움이 증폭되는 대상이었을 것이다.

이 고향과 음악은 또 다른 의미에서도 하나로 긴밀히 결합되어 있다. 기독교와 죽음이라는 공통 모티프가 이들의 밑바닥을 가로지르고 있기 때문이다. 할아버지 대부터 기독교를 믿었던 집안에서 태어나 14세 때까지 교회에 나가고, 미션계 학교를 다녔던 그에게, 서양 종교로서의 기독교는 먼 곳에 대한 형언할 수 없는 그리움을 갖게 만들었다. 거기 더해 김종삼은 생애에 몇 번의 충격적인 죽음과 만나게 되는데, 동생(들?)의 죽음에 대한 떨칠 수 없는 기억이 그 제일 밑바닥에 자리 잡고 있는 듯하다.[8] 이는 거의 정신적 외상(外傷)이라 부를 만한데, 이 상처를 치료하여 납득하는 과정에 기독교 체험이 관여하고 있는 것이다. 죽음 체험이 존재의 근원에 대해 성찰하게 만들었다면 그 대답의 언저리에 종교가 배회하는 일은 지극히 자연스러운 일이다. 이들이 결합하

---

6) 이 때의 이북 고향이 출생지인 황해도 은율만을 지칭하지는 않는다. 일찍부터 그의 집안은 평양으로 나와 살았던 것 같고, 중학 시절까지의 평양 체험을 드러내는 시에서도 그는 안온한 장소감을 드러내기 때문이다.

7) 대담에 기초한 것으로 보이는 강석경의 글에 따르면, 김종삼은 자신의 동경 시절을 "문화와의 접촉" 시기라고 불렀다. 해방 후 귀국했을 때, 괜히 나왔다고 생각할 만큼 일본 체험은 젊은 그에게 해방구의 역할을 했다. 그가 음악에 심취하게 된 것이 바로 이 시기였다.(강석경, 문명의 배에서 침몰하는 토끼, 『전집』, p.282.)

8) 친구 전봉래의 죽음과 어머니의 죽음이 또 한 번의 큰 충격을 안겨주었던 듯하고, 전쟁의 와중에 만났을 숱한 죽음들이 거기에 대한 공포를 증폭시켰던 것으로 생각된다.

여, 혹은 동인(動因)이 되어, 그의 고향과 음악이라는 피난처가 '무인지경의 낯선 천국' 혹은 '환상적 공간'이라는 제 3의 장소로 변주된다. 시간을 통한 현재 부정의 방식이 공간 이동을 통한 그것으로 전이되는 것이다.

2-1. 유년으로의 자맥질

김종삼의 시는 기본적으로 짧다. 말을 다듬고 또 다듬은 결과일 것이다. 그러나 그의 초기시는 다듬는 정도가 좀 심해, 일상 언어에 조직적 폭력을 가하는 것이 시라는 러시아 형식주의자들의 말을 연상하게 한다. 비틀기가 과해 말의 폭력으로 느껴지는 이런 현상은 동시대 〈후반기〉 동인들의 시나 김수영의 초기시에서도 공통으로 발견되는 바, 이를 이 시대의 시인들이 언어의 조작이 곧 시라는 의식에 젖어 있었기 때문9)으로 볼 수 있겠지만, 이들이 아직 우리말의 법을 제대로 익히지 못했던 탓으로 볼 수도 있을 것이다.10) 그 결과 뿌리(전통) 없는 겉멋만이 두드러졌던 것이다. 대개 첫 시집인 『십이음계』(삼애사, 1969) 이전에 발표된 시들에서 이런 현상이 자주 발견되는데, 그런 형식의 혼란 와중에도 그의 시적 주제는 유년 시절에 집중되어 있어, 그나마 일관성이 유지되는 편이다. 유년 시절의 밑바닥에는 〈미손〉 체험이 그늘처럼 깔려 있다.

---

9) 후에 김수영이 자신의 초기시를 히야까시 같은 시라 부르거나 박인환의 시를 온전한 것으로 여기지 않았던 사실도 이와 관련해 이해해야 할 것이다.
10) 김종삼의 경우, 자신만의 색깔을 완전히 갖춘 것으로 판단되는 후기시에서조차 이중 피동 표현을 너무 자주 써서 시의 맛을 반감시키는데 이 역시도 그가 우리말 훈련을 제대로 받지 못한 증거로 보아야 할 것이다. 초기시 가운데 「의음(擬音)의 전통(傳統)」이나 「종 달린 자전거」, 「시사회(試寫會)」, 「지대(地帶)」 등의 시가 구문의 과잉 파괴로 제 맛을 살리지 못한 예에 해당한다.

나는 옷에 배었던 먼지를 털었다.

이것으로 나는 말을 잘 할 줄 모른다는 말을 한 셈이다.

작은 데 비해

청초하여서 손댈 데라고는 없이 가꾸어진 초가집 한 채는

<미숀>계, 사절단이었던 한 분이 아직 남아 있다는 반쯤 열린 대문
짝이 보인 것이다.

그 옆으론 토실한 매 한가지로 가꾸어 놓은 나직한 앵두나무 같은
나무들이 줄지어 들어가도 좋다는 맑았던 햇볕이 흐려졌다.

이로부터는 아무데구 갈 곳이란 없이 되었다는 흐렸던 햇볕이 다시
맑아지면서,

나는 몹시 구겨졌던 마음을 바루 잡노라고 뜰악이 한 번 더 들여다
보이었다.

그때 분명 반쯤 열렸던 대문짝.

(「문짝」 전문)

이숭원이 김종삼 시법의 핵으로 제시한 명(明)과 암(暗) 혹은 정(靜)
과 동(動)의 교체[11]가 부드럽게 이어져, 어린 시절 시인의 내면을 섬세
하게 되비추고 있는 시다. "<미숀>계, 사절단이었던 한 분"이 사는 "초
가집"의 "반쯤 열렸던 대문짝" 앞에서 '그 분' 혹은 '그 곳'을 방문하기
위하여, 옷매무새를 가다듬으며 마음을 졸이고 있는 어린 영혼의 마음
씀이 손에 잡힐 듯하다. 특히 햇볕이 흐려지고 맑아지는 한 순간을,
구겨지고 펴지는 마음의 투사적(投射的) 등가물(projected equivalent)로
처리하는 솜씨가 맵다. '햇볕이 맑음'을 그 초가집으로 내가 '들어갈 수
있음'에 연결지음으로써, (우리네가 살던 다른 집과는 달리) 청초하게
정돈된 그 <미숀>의 "뜰악"을 향해 열려 있는 화자의 마음을 독자들이
충분히 읽어낼 수 있게 한다. 그래서 "이로부터는 아무데구 갈 곳이란
없이 되었다"라는 진술이 햇볕의 그것이면서 동시에 화자 심정의 표백
(表白)으로 읽히는 것이다. 여기에 "대문짝"의 상징성이 더해져, 이 시

---

11) 이숭원, 위의 책, p.329.

는 '밝고 맑은 〈미숀〉의 뜰'을 지향했던 김종삼 시인의 어린 날을 고스란히 보여주고 있다. 바흐찐에 의하면 '대문'은 경계의 크로노토프가 된다. 경계란 더 이상 갈 수 없음의 지표이기도 하지만 넘고 싶은 강렬한 욕망의 표지이기도 한 것이다.

그런데 특이한 것은, 그의 영혼에 비친 맑은 햇살 같은 이 〈미숀〉 체험이 무인지경(無人之境)의 낯선 분위기[12]를 동반한다는 점이다. 그곳은 깨끗이 비질된 텅 빈 마당처럼 잘 정돈되어 있긴 하지만 인간의 살 냄새가 맡아지지 않는다. 김종삼의 대표시로 꼽는 다음 시에서도 이러한 특징을 잘 볼 수 있다.

① 내용 없는 아름다움처럼

　가난한 아희에게 온
　서양 나라에서 온
　아름다운 그리스마스 카드처럼

　어린 羊들의 등성이에 반짝이는
　진눈깨비처럼

（「북치는 소년」 전문）

② 그해엔 눈이 많이 나리었다. 나이 어린
　소년은 초가집에서 살고 있었다.
　스와니江이랑 요단江이랑 어디에 있다는
　이야길 들은 적이 있었다.
　눈이 많이 나려 쌓이었다.
　바람이 일면 심심하여지면 먼 고장만을
　생각하게 되었다 눈더미 눈더미 앞으로
　한 사람이 그림처럼 앞질러 갔다.

（「스와니江이랑 요단江이랑」 전문）

---

12) 그의 기독교 이미지는 본격적인 종교 체험의 결과로 볼 수는 없다. 원죄 의식이나 대속(代贖) 의식, 혹은 내세 구원 의식이 동반되지 않기 때문이다. 따라서 그것을 기독교적 분위기라 이름하는 것이 옳아 보인다.

①② 역시 유년의 기억을 기초로 하고 있는 시들이다. 그리고 그 유년의 기억에는 예의 기독교 분위기가 주조를 이루고 있다. 두 시 모두 가난한 아이를 가운데 세우고 있지만 그 가난이 물질적 궁핍에 연결되어 있다는 느낌을 주지 않는 것까지 동일하다.[13) 아이의 가난은, 자신에게 주어지지 않은 낯선 것에 대한 동경을 극대화하는 배경으로 작동하고 있는 것이다. 낯선 것으로서의 기독교는, 이제 이 시들에 와서 어린 아이의 그리움을 증폭시키는 서구적인 것 일반의 의미로 확장되고 있다. 그리고 이 시들에서도 역시 삶의 구질구질한 면들은 깨끗이 정리되어 시의 전면에서 사라진다. '바람이 일고 눈이 많이 쌓인 동네'라는 조건도 '인적 없음'을 환기할 뿐이다. 할일 없어 먼 곳만을 상상하는 아이가, 미래 자기가 그 먼 고장들을 배회하는 모습을 앞당겨 체험하는 일은 그래서 자연스럽다.

①은 "내용 없는 아름다움"이라는 첫 구절의 강렬한 인상 때문에 김종삼을 미학주의자로 부르게 만들었던 시다. 황동규의 적절한 분석[14) 대로, 제목에 묶이지 않으면 비교 대상 없이 보조관념만 남는 독특한 구조로, 주의를 끄는 아름다운 시다. 낯선 아름다움이 시의 형식과도 적절히 만난 행복한 경우라고 불러야 할 것이다. 그런데 이 시는 아름다움의 '내용 없음'을 드러내려 했던 게 아니라, 내용 없이도 '아름다움'을 강조하려고 했던 것으로 보인다. 그 아름다움이란 크리스마스라는 이국 종교의 풍습을 이루는 이미저리로부터 발산되고 있다. 눈 내린 등성이에 양떼 한가로운 그런 그림의 카드를 인사로 주고받으며 흥성

---

13) 반경환은 시 「스와니江이랑 요단江이랑」이 "춥고 배고픈 현실에 대한 폐허 의식의 소산"이라고 말하지만 이 시에서 바로 그런 점을 찾기란 힘들어 보인다. 김종삼의 시 세계를 현실 의식의 소산으로 읽어내려 한 시도 자체는 중요하다고 볼 수 있지만, 그의 시들을 서구 제국주의의 폐해에 운명적으로 결부된 직접적 결과물로 보는 것에는 동의할 수 없다. 지나치게 굳은 정치적 잣대로 그의 시를 재단하고 있다는 느낌을 지울 수 없기 때문이다. (반경환, 폐허 속의 시학, 『시와 시인』, 문학과지성사, 1992, p.210.)
14) 황동규, 위의 글, pp.249-250.

거릴 이국의 풍정이란, 가난한 극동의 한 아이에게는 얼마나 낯선 그리움의 대상일 것인가. ②에서는 그 그리움이 "먼 고장만을 / 생각하게 되었다"라는 진술로 강화된다. 그 대상도 "스와니江이랑 요단江이랑"에서 보듯이 기독교 체험으로부터 출발하여 서양적인 것 일반으로 확장되고 있다.

2-2. 위무(慰撫)의 음악

어린 시절과 함께 그가 돌아가 숨는 또 하나의 장소가 음악이다. 음악, 그것도 서양 음악이라는 모티프는 그의 시 도처에서 출몰한다. 초기시 후기시 가릴 것 없이 그의 시들은 많은 경우 음악이 촉매가 되어 만들어지고, 그 결과 음악처럼 아련하고 추상적이다. 그의 삶이 음악 쪽으로 심하게 기울어 질 것을 예견케 함과 동시에, 그 음악 역시 먼 곳에 대한 동경에 뿌리가 닿아 있음을 보여주는 시가 바로 「쑥내음 속의 童話」다.

(앞 부분 생략)
풍식이란 놈의 하모니카는 귀에 못이 배기도록 매일같이 싫어지도록
들리어 오곤 했다.
자라나서 알고 본즉 <스와니江의 노래>였다.

선율은 하늘 아래 저 편에 만들어지는 능선 쪽으로 날아 갔고.

내 할머니가 앉아계시던 밭 이랑과 나와 다른 사람들과의 먼 거리를
만들어 주기도 하였다.

모기쑥 태우던 내음이 흩어지는 무렵
이면 용당패('포'의 오기? - 인용자)라고 하였던 바닷가에서
들리어 오는 오래 묵었다는 돌미륵이 울면 더욱 그러하였다.
자라나서 알고 본즉 바닷가에서 가끔 들리어 오곤 하였던 고동소리를

착각하였던 것이었다.

---이때부터 세상을 가는 첫 출발이 되었음을 몰랐다.
(「쑥내음 속의 童話」 후반부)

　어린 화자는 하모니카라는 서양 악기가 만드는 「스와니江의 노래」를 매일처럼 듣는다. 그런데 그 선율이 "하늘 아래 저 편에 만들어지는 능선 쪽"으로 날아갔다는 것, 그 선율이 나와 할머니 혹은 다른 사람들 사이에 먼 거리를 만들었다는 것, 용당포 바닷가에서 뱃고동소리(아마도 화륜선이었을 것이다)가 들려오면 더욱 그러했다는 것, 그리고 그 경험이 자기가 세상을 향해 나아가는 첫 걸음이었다는 것을 독백조로 들려주는 시다. 스티븐 포스터의 〈스와니강〉 선율이 지닌 애수에, 하모니카의 애조 띤 음색이 더해져, 먼 곳에 대한 그리움을 지니게 되었다는 것이다. 음악이란 본디 시간 예술이다. 그런데 김종삼은 거기서 먼 거리감을 찾아내고 있다. 음악을 듣는다는 것은 선율이 지속되는 동안 상상력을 동원하여 마음속에 그 음들의 이미지를 떠올리는 일일 것이다. 따라서 김종삼이 먼 나라의 애조 띤 민요 속에서 공간적으로 멀리 떨어져 있는 느낌을 발견해낸다는 것은 지극히 자연스럽다. 더구나 어린 날이란 미래와 미지(未知) 쪽으로 섬약한 촉수를 한없이 내미는 때가 아닌가. 음악을 통해 시간을 공간화하는 이러한 방법은 본격적인 서양 음악 체험을 노래하는 시편들에서 더욱 구체적으로 가시화된다. 「遁走曲」이나 「前奏曲」처럼 제목에 직접 악곡의 형식을 빌려와 이미지로 그려내는 경우에서부터 「G.마이나」 「十二音階의 層層臺」 「앤니 로리」 「드빗시 山莊」 등 서양 음악의 다양한 체험을 풀어놓는 시들에 이르기까지, 그의 많은 시들에 음악 혹은 소리에 연관된 소재들이 배치되고 있는데, 이들 대부분이 나름대로의 공간적인 형식을 보여준다는 점에서 공통적이다.

아뜨리에서 흘러 나오던
루드비히의
奏鳴曲
素描의 寶石길

한가하였던 娼街의 한낮
옹기 장수가 불던
單調

(「아뜨리에 幻想」 전문)

　두 개의 장면을 병치시키고 있는 시다. 병치 혹은 구문 파괴가 김종
삼의 특기임은 여러 연구자들이 이미 언급한 바 있다. 그런데 병치라는
방법 자체가 이미 공간적인 형식임은 말할 것도 없다. 이 시에서 병치
된 두 가지는 각각 다른 음악 소리로부터 환기된 장면들이다. 루드비히
반 베토벤의 음악이 들려나오던 화가의 아틀리에와 옹기장수의 애조
[單調]띤 소리가 퍼져가는 한가로운 창녀촌의 골목을 나란히 놓음으로
써, 시인은 그 둘이 빚는 불협화의 조화를 그려보고 있다. 두 소리가
빚는 불협화의 먼 거리감에서 삶의 서글픔을 읽을 수 있다면, 상극의
색깔들이 화가의 화폭 위에서 하나로 통일되듯이 나란한 두 소리의 조
화를 통해 삶의 다채로움을 긍정하려는 마음씨를 읽을 수 있는 것이다.
음악과 미술, 화려함(소묘의 보석길)과 단조로움, 밝음과 어두움을 나
란히 둠으로써, 극히 짧은 형태에도 불구하고 이 시는 충분히 입체적인
볼륨감을 갖게 된다. 특히, 옹기가 팔릴 까닭이 없는 창가(娼街)를 배경
으로 옹기장수의 단조 소리를 배치한 데서, "내용 없는 아름다움"의 무
용지용(無用之用)으로서의 성격을 구체화하고 있다는 점도, 기억되어
야 할 것이다. 그리고 음악을 다루는 이들 시에서도, 부러 낯설면서도
잘 정돈된 적막감을 밑바닥에 깔아둔다는 점에서 시인의 정제(整齊)와
절제(節制)를 향한 노력이 거의 기질적인 것은 아닐까 짐작케 한다.

온 終日 비는 내리고
가까이 사랑스러운 멜로디,
트럼펫이 울린다

二十八년 전
善竹橋가 있는
비 내리던
開城,

호수돈 女高生에게
첫사랑이 번지어졌을 때
버림 받았을 때

비옷을 빌어 입고 다닐 때
寄宿舍에 있을 때

기와 담장 덩굴이 우거져
온 終日 비는 내리고
사랑스러운 멜로디 트럼펫이
울릴 때

(「비옷을 빌어 입고」 전문)

　　트럼펫 소리는 이 시에서 과거와 현재라는 두 시간을 한 공간에 나란히 두는 매개체다. 거기에 비 내리는 공통 조건이 하나 더 따라붙긴 하지만, 주조는 역시 사랑스러운 멜로디의 트럼펫 소리다. 비와 트럼펫의 멜랑콜리한 분위기는, 첫사랑의 두근거림과 그로 인한 배회(徘徊), 그리고 그 무렵에 대한 지금의 그리움까지를 완벽하게 하나로 묶어준다. 그리고 특히 이 시가 의미 있는 것은, 김종삼 시인에게 있어 음악이 젊음의 한때를 환기하는 중요한 매체라는 점을 우리에게 보여준다는 점이다. 예술 가운데서도 가장 순수도가 높아서 모든 예술이 그 상태가 될 것을 지향한다는 음악과, 세속적인 모든 것을 떠나 자신만의 세계를 이룰 수 있으리라는 열망에 몸 달 수 있는 순수한 젊음이란 얼마나 닮은꼴인가. 따라서 시인은 삶이 불행하고 더럽다고 느낄 때마다 음악 쪽으로 더 기울어갈 수밖에 없었을 것이다.[15] 나아가 김종삼은 이 음악을 매개로 자신의 안식처를 예술 일반의 세계로까지 확장해 간다.

> 나의 無知는어제 속에 잠든 亡骸 쎄자아르 프랑크가 살던 寺院 주변에
> 머물렀다.
>
> 나의 無知는 스떼판 말라르메가 살던 木家에 머물렀다.
>
> 그가 태던 곰방댈 훔쳐 내었다
> 훔쳐 낸 곰방댈 물고서
> 나의 하잘 것이 없는 無知는
> 방 고호가 다니던 가을의 近郊 길바닥에 머물렀다.
> 그의 발바닥만한 낙엽이 흩어졌다.
> 어느 곳은 쌓이었다.
>
> 나의 하잘 것이 없는 無知는
> 쟝 뿔 싸르트르가 經營하는 煙炭工場의 職工이 되었다.
> 罷免되었다.
>
> (「앙포르멜」 전문)

이 시는 시인 자신의 지적(知的), 예술적 편력(遍歷)을 드러낸다. 화자는 온갖 것을 다 받아들일 준비가 된 마음의 상태를 "무지(無知)"라고 말한다. 무지한 상태로 처음 받아들인 것이 세자르 프랑크[16]의 음악이

---

15) 강석경, 위의 글, p.281.
16) 김종삼이 특히 좋아한 음악가가 이 세자르 프랑크와 요한 세바스찬 바흐인데 이들은 공히 깊은 신앙심을 바탕으로 교회 음악의 발전에 공헌한 바가 크다. 감정의 직접적 채색과 주관적 해석에 몰두한 낭만주의 음악보다, 고전주의 음악가로 분류되기도 하는 이들의 음악에 김종삼이 더 끌리게 된 것을 두고 그의 기질 탓으로 돌릴 수도 있겠지만, 어린 날의 기독교 체험과 무관하지 않은 것으로 볼 수도 있을 것이다.

며 스테판 말라르메의 문학 그리고 빈센트 반 고호의 미술이라는 것이다. 많은 평자들이 사르트르까지를 화자가 받아들인 것이라고 보지만, 그 점에 대해서는 판단을 좀 유보하는 편이 나을 듯하다. "罷免"이라는 말이 걸리기 때문이다. 거기다 찬찬히 보면, 앞의 세 경우 화자가 머무른 곳이 "사원", "木家", "길바닥" 등으로 문명과는 무관한 본원적인 상태를 환기하지만, 네 번째의 경우는 "공장"으로서 앞의 경우들과 그 유를 달리하고 있다. 그 점에서 앞의 경우들과 달리 "파면"이라는 꼬리를 달았던 것이 아닐까.

〈앙포르멜〉이라는 50년대 유행의 실존주의적 미술 사조를 제목으로 삼은 것도 이와 관련이 깊어 보인다. 비정형을 통해 생명의 긴장감을 표현하려 했던 프랑스 본 바닥의 운동과 달리, 일본을 거쳐 한국에 들어온 앙포르멜 운동은 그냥 하나의 부박(浮薄)한 사조일 뿐이었다.[17] 초기시에서 보듯이, 시인 자신도 뜻 없이 과격하기만 하던 실존주의적 유행 사조에 휩쓸려 들어갔던 것으로 보이는데, '싸르트르 연탄 공장으로부터의 파면'이란 바로 그에 대한 반성으로 볼 수 있을 것이다.

2-3. 무인지경의 낯선 천국

유년과 음악이 지금-여기에 만족하지 못한 화자들의 과거로의 피난처라면, 이 세 번째 유형은, 시간적으로는 미래이지만 이 땅위에 실현

---

17) 김찬동, 한일현대미술전-타자와 우리 사이 전 소고, 『미술과 담론』, 1999 가을. "한국현대미술사를 기술할 때, '50년대말 앙포르멜 미술을 그 시발점으로 삼는데 누구도 이의제기 없이 받아들이고 있지만, 실제로 그 앙포르멜이란 '군화 발에 묻어 들어온 서구양 식의 감각적 차용'의 차원을 크게 벗어나지 않는 것이라고 말해도 과언은 아닐 것이다. 이 는 앙포르멜 밑세대들이 보여주던 기하학적 추상의 경우에 있어서도 크게 다르지 않다. …앙포르멜이든 모노크롬이든 자신들의 감성에 부합되는 서구의 양식을 먼저 수용한 뒤 견강부회적으로 이를 위한 미학과 논리를 개발함으로써 리얼리티를 결여한 미술이기 때문이다."

될 수 없는 천국의 이미지를 동반한다는 점에서, 공간적인 도피에 가깝다. 이들 시 역시 무인지경의 낯선 분위기를 배경에 깔고 있다. 간혹 인간적 형상이 등장하는 경우도 있는데, 그들 대부분은 죄짓기 전에 죽은 어린아이들의 이미지로 그려진다.

① 城壁에 日光이 들고 있었다
   육중한 소리를 내는 그림자가 지났다

   그리스도는 나의 산계급이었다고
   죄없는 무리들의 주검옆에 조용하다고

   내 호주머니 속엔 밤 몇톨이 들어
   있는 줄 알면서
   그 오랜 동안 전해 내려온 전설의
   돌층계를 올라가서
   낯모를 아이들이 모여 있는 안쪽으로
   들어섰다 무거운 거울 속에 든 꽃잎새처럼
   이름이 적혀지는 아이들에게
   밤 한톨씩을 나누어 주었다

                              (「復活節」전문)

② 醫人이 없는 病院뜰이 넓다.
   사람들의 영혼과 같이 介在된 푸름이 한가하다.
   비인 乳母車 한 臺가 놓여졌다.
   말을 잘 할 줄 모르는 하느님의 것일까.
   버리고 간 것일까.
   어디메도 없는 戀人이 그립다.
   窓門이 열리어진 파아란 커튼들이
   바람 한 점 없다.
   오늘은 무슨 曜日일까.

                              (「무슨 曜日일까」전문)

③ (2연 생략)
　　줄여야만 하는 생각들이 다가오는 대낮이 되었다.
　　어제의 나를 만나지 않는 날이 계속되었다.

　　골짜구니 大學建物은
　　귀가 먼 늙은 石殿은
　　언제 보아도 말이 없었다.

　　어느 位置엔
　　누가 그린지 모를
　　風景의 背音이 있으므로,
　　나는 세상에 나오지 않은
　　樂器를 가진 아이와
　　손쥐고 가고 있었다.

(「背音」의 뒷부분)

　　이 시들에 등장하는 배경은 분명히 실재하는 공간이 아니다. 아직 존재한 적이 없고 아무도 가 본 적이 없는 공간이다. 그리고 그 공간의 분위기를 형성하는 주된 모티프는 역시 서구적인 것과 기독교적인 것에서 빌려온 것들이다. ①에서 화자는 예수의 부활 이미지를 빌려와 그 스스로 시간적 공간적 한계를 뛰어 넘는다. 이승의 '일광(日光)'이 비치는 성벽의 돌층계'[18]를 다 올라간 거기는 "낯모를 아이들이 모여 있는 안쪽"인 바, 이미 시간적 한계 너머에 해당한다고 볼 수 있다. 부활절이라는 소재가 그것을 뒷받침하고 있다. 따라서 '거울에 꽃잎처럼 이름이 새겨지는 아이들'이란 세상에 나오지 못했거나 나와서도 일찍 죽은 영혼들의 이미지에 해당하는 것이다. 그 영혼들에 대한 연민이 밤 한 톨에 스며 있다.

　　시 ②는 시 ①의 "안쪽"에 대한 구체화로 볼 수 있다. 이 세계를 큰 병원으로 인식하는 일은 시인들의 오랜 버릇이다. 그런데 김종삼은 의

---

18) 시에서 층계란 대개 시간의 진행을 표상한다.

사가 없는 병원 뜰을 묘사한다. 의사가 없으므로 환자도 없다. 뿐만
아니라 유모차는 있는데 아이도 그 엄마도 없다. 한가하기 짝이 없다.
푸른 안식19)만이 영원할 듯한 분위기다. 따라서 그러한 공간에서 요일
을 따진다는 것은 무의미하다. 굳이 따진다면 영원한 일요일이라고 대
답하는 것이 가장 적절할 듯하다. 마치 꿈속이듯 그려진 이 낯선 아름
다움을 두고, 많은 평자들이 환상성을 이야기했던 것이다.

　이러한 시공간 의식은 ③에서도 거듭되는데, 그곳은 이미 어제와는
결별한 곳이다. 시간을 뛰어넘은 듯한 석조 대학 건물만이 덩그런 풍경
의 한쪽에, 내가 "세상에 나오지 않은 / 악기를 가진 아이와 / 손쥐고
가고" 있다. "세상에 나오지 않은" 것이 악기인지 아이인지 불명확하긴
하지만, 화자에게 결코 현실에서 실현될 수 없는 시간이 주어져 있음을
확인하기 위한 장치인 것만은 분명하다.20)

　이국풍이면서 평화로운 그 어딘가에서, 곧 죽을 아이거나 이미 죽은
아이들을 만난다는 설정은, 시인의 다른 시들 여기저기에서 쉽게 발견
된다. 얼마 못가서 죽을 안니·로·리라는 아이를 푸른 언덕가에서 만났
다는 시「그리운 안니·로·리」가 그러하며, 앞만 가린 채 보드라운 먼지
를 타박거리며 혼자 놀고 있는 아이를 묘사한 시「뾰죽집」역시도 같은
계열로 이해된다. 문제는 이런 풍의 시들을 통해서 김종삼이 드러내고
자 했던 것이 무엇인가 하는 점이다. 그가 그렸던 유년과 음악의 세계
에 연관지어 보는 것이 아마도 가장 온당한 이해가 될 수 있지 않을까.
유년과 음악처럼, 낯선 천국의 이미지 역시 현실의 누추함을 역설적으
로 보여주기 위한 장치로 이해하는 방법이 그것이다. 순진무구한 아이
들처럼, 고요하고 단순한 평화가 이 땅위에 내렸으면 좋겠다는 소박한

---

19) 특히 김종삼의 시에서 푸른색은 낯설지만 편안한 분위기를 만드는 대표적 색
　　채다.
20) 석조 건물과 악기를 가진 아이의 조합으로 볼 때, 시인은 서구식 천사 이미지
　　를 염두에 두고 있는 듯하다.

바람이 만든 환상. 죽음 뒤의 세계를 긍정한다는 허무 의식이나, 내세의 구원을 바라는 종교적 기원 같은 큰 의미들을 견디기에, 그의 시는 너무 여리고 아름답기 때문이다.

3. 죽음과 기독(基督)

물론 시인 김종삼이 늘 현실에서 도망가는 자세를 취해 온 것만은 아니다. 유년이나 음악, 천국으로 나아가려는 열망이 강렬한 그 만큼에 비례해서, 현실의 누추함에 눈이 돌려질 수밖에 없었을 것이다. 늘 지금-여기 아닌 곳에 눈을 돌리던 초기시부터, 그는 현실의 그늘을 형상화한 시를 툭 툭 던져놓곤 했다. 「전봉래」나 「屍體室」, 「地帶」 등이 그 예인데, 이들 시는 한결같이 죽음이 그 모티프가 되고 있다. 그것도 전쟁과 그것이 남긴 상처로 죽어간 사람들의 문제를 중심에 놓음으로써, 그가 결코 그 자신만의 아름다움에 빠져 들었던 시인이 아니라는 사실을 부러 증명하려는 듯하다. 그런데 죽음에 대한 그의 이 예민한 반응의 뿌리는 이미 유년시절에 마련되었던 것으로 짐작된다. 시인은 아우 가운데 둘을 일찍 잃는데, 그 중 한 명의 죽음이 그의 유년기에 지울수 없는 상처로 각인되었던 것 같다. 시 「개똥이」가 그리고 있는 것이 그 때의 상처와 무관하지 않아 보이며, 비교적 후기작인 「운동장」에서는 보다 구체적인 진술로 그 죽음을 기억해 내고 있다. 거기 더해 그는 전쟁기에 절친한 친구 전봉래를 잃고, 60년대 초에는 동생 중 나머지를 잃었다. 죽음에 대한 이 개인적 상처가, 한국 전쟁 전후의 참혹상과 만나면서, 치유되는 것이 아니라 더 증폭되었던 것이다. 그는 그 죽음들을 매개로 자신이 처한 사회적 현실에 눈뜰 수 있었다.[21]

---

21) 그가 남긴 총 170편의 시 가운데, 죽음이나 죽은 이에 대해 직접적인 언급을 하고 있는 시가 무려 70여 편에 이른다는 것은 그에게 있어 죽음이 얼마나

말할 것도 없이, 죽음이라는 소재를 통해 자신의 당대를 읽으려한 그의 현실 의식이 가장 극명히 드러난 경우의 첫 번째로, 시 「민간인」을 꼽을 수 있을 것이다. 분단으로 인한 사선(死線)을 넘어 생존하기 위해, 울음을 터뜨린 아이를 차가운 바닷물 속으로 밀어 넣는다는 이 시의 소재는, '민간인'이라는 제목으로 해서 전쟁의 참혹성과 아이러니를 한층 더 비극적으로 강화시킨다. 필자 개인적으로는, 우리 현대시사에서 분단으로 인한 상처를 이보다 간명하게, 그러면서도 이보다 처절하게 그려낸 시는 현재까지 다시없다고 생각한다. 그러면서도 불만이 아주 없는 것은 아니다. 시인이 '민간인'이라는 제목을 사용함으로써, 이분법적이고 운명론적인 사유구조를 드러내기 때문이다. 아무 죄도 없는 민간인들이, 이유도 없이 분단으로 인한 상처를 아프게 감당하고 있다는 인식의 밑바닥에는, 힘없는 민간인들에게 그런 일들은 너무 거대하고 운명적인 사건이라는 판단이 깔려 있는 것이다. 이런 판단에는 물론, 분단 문제를 한국사의 특수성으로 이해하는 것이 아니라, 세계사 혹은 문명사의 거대 흐름이 빚은 일반적인 문제의 하나로 취급하려 했던, 당대 역사 인식의 한계가 커다란 역할을 했을 것으로 생각된다.

　그는 당대를 "해온 바를 訂正할 수 없는 시대"라고 생각했다. 그리고는 "현대는 더 便利하다고 하지만 人命들이 값어치 없이 더 많이 죽어가고 있다 / 자그만 돈놀이라도 하지 않으면 延命할 수 없는 敎人들도 있다"(「고장난 機體」의 후반부)라고 해서 그 '정정할 수 없는 시대'의 세목들을 밝히고 있다. 용당포에서 죽임을 당한 아이들도 한국사의 특수한 사정이 빚어낸 희생이 아니라, 현대라는 이미 고장난 기체(機體)가 상하게 한 인명(人命)들인 것이다. 6.25라는 미증유의 한국사도, 그에게는 이처럼 문명이 일으킨 전쟁 일반의 범주 아래 이해되었던 듯하다. 아우슈비츠 이미지를 이용해 전쟁에 접근하는 방법을, 그가 그토록

　중요한 주제였던가를 짐작케 한다.

자주 이용했던 것도 이 때문이었을 것이다.

> 밤하늘 湖水가엔 한 家族이
> 앉아 있었다
> 평화스럽게 보이었다
>
> 家族 하나하나가 뒤로 자빠지고 있었다
> 크고 작은 人形같은 屍體들이다
>
> 횟가루가 묻어 있었다
>
> 언니가 동생 이름을 부르고 있다
> 모기 소리만하게
>
> 아우슈비츠 라게르.
>
> (「아우슈비츠 라게르」 전문)

밤하늘 호숫가에 평화스러운 한 가족의 모습이 보인다. 그런데 다시
보니 그들 모두는 얼굴에 횟가루를 묻히고 나자빠진 시체들이다. 가스
실에서 죽임을 당하고 불태워졌던 많은 사람들의 참혹한 이미지가 즉
각 환기된다. 그로테스크한 그 상황의 배음(背音)으로 언니를 찾는 동
생의 목소리가 모기 소리만하게 들리고 있다. 독자들은 최대한 절제된
표현들 사이로 울려 퍼지는 모기 소리만한 아이의 목소리를 연상함으
로써, 소름끼치는 공포의 감정에 직면하게 된다. 그리고는 전쟁이라는
이름으로 저질러진 문명의 야만성에 치를 떨 것이다. 하지만 이 이미지
를 통해서 한국 전쟁의 참혹성에 직접 가 닿을 수는 없다. 먼 나라 이야
기라는 심리적 거리감이 한 번 개입하기 때문이다.

전쟁 일반을 문제 삼을 때, 그로 인해 사라져가는 목숨들의 문제 역
시 존재의 문제로 일반화되기 마련이다. 6.25를 치른 '한국인'의 문제가
아니라, 목숨가진 모든 것이 반드시 한 번은 겪어야 할 운명의 문제로

바뀌는 것이다. 그러고 보면 김종삼의 이러한 태도는 이미 초기시부터 예견되었던 바라고 할 수 있다. 가령, 하루 일을 끝내고 돌아오는 저녁 무렵을 배경으로, 물먹는 소의 목덜미에 손을 얹고 있는 할머니를 그림으로써, 존재 일반의 고독과 우수를 더할 나위 없이 깔끔한 톤으로 보여주었던 시 「묵화」나, 영혼이 하나님 앞에 섰을 때를 가정하여 "그동안 무엇을 하였느냐는 물음에 대해 / 다름아닌 人間을 찾아다니며 물 몇 桶 길어다 준 일밖에 없다고" 대답하는 시 「물 桶」 등에서, 인간이라는 존재 일반을 향한 연민이 잘 드러나고 있기 때문이다. 이런 태도는 중, 후기시에서도 변함없이 반복되고 있는데, 「기동차가 다니던 철뚝길」이나 「掌篇.2」가 보여주는 휴머니즘의 뿌리도 바로 여기에 닿아 있다.

그가 시에 끌어들이는 예술가들도 대부분 이 기준에 맞춰져 있다. 힘들게 살다가 일찍 세상을 버린 가엾은 목숨들인 것이다. 모차르트, 스티븐 포스터, 베토벤, 나도향, 한하운, 나운규, 이중섭, 김소월, 전봉래, 김수영, 김관식 등, 양(洋)의 동서를 막론하고, 가난하지만 순수한 예술혼을 불태우다 요절한 사람들에게 보내는 애정과 연민이, 그의 시를 끌고 가는 힘이었던 것이다. 시인은 자신의 이름을 그들과 나란히 등재함으로써, "아름다운 레바논 골짜기"(「시인학교」)에 있다는, 그 평화롭고 곱고 낯선 세상에 대한 동경을 숨기지 않는다. 그런 세상에 대한 동경을 멈추지 않았기에, 끝내 전쟁조차도 가볍게 스쳐 지나갈 수 있었던 것이다.

> 헬리콥터가 지나자
> 밭 이랑이랑
> 들꽃들이랑
> 하늬바람을 일으킨다
> 상쾌하다
> 이곳도 전쟁이 스치어 갔으리라.
>
> (「서시」 전문)

그가 이처럼 한국 전쟁이 아니라 그냥 전쟁, 한국 사람이 아니라 그냥 목숨 있는 사람의 문제로 세상을 바라보게 된 까닭이 무엇일까. 필자가 보기에 그것은, 유년 시절부터 그를 사로잡았던 서구 교양 체험, 그 중에서도 기독교 체험 때문으로 풀이된다. 어린 그의 영혼을 물들였던 죽음에의 공포가 존재 일반에 대한 의문으로 치환되었을 때, 기독(基督)이 그중 가까이 있다가 그에게 나름의 해답을 주었던 것이다. 하나님과 그 나라가 막연하나마 가까이 있다는 그 믿음이야말로, 삶에 주어진 개체성을 지우고 존재 일반의 문제에로 기울게 한 근원적 힘이었다. 그리고 그처럼 목숨의 문제가 존재 일반의 문제인 한, 그는 그것들을 한 공간 안에 병치시켜 절제된 언어로 노래할 수 있었던 것이다.

문제는 목숨의 문제, 곧 그가 그토록 자주 언급하던 죽음의 문제가, 자기 발등에 떨어진 불이 되었을 때이다. 존재 일반이 아니라 오롯이 자기 자신만의 문제로 죽음이 다가왔을 때, 그는 문득 자기가 잘못 살아왔을지도 모른다는 죄책감에 빠져든다. 그러자, 유년, 음악, 혹은 천국의 이미지를 통해 늘 비켜서기만 했던 개별자들의 현실적 삶이, 문득 눈에 들어오기 시작하는 것이다. 이쯤 되면 그의 초, 중기시를 지배해 왔던 그 시법들에도 상당한 변화가 오리라는 점이 충분히 예견된다.

① 여긴 또 어드메냐
　　목이 마르다
　　길이 있다는
　　물이 있다는 그 곳을 향하여
　　罪가 많다는 이 불구의 영혼을 이끌고 가 보자
　　그치지 않는 전신의 고통이 하늘에 닿았다

　　　　　　　　　　　　　　　　　　　　　　(「刑」 전문)

② 작년 1월 7일
　　나는 형 종문이가 위독하다는 전달을 받았다
　　추운 새벽이었다골목길을 내려가고 있었다

허술한 차림의 사람이 다가왔다
한미병원을 찾는다고 했다
그 병원에서 두 딸아이가 죽었다고 한다
부여에서 왔다고 한다
연탄가스 중독이라고 한다
나이는 스물 둘, 열 아홉
함께 가며 주고받은 몇 마디였다
시체실 불이 켜져 있었다
관리실에서 성명들을 확인하였다
어서 들어가 보라고 한즉
조금 있다가 본다고 하였다

(「掌篇」 전문)

③ 누군가 나에게 물었다. 시가 뭐냐고
나는 시인이 못되므로 잘 모른다고 대답하였다.
무교동과 종로와 명동과 남산과
서울역 앞을 걸었다.
저녁녘 남대문 시장 안에서
빈대떡을 먹을 때 생각나고 있었다.
그런 사람들이
엄청난 고생 되어도
순하고 명랑하고 맘 좋고 인정이
있으므로 슬기롭게 사는 사람들이
그런 사람들이
이 세상에서 알파이고
영원한 광명이고
다름아닌 시인이라고.

(「누군가 나에게 물었다」 전문)

이제 장면들의 병치나 구문의 비틀기 혹은 전통시형의 파괴를 통해, '내용 없는 아름다움'을 그리려던 버릇은 깨끗이 사라지고 없다. 오히려 너무 진술에만 의존하는 것이 아니냐고 걱정할 만하다. 시 ①은 현실과 목숨이 그리 만만하게 일반화될 수 있는 것이 아니라는 것을 보여준다. 그것을 겪는 개인들에게 지독한 고통이고 형벌일 수 있다는 것이다. 여기서의 죄의식이, 자기에게 주어진 삶과 당당하고 치열하게 맞서 싸우지 못했다는 반성의 결과로 생겨난 것이라고 읽는다면, 지나친 오독(誤讀)일까? 시 ②는, 시 ①에 남은 마지막 관념투까지 벗어버리고, 죽음의 맨얼굴과 맞대면하고 있는 자신을 드러내고 있다. 벽에 걸린 수묵화를 앞에서 목숨 있는 것의 고단함을 추체험하고, 그 결과를 아름다운 액자에 담아 독자에게 보여주는 것이 아니라, 자기 앞에 실감으로 존재하는 목숨의 고통을 온몸으로 직접 전달하고 있는 것이다. 특히 마지막 행은 딸자식의 주검을 차마 쉽게 들여다보지 못하는 아버지의 심정을 냉정하게 묘파함으로써, 읽는 이의 심금을 뜨겁게 건드리기에 충분하다. ③은, 시 ②에 등장하는 것과 같은 아버지들의 진솔한 삶, 고통스러워도 끝내 그것들과 맞설 수밖에 없는 사람들의 삶이야말로 진정한 시인의 삶이라는 인식을 통해, 무위도식에 가까웠던 자신의 삶을 반성하고 있다. 이로 볼 때, 시 ①의 죄의식에 대한 풀이가, 크게 잘못된 것이 아니라는 점을 알 수 있지 않을까.

4. 한 월남민의 운명

그래도 궁금해진다. 유년으로, 음악으로, 낯 선 곳에 대한 그리움 쪽으로 피해 다니며, 자신에게 짐 지워진 현실 과잉의 상태를 넘어서려고 썼던 그 몸부림을, 차라리 시대와 정면 대결하는 데 쓸 수는 없었을까 하는 의문이 그것이다. 터무니없이 부정적인 시대 현실을 적나라하게 풍자하고 조롱하며 자기 시의 길을 개척해간 김수영 같은 동시대인이 있기에, 이런 의문을 품는 것이 불가능한 일은 아닐 것이다. 물론 생래적 기질의 차이가 이렇게 동떨어진 시풍을 낳았다고 말해버리면 간단한 일이긴 하다.

그런데 가만히 헤아려 보면, 그것이 생각보다 간단하지 않은 문제라는 것을 알 수 있다. 박남수의 경우에도 같은 질문을 할 수 있는데, 『문장』지 추천 시인 가운데 누구보다 높은 사회의식을 갖고 있었음에도, 그 역시 자기가 발 딛고 사는 곳에 대해 정면 대결을 벌이지 못하고 말았던 것이다. 박남수나 김종삼 모두 월남해 정착한 서울에서의 삶이 결코 만족스러울 리가 없었다. 그럼에도 내내 그 상황을 비켜가는 시로 자신들의 시력(詩歷)을 채우고 있다는 것은 시사하는 바가 크다. 단정할 수는 물론 없겠지만, 이북 출신 38따라지라는 신분이 그러한 대결을 쉽지 않게 만들지나 않았을까 추측해 볼 수 있기 때문이다. 월남 시인이 드러내는 자기 시대에 대한 부정의식이, 남한 땅이 고향인 시인들의 그것에 비해 두 배로 증폭된 몰이해를 불러일으킬 가능성은 전혀 없었던 것일까?

개연성이 그리 높지 않은 추리인데다 증명할 만한 뾰족한 수단이 없는 것은 사실이지만, 나름대로는 반드시 짚어보아야 할 대목이라는 생각이 든다. 휴전 이후의 지독한 냉전적 분위기가 이 땅 지성들의 자유로운 사고 활동을 대량으로 억압해온 역사 또한, 김종삼 시인이 견뎌내야 했던, 과잉 현실의 중요 내용을 이루고 있는 것이 사실이기 때문이다. 서두에서 언급했던, 선배 없이 막 나갈 수 있었던 50년대 시인들의 경우, 진짜로 그들이 참조할 만한 시적 전통이 없었던 것은 결코 아니다. 이 땅을 짓누른 분단의 질곡이 그들로 하여금 선배가 없다고 말하도록 강요했던 것이다. 그 50년대 세대를 대표하는 시인 중의 하나라는 점에서, 김종삼 역시 그런 분위기에서 절대로 자유로울 수 없었음은 물론이다. 굳이 장(章)을 달리하여 의문을 제기해 보는 소이가 여기 있다.

문덕수 시론의 의미
—『한국모더니즘시연구』를 중심으로

1. 김기림과 문덕수

두 말할 필요도 없이 문덕수 선생은 시비평가 혹은 시론가이기 이전에 시인이다. 그것도 1955년이라는 한국문학사의 문제적 시기에 등단하여 일관되게 하나의 시적 경향을 답파해나간 성실한 시인이다. 1955년이 문제적이라고 말한 것은 그 때가 한국전쟁 직후이기 때문이다. 한국전쟁이 중요한 영향을 끼치지 않은 우리 사회의 어떤 분야가 있을까마는 문학사가 받은 충격은 유다른 바가 있다. 전쟁을 전후해서 한국의 문학판 전체가 재편된다는 것이 그 첫째 이유이며 재편의 방향이 한둘의 담론을 중심으로 협소하게 좁혀져버린다는 것이 두 번째 이유이다. 그 한둘의 담론이란 다름 아니라 순수 문학 담론과 50년대식의 모더니즘 담론들이다. 모더니즘 담론 앞에 50년대식이라는 수식어를 붙인 이유는 그것이 그 뿌리에 해당하는 30년대 모더니즘과는 성격에 있어 많은 부분을 달리 하기 때문인데, 무엇보다도 50년대 모더니즘은 30년대의 선배 모더니즘이 이루어냈던 문제의식의 많은 부분을 공유할 수 없는 자리에서 출발했다는 점이 차이의 주 내용이라 볼 수 있다.

주지하듯이 김기림을 이론의 효장(梟將) 삼아 전개된 30년대 모더니즘은 역시 임화가 우이(牛耳)를 쥐고 있던 카프 문학과의 대결을 통해 자신의 이론적 허점을 보완하여 하나의 주류적 담론으로서의 정체성을 확보한다. 소위 기교주의 논쟁이 그 대결의 발판이었다. 회화성 위주의 이미지즘 시 이론으로 시론 작업을 시작한 김기림은 이미지만으로 이루어지는 시의 한계를 자각하고 음악성과의 종합을 시도하지만 그것만으로는 역부족이었다. 당대 조선의 특수한 현실 문제를 외면하고 근대 문명 일반에 대한 비판으로 시종하는 한 모더니즘 시의 파탄은 자명한 것이었기 때문이다. 이 점에 대한 임화의 공격은 충분한 근거를 가진 것이었다. 따라서 김기림이 임화의 비판을 수용하고 기교에 더불어 시대정신을 담지해내야 한다는 결론에 도달했을 때[1], 이는 비록 이론의 차원이긴 하지만 모더니즘이라 불리는 하나의 문예운동이 제자리를 잡아가는 증표일 수가 있었다. 물론 실제 시작 과정에서 시대정신이라 부를 만한 조선적 특수성의 관철이 표 나게 이루어진 바는 없지만 김기림은 이를 통해 적어도 모더니즘의 한국화로 나아갈 수 있는 단초를 제공한 셈이었다. 그 점에서 바로 이 대목은, 김기림이 근대를 만들어가는 일과 그것을 넘어서는 일을 동시에 진행시켜야 하는 식민지 반자본주의 국가의 모더니스트라는 자기 정체성을 납득하는, 문학사의 몇 안 되는 명장면의 하나였다고 할 수 있다. 해방 후 김기림 정지용 김광균 이태준 박태원 등 소위 모더니스트 작가들이 대거 임화 진영에 참가하는 일을 두고 돌연스럽다고 받아들이는 태도는 김기림이 도달한 이 결론의 의미를 제대로 파악하지 못한 결과라 할 수 있다. 임화가 제시한 부르주아 민족주의의 노선이란 인민 주체의 근대 민족 국가를 만드는 일이었고 그것이 곧 김기림이 생각한 근대 만들기의 내용에 다름 아니었던 것이다.

　한국전쟁의 종식은 바로 이 부분, 즉 리얼리즘과 모더니즘을 아울러

---

1) 김기림, 시인으로서 현실에 적극 관심, 『조선일보』, 1936.1.5.

민족 국가 건설에 복무하려는 새로운 의미의 목적문학이 설 수 있는 자리를 없애버리는 결과를 빚었다. 어쨌든 맑시즘에 그 뿌리를 두고 있는 것으로 치부된 임화계의 문학 노선은 물론, 그에 동조해 모더니즘의 새로운 가능성을 모색했던 김기림의 논리 역시 받아들여질 수 없는 상황만을 뒤에 남겨둔 채 전쟁이 끝나버린 것이다. 남은 것은 이승만 체제에 적극적으로 부응해 나아갔던 문협 정통파의 순수문학론과 시대 정신의 문제를 핵심에서 제거해버린 모더니즘의 잔해들뿐이었다. 거칠게 말해, 전쟁 이후의 한국문학사는 따라서 문학사의 전면에서 제거되어버린 임화와 김기림류의 문제의식을 어렵게 복원해내는 과정이었다고도 말 할 수 있다. 신동엽을 거쳐 신경림, 박노해로 연결되는 민중, 민족, 노동 문학의 축이 그 하나며 김수영을 거쳐 황지우등으로 연결되는 비판적 모더니즘의 축이 다른 하나인 것이다. 문덕수의 문학은 바로 그 어쩔 수 없는 변전의 시대 위에 자기의 첫 발자국을 내려놓았던 것이다.

시인으로서의 문덕수는 그 남겨진 가능성 가운데 비록 잔해일망정 모더니즘의 그것을 선택한다. 자신의 시가 어떤 계열에 서 있는가를 보여주는 글을 통해 이 부분을 확인해둘 필요가 있다. 시인은, 6.25 이후 한국시가 참여시, 순수시, 전통시, 주지시 등 크게 네 개의 계열로 나뉜다고 보고 그 가운데 자신의 시 「선에 관한 소묘」가 참여시의 대극인 순수시의 범주에 든다고 말한다.2) 이 때의 순수시는 다시 두 개의 하위 범주를 갖는데, 객관적 순수시와 주관적 순수시가 그것이다. 객관적 순수시는 낭만적 주정(主情)을 배제하고 참신하고 선명한 이미지를 중시한다는 점에서 1934년부터 일어난 주지주의를 계승한 것이며 주관적 순수시는 심층심리의 이미지를 포착하는 데 주력하는 이상(李箱) 이후의 새로운 내면세계의 미학을 계승한 것이라고 말한다. 이 가운데

---

2) 문덕수, 韓國 現代詩情, 『현대문학의 모색』, 수학사, 1969, pp.29-31.

자신의 시는 후자인 주관적 순수시의 범주에 들어간다는 것이다. 이런 진술에 기댈 때, 시인이 사용하는 '순수시'의 범주는 흔히 쓰는 용법대로 청록파 중심의 순수시를 가리키는 말이 아니라 초현실주의, 주지주의를 포괄하는 상위개념으로서의 모더니즘시를 가리키는 말이라는 사실을 알 수 있다.

이처럼 시인으로서의 자신의 입지를 모더니즘의 범주 위에 세웠을 때, 문덕수의 고민은 문학사에서 강제적으로 지워져버린 저 30년대 모더니스트들의 그것에 겹쳐지지 않을 수 없었을 것이다. 이 글이 관심을 두고 있는 문덕수의 비평 혹은 시론 작업의 대부분은 결국 그 문학사의 결락 부분, 김기림을 위시한 30년대 모더니스트들의 고민이라는 자리를 대치할 만한 무언가를 찾는 일에 바쳐져왔다고 생각된다. 문장론이나 문학개론류, 사전, 시작법 등의 단행본을 제하고 남는 본격적 시 비평 혹은 시론서에 드러난 생각의 궤적을 따라가면 시인이자 비평가로서 문덕수 선생이 대결했던 그 '자리'가 무엇인지를 알 수 있을 것이다. 이 글에서는 그 중에서도 『현대문학의 모색』(수학사, 1969.), 『한국모더니즘시연구』(시문학사, 19 81.), 『현실과 휴머니즘 문학』(성문각, 1985.) 등이 그 '자리'를 드러내는 대표 저작들이라는 판단 아래 이들을 통해 그의 시론의 대강을 엮어보려 한다.

2. 모더니즘시론의 향방

한국전쟁 이후의 한국문학사에서는 소위 영미 신비평이 지배소로 자리 잡아 창작에서건 교육에서건 맹위를 떨쳤다. 엘리어트, 흄, 파운드 등의 영국 쪽 비평가들의 글들은 그 전에도 더러 소개가 되고 읽히고 했지만 미국 쪽의 랜섬, 윔샛, 브룩스, 엠프슨 등의 비평 작업은 대개 1950년대 중반 이후를 기점으로 이 땅에 소개되어 70년대에 접어들면

주류 비평의 반열에 오르게 된다. 엄밀한 텍스트 분석 위주의 비평 방법이 전쟁 이후의 우리 문학판에 도입된 것은 물론 그런 방식으로 작품을 대하는 경험이 전무했던 우리 근대 문학사의 일천함이 주된 이유였을 것이다. 그러나 한편으로는, 냉전 체제 하에서 이데올로기 중심의 현실주의적 관점을 취했던 구 소련에 대타되어 모든 외적 접근과의 단절을 감행한 신비평을 문학교육의 주무기로 삼아나갔던 미국 중심의 세계 질서에 전후 한국이 편입되어 들어가는 증거로도 볼 수 있을 것이다.[3] 전쟁 이후 미국식 문화와 제도가 전면적으로 한국에 이식되고 미국 유학 경험을 가진 이론가와 교육 관료들이 교육을 지배하게 되는 과정에서 신비평이 중심 담론화해 갔다는 이야기다. 전쟁 이후 반공을 국시로 삼으며 사회 전체를 일사불란하게 통제할 필요가 있었던 군부 독재 정권 자체도 이런 분위기를 만드는 데 크게 기여했을 것이다.

　문덕수가 그렇게 도입된 신비평을 자신의 문학관으로 삼는 것은 지극히 자연스럽다. 모더니즘 문학의 계보에 자신의 위치를 설정한 시인으로서 한국 모더니즘 문학의 이론적 대부 격인 엘리어트나 흄, 파운드 등으로부터 발원한 비평의 가닥에 경사되는 것은 오히려 당연한 귀결이 아닐까? 시기적으로나 사회 환경적으로나 문학적 경향으로나 문덕수와 신비평의 만남은 이미 예정되어 있었다 해도 과언이 아닐 것이다. 당대의 그 누구보다 체계적인 작품 분석을 시도함으로써 모더니즘 연구사에 한 획을 그은 『한국모더니즘시연구』를 낼 수 있었던 것도 처음부터 일관되게 신비평을 적용하여 문학을 보아왔던 그 오랜 천착 덕분일 것이다. 우선은 『한국모더니즘시연구』로 나아가기 이전의 생각들을 좀 더듬어 볼 필요가 있다.

---

3) 김창원, 신비평과의 대화, 『문학과교육』, 2001년 봄.

2-1. 『현대문학의 모색』

문덕수 비평의 초기 특색을 집약해 보여주고 있는 이 책은 순수한 시론 혹은 시비평서는 아니다. 일종의 문학론으로 기획했던지 전통론이나 소설론, 사조론, 비평론 등이 같이 편집되어 있다. 다만 그 전반부에 시론과 시인론을 집중 배치함으로써 자신의 주 관심 분야가 시 쪽이라는 것을 암시해 주고 있다. 제일 앞장을 차지하고 있는 시론의 경우에도 그때그때의 현장 비평의 결과를 모아둔 것이 아니라 시의 정의로부터 시의 길이 문제, 리듬의 문제, 구조의 문제 등 간략한 시일반론을 서술해두고 있어 마치 문학개론을 연상시키는 구조로 되어 있다. 무엇보다 눈에 띄는 대목은 '이미지의 시대'라는 시론 전체의 제목인데, 한국시의 근대성을 이미지로부터 찾고 있을 가능성을 내비치기 때문이다. 아니나 다를까 글이 시작되자마자 그는 현대시란 정확히 이미지의 시를 가리키며 시의 구조가 이미지임을 인식하기 시작한 것이 20세기의 일[4])이라는 진술로 자신의 시와 비평에 대한 평가 잣대를 제시하고 있다. 이 책이야말로 일생에 걸친 그의 비평 작업의 첫 단추라는 점에서 이 모두 진술은 좀 자세히 들여다볼 필요가 있다. 시를 정의해서 이미지라 한다는 상기 진술에 이어 그는 다음과 같이 현대 문학의 조건을 서술하고 있다.

> 이미지가 단순히 '言語가 그리는 心的 繪畵'라든지, '類推'라든지 하는 안이한 의미를 넘어서, 새로운 이미지의 창조를 주장한 英.美의 이미지즘 운동과, 프랑스의 초현실주의 운동은 이미지에 대한 현대적 관심의 적극적 표시라 하겠다. 그리고, 1930년대부터 일어나기 시작한 分析批評家들의 초점도 이미지의 분석에 두었던 것은 누구나 다 알고 있는 일이다. 우리는 이러한 예술 운동과 批評 운동이 이미지를 중심으로 전개되었다는 현대적 사실을 간과해선 안 될 줄 안다.[5])

---

4) 문덕수, 『현대문학의 모색』, 수학사, 1969, p.8. 이하 『모색』으로 줄임.

이 진술은 이미지즘과 초현실주의야말로 현대적 예술운동이고 그들은 공히 이미지를 중시한다는 공통점을 갖는다는 것, 그리고 그것을 비평 작업으로 실천한 사람들이 30년대의 분석 비평가들이라는 것이다. 이 때의 분석 비평이란 바로 신비평을 정확히 가리키고 있다. 책의 제목에서도 암시되고 있는 바지만[6] 이 때의 문덕수는 그러한 예술 혹은 비평 운동들을 이미 움직일 수 없는 보편성으로 받아들이고 있다. 이미지즘과 초현실주의, 신비평을 동렬에 두고[7] 자기 자신의 시정신과 비평정신의 기저로 삼는 게 세계적 추세로 볼 때 너무나 당연하다는 태도를 드러내고 있다는 뜻이다.

이어서 그는 대상(자연)으로부터 해방된 이미지의 '미적 主權[8]'을 주장하는 한편 그 이미지가 외면세계와 분리된 내면세계의 비합리적 무의식의 구조를 반영하는 것이어야 한다고 진술한다. 물론 이러한 주장은 비평의 잣대를 제시한 것이기보다 자신의 시 창작 작업의 목표를 제시한 것으로 읽어야 할 것이다. 서론에서 잠깐 언급했던 현대시의 계보 문제가 바로 이 지점에 내적으로 연결되어 있기 때문이다. 이 진술을 창작 목표로 읽은 또 하나의 이유는 스스로 '내면세계의 미학'이라 규정한 이 초현실주의적 태도에 대한 이론 탐구를 더 이상 진전시키지

---

5) 같은 책, pp.8-9.
6) '한국 현대문학의 모색'이 아니라 그냥 '현대문학의 모색'이라는 제목을 단 것이 우연이 아닐 것이라는 뜻이다.
7) 이로 보아 그는 이미지즘과 초현실주의, 신비평 등에 내재되어 있는 철학적 차이나 이론적 상위점들에 대해서는 그리 깊이 있는 천착을 하지 않았던 듯하다. 당장 이미지즘과 초현실주의를 이미지 문제만으로 엮기에는 무리가 있을 것인데도 그에게 와서는 별다른 대타성을 인정받고 있지 못하고 있는 점이 그 증거다.
8) 이미지가 '시의 구조의 핵심이며, 또 시의 본질 그 자체이며, 시가 갖는 모든 미감의 결정권'이라는 의미로 쓰고 있는 용어다. 따라서 오늘날의 개념으로는 지배소라는 야콥슨의 용어가 이에 유사한 용례라고 생각된다. 그러나 야콥슨의 지배소 개념이 다양한 시의 형태적 요소들 가운데서 기능적으로 전경화된 어느 하나가 나머지 요소들에 질서를 부여한다는 개념임에 비해, 문덕수의 그 것에는 기능들의 서열이라는 의미는 들어있지 않다.

않고『모색』의 서두에 선언적으로만 붙여두었을 뿐이기 때문이다. 나머지『모색』전체를 끌어가는 잣대는 엘리어트, 파운드, 리처즈, 흄 등 신비평가들의 이론 일색이라는 점도 이러한 사정을 뒷받침한다. 이런 점을 종합해보면 꽤나 재미있는 결과 하나를 목도하게 된다. 그 스스로 현대 예술운동의 두 조류라고 보았던 이미지즘과 초현실주의를 두고 전자에서는 비평 작업의 뿌리를, 후자로부터는 시 창작 작업의 뿌리를 발견한 형국이기 때문이다. 모더니즘으로 묶이는 이들 조류들이 한국의 30년대 문단에서 각각 김기림과 이상에 의해 대표되어 왔다는 점을 상기한다면, 그가 자신의 시 세계를 말하는 자리에서는 이상을, 비평을 이야기하는 자리에서는 김기림을 대결의 대상으로 꼽았던 이유가 이로부터 짐작되는 것이다.『모색』을 넘어 본격화되는 그의 시비평 작업의 관심이 1930년대의 모더니즘 시에 대한 평가로부터 시작된다는 것은 그래서 자연스럽다. 30년대 모더니즘 시야말로 자신의 모든 문학 행위의 남상(濫觴)에 해당된다고 생각했을 것이기 때문이다. 그렇다면 그는 30년대 모더니즘시를 어떻게 평가하고 있을까?

> 그러나, 한국의 주지시는 성공한 것이라고 할 수 없다. 반 낭만주의적 처지에서 '방법의 지각'을 가졌다는 것은 詩史上의 획기적인 일이다. 그러나, 방법의 기초가 되는 인생관과 世界觀에 대한 고전적 인식이 없었다. 즉, 古典主義的 생의 자각이 없었다. 방법의 발견과 생의 자각은 별개의 것이 아니라 동일한 것이다. 이것이 분리되어 강조될 때 기형(畸形)이 탄생한다. 기형은 未熟을 의미한다. 그리고, 시의 회화성을 주장하면서도 시가 '언어의 예술'이라는 점을 깨닫지 못했다. 회화성이 한계에 부딪혔을 때, 또 다른 감상이 나타난 것이다. 이런 점에서, 1930년대의 주지시는 부분적 성과밖에 거두지 못했다.[9]

---

9)『모색』, p.26. 아직 이 단계까지는 주지시와 이미지즘시 사이의 개념차를 밝혀 적용하고 있지 않다. 회화적 방법이라는 내용으로 보아, 그리고 이 인용부 직전에 예시하고 있는 김광균의 시로 보아 여기서의 주지시란 이미지즘시를 가리킨다고 보아야 할 것이다.

문덕수가 30년대 이미지즘 시에서 발견한 '세계관에 대한 고전적 인식' 없음이란 김기림이 임화와의 대결을 통해 인정하게 된 시대정신의 결락 문제에 겹쳐져 있다. 미학적 자율성을 무기로 근대 부정을 감행하려는 예술 운동이 모더니즘이라고 보았을 때 바로 그 부정정신 부분이 빠져 있다는 말을 하고 싶었을 것이다. 그런데도 그것을 현실 문제로 연결시키지 않고 다소 추상적인 생의 자각 문제로 몰고 가는 데에는 당대의 중심 담론이었던 문협 문학론이 상당한 영향력을 행사했던 것으로 보인다. 『모색』의 한 부분이 전통론으로 채워져 있다는 것, 그것도 엘리어트로부터 촉발된 전통론 범주를 김동리의 논의와 서정주의 시에 기대어 신라정신이라 불리는 영원성의 범주에 결합시킨다는 것이 그 증좌라 하겠다.

이러한 논리 전개는 일견 그의 시와 시론의 뿌리 차이만큼이나 이상한 현상으로 받아들여질 수도 있다. 따라서 스스로 나서서 보다 엄정한 시각으로 30년대 모더니즘 시운동의 성과와 한계를 조망함으로써 자신의 출발점을 재확인하고 30년대 모더니즘의 결락 부분을 정확히 재평가하지 않으면 자신의 논리적 입지를 스스로 좁히는 결과를 가져오게 되었을 것이다. 그의 주저인 『한국모더니즘시연구』의 중요성이 배가되는 이유가 여기 있다.

2-2. 『한국모더니즘시연구』

1930년대 한국 모더니즘 시운동에 대한 최초의 본격적 연구서라 할 만한 이 책은 정지용과 김기림, 김광균을 모더니즘의 대표적 시인으로 놓고 그들의 시세계 분석에 기초해 30년대 한국모더니즘의 성과와 한계를 짚어보려 한 체계적 시도로 높이 평가된다. 더구나 아무리 학계의 연구일망정 정지용과 김기림을 전면적으로 다루는 일이 쉽지 않았던 시대의 작업이라는 점을 염두에 둔다면 다른 것은 차치하고 연구의 선

구성만으로도 그 성과를 인정받을 만한 저작이라고 해야 할 것이다.

머리말을 통해 필자가 이미 밝혀놓고 있듯이 이 책에 적용되고 있는 연구의 방법은 매우 종합적인 것이다. 일반 비평문이 아니라 학위를 위한 논문이기 때문이겠지만, 역사주의적 방법과 비교문학적 방법, 신비평과 원형비평의 방법들을 두루 동원하고 있다는 점이 이채롭다.10) 우선 필자는 모더니즘과 이미지즘과 주지주의 간의 의미차를 설정하고 시인들을 분류한다. 모더니즘의 하위 범주에 나머지 둘을 위치시킨 다음, 정지용과 김광균을 이미지스트로 김기림을 주지주의 시인으로 규정하는 것이 그 내용이다.11) 필자는 본론인 4장을 정지용, 김기림, 김광균에게 각각 할애하여 전기적 사실을 밝히고 작품을 분석한 다음 그 특질과 영향 관계, 문학관 비판 등을 차례로 서술하고 있다.

이 지점에서 우리가 주목해보아야 할 지점은 작품 분석과 해석의 구체적 방법이라는 도구적 측면과 그 결과를 수합하여 30년대 모더니즘에 대하여 내리는 평가 부분일 것이다. 30년대 모더니즘 시에 대한 문덕수의 관심은, 이미 『모색』을 통해 어느 정도 예견된 대로, 이미지에 집중되어 있다. 개별 시인들의 시에 나타나는 이미지들을 집중적으로 검토한 다음 문덕수는 J.C. 랜섬의 시 분류 체계 즉 관념시(Platonic poetry), 사물시(Physical poe try), 형이상학파시(Metaphysical poetry)라는 삼분법에 시인들의 시를 각각 적용시킴으로써 일종의 서열화를 시도한다. 적어도 현대시의 대표 격인 모더니즘 시는 그 이전에 나타났던 감상적 낭만주의시나 프로시와는 달라야 했던 것이다. 낭만주의시나 프로시가 관념시에 해당한다는 전제 아래, 모더니즘시로부터 사물시와

---

10) 이채롭다는 말은 노드럽 프라이의 『비평의 해부』가 1957년에 출간됨으로써 미국의 신비평이 결정타를 맞게 된다는 점을 염두에 둔 것이다. 그런데 프라이의 원형비평과 신비평이 한 비평가의 글 안에서 상호 보완적으로 작용하며 시인들의 시세계를 밝혀내는 도구로 사용되고 있다는 점이 재미있기 때문이다.
11) 문덕수, 『한국모더니즘시연구』, 시문학사, 1981, p.51. 이하 『모더니즘』이라 약칭함.

형이상학파시의 부합 조건을 찾아 부각시키려 노력하는 것은 바로 그 때문이다. 가령 그가 김창술의 시를 관념시로 규정한 후 이어지는 진술에서 다음과 같이 말하고 있을 때, 그가 랜섬의 시 분류 체계를 거의 발전의 단계로 인식하고 있음을 알게 된다.

> 1926년 이후의 한국 모더니즘이 이러한 觀念詩에 대한 안티 테제로 등장하여 마침내 事物詩, 나아가서는 形而上學派詩까지 의도했다는 것은 重要한 詩史的 特性이라 할 수 있다.12)

그가 볼 때, 사물시의 범주에 정지용과 김광균이 들고 형이상학파시에 김기림의 시 일부가 들어간다는 것이다. 결국 그는 이미지즘시를 사물시로, 형이상학파시를 주지시라 보고 있는 셈이 된다. 이것이야말로 『모더니즘』을 기본적으로 신비평의 토대 위에 세워졌다고 말하는 근거라고 할 수 있을 것이다. 물론 여기에 더해 엘리어트의 객관적 상관물 개념이나 흄의 불연속적 세계관 등도 모더니즘시를 평가하는 주요 잣대들로 등장하긴 하지만 그 모두가 궁극적으로는 이미지의 종류에 따른 랜섬 삼분법에 수렴되고 있다.

그런데 본디 분류 체계란 가치 평가의 잣대가 아니다. 즉 개별 시의 가치를 분류 체계가 보증해주거나 분석 가능하게 해주지 못한다는 뜻이다. 그 점은 랜섬의 분류법 역시 마찬가지인데도 문덕수는 그것을 서열화의 잣대로 이용하고 있다. 특히 랜섬을 비롯한 신비평가들의 이론 자체가 가치 평가를 위한 것이 아니라 작품을 대상화하여 객관적으로 분석, 설명해내려는 노력이라는 점에서 그것만으로 역사적 현상으로서의 30년대 모더니즘을 문학사적 시각으로 해석해내기에는 무리가 따르기 마련이다. 단순히 이미지의 종류를 나누는 외에 그것들에 해석적 평가를 덧붙일 수 있는 장치가 필요할 수밖에 없었다. 프라이의 원

---

12) 같은 책, p.315.

형비평이 동원된 것은 바로 그 때문이었다.

그는 개별 시인들의 작품에 나타나는 이미지들을 빈도나 중요도에 따라 몇 개의 군으로 나눈다. 정지용의 시를 '바다', '들', '신앙', '산'의 네 종류로 나눈다든지, 김기림의 시를 '밤과 어둠', '바다와 물', '태양', '현대문명' 등의 군으로 나누는 방식이 그것이다. 다만 김광균의 경우에는 원형심상이라 부를 만한 요소가 적어 제재의 차원에서 분류한다고 적고 있다. 그 결과가 '자연', '향수', '도시문명', '인사(人事)'라는 분류다. 언뜻 보아서도 분류의 기준이 그렇게 엄밀한 것이 아니며 그것도 일관되게 적용된 것이 아니라는 것을 알 수 있다. 원형비평이 기본 잣대가 아니라, 필자 자신의 눈에 띈 이미지의 중요도에 따라 군을 나누고 그것들의 부분 부분을 설명해줄 수 있는 이론적 틀로 원형비평을 이용했기 때문에 생겨난 현상인 것이다. 그러니 정지용의 경우에서 보듯이, 바다와 산이라는 심상의 원형적 의미를 뛰어나게 분석, 설명하고도 그것이 시 평가의 최종 잣대가 되는 것이 아니라 다시 사물시 여부로 최종 평가의 기준이 환원되어버리는 결과를 가져오게 되는 것이다. 실제 구체 작품 분석은 원형심상의 기준으로 하고도 그것들을 묶어 의미를 부여할 때는 랜섬의 분류 체계에 기대버림으로써 논의들의 아귀가 잘 들어맞지 않는다는 인상을 주게 된다. 이를 두고 필자가 이채롭다는 표현을 썼던 것이다.

랜섬의 형이상학파시를 '思考와 感覺이 분열되지 않는 統合된 感受性의 詩'라 부르거나 '事物과 觀念, 感覺과 思考가 통합된 詩'[13]라 불렀을 때 문덕수는 거기서 사물시와 관념시의 종합을 보았던 듯하다. 말하자면 최상급의 시가 되는 셈이다. 이렇게 보았을 때, 정지용과 김광균은 사물시를 썼다는 점에서 그리고 김기림은 그 통합의 부분적인 시도에 그쳤다는 점에서 각각 형이상학파시가 되기에는 함량 미달인 셈이다.

---

13) 같은 책, p.314.

사물과 감각의 측면은 인정할 수 있지만 관념과 사고의 측면, 특히 후자인 사고의 측면이 이들 모더니즘 시인들의 시에 모자란다는 것이 문덕수의 판단이었다. 『모색』에서 논의되었던 '생의 자각' 문제가 바로 이 '사고'의 예였던 것이다.

그런데 왜 하필 그 '사고'가 김동리 식의 '생의 자각'에 연결된 것일까? 그 부분에 대한 대답이 김기림 시론의 평가 부분에서 드러나는데, 그는 바로 그 '사고' 부분만큼은 철저히 엘리어트의 견해에 기대고 있었던 것이다. 그나마 형이상학파시에 어느 정도 다가간 김기림조차도 엘리어트의 '전통과 역사의식'을 제대로 이해하지 못하고 있었다고 안타까워하는 대목[14])에 이르면, 그가 생각하는 1930년대 한국 모더니즘시의 결락 부분이 무엇인가를 선명히 알 수 있게 된다. 이미지즘적 사물시에 '전통의식이나 역사의식'을 종합하여 형이상학파시라 부르는 시로 진화하는 일이 그가 본 한국모더니즘 시운동의 목표였던 것이다. 엘리어트의 '전통과 역사의식'이라는 틀을 한국적 맥락에 그대로 대입했을 때 영원성으로 표상되는 신라 정신이 시대정신이나 한국적 특수성이라는 문제의식을 제치고 전경화 될 수 있었던 것이다. 다음과 같은 최종 평가는 따라서 『모더니즘』이 도달한 궁극적 문제의식이자, 성취 여부와는 상관없이 문덕수 자신의 시와 시론의 출발점 역할을 담당하게 된다는 점에서 의미가 있다.

韓國 모더니즘은 1930년대에 이르러 그 詩史的 位置를 確立했으나, 1) 東洋文明 속에서의 主體化의 失敗, 2) 植民地時代의 混亂한 現實을 傳統과 歷史意識으로서 把握 또는 批判하지 못한 점, 3) 카프(KAPF)의 退潮와 民族派의 衰退로 인한 1930年代의 理念的 空白期를 充足시키기에는 不充分했던 점 등은 그 虛點으로 指摘해야 할 것이다.[15)]

---

14) 같은 책, p.245.
15) 같은 책, p.335.

3. 글을 맺으며

　몇 가지 의문은 남는다. 형이상학파시라는 것이 모더니즘시의 범주일 수 있는가 하는 의문이 그중 첫 번째일 것이다. 관념과 사물과 사고의 결합이란 굳이 모더니즘시로 부를 것 없이 그냥 잘된 시의 기준 아닐까? 혹시 그것을 굳이 모더니즘시로 부르려는 사고의 밑바닥에는, 자신도 모르는 사이에 문학사 일반을 발전사로 이해하려는 태도가 숨어 있는 것은 아닐까? 아마도 이는 그 동안 문학사를 유파들의 교체사내지 사조들의 변천사로 보려했던 문학연구자 일반의 태도와 깊이 연관되어 있는 것 같다. 보다 자세한 고구가 필요한 대목이다.

　두 번째 의문은 그가 30년대 모더니즘에서 모자란다고 판단한 '사고(思考)'에 대한 것이다. 그것을 그는 엘리어트의 '전통과 역사의식'으로 놓고 그대로 한국 문단에 적용하려 한다. 그리고는 서양식 고전 고대의 위치에 신라를 위치시키는 것이다. 편리한 발상법이긴 하지만, 그것은 그가 보편성으로 받아들였던 서구 모더니즘의 다양성에는 한참 미달의 형국이 되는 게 아닐까? 서구 모더니즘이 겨냥했던 미학적 자율성이나 그것을 통한 근대 넘어서기라는 목표에 비길 때, 그의 신라정신 혹은 휴머니즘이라는 잣대는 현실과의 대결을 더 강화해주는 게 아니라 그것을 에둘러갈 수 있는 잣대로 기능하게 되지 않을까 하는 의문이 든다는 이야기다. 물론 그 밑바닥은 전통론을 자신들 문학의 원질로 했던 김동리, 서정주류의 이론에 대한 의심에 뿌리가 닿아 있다.

　전쟁과 쿠데타를 거치며 만들어진 군부독재정권의 서슬이 시퍼렇던 시절에 김기림의 문제의식을 곧바로 승계하기에는 무리가 있었을 것이다. 그러나 그가 비평 방법이 아니라 시로 추구했던 초현실주의조차, 내면에 재구성된 현실이야말로 생짜 현실이라는 현실대결의식 위에 기초해 있었다는 사실을 정면으로 바라볼 필요는 있었다. 50년대 이후 모더니즘의 주류적 계보를 김수영으로부터 황지우에 도달하는 선으로 정리하는 가장 중요한 이유가 방법적 자각 위에 시도된 그 치열한 현실 대결의식 때문이라는 점을 기억해야만 할 것이다.

그러나 이 모든 사소한 의문들에도 불구하고 그의 『모더니즘』은 연구사의 한 장면으로 남을 것이 틀림없다. 오늘날 젊은 연구자들에 의해 활발히 논의되는 모더니즘의 중요한 국면들을 거의 빠짐없이 다루고 있기 때문이다. 그 점에서 『모더니즘』은 여전히 수많은 남(藍)을 배출하고 있는 청(青)이라 칭할 수 있지 않을까. 그냥 과거가 아니라 끊임없이 현재화 되고 있는 과거가 바로 『모더니즘』이다.

박남수 시의 재인식
―'이미지'에 가려진 분단의 상처

1. 서론

박남수(1918-1994)는 너무 쉽게 잊혀진 시인이다. 앞서거니 뒤서거니 정지용에게서 추천을 받아 문단에 발을 들이민 청록파 삼가 시인들이 그간에 누려온 대접을 생각하면, 그에 대한 연구자들의 한미한 관심은 좀 도가 지나치다 싶을 지경이다. 이들과 엇비슷한 시기에 역시 『문장』으로 데뷔한 김종한, 이한직의 경우에는 관심에 부응할 만큼의 작품량을 남겨놓지 않았다는 점을 꼽아 무관심의 이유로 삼을 수 있겠지만, 박남수의 경우에는 그조차도 이유가 되지 않는다. 첫 시집 『초롱불』(동경 삼문사, 1940)을 시작으로 무려 여덟 권의 녹록치 않은 시집들[1]

---

1) 발행 시기별로 보면 다음과 같다.
  『초롱불』, 동경 삼문사, 1940.
  『갈매기 소묘』, 춘조사, 1958.
  『신의 쓰레기』, 모음사, 1964.
  『새의 암장』, 문원사, 1970.
  『사슴의 관』, 문학세계사, 1981.
  『서쪽, 그 실은 동쪽』, 인문당, 1992.
  『그리고 그 이후』, 문학수첩, 1993.
  『소로』, 시와시학사, 1994.
  이외에도 그는 서사시 「단 한 번 세웠던 무지개—살수대첩」(『민족문학대계』,

을 차례로 상재한 바 있기 때문이다. 혹여 문단 활동이 미미했던 게 아니냐고 반문할 수 있을지 모르겠다. 그러나 그도 아니라는 것은, 그의 이력이나 소개문을 대강만이라도 훑어보면 금방 알 수 있다. 1957년 한국시인협회가 창립될 때 유치환, 조지훈, 박목월 등과 함께 주축으로 활동했으며, 『현대시』나 『심상』 등의 시전문지 창간에도 누구보다 깊이 관여했을 뿐만 아니라 『문학예술』, 『사상계』 등의 잡지를 주재하거나 편집에 관여하고 있었음이 여러 글에서 확인되기 때문이다.[2] 시인 박남수에 대한 평가가 사후에만 이렇듯 소루한 것만은 아니었다는 이유경의 다음 진술은, 그 이유에 대해 자못 우심한 궁금증을 불러일으키기에 충분하다.

> 그리고 선생님 시의 그 완벽함, 언어에 대한 정밀한 관찰과 사용을, 다시 여러 편의 시를 읽으며 생각했습니다. 그러면서도 선생님의 시는 크게 평가를 못 받아왔지요. 많은 사람들이 선생님의 시법이랄까 언어에의 탄력성 부여 등 방법론에 기대면서도 실상 그들은 선생님을 애써 부인하려 했다고 저는 늘 생각합니다. 선생님을 존경하고 따르는 제자가 없기 때문이랄 수도 있습니다만 오히려 저와 같은 무능한 제자가 있기 때문에 선생님의 시는 가치에 비해 빛을 못 본 경우가 없지 않았나 싶군요.[3]

비록 엄정한 객관적 진술로 볼 수는 없겠지만, 이유경은 당대의 많은 젊은 시인들이 박남수의 시법을 알게 모르게 배워 썼다는 것, 그러면서도 박남수를 스승으로 인정하지 않았다는 것을 밝히고, 그러한 현상이

　　동화출판공사, 1975.)을 남겼으며, 『한국현대시문학대계.21』(지식산업사, 1982.)과 『어딘지 모르는 숲의 기억』(미래사, 1991.) 등 두 권의 시선집 및 한권의 공동 시집을 엮었다.

2) 김종해, 「박남수 선생님을 생각하며」, 『박남수전집.2』, 한양대학교출판원, p.125. (이하 『전집』으로 표기함)

　　최연홍, 미국으로 날아간 〈새〉, 『전집.2』, p.111.

3) 이유경, 「박남수 선생을 생각하며」, 박남수, 『사슴의 관』, 문학세계사, 1981.

결국 남들처럼 버젓이 내세울 만한 사제 관계가 형성되지 못했었기 때문에 일어난 일로 보고 있다. 한국의 근대 시단이 그렇다면 사제 관계와 같은 연줄의 소산이냐고 반격한다면 별 뾰족한 대답을 내놓기가 어렵긴 하지만, 대부분의 당대 대가급 시인들이 대학에 적을 두고 후진을 기르는 입장에 있었다는 점을 상기한다면, 이유경의 판단을 정작 크게 잘못된 것으로 치부할 수도 없는 노릇이 아닐까. 문단과 권력 같은 해묵은 논쟁에 빌미를 하나 더 제공하려는 뜻은 없지만, 이런 관점이 김광림의 글에서도 산견(散見)된다는 점[4]에서 전혀 억측이라고 볼 수는 없을 듯하다. 말하자면 박남수는 그 자신의 표현대로 "3.8 따라지의 구겨진 나날"(「구름은 바람에 실리어」, 『전집.1』, 249쪽)을 살다가 묻혀 버린 시인이었던 것이다. 이제는 그에게 제자리를 매겨주어야 할 필요가 있지 않을까.

흔히들 박남수를 두고 "철저히 지용의 후예"인 "이미지스트 시인"[5]이라거나 "지극히 세련된 시어와 정교한 이미지의 스타일리스트 시인"[6]이라고 칭한다. '이미지가 곧 존재'라는 생각으로 일관했다는 것이다. 그리고는 흔히 「새.1」이나 「아침 이미지」와 같은 시를 그 예로 꼽곤 한다. 그러나 이러한 평가들은 보고 싶은 것만 보려고 하는 마음의 소

---

4) 김광림은 「갈매기는 왜 날아갔는가-이별도 죽음도 없다는 부정적 수용」(『전집』, pp.320-322.)이라는 글을 통해, 박남수는 가족들이 다 이민을 가고 난 뒤에도 일자리가 생길지 모른다는 일말의 기대감으로 혼자 회현동에서 하숙을 하며 기다렸다는 것, 그것이 끝내 좌절되자 1975년 플로리다로 떠났다는 것을 밝히고 있다. 이 점은 김종해의 글에서도 거듭 확인된다. 김광림의 다음과 같은 울분은 시인 박남수에 대한 푸대접이 그 개인의 운명의 문제가 아니라 사회 구조적인 문제였음을 암시하고 있다.
"고국 속의 타향은 씨를 늘 좌절과 실의 속에 있게 했다. 일정 시대에 대학(주오위中央 대학을 가리킴-인용자)을 제대로 나온 씨가 대학 문턱에도 못 가본 사람들이 교수직을 차지하고 있는 판국에 10년 시간강사 노릇만 한 그 사실만으로도 그것을 알 수 있다."
5) 김시태, 「박남수론」, 『전집.2』, p.341.
6) 이유경, 「한 시인의 비애와 모국어 사랑-박남수 새 시집 『사슴의 관』에서 본다」, 『전집.2』, p.183.

산일 가능성이 농후하다. 박남수의 전체 시력(詩歷)을 훑고 난 다음 내린 결론이 아니라, 2시집『갈매기 소묘』와 3시집『신의 쓰레기』그리고 4시집『새의 암장』무렵에 발표된 일부의 시들이, 한국전쟁 뒤 이 땅 문학 작품 평가의 주류 잣대로 부각된 영미 신비평이라는 전가의 보도에 딱 들어맞았던 결과 내려진 결론으로 비치기 때문이다. 현장 비평가들로서는 특정 시기에 제공된 눈앞의 작품들만으로 독자들에게 일정한 방향을 제공하는 일이 시급했을 것이다. 그러나 이제 한 시인의 전체 시력을 충분히 여유 있게 살필 수 있는 조건이 갖추어져 있음에도, 한때 조급하게 내려졌던 평가의 그늘에서 한 치도 벗어나지 못하고 있다는 것은 우리 한국 문학 연구자들의 게으름을 반증하는 일이 터이다.

그의 사후, 전집이라도 묶일 수 있었던 것은 그나마 다행한 일이다. 그러나 그러한 다행함과는 별개로, 전집에 수습된 관련 연구들의 영성함에는 참으로 민망한 감을 숨길 수가 없기도 하다. 20편이 채 못 되는 시평류의 글 외에 논문이라는 분류로 묶인 글들도 시평이나 평론의 속성을 크게 벗어나지 못하고 있는 형국이기 때문이다. 출간 때마다 해당 시집의 서평 형식으로 발표된 글들을 제하고 나면, 박남수 시의 전모나 특징을 논의하고 있는 글들은 겨우 십 편 전후라고 볼 수 있다. 그런데 이 글들도 절반가량7)이 1980년대까지의 박남수 시를 다루고 있거나 도미(渡美) 이후의 작품들만을 대상으로 하8)고 있어 본격적인 논의라고 보기가 어렵다. 그렇다면 박남수 시의 전모를 언급하고 있는 글은 전집에 실린 겨우 네 편의 글9)과 그 이후에 씌어진 두 편의 글10)이

---

7) 범대순, 「박남수의 새-절대적 이미지」, 『현대시학』, 1974.
  김진국, 「새의 비상, 그 존재론적 환열(歡悅)-박남수 시의 현상학적 해석」, 『문학사상』, 1980.2.
  박철석, 「박남수론」, 『현대시학』, 1981.1.
  이승훈, 「박남수와 새의 이미지」, 『한국현대시사연구』, 일지사, 1983.
8) 이건청, 「박남수 시 연구-도미 이후에 간행된 시집들을 중심으로」, 『한국학논집』, 한양대 한국학연구소, 1995.
9) 김명인, 「박남수론.2-새와 길」, 『경기대 어문집』, 1995.6.

거의 전부인 셈이다. 이 가운데 류근조와 박남희, 유영희는 모두 박남수의 언어 사용 방식에 주목하고 있다는 점에서 '박남수 = 이미지스트'라는 기성의 공식에 안주하고 있다는 느낌을 지울 수 없다.

물론 유영희의 경우 도미 이후의 시에서 조작적 언어가 아니라 진정성의 언어를 읽어내고 있기는 하지만 그러한 구분이 엄정한 것인지 혹은 가능한 것인지 되묻지 않을 수 없다. 김명인과 이혜원은 박남수 시의 핵심적 이미지로 흔히 언급되는 '새'의 이미지가 지니는 표상성에 주목하고 그것을 각각 '존재'와 '초월'의 함의로 풀이하고 있다. 특히 김명인의 논문은 박남수 시에 대해 본격적이고 엄밀한 분석을 보여준다. 그럼에도 이 글들 역시 박남수 시의 언어에 주목하는 내재적 연구라는 한계를 지닌다고 할 수 있다. 그렇다면 박남수의 시와 삶, 문학사와의 제 연관에 대해 비교적 소상히 접근한 평가로는 이건청의 경우가 거의 유일한 셈이 된다. 그는 박남수가 실향민이자, 소외자, 유민이라는 점에서 "경계인이 겪는 삶의 아픔과 극복의지를 시로 형상화해 냈던 것"[11]이라고 바르게 평가한다. 그러나 그러면서도 박남수가 "등단 초기부터 관념을 배제하고 순수 이미지를 추구해 온 시인"[12]이라고 덧붙임으로써 기존의 평가에 안주하는 모순을 드러내고 있다. '순수 이미지'로 어떻게 '삶의 아픔과 극복의지'가 형상화될 수 있는지 설명하지 못하는 한 평가의 객관성을 제대로 담보하지 못한다고 볼 수밖에 없지

박남희, 「박남수 시의 구조 연구—주제 표출 유형을 중심으로」, 『숭실어문』, 1992.5.

이혜원, 「초월을 꿈꾸는 자의 언어—박남수의 시세계」, 『현대시학』, 1993.4

류근조, 「박남수 시의 은유 발생과정 연구—언어와 세계와의 화해구도로서」, 『중앙대인문학연구』, 1994.12.

10) 이건청, 경계인의 시세계—박남수 시의 시사적 의미, 『한국학논집』, 한양대 한국학연구소, 1998.

유영희, 박남수 시의 언어 사용 방식에 관한 연구, 『국어교육』, 한국국어교육연구회, 2001.

11) 이건청, 위의 글, p.269.

12) 같은 글, p.278.

않을까.

　이 글은, 박남수가 과연 익히 알려진 대로 주지적 모더니스트이자 이미지스트로서 시의 기교에만 주목한 언어중심주의자였던가 하는 반성에서부터 출발한다. 그가 일관되게 이미지의 순수성을 옹호한 '말의 전사(戰士)'였던가를 따져보기 위해, 이 글은 그의 시력을 크게 세 부분으로 나누어 살펴 볼 것이다. 제 1기는 1시집『초롱불』의 시기에 해당한다. 제 2기는 2시집『갈매기 소묘』로부터 5시집『사슴의 관』에 이르는 시기다. 마지막 3기는 도미 이후에 간행된 6–8시집의 시기가 된다. 5시집은 비록 도미 이후 간행되었지만 스스로 밝힌 바대로 도미 이전에 쓰인 작품들을 실었으므로 2기로 분류했다. 1기와 2기는 무려 18년이라는 세월의 상거(相距) 및 해방과 한국전쟁이라는 거대 역사의 흐름이 분류 기준이고, 2, 3기는 말할 것도 없이 도미(渡美)가 그 기준이다.

2. 내려앉을 곳을 잃어버린 '새'의 운명

　다시 말하는 바지만 그 동안 박남수는 주지적 이미지스트이자 모더니스트 시인이라고 평가받아 왔다. 몇 편 남기지 않은 시인 자신의 산문이 이런 이해/오해의 무엇보다 중요한 빌미였다.『문장』지를 통한 데뷔 후 그는 당선의 소회(所懷) 겸 자신의 문학관을 드러내는 짧은 글을 남긴 바 있는데,「조선시의 출발점」[13]과「현대시의 성격」[14]이 그것이다. '단순성'과 '절약미'야말로 동양적 예술성의 토대라는 점을 주장하는 것으로 시작된 이들 글에서, 그간 많은 연구자들이 읽어냈듯이, 그는 분명 표현의 중요성을 강조하고 있다. 예컨대 "언어를 정복하지 못한 예술가(문학가)처럼 불쌍한 것은 없다"[15]는 단적인 구절이 이를

---

13)『문장』, 1940.2.
14)『문장』, 1941.2.

뒷받침하고 있다. 그리고 이러한 그의 생각은 "작자가 의욕하였던 어떤 세계가 예술화하기 전에 하나의 기록으로 머물러버"리거나 "좋은 소재 (사상)를 소재로서만 제공한"[16] 경우에 대한 반발로부터 비롯하고 있다. 이는 아마도 임화류의 계급문학을 염두에 두고 있는 듯하다.

다수의 연구자들은 박남수의 이러한 "인식이 투철한 방법적 자각으로 귀납되고 선명한 이미지를 추구하게 하는 원동력이 된 것"[17]으로 파악한다. 그러나 한편으로 생각해 볼 때 그가 거기서 그치고 말았다면, 즉 이미지 추구라는 방법적 자각에만 머물고 말았다면 당대 모더니즘 선배들과 하등 구별될 것이 없을 것이다. 주지적 이미지스트라는 후대의 평가는 바로 선배 모더니스트들과의 이러한 연계를 오히려 강화하는 입장이라는 점에서 박남수 자신의 생각과는 분명 괴리가 있다. 사상이나 소재만을 전면에 내세운 계급문학뿐만 아니라, 소재도 갖지 못한 채 작품을 만들려 했던 모더니즘의 "언어유희"[18]에 대해서도 그는 명확히 반대 입장을 취하고 있기 때문이다. "새로운 것의 경이란 하나의 소재는 될 수 있어도 예술 자체는 아니다"라고 못 박고 있음이 그 좋은 보기다.

박남수는 한갓 사상(소재)에만 머물거나 경이만을 좇아 언어유희에 안주했던 전대(前代)의 대표적 조류 전반에 대한 부정을 준비하고 있었던 것이다. 그는 조선문학이 그리 되었던 이유를 "파리에서나, 동경에서나 문제가 될 것을 무비판적으로 수입한 까닭"[19]으로 보고 있다. 조선 시문학에 전례 없는 주체적 자각이 시작되고 있는 것이다. 이는『문

---

15) 박남수, 조선시의 출발점,『문장』, 1940.2.
16) 같은 곳.
17) 이건청,『한국 전원시 연구』, 문학세계사, 1987, p.101.
   대부분의 연구자들도 박남수의 상기 글에서 이건청과 마찬가지로 씨의 언어 중심주의적 태도를 읽어낸다는 점에서는 대동소이하다.
18) 박남수, 같은 곳.
19) 같은 곳.

장』지 세대 시인들이 지녔던 집단적 문제의식의 발로일 것인데, 그 뿌리는 사상과 방법, 내용과 기교의 변증법을 탐색했던 임화 김기림 간의 기교주의 논쟁에 닿아 있는 것으로 보인다. "적어도 사상이 예술 속에 포섭되어 있을 때만 예술은 탄생한다. 사상이란 거대한 그것만을 지칭함이 아님은 물론이다"[20]라고 하여, 표현을 위주로 한 사상과의 종합을 타진하고 있음이 그 근거라고 할 수 있다. '기교의 완성'을 '표현'으로 보고 '진리의 탐구'를 '사상성'으로 파악한 그가 현대시의 성격을 두고 다음과 같이 정리하고 있음은, 그간에 다수의 연구자들이 이해했던 것처럼, 그가 언어나 방법에만 몰두했던 기교 중심주의자가 아니라는 사실을 잘 보여준다. 예술 속에 포섭되지 않은 사상이 그대로 노정되는 시가 문제인 것이지 사상 자체가 불용한 것은 결코 아니었다. 오히려 사상은 시에 반드시 필요한 요소였던 것이다.

> 예술이란 궁극에 있어 표현이란 말로 끝날 것일진대, 시문학도 종말에 있어 표현에서 끝마무리를 지을 것이다. 이 말은 물론 예술지상적 言辭가 아니요, 사상은 예술 속에 포섭될 때만 예술일 수 있다는 말이다. 즉 예술이 요구하는 사상성이란 예술의 일부분을 구성하는 데 불과하다는 말이다.[21]

---

20) 같은 곳.
   훗날, 김춘수가 '휴먼한 것'에서 벗어난 '순수시'를 추구하고 있다는 고백을 하자, '휴먼이 시와 동떨어져 있지 않은 경우가 더 낫다고 평하게 되는 것도 그의 이런 초기 입장에 연계되어 있는 것이다.(박남수, 「공감은 가지만」, 『문학』, 1966.9.)
21) 박남수, 「현대시의 성격」, 『문장』, 19141.2.
   이 글의 끝에서 그는 발레리의 '사과설'을 인용하여 "쾌락감이, 눈에 보이지 않는 영양물을 포섭하고 이것을 지도하고 있는 것"이라고 하여 자신의 생각을 정리하고 있다. 기교의 완성을 강조하고 있긴 하지만 사상 무용론으로까지 발전한 흔적이 없다. 따라서 그를 이미지나 기교에만 매달린 모더니스트로 파악하는 것은 그 자신의 견해와는 무관한 일이라고 할 수 있다.

2-1. 일제강점기 고향의 불모성에 관한 보고 : 제 1기[22]

『초롱불』시절, 박남수의 관심은 고향에 있었다. 이때의 고향 공간이 고스란히 조선 전체를 대유함은 물론이다. 그는 그 고향에 대해 장소 정체성을 갖지 못한다. 일제가 강점의 수단으로 도입한 근대 문물이 과거의 안온함을 전면적으로 파괴해버렸기 때문이다. 농촌으로 설정된 전통의 공간은, 이제 떠돌이들[거지, 병자, 창부(娼婦), 여행객]의 공간으로 변모하고 있다. 결국 고향은 더 이상 자아의 일체감을 유지시켜주지 못할 뿐만 아니라, 공간 자체의 의미까지도 역전된 타자성의 공간이 된다. 조선이 아니라 일본이라는 국호로 지칭되는 땅이었던 것이다.

박남수 시의 화자들은, 이렇게 전통 사회의 안정성과 소속감이 근대적 시공 앞에 질적 변화를 겪고 있음에도 고향을 전면적으로 부정하거나 거기에서 도피하지 않는다. 그러면서 최대한 화자의 목소리를 지우고 있는 그대로의 고향의 모습을 보여주는 일에 몰두한다. 전통적 고향 사회를 파괴하고 들어선 근대적 시공(時空)의 괴물스러움을 환기하기 위해, 그가 우선적으로 선택한 공간이 '온천'이다.

사실 온천이라는 시공성은 당대인들의 시에서 심심찮게 만날 수 있는 대상이다. 근대주의자 답게 정지용 시에 등장하는 온천은 산행의 여독을 풀어주는 안온한 장소로 기능한다. 거기엔 "땅을 쪼기고 솟아 고히는 태고로 한양 더운물"(정지용,「溫井」의 부분)을 관조할 수 있는 여유가 있다. 시집『백록담』을 관통하는 정신적 깊이 추구라는 의도에 온천은 적절한 시간의 깊이를 제공한 셈이다. 이에 비해 오장환의 온천(오장환,「溫泉地」)은 정반대의 공간이다. 그의 초기시를 규정하는 전방위적(全方位的) 부정성의 한 계기가 되고 있다는 점에서 박남수의 그것과 유사하다. 하지만 그의 온천이 전통의 부정적 측면을 냉정한 거리감

---

22) 이 절의 서술은 이명찬,『1930년대 한국시의 근대성』(소명출판사, 2000.)의 1부 3장 3절의 내용에 기초한 것임을 밝혀둔다.

으로 드러내기 위해 채용된 하나의 소재라는 점에서, 아래 인용한 박남수의 그것과는 궤를 달리한다.

溫泉이 솟아난 날……

말 궁덩이에 송아지 찰찰 감어들고
황소 목아지에 놋방울이 왈랑이든 벌에,

알는이와 娼婦의 마을이 드러 앉었다.

이윽고 어느날,
풀섶 헤이며 거러나온 몇도야지는

낯설은 마을을 버려두고 어디로 가버렸다.

溫泉은 솟아 솟아 올르기만 할 것일까……

(박남수,「流轉」전문)[23]

이 시에서의 '온천'은 근대 문명 자체를 비유하고 있다. 온천은 화자의 삶이 일상적으로 일어나는 공간에 어느 날 갑자기 솟아난다. 전근대적 고향이라는 장소가 근대적인 공간으로 변모하며 점점 낯설어지기 시작하는 것이다. 박남수에게 있어서의 지금/여기인 고향은 이미 '앓는이와 창부'들의 공간으로 거듭나고 있는 것이다. 그러나 이 시의 화자는 고향에 대해 근본적인 연민과 애정을 여전히 지니고 있다. 그렇게 변해서는 안 된다는 당위적 인식이 밑바닥에 깔려 있는데, 그것이 이 시를 통제하는 한편 이 시가 다른 시들과 묶일 수 있는 일관성의 기초로 작용하고 있는 것이다. 그럼에도 화자는 이러한 변화가 이미 돌이킬 수 없다는 점을 잘 알고 있는 듯이 보인다.

땅이 근대적 기제가 관철되는 공간적 주요소라는 점을 감안할 때,

---

23) 박남수, 『초롱불』, 자가본, 1940. 이하 동일.

이러한 변화는 심각한 것이다. 송아지가 말을 따르고, 멧돼지조차도 인간과 같은 장소 귀속성을 갖고 있던 고향이, 이제는 동물들조차도 떠나버리는 불모의 공간으로 변모했음을 보여주고 있기 때문이다. 그곳은 이미 '낯선 근대가 타락으로 삶을 '유전(流轉)'시키는 공간이다. 이처럼 화자의 시점이 공간의 내부로 향할 때 그것은 자기 반성의 태도를 취하게 된다.24) 그래서 박남수는 자기를 키워낸 공간의 내부 사정에 이리저리 초점을 맞추면서 어느 정도의 비판적 거리를 두고 보여준다. 그러나 이 비판적 거리는 반성의 본질상 끝내 그대로 유지될 수는 없다. "溫泉은 솟아 솟아 올르기만 할 것일까……"라는 종결부를 통해, 현실 보여주기의 태도를 버리고 화자가 그 고향의 구성원 입장으로 돌아갔음을 밝히고 있는 것은 이 때문이다.

박남수 시의 특이한 점이자 탁월한 점은, 이 구성원의 입장이 개인적인 자리에서 그치지 않고 '마을' 혹은 '부락'이라는 이름으로 집단주체화를 지향한다는 데 있다. 시집 『초롱불』의 배경이자 화자의 실제 거주 장소로서의 고향은 시집 전체를 통해 '마을'이라는 이름의 구체적 장소로 제한되는데, 궁극적으로는 마을 자체가 하나의 인격을 부여받으며 관찰하고 비판하고 암시하는 주체가 된다.25) 즉 시집의 전체를 통제하는 화자가 마을인 것이다. 따라서 화자가 될 수 없는 화자를 표면에 내세운 내포 작가의 궁극적인 의도가 문제시되는데, '마을'로 한정된 이 독특한 시공성이 민족이나 국가의 개념으로 보다 쉽게 전이될 소지를 안고 있다는 점이 그 의문에 대한 대답이 될 수 있다. 온천이 들어서

---

24) Yi-Fu Tuan, *Space and Place*, Univ. of Minnesota Press, 1977, p.204.
25) 박남수의 이 점이 지금까지 흔히 현실주의 계열의 시로 논의된 바 있는 오장환, 이용악, 백석 등의 시와 다른 점이다. 가령 오장환의 「暮村」을 보면 화자는 궁핍하게 바뀌어 가는 농촌을 개인적 입장에서 관찰하는 자세를 취한다. 그 관찰의 결과 현실에 대한 부정적 입장을 드러내는데 충분히 성공하고 있지만, 박남수의 경우처럼 그 문제를 집단 주체의 내부적 문제로까지 발전시키지는 않고 있다.

기 전후 상황의 대립적 제시를 통해 그 전의 '마을'이 잃어버린 것이 무엇인가를 보여주는 시 「부락」이 그 좋은 예에 해당한다. 시 「부락」에서 모든 관찰과 판단을 하는 행위자는 '마을'이다. 그리고 이 때의 '마을'이란, 결국 이 문제가 공동체의 문제임을 자각한 내포 작가의 잠복된 비판 의식의 형상물로 이해되어야 한다. '마을' 차원의 시적 주체는 보다 세밀하게 그 위에서 벌어지는 일들을 보여주기[26]도 하는데, 한결같이 문명화 과정의 부작용들이 주 내용을 이루고 있다는 점에서 박남수의 문제의식이 결코 일회적이지 않음을 반증한다.

이러한 방법과 함께 시인은 또한 매우 구체적이면서도 암시적인 장치를 통해 시의 완성도를 높이기도 하는데, 그 예가 「초롱불」과 「밤길」이다. 두 시 역시 기왕의 다른 시들과 마찬가지로 '마을'이 공간적 배경이다. 거기에다 한밤중이라는 시간 설정을 통해 마을의 궁핍을 이중으로 상징화한다. 그 어둠을 밝히는(잠깐 밀어내는) 장치가 시의 핵심적 장치인데, 「초롱불」의 '초롱불'과 「밤길」의 '번갯불'이 그것이다. 그런데 여타 시인들의 시에서 불빛의 이미지가 시대의 어둠과 상대되는 긍정적 인식의 상징인데 비해, 이 시들에서의 불빛은 그렇지 않다. 오히려 이들 시에서 그것들은 '한밤중인 마을'의 위기감을 구체화하는 데 기여하고 있다.

개고리 울음만 들리는 마을에
굵은 비방울 성큼성큼 나리는 밤……

머얼리 山턱에 등불 두 셋 외롭고나.

이윽고 홀딱 지나간 번개불에
능수버들이 선 개천가를 달리는 사나히가 어렸다.

논뚝이라도 끊어서 달려가는길이나 아닐까.

---

26) 「酒幕」, 「距離」, 「未明」 등이 그 예다.

번개불이 스러지자,
마을은 비나리는속에 개고리 우름만 들었다.

(「밤길」 전문)

이 시는, 무너진 성터가 있는, 행길도 집도 아주 사라진 듯이 캄캄한 밤의 '마을'이 배경이자 배경으로서의 마을 자체가 처한 상징적 상황이 시적 진술의 주 대상인 시다. 진술 주체는 「밤길」의 마지막 연에서 보듯 역시 '마을'이다. 형식적으로 정리하면 마을인 주체가 자신의 상황 제시를 위해 객관적 상관물로서 '번갯불'이나 '호롱불'을 중심에 등장시킨 작품인 것이다. 자신을 객관화하는 것이 반성적 성찰의 기본임을 감안한다면 이런 장치를 사용하는 작가의 의도가 짐작된다. '마을'로 대표되는 집단의 주체적 자각 필요성을 제기하고 있는 것이다. 그 자각의 내용은 "이윽고 홀딱 지나간 번개불에 / 능수버들이 선 개천가를 달리는 사나히가 어렸다."라는 구체적 형상을 통해 암시될 뿐이다. 다만 '캄캄히 비내리는 밤에 어딘가를 향해 개천가를 달리는 사나이'라는 이미지가 무언지 모를 불안감과 위기의식을 조장하고 있음은 분명하다. 거기에다 번갯불의 내려치는 이미지와 순간적이고 공포스러운 명암 대비가 가중되면서 그 위기감은 이중 삼중으로 증폭된다. 당대 상황을 이만큼 극명하게 제시하는데 성공하고 있는 작품의 예를 달리 들 수 없을 정도다.

「밤길」의 이 위기의식은 「초롱불」에 와서 보다 간결한 방식으로 객관화된다. 마지막 두 연의 '흔들리는 초롱불'의 이미지가 그것이다. 그러면서도 「초롱불」은 위기의식 자체보다는 위기의식을 객관화하는 숨은 의도를 표명하는데 더 중점을 두고 있는 것으로 짐작된다. 꺼질 듯이 흔들리면서도 밤길을 끝내 걸어내는 초롱불이야말로, 사실적 묘사 대상이기보다 궁핍한 시대를 살아가는 삶의 당위이면서 목표의 이미지일 것이기 때문이다. 시집의 표제를 초롱불로 삼은 이유가 짐작되는 대목이기도 하다.

이처럼 박남수가 지닌 위기의식은 곧 '마을'로 상징되는 고향의 궁핍에 대한 고발의 형식이라고 명명할 수 있다. 그의 시 「마을」은 이러한 장소감 위기를 상징적으로 제시하면서, 그의 기법적 장치들을 모두 동원하고 있는 중요한 작품으로 거론되어야 한다. 그리고 이 입장에 설 때라야, 신비평적 관점으로 작가와 작품의 시공성을 모두 제거해버림으로써 한 편의 동시 취급[27]을 해왔던 이 시의 바른 의미를 읽어낼 수 있게 된다.[28]

외로운 마을이
나긋나긋 午睡에 조을고,

넓은 하늘에
솔개미 바람개비처럼 도는 날……

뜰 안 암닭이
제 그림자 쫓고
눈알 또락또락 겁을 삼킨다.

(「마을」 전문)

---

27) 문덕수의 다음과 같은 언급이 대표적이다.
"[A](시 「마을」-인용자)는 시골 마을의 평화롭고 조용한 한낮의 정경을 換喩的으로 묘사한 한 폭의 서경화다. …〈솔개미〉나 …〈암닭〉의 이미지는 너무도 자연 그대로의 향토적 정경을 평면적으로 보여주고 있어서, 현실의 살륙이나 공포감에 대한 상징성은 거의 없는 편이다."(문덕수, 「박남수론」, 『전집』, p.428.) 김춘수의 경우도 시 「마을」에서 '순수한 이미지의 투명성'을 읽어내고 있다. 나아가 이 시가 '반상징주의적 경향'을 드러내고 있다고 공언하고 있기도 하다.(김춘수, 「박남수론-시집 『신의 쓰레기』를 중심으로」, 『전집.2』, p.276.)
28) 시집 『초롱불』에 대해서는 시인 자신이 이미 그 성격을 규정한 바 있다. 김종해와의 대담을 통해, 김종해가 『문장』지 추천 시인들의 작품이 전원적 목가적이라고 말하자 그는 다음과 같이 자신의 시적 경향을 정리한다.
"『문장』지 추천 시인 가운데서도 이한직과 내가 다소 시적 체질이 다르지. 이한직은 모더니스트적인 성격을 띠고 있었고, 나는 사회적인 데 관심(강조는 인용자)을 갖고 있었지요."(「시적 체험과 리얼리티」, 『심상』, 1974.8.)

김기림이 바다나 하늘을 가능성의 의미로 읽었던 것과는 반대로, 박남수는 넓은 공간의 가능성이 오히려 위협으로 바뀔 수도 있음을 솔개미라는 상징으로 제시하고 있다. 더구나 그 위협은 바로 암탉의 문제임을 드러낸다. 겉으로 아무 일 없어 보이는 이 마을 위에 사실은 먹구름 같은 위기감과 불안감이 도사리고 있다는 것을 알 수 있다. 청노루의 눈에 도는 구름을 본다는 것이 사실 진술이 아닌 것과 마찬가지로 "눈알 또락또락 겁을 삼킨다"는 구절도 사실 묘사용은 아니다. 그것은 추상적 관념의 구상화인 것이다. 그 점에서 「밤길」, 「초롱불」과 함께 시 「마을」이 보여주는 이 위기의식의 상징화는, 박남수 시가 놓인 고향 공간의 행복 결핍과 상실의 본질을 짐작케 하는 시적 장치라고 할 수 있다. 고향이라는 장소의 근대 공간화 문제를 이처럼 간결한 우화로 제시할 수 있는 능력이 물론 흔한 것은 아니다. 그러나 그러한 능력에 더해서, 시 「마을」은 동시대의 현실을 자기 자신과 자신이 속한 집단의 문제로 파악하는 주체의 중요성이 강조되어야 한다는 점을 잘 보여주는 드문 예이다.

2-2. '삼팔따라지'의 고통 : 제 2기

이 시기 박남수를 사로잡은 것이 그 유명한 새와 아침의 이미지였다. 그러니 저간에 그를 두고 이미지스트라 평가했던 것은 정확히 말하면 이 시기 그의 시적 특성을 겨냥한 셈이겠다. 대부분의 연구자들이 주목했던 것은 그 중에서도 새의 이미지였다. 그들에게 있어 새는 대부분 '절대적 이미지'[29]거나 '세계-내-존재'[30]의 표상이거나 '절대적 이미지와 존재의 거울로서 절대적 생명 탐구'[31]의 결과물로 이해되었다. '절

---

29) 범대순, 「박남수의 새-절대적 이미지」, 『전집.2』, p.255.
30) 김진국, 「새의 비상-그 존재론적 환열」, 『전집.2』, pp.296-306.
31) 박철석, 「박남수론」, 『전집.2』, p.339.

대'가 주변 사물들과의 연계를 끊어버리는 것을 말한다는 점에서 보자면, 그가 새라는 대상의 즉물성에 주목했다는 뜻일 것이다. 이를 확인하기 위해서는 2기의 시집들을 좀 자세히 들여다 볼 필요가 있다.

박남수 시력(詩歷)의 제 2기에는, 첫 시집 이후 무려 18년 만에 간행된 두 번째 시집 『갈매기 소묘』와 3시집 『신의 쓰레기』, 4시집 『새의 암장』, 그리고 도미(渡美) 이후에 수습된 5시집 『사슴의 관』이 같이 묶일수 있다. 그가 도미했던 1975년을 기준으로 보면, 두 번째 시집을 묶은해로부터는 17년, 해방 당시로부터는 무려 30년이라는 긴 시간 위에그의 시력 제 2기가 걸쳐 있는 셈이다. 해방과 한국전쟁이라는 역사의소용돌이를 헤쳐 나오느라 그간에 썼던 시고(詩稿)를 모두 일실(逸失)해버린 20대를 제외하면, 30에서 50대에 걸치는 그의 생애 최전성기가바로 시력 제 2기에 해당한다. 평자들의 눈앞에 이 시기가 그만큼 전경화(前景化)될 수밖에 없었으리라.

그런데 전경화란 반드시 배경화(背景化)를 수반하기 마련이다. 시인스스로의 논법에 따를진대, 예술적 표현의 완성을 전경화하기 위해서는 사상이라는 요소를 배경화해야 한다는 뜻이다. 이 과정에서 철저한절제와 균형의 확보가 무엇보다 중요했을 것이다. 거기다 연구자들 역시, 박남수가 앞세우는 그 전경(前景)에만 관심을 집중함으로써 또 한번의 전경화를 감행하기에 이른다. 그렇게 되면, 시인 스스로의 강조점에 평자들의 강조가 덧씌워져 증폭되므로 독자들은 꼼짝없이 의사(擬似) 박남수 상(像)에 매달릴 수밖에 없게 된다.

그러나 전경이 배경으로부터 독립하여 홀로 설 수는 없다. 이미지가강조되었다면 그 뒤에는 그것을 전면에 배치할 수밖에 없었던 내력으로서의 '사상'이 그늘을 드리우고 있기 마련이기 때문이다. '이미지'의배경에는 사회 역사적 혹은 가족사적 맥락이 엄존하는 것이다. 박남수시에 가해진 그간의 왜곡을 조금이나마 바로잡아 보려면, 이 맥락의검토가 필수적이다. 그러기 위해서는 5시집 『사슴의 관』에 실린 「비가

(悲歌)-속 갈매기 소묘」에 대한 검토가 우선되어야 한다. 이 시야말로, 도미 이후 자신의 제 2기를 정리하는 심정으로 엮은 5시집 유일의 2시집 시기 작품이기 때문이다. 이 시가 2집에서 제외[배경화]되었던 만큼, '안으로 열(熱)하고 겉으로 서늘옵기'[32] 위해 저만치 밀어두었던 그 자신의 현실적이고 사적(私的)인 욕망, 곧 그만의 '사상'이 검출될 가능성이 높다. 한 시인의 시들끼리는 동기나 구성, 기법의 측면에서 가족 유사성을 지닌다는 것이 일반적 견해이고 보면, 이 작품의 검토를 통해 『갈매기 소묘』로 비롯된 그의 제 2기 시력의 출발 지점을 재구성해 볼 수 있을 것이다.

총 9부 26연 180행으로 된 장시 「비가」에는 이미지가 아니라 그 스스로 그토록 터부시했던 삶의 질박한 내용들이 고스란히 녹아 있어 이채롭다. 2시집에 이 시를 넣지 않은 이유 역시 이에 관련되어 있을 것이다. 흔히 그를 '새 이미지'의 시인이라 했을 때 그 출발이 2시집인 『갈매기 소묘』가 됨은 주지의 사실이다.[33] 따라서 이 시집의 「갈매기 소묘」로부터 3시집의 「새」 연작을 지나 4시집의 「새의 암장」 연작에 이르기까지, 언뜻 고도의 추상화와 즉물화의 길로 치달은 듯 보이는 이미지 시의 속내를 들여다보기 위해서는 '갈매기'의 의미 파악이 필수적인데, 시 「비가」가 그 중요한 실마리가 된다.

「비가」는 한마디로, 전쟁으로 인해 할머니와 어머니가 계신 고향땅을 등지고[34] 부산으로 피난 오게 된 과정을 사실적이고 역사적인 관점에서 요약하고 있는 작품이다. 화자는, 자신의 원체험이 자리 잡은 "넓

---

32) 정지용, 「시의 위의」, 『문장』, 1939.11.
33) 새가 무엇을 표상하는지에 대한 의견은 달라도, 그가 2시집에서 새를 발견하고 3시집에서 그것을 발전시키며 4시집에서 마무리한다고 보는 것이 일반적인 의견이다. 범대순, 박철석의 글과 이승훈(「박남수와 새의 이미지」, 『전집.2』) 의 논문이 대표적이다.
34) 이 고향 떠남을 두고 그는 "최초의 탈출"이자 "넓은 하늘을 날아오르는 승천"이라 서술함으로써 비상(飛翔)하는 새의 이미지를 이미 예비하고 있다.(「비가」 1부 5연)

은 원야(原野)"를 버리고 남하한 것이, "자유"나 "복지"따위 손에 잡히지 않는 가치를 추구해서가 아니라, 서울을 "날개를 띄울 공간"으로서의 "넓은 하늘"로 여겼기 때문이라고 말한다. 말하자면 새로운 원야가 될 수 있을 것이라고 생각했다는 것이다. 하지만 짓궂은 역사가 그를 가만 두었을 리가 없다. 그의 삶은 "부산항"의 "판자촌"에 구겨져 버려진다. 일본의 유수한 대학(중앙대학) 법학부를 정식으로 졸업해서 은행에 취직을 하고 피아니스트 아내를 맞아 꾸려갔던 그의 단란(團欒)이 한갓 휴지 조각이 되어버린 것이다. 이를 두고 그는 "삶의 발견"이라고 불렀다. 이 기댈 데 없는 38따라지의 삶을 될 대로 되라("켓세라 켓세라")는 식으로 팽개쳐두고 있을 때, 그는 갈매기를 발견했다. "저무는 햇빛은 피를 뱉고 / 수평(水平)에 꺼져내리는 해질녘 / 비로소 현실(現實)인 처자(妻子)가 있는 판자촌(板子村)으로 간다. / 어둠 속을 누비며 / 갈매기도 하나 둘 사라져 간다."(7부 1연)라고 했을 때의 갈매기란 현실에 찌든 시인 자신의 그림자일 수밖에 없다. 뒤이어지는 다음의 진술은 그의 시를 지탱하는 '사상'이 분단과 이향(離鄕)의 아픈 상처임을 단적으로 드러내주고 있어 애처롭기까지 하다.

慶尙道 사투리가
--- 어서 오이소야
환영하는 곳은 밥집뿐이지만,
누가 불러서 왔던가.
나두 北에 가면 고래등 같은 집도 있구요
쩡쩡 울리는 한 푸내기가 살구 있디요
믿든 안 믿든 그렇지 않고는
뻣대겨 볼 자랑이 없다.
앞은 어둡고
빛은 지나간 날에만 비춰는 서글픈 따라지의 목숨.
(8부의 1연)

이쯤 되면 그가 그토록 '사상'을 절제하고 비상하는 새의 이미지에 매달려야 했던 이유를 짐작할 수 있을 것이다. 절제하지 않으면 무시로 튀어나와 독자들보다 먼저 울어버릴 것 같은 처연한 따라지의 이력을 안고 있었던 것이다. 그는 결국 남들보다 너무 많은 양의 이야깃거리로서의 '사상'을 가지고 있었기에, 스스로를 남보다 엄하게 단속할 수밖에 없는 운명의 시인이었던 셈이다. 그의 시 전편에 흐르는 과거 혹은 시원(始原) 지향성[35])도 "삶의 방향을 잃고 헤매는 피난민 의식, 다시 말하면 냉혹한 현실 인식"[36])에서 비롯되었다고 말할 수 있을 것이다. 따라서 "나의 눈에는 / 넓은 原野의 그림자가 있다. / 한 무리의 새가 건너가며 굽어본 / 넓은 原野의 그림자가 있다"라고 시를 마무리 지을 때조차도 그 지향이 미래적이기보다는 과거적 성격을 띠게 된다.

2시집 『갈매기 소묘』를 채우고 있는 것은 그래서, 1) 뿌리내릴 수 없는 현실의 불모성에 대한 성찰과 2) 그럼에도 살아내야 하는 목숨에 대한 연민, 그리고 3) 이 불모의 현실이 생겨나기 이전 시간에 대한 탐색들이다. 그에게 있어 현실은 바람(「바람」)이거나 강물(「강」)처럼 구체적 형태를 갖지 못하고 부유하며 "흐렁흐렁 흐느"(「바람」)끼게 하는 무엇이다. 그것은 또한 갈매기가 끊임없이 날갯짓을 해야 하는 하늘과 바다의 틈새(「갈매기 소묘」)이기도 하다.

> 드리운 하늘 / 보푸는 물 面 / 그 눌림 속에 /
> 太陽은 / 아예 없었다. / 알알이 / 따로 노는 / 寶石이 끓는 /
> 물이랑 위에, / 갈매기는 / 본디 살고 / 있었다. / 옛날에…… 옛날에…… /
> 갈매기는 / 한 번 / 웃어 본다.
>
> (「갈매기 소묘」의 10연)

---

35) 이승훈, 같은 글, 『전집.2』, p.374.
36) 같은 책, p.370.

태양도 없이 짓누르는 하늘과 부풀어 올라 위협하는 해수면의 틈새, 그 질식할 듯한 공간이 갈매기의 거소(居所)다. "꽃은 꽃만치, 山은 山만치, / 나는 나만치의 空間을 가졌다는 것이"(「다섯 편의 쏘넽」) 한편으로 기쁜 일이겠으나, 원폭(原爆)이 "터지는 비키니섬의 神話가 있는 동안에는"(「다섯 편의 쏘넽」) "하늘과 땅 사이가 / 그대로 하나의 棺"(原罪의 거리」)일 뿐이라는 것이 시인의 인식이다.

그러한 불모의 현실에서도 그러나 생명은 지속되어야 한다. 지속되어야 하기에 안타깝다. 위의 '갈매기'가 그러하고 '바람'과 '강'이 그러하며 전편에서 두루 발견되는 '꽃'이 그러하다. 현실에 대한 "찢어지는 / 분통"(「갈매기 소묘」)을 속으로 삭이며 그래도 지속(「지속」)시켜야 하는 것이 여성성으로서의 생명이기에, 그는 지상의 온갖 목숨 있는 가녀린 것에 대한 연민의 시선을 거두지 못한다. 뿐만 아니라 생명의 지속이라는 그의 '사상'은 모두 '과거의 어떤 것'[37]을 향해 있거나 그것으로부터 동력을 얻고 있다. 도처에서 그는 고향과 어머니를 만나고 있는 것이다. 그렇다면 이 지향이 2기 시력의 밑바닥에 깔려 있는 정서임이 분명한데도 그것은 사상(捨象)되고 이미지만이 부각되었다는 사실이 오히려 놀라울 정도다.

그런데 특이한 것은 그런 그가, 자기 삶의 원야(原野)를 파괴하고 스스로를 한갓 버려진 "밥풀을 쪼아먹는"(「비가」) 갈매기로 만들어버린 한국 근대사의 질곡에 대한 탐구로 나아가지 않았다는 점이다. 한국사의 특수성이 아니라 그는 곧바로 문명 일반의 폭력성에 대한 고발로 치달아버린다. 『갈매기 소묘』에 자주 등장하는 원폭(原爆) 이미지[38]가

---

37) "지나간 모습들"이나 "지난날의 따스한 것들"을 그리는 「강」, "어쩌면 죽었을, 어쩌면 살았을 / 내 고향"과 "어머니"를 그리는 「언제쯤 한 번은 거기에」, "축제 같은 어제"를 그리는 「갈매기 소묘」, 시원(始原)에 대한 탐색을 하고 있는 「시원(始原) 유전(流轉)」 등이 대표적이다.

38) 「다섯 편의 쏘넽」, 「시원 유전」에는 원자탄이라는 소재가 직접 채용되고 있고, 기타 여러 편의 시에서 폭탄, 시한탄 등의 소재가 자주 등장한다.

그 좋은 예다. 이는 그가, 한국 전쟁의 성격을, 민족의 특수성으로 규정하기보다는 피할 수 없는 인류 문명의 그림자쯤으로 인식하고 있었다는 것을 말해준다. 그의 정신적 기반이 소박한 휴머니즘[39] 위에 놓여 있을 가능성을 일러주는 대목이다. 이 부분은, 1930년대 일제 강점하라는 조선 역사의 특수성을 몰각하고 문명 비판에로 몸 가볍게 나아간 김기림의 행보에 닮아 있다. 박남수가 모더니스트로 규정될 수 있다면 오히려 이 지점일 것이다. 한국사의 특수성에 대한 인식으로 그의 '사상'이 전개되지 않는다는 것은 다소 놀라운 일인데, 이 부분을 두고는 김춘수조차도 "날카로운 언어 감각을 때로 보여주고 있는 이 작가가 의외로 세계관이나 철학은 소박한 것 같다."[40]라고 지적하고 있다. 현실의 불모성에 주목하고서도 그것을 인류 보편 쪽으로 비약시켜버리는 이 몰역사성[41]에는 여러 이유가 있겠지만, 남쪽 땅에서 살아나가야 하는 38따라지로서의 자기 검열이 그중 중요한 이유가 아니었을까 조심스럽게 추측해볼 수 있을 것이다.

　3시집 『신의 쓰레기』와 4시집 『새의 암장』에는 이러한 그의 추상적, 관념적 비약이 '새' 혹은 '아침'이라는 형상으로 집약된다. 세간의 이목이 여기 가장 집중되었던 까닭은, '피난민 의식이 밑받침된 삶의 구체적 세목(細目)'을 표상하던 '갈매기'가, 가볍고 자유로운 '새'로 거듭남으로써 그 구질구질한 생활의 때를 말끔히 벗어버렸기 때문일 것이다.[42] 이 추상화에는 절대니 순수니 존재니 하는 용어들이 제격이었다. '부산

---

39) 시란 "시인의 체험을 통한 생생한 무엇이어야 한다. ……스스로의 가슴을 관통한 것이 아니면 안 된다."(박남수, 「한국적인 한의 시」, 『문학사상』, 1975.2, 『전집.2』, p.59.)라고 하는 언술도 그의 이러한 휴머니즘적 태도에서 기인한다고 볼 수 있을 것이다.
40) 김춘수, 같은 글, 『전집.2』, p.272.
41) 시원 지향 의식 자체가 사실은 몰역사성을 띠기 마련이다. 과거를 미래로 투기(投企)하지 않고 다시 과거로 되돌리는 것이 시원 의식이기 때문이다. 이 몰역사성이야말로 '사회적 실어증'의 뚜렷한 증거라 할 수 있을 것이다.
42) 시 「종달새」에서 새는 드디어 '천상의 악기'가 된다.

항 갈매기'가 아니라 그냥 '새'가 되어 강철 문명의 총아인 '포수'와 대결(「새.1」, 『신의 쓰레기』43))하거나, 모든 물상을 옭죄던 '어둠'과 대결하여 이기고 마침내 '아침'이라는 '즐거운 지상의 잔치'(「아침 이미지.1」, 『새의 암장』)를 벌이는 마당에는 '금으로 타는 언어의 즐거운 울림'만이 문제였다. 총 든 포수나 물상들을 삼키는 어둠은 그냥 말일 뿐 삶의 직접성을 조금도 환기하지 않는다. 그러니 아침의 또 다른 세목으로 제시되는 "저잣거리에 모여드는 장사치들"의 전대(錢帶)나 '에멘에서 일어난 쿠데타 소식'(「아침 이미지.2」)들이 매일반으로 가볍게 뒤섞일 수 있는 것이다.44)

'사상'을 죽이고 '표현'에로 가장 경사되었다고 할 수 있는 이 시기의 작품들은 그 성가에도 불구하고, 박남수 전체 시력으로 볼 때는 가장 이질적이라고 할 수 있다. '즐거운 말잔치'(「아침이미지」)의 뒤에 삶의 어둠이 도사리고 앉았다는 사실을 깨닫는 한순간에 하늘로 날아올랐던 그의 새들은 급전직하로 무너져 내릴 수밖에 없기 때문이다. 가루 가루로 흩어지는 종소리에 비유(「종소리」, 『신의 쓰레기』)하여 추상화하기에 역사는 너무 가혹하고 무거운 무엇이 아닐 수 없었다. 3시집에서 좀처럼 회고의 무연(憮然)한 시선을 드러내지 않던 그가, 4시집에 와서는 '아침 이지지'들 바로 옆에 '밤'의 이미지(「밤」1,2)를 나열하거나, 끝내 '새'를 죽음의 이미지로 치환하게 된 것(「비비추가 된 새」와 「새의 암장」 연작들)이 다 그 때문이다. 그러면서 그는 원야 혹은 시원에 대

---

43) 물론 이 시를 시와 시인의 관계에 대한 알레고리로 읽을 수도 있다. 시인 자신이 그런 힌트를 주고 있는 것도 사실이다. 하지만 그런 가능성에 정비례해서, 관습적인 독법대로 자연과 문명 관계에 대한 알레고리로 읽어도 무방할 것이다.

44) 이런 비약과 변화는 60년대 들어 박남수가 현실에서 어느 정도 자신감을 회복했던 증거로 읽을 수 있다. 〈자유문학상〉을 수상하고, 내로라하는 잡지의 편집인으로 활동하는 한편, 시인협회의 창립과 운영을 주도함으로써 비록 문단에서일망정 개인적으로 가장 정력적인 활동을 하던 때이니만치 그의 피해의식이 상당 부분 감쇄했을 가능성이 있는 것이다.

한 의식적인 지향성을 다시 전면에 드러내게 된다. 그러나 이미 이 때 와서 생각하는 '원야로의 회귀'란, "모든 危險을 잊어버리"고 "죽음의 粘 土에 떨어져 / 스스로를 한 幅의 版畵로 찍"(「새의 암장(暗葬)」.2,『새의 암장』)히는 일일 뿐이다. 분단의 상처를, 살아서는 결코 극복하지 못할 지도 모르겠다는 두려움이 그의 의식을 점점 더 물들여 가고 있었던 듯하다.

　70년대 초 작품들로 채워진 5시집『사슴의 관』에 오면 그는 이제 완연히 그 동안 버려두었던 '사상' 쪽으로 몸을 돌리고 있음을 알 수 있다. 그는 이제 이 나라를 떠날 준비를 하고 있었던 것이다. 반대로 말하면 조국이라고 믿었던 장소가 자신을 점점 더 바깥으로 밀어내고 있다는 사실을 깨닫고 있었다고 할 수 있겠다. "鐵條網으로도 收容所로 도 / 그리고 原子彈으로도 새는 죽지 않는다"(「새」)라고 호기를 부려도 보지만, 그의 시 전편을 물들이고 있는 정조는 이미 패퇴자의 그것이 다. 어느 새 시인 스스로 고향 떠날 때의 어머니 나이가 되어 자기 자식 을 바라보고 있는 「딸에게」나 「서투른 흥정」, 「보행」이 내비치는 한없 는 연민의 정조가 그렇고, 고향에 두고 온 가족들을 회고하는 「사모곡」 과 「추석」의 가슴 시린 비창감이 그렇고, 먼저 이민 간 가족들을 생각 하며 하숙방에 홀로 떨어져 지나간 생애를 반추하는 「독방」 연작이나 「구름은 바람에 실리어」가 허전하게 드러내는 멜랑콜리가 그렇고, 고 향을 떠나왔는데 이제 고국조차 버려야 하는 시인의 처지를 그린 「안 녕, 안녕」의 참담하고 복잡한 심경이 또한 그렇다. 특히 「안녕, 안녕」 은, 나이 60이 다 되도록 직장 하나 안겨준 적이 없이 끝내 시인을 타국 의 하늘 아래로 내모는 조국에 대해, 그래도 여전히 사랑하노라 고백하 며 내미는 화해의 손길이기에 독자의 마음을 깊이 울린다.

　　내가 어둠으로 띄운 새들은
　　하늘에 暗葬되었는가. 어머니를 향해

二十年의 세월을 祈禱로 띄운
새들은 아직 돌아오지 않고 있다.
내 나이가, 지금
헤어질 때의 어머니 나이가 되었지만
아직도 그 生死조차 모른다.
하늘이여, 이 不倫의 세월을 끊고
아들은 어머니의 무릎에
지아비는 지어미의 품으로
돌아가게 하라. 저들이 함께 웃고
저들이 함께 울도록, 하늘이여
무수한 사람이 띄운 새들이
이제는 歸巢하도록 빛을 밝히라.

(「오랜 祈禱」 전문)

시인은, 이제 자신의 새가, 천상의 악기도 절대 순수도 아니고 다만 어머니와 자기를 이어주는 전서구(傳書鳩)가 되어 돌아오길 바란다. 그리고 그 전서구가 분단의 상처를 안고 살아가는 이 땅 천만 이산가족들의 비원(悲願)임을 강조한다. 시로 그 새를 노래했으니, 자신의 시가 곧 그 비원에 맞닿아 있다는 얘기겠다. 이쯤 되면 표현이니 언언니 하는 따위는 이제 발을 들이밀 틈이 없다. 그의 제 2기 시는 결국 "어미를 잃고 사"는 '망아지 송아지'의 울음(「사모곡」[45])이었던 것이다.

2-3. 자기 땅에서 추방 당한 시인 : 제 3기

도미 이후 박남수 시인이 상재한 시집은 모두 세 권이다. 92년의 『서쪽, 그 실은 동쪽』과 93년 아내의 사별에 바친 『그리고 그 이후』, 마지막으로 타계하던 해에 간행된 『소로』가 그것이다. 권수로는 셋이지만

---

45) 일찍 어미와 헤어진 망아지 이미지는 스승인 정지용의 것을 고스란히 차용하고 있다.

이 시기의 작품이 그 이전 시기 전체보다도 오히려 많다는 것이 놀랍다. 말을 되도록이면 아껴 쓰던 그가 다변이 되었다는 것도 이민의 후유증일 것이다. 내면에 억눌린 말들을 쏟아 부을 데가 시 말고는 달리 없었다는 뜻일 것이기 때문이다. 반대로 보면 오히려 우리말을 쓸 수 없기에 모국어에 대한 향수가 더 강해진 결과라고 볼 수도 있을 것이다. 시집들 가운데『그리고 그 이후』는 1951년 월남 이후 그의 유일한 벗이자 동반자였던 아내의 죽음에 바쳐진 시집이라는 점에서 시적 공감대가 그리 넓지 못한 것이 사실이다. 그러나 한 시인의 진솔한 내면을 읽어내기에는 오히려 도움이 되는 측면이 없지 않다. 아내 앞에 맨 얼굴을 드러낸 시들이기 때문이다. 3기의 첫 장면이 '언어'에 대한 부정으로부터 출발하고 있다는 것은 다분히 상징적이다.

> 한 마리의 비둘기가
> 슬금슬금 밀치며 지분거린다.
> 한 마리의 비둘기가 한 마리의 비둘기를,
> 둘레를 빙글빙글 돌며 쪼고 있다.
> 무슨 말 같은 것은
> 하지 않았다. 이윽고
> 한 마리는 알아차리고 조용히 몸을 숙이며
> 두 날개를 펼친다. 한 마리는
> 잔등 위에서 어기찬 하느님이 되었다. 그뿐
> 무슨 말 같은 것은
> 하지 않았다. 태초는
> 다만 몸짓으로 열리었던 것을.
>
> (「몸짓」, 『서쪽, 그 실은 동쪽』 전문)

한 생명과 생명이 교감을 하고 사랑을 나누는데 말이란 거추장스러운 것일 뿐이라는 이 인식은 스스로에 대한 다짐으로 읽힌다. 언어 표현의 완벽함을 통해 시를 예술화하고자 했던[46] 그가, 이제는 "무슨 말

같은 것"을 두 번이나 강조해 부정하고 있는 것이다. 이는 곧 시에 대한 태도 변화를 암시하는 구절로 받아들일 수 있을 것이다. 비록 터져 나오려는 말들을 억제하기 위한 방편으로 제시한 제스처였을망정, 제 2기의 그는 분명 언어 중심의 시관(詩觀)을 견지하고 있었다. 몸짓만으로 열리는 태초, 누구나 하느님인 상황을 노래해 시집의 첫자리에 배치했다는 것은, 그가 제 2기의 시관을 더 이상 유효하게 여기지 않는다는 점을 방증한다고 볼 수 있지 않을까. 이제 그의 시는, 시 자체로 서려 하지 않고 자신의 삶에 대해 이야기하는 서술자의 자리로 물러난다.

> 꿈속에
> 巨大한 손바닥이, 나의
> 뺨을 휘갈겼다.
> 훌떡 이불을 제끼고
> 일어나 앉아
> 뺨을 만졌다.
> (貧者의 수염이
> 손바닥에 까칠까칠 찔린다.)
> 대어들, 그 손바닥이
> 어디에도 없어
> 분을 누르며, 다시
> 자리에 누워
> 이불로 뺨을 가리었다.
>
> (「서글픈 暗喩.3 - 憤痛」, 『서쪽, 그 실은 동쪽』 전문)

우의가 시의 중심이긴 하지만 서슴없이 이야기로 풀어 쓴 시다. 뿌리 뽑힌 이민 생활의 어느 날 밤에 시인은 정말로 이런 꿈을 꾸었을지도

---

46) 그는 한때 문학과 예술을 나누어 보는 관점을 갖고 있었다. 문학은 윤리성을 띠고 결국 설득하려는 이야기가 있게 마련인데, 예술은 그렇지 않다는 것이다. 작품 자체를 하나의 물건으로 보고 직감적으로 향수하면 되는 것이 예술의 세계라고 보았다.(박남수, 「직감의 향수」, 『전집.2』, pp.34-35.)

모른다. 자원(自願)한 것이 아니라 누군가에게 등 떠밀려 이국땅을 밟게 되었다는 트라우마가 고스란히 읽힌다. 그러나 그를 그렇게 자신의 삶에서조차 타자로 내몬 장본인은 얼굴을 지우고 있어 분통을 터뜨릴 기회조차 없다. 다만 "거대한 손바닥"일 뿐이다. 이 손바닥에 우리는 '역사'라는 이름의 괴물을 대입해 볼 수 있을 것이다. 개인의 의지와는 무관하게 거대하게 굴러가는 역사라는 이름의 수레바퀴. 빛나는 원야(原野)에서의 삶을 해체해서 '빈자(貧者)'로 만들어버리는 역사의 괴물스러움이 손바닥의 이미지로 형상화되고 있는 것이다. 그런 역사 앞에 "결국 산다는 것은 발판을 잃고 / 하늘을 맴도는 방황에 지나지 않는"(「꿈의 痕迹」, 『서쪽, 그 실은 동쪽』)다. 어느 새, 현실이 '짓누르는 하늘과 보푸는 물 면' 사이의 디딜 것 없는 틈새라고 여겼던 2시집의 단계로 그의 인식이 되돌아와 있음을 알 수 있다.

> 나의 전모를, 지금
> 내 스스로의 눈으로는 볼 수가 없다.
> 어둠 속에 묻혀
> 조금은 그을음까지 앉았을 나의 전모를.
>
> 산타 모니카 해안에 앉아
> 멀리 서역을 바라보면서
> 동방의 사람, 나 朴南秀는
> 여기서는 서쪽, 그 실은 해뜨는 동쪽
> 조국을 생각한다.
>
> 조국의 사람들을, 그 가슴에
> 물결치는 애련의 갈매기를, 그 울음을.
> 그 서러운 몸놀림을.
> 아, 피맺힌 分斷을.
> (「서쪽, 그 실은 동쪽」, 『서쪽, 그 실은 동쪽』 전문)

그는 이제 자신의 전모를 파악할 길이 없다. 지구의 동서(東西) 반구(半球)에 각각 삶의 자취를 남겼는데, 한 쪽이 낮이면 한 쪽이 밤이 되어 어둠에 덮이기 때문이다. 이 말은 곧, 지구의 동서로 나누인 자신의 장소 정체성을 제대로 통합해 인식하기 힘들다는 인식의 비유적 표현일 것이다. 그 점에서 그의 현재는 분단되어 있다. 그런데 반쪽이나마 되짚어보려는 그의 정체성은 조국의 분단으로 인해 또다시 찢겨나간다. 조국의 서글픈 현실만이 우울하게 떠오르는 것이다. 그곳은 고향을 되찾고자 하늘과 땅 사이의 틈새를 부유하는 갈매기들의 거소이기 때문이다. 산타 모니카 해변에서 화자는 이렇게 이중의 분단에 가슴 아파하는 또 한 마리의 갈매기가 되어 애련에 젖어 있다.

> 새처럼
> 날아오르고 싶다. 언제나
> 결국은 도로 내려와, 어느
> 난간이나 나뭇가지에 앉지만, 새는
> 앉아 있기보다 날기를 위해
> 존재한다. 우리가
> 끝없는 하강을 하면서도
> 항상 생각은 위로 오르듯이
>
> 모양으로는 보이지 않는
> 빛으로 찬 그곳을
> 언제나 그리워한다.
>
> (「하늘에의 鄕愁」, 『소로』의 마지막 부분)

육체라는 현실적 제한을 뛰어넘을 수 있는 것은 생각이나 꿈이나 그리움뿐이다. 상승하는 그리움의 강도가 세면 셀수록, 반대로 존재의 하강에는 가속도가 붙기 마련이다. 이미 꿈을 실현할 시간[47]의 여유는

---

47) "아무래도 시간은 수직으로 / 내려가는 것 같다"(같은 시, 2연)라는 시간 인식

없다. 그러니 생각으로 그리는 "빛으로 찬 그곳"에 가닿을 수 있는 방법은 현실적으로는 없다고 보아야 할 것이다. 고향을 그리는 후기 시편들에 그토록 자주 죽음의 그림자가 드리워지는 이유다. "다시 시작할 수 없는 하강을 / 혼자서 내려가면서 / 단 한 번뿐의 하강을 / 연극 보듯 허허로히 / 되돌아보는 낙하의 허무함이어"(「어떤 落下」, 『소로』)에서 보듯, 단 한 번뿐인 하강, 곧 죽음을 바라보는 그의 시선은 이미 크게 흔들리지 않는다. 집 떠나온 이후 한 번도 어디에 제대로 내려앉아 쉬지 못한 삶이었기 때문이다. 죽음만이 그에게 최후의 안식으로 비치지 않았을까. 이 허전한 궤적은 슬프고 아름답다. 그렇게 이 땅 위에서 지워진 뒤의 자신을 화자로 내세운 시 「반려」(『소로』)의 끝부분은, 분단의 현재를 여전히 살아가고 있는 우리들을 아프게 한다. "땅밑에서 나의 자취는 / 사라지고, 다음에는 / 나를 달고 다니던, 그 사람도 / 자취를 감추게 되겠지만 / 둘이서 구경하며 다닌 한 평생 / 생각하면 즐거움이기도 하였습니다"라고 고백하고 있기 때문이다. 어디에든 구성원으로 참여하여 애를 쓴 생애가 아니라, "구경하며 다닌 한 평생"이라는 것이다. 평양에서도, 서울에서도, 부산에서도 그리고 산타모니카에서도, 그는 국외자일 뿐이었던 것이다.

3. '사회적 실어증'과 박남수의 시세계

한국의 근대사는 시민들의 할 말을 뺏으려는 공권력의 줄기찬 노력으로 점철되어 왔다고 해도 과언이 아니다. 일제강점기야 두말 할 필요도 없는 일이지만 해방 이후 자국민이 주권을 가진 시대가 되었어도 이 상황이 바뀌지 않은 것은 참으로 한심한 일이 아닐 수 없다. 이승만

이 시인의 한계 의식을 대변한다.

독재와 한국 전쟁, 뒤이은 군부 독재의 저 기나긴 세월 동안 사회적 금기의 기제들이 우리의 삶 곳곳에서 치밀하게 작동하면서 우리는 안팎의 검열에 시달려야 했다. 보이지 않는 눈길에 의해 머릿속마저 감시당하는 상황, 그 때문에 제 할 말을 다 못하는 이러한 시대 상황을 두고 '사회적 실어증'이라 명명해볼 수 있을 것이다. 한국의 근대 시문학은 이 사회적 실어증을 치료하기 위해 부단히 노력해온 주축의 하나였다.

그런데 박남수와 같은 월남 시인들에게는 시민들 누구에게나 동등한 하중으로 작동했던 이러한 억압의 기제에 더해 '월남'이라는 조건이 부과하는 짐이 하나 더 얹혀졌다. 시인의 말문을 막는 이 이중의 무게를 뚫고 '남한 땅에서의 우리 삶이 얼마나 아름답지 않은지'를 노래하기란 참으로 어려운 일이었을 터이다. 그가 만든 '새'나 '원야'의 이미지란 결국 우리 삶의 고통스러움을 에둘러 말하기 위한 그만의 상징 장치였던 셈이다.

시인 박남수를 이미지스트나 모더니스트의 후예쯤으로 기억하는 일은 이제 그만두어야 한다. 그러한 평가에 걸맞은 부분은 그의 시력 제2기, 그 중에서도 시집 『신의 쓰레기』 소재 시편들에 국한되기 때문이다. 출발 지점에서 비록 표현 주도의 시관을 강조하긴 했지만, 그는 "테마라고 하여도 좋고 메시지라고 하여도 좋"을, 시 "전편을 통일한 무엇"[48]이야말로 최종적으로 언어의 구슬을 꿰는 실이라는 생각을 가졌던 시인이었다. 그것을 두고 그는 '사상'이라고 불렀다. 시인 박남수 자신에게 있어 그 '사상'의 핵심은 분단의 아물지 않는 상처를 어떻게 형상화할 것인가 하는 고민이었다. 때로 시원(始原)이라는 이름으로 때로 원야(原野)라는 이름으로 되새겨보았던, 어머니와 할머니가 있는 고향에서의 삶을 회복하는 일이야말로 시인으로서 필생의 과업이었던 것이다. 절제를 통해 언어를 다스리려 했던 그의 시적 방법은, 주체할

---

48) 박남수, 「적확한 언어의 선택」, 『전집.2』, p.52.

수 없을 정도로 자신의 안에 넘쳐흐르는 그리움을 통제하기 위한 수단에 불과했다.

등 떠밀려 결행한 것으로 보이는 미국행의 밑바닥에, 어쩌면 귀향할 수 있을지도 모른다는 일말의 기대감이 자리 잡고 있었던 것은 아닐까. 시 「하직·월남의 추억」(『그리고 그 이후』)에는 그런 짐작이 어느 정도는 유효할지도 모른다는 생각을 갖게 하는 구절이 등장한다. "전쟁도 길었지만, 결국은 / 그것이 마지막이 되었다. 요즘 들어 / 아내는 以北에 갈 거라고, 미 시민권 / 시험을 준비하고 있었다. / 얼마 후에, 그것을 단념하였다. / 만나고 오면 더 허무할 것"이라는 구절이 그 근거다. 그의 시원은 그러나 그렇게라도 접근을 허락해주지 않았다.

시인 박남수는, 김규동과 함께 분단의식을 자기 시의 중심에 놓은 몇 안 되는 시인으로 기억되어야 마땅하다. 허공으로 솟구쳐 올라 땅 어디에도 내려앉지 못하고 하강하는 형식으로서의 '새'의 궤적은, 고스란히 그 자신의 삶의 궤적에 일치한다. 언어와 사상을 시로 통일하려고 노력했듯이, 비록 노력한 결과가 아니라 역사라는 거대한 손에 떠밀린 결과라 하더라도, 시와 삶을 하나로 꿰어나가려 한 시인으로서의 그의 비상은, 오래 기억되어야 할 이 땅 문학사의 상처일 것이다.

4 책 읽기의 흔적

원본과 정본, 그리고 그 너머
― 고형진, 『정본 백석 시집』(문학동네, 2007)

1. 우리 사랑 백석

하긴 그럴 수도 있겠다. 백석 시의 자질에는 우리 문학사의 기형성 (奇形性)을 단번에 돌파해버리는, 말로 표현하기 어려운 매력이 분명히 숨어 있다. 그러니 그 짧은 기간에 이토록 많은 시(전)집이 쏟아져 나온 것이겠다. 1988년 서울올림픽에 쏠리는 국외의 눈이 무서워 어쩔 수 없이 단행한 납·월북 작가 해금 조처를 전후하여 이 땅에 쏟아지기 시 작한 백석시집이, 이제는 근 사십여 권을 헤아리게 되었다. 소수의 연 구 의욕과 다수의 상업적 욕구가 이(齒) 드러내고 환하게 웃으며 만나 일구어낸 이러한 결과에 대해 괜히 딴죽 걸 이유도 필요도 없다. 백석 은 그러한 호들갑에 충분히 제값을 하는 시인이기 때문이다.

생각해보면 우리 문학사, 꽤 웃긴다. 과장하고 폄훼하고, 그에 대한 반동으로 또다시 과장하거나 폄훼하고, 그도 아니면 그냥 무시하는 일 이 반복되지 않았는가 말이다. 한마디로 꽤 오랫동안 문학사의 실상을 들여다보기가 어려웠던 것이다. 딴 나라 지배를 받는 동안 문학사가 뒤죽박죽된 건 어쩔 수 없다 하더라도 그 이후에는 바로잡았어야 할 터이다. 하지만 군정과 분단, 독재정치라는 해괴한 정치사는 하부사(下

部史)로서의 문학사를 형편없이 짓눌렀다. 그러한 판이니 문학사를 헤게모니 변천사로 이해하는 것도 무리는 아니다. 그런 사람들이 문학판을 주도한 해방 후의 몇십 년간, 일제강점기 문학사를 대표하던 별들은 그야말로 개밥바라기 신세로 괄호 쳐졌다. 그러자 그들을 솎아낸 빈자리를 메우는 일이 문제였다. 별 수 없이 얼마 남지 않은 남한 문학 자산의 터무니없는 확대작업이 뒤를 이었다. 한편의 사실은 축소 왜곡하면서 다른 한편의 사실은 과대 확장하는, 이른바 이중의 비틀기가 진행된 것이다. 김기림과 임화류를 빼버리고 실체도 희미한 소위 '시문학파'만으로 30년대 전반을 메우려 했던 노력이 그 뚜렷한 예다.

70년대 이후의 문학사는 그 동안 그렇게 굳어져온 괄호를 해체하는 작업이었다고 해도 과언이 아니다. 불온이 되어버린 리얼리즘과 제 모습을 잃고 형해화한 모더니즘을 복권시키는 과제를 수행하는 데 전력이 투구되었던 것이다. 문제는 그것이 전력(全力)이라는 데 있었다. 이중의 비틀기를 주도해 온 측의 문학활동 자체를 무의미한 것으로 또다시 괄호 쳐버리고, 모든 패를 옛것의 복권에 걸어버린 것은 누가 뭐래도 노력의 과잉이었다. 88년 해금을 전후해 펼쳐진 저 리얼리즘 열풍은 거의 광풍이라 해도 과언이 아니었고, 동구권의 붕괴와 함께 시작된 리얼리즘 퇴조/모더니즘 흥기 현상 또한 유행이라 불러 손색이 없는 휩쓸림이었다.

우리 문학의 21세기는 그러저러한 편향들로부터 거리를 두고 차분히 되돌아보는 지점에서 출발하고 있는 듯해 다행스럽다. 한편으로 이는, 문학의 영향력이 20세기보다 현저히 뒤떨어지게 된 현상의 원인을 캐는 작업과 함께 시작된 새로움이라는 점에서, 씁쓸한 일이기도 하다. 어쨌든 도 아니면 모라는 식의 빗나간 열정과, 삿된 물결이 문학판을 물들일 것이라는 우려 등이 차례대로 스쳐지나간 이즈음의 시문학판에서, 백석은 홀로 뚜렷하다. 그저 있지 않고 스스로 소동(騷動)한다던 '비뚤어진 것'(정지용, 「시의 옹호」)들의 소란도 다 가고, 백석 스스로 말한 바처럼 '슬픔이며, 한탄이며, 가라앉을 것은 차츰 앙금이 되어 가라앉고'(「남신의주 유동 박시봉방」) 난 뒤, 옥과 돌이 스스로 서야 할 자리를 분별하고 있는 격이다. 그 점에서 백석의 시는 프리즘으로 분산된 어떤 빛에도 견딜 만한 원질을 지녔다고 볼 수 있다. 순수문학이니 리얼리즘이니 모더니즘이니 하는 잣대의 어느 것에도 스스로 굴신하여 맞춰주지만, 끝내는 그러한 단일 잣대를 비켜 넘어서는 지점에서 '외롭고 높고 쓸쓸하게' 빛나는 것이 백석 시의 진짜 힘이라는 뜻이다. 이는 문단과 현실을 외돌면서, 그따위 부박(浮薄)을 훌쩍 뛰어넘어 삶의 본질에 단번에 육박하려 한 시인의 진정성이 빚은 힘이라 할 만하다.

2. 몇 권의 전집

우선 확인해두자. 문학이 지닌 최고이자 최후의 목표가 머뭇거림이라는 점. 이거다 저거다 쉽게 단정하지 않기, 이게 옳다 저게 옳다 쉽게 편들어 맹종하지 않기, 이 색이다 저 색이다 결정하여 독자들을 어느 방향으로 유도하지 말기. 곧 모든 일에 주저하고 머뭇거림으로써, 쉽게 안주하려 드는 인식에 훼방 놓기, 반성하고 되돌아보는 일 자체의 소중함을 깨우치기, 문학이란 된 것이 아니라 되어가는 것이라는 점을 인정하기. 모름지기 한 텍스트를 만드는 자로부터 그것을 해석하는 자에 이르기까지, 자기 텍스트를 구성하는 자로부터 남의 텍스트를 해체하려는 자에 이르기까지 회색 주저(躊躇)로 서성거리는 일이 가장 아름다운 편에 속한다는 사실의 확인.

백석이라는 인간을 남한 독서판에 시인되게 한 사람으로는 누구보다 우선해 이동순 선생을 손꼽아야 한다. 물론 기미야 있었겠지만, 공식 해금도 거론되기 이전인 1987년에 『백석시전집』(창작사)을 낸다는 것은 여러모로 쉽지 않은 일이었을 것이다. 같은 출판사에 의해 기획된 이용악(1988)과 오장환(1989) 전집과 맞물린 백석 전집 발간의 추진은, 정부의 공식 해금논의에 불을 지피는 구실을 했던 것이 사실이다. 이동순 선생의 작업은 시기의 선구성이라는 미덕 외에도, 자료 수집의 범위가 넓고 치밀하고 기왕 수집한 자료에 대한 정리 및 해독에도 열성을 다함으로써 다음에 오는 작업들의 전범이 되는 미덕을 겸하여 발휘하고 있다. 총 아흔네 편의 시와 일곱 편의 산문을 발굴해 실었을 뿐만 아니라 백석 특유의 어휘들에 대한 해제를 보탬으로써 기준점으로서 충분한 역할을 하고 있는 것이 그의『백석시전집』이다.

또한 이동순 선생은 이 전집의 발간 뒤에도 계속 백석의 시를 추적하고 수습하는 데 앞장서, 작품이 발굴될 때마다 그것을 정리해『여우난 골족』(솔, 1996)과『모닥불』(솔, 1998)이라는 전집을 연속 발간함으로써 작업의 밀도를 더해왔다. 특히 그는 세 권의 전집에 편집체계의 연속성을 부여하고 있어 일관성이라는 측면에서 모범을 보였다고 할 수 있다. 다만 편집의 일관성은 관점에 따라, 문제점의 일관된 반복이라는 지적에서 자유롭지 못하게 되는 결과를 낳을 수도 있다. 가령 "표기법과 띄어쓰기는 현대 맞춤법에 맞게 고쳤으나 백석 특유의 어휘나 방언 등은 그대로 두었"(『모닥불』의 일러두기)다는 편집의 원칙이 매우 자의적으로 비칠 수 있다는 점이 그러한 예이다. 어떤 표기가 왜 문제되는지 제대로 언급 하지 않은 채 편집자 차원에서 교정해놓은 결과만을 독자들에게 제시함으로써 신빙성에 스스로 흠집을 내고 있는 것이다.

이동순 선생의 열정(전집 간행과 후속작업 외에 이동순 선생의 백석 사랑으로 특기해 두어야 할 것이 김자야 여사와의 인터뷰다)에 자극받아 시작된 백석 시(전)집 발간의 붐은 최근까지도 지속되고 있는데, 사십여 권의 관련 서적들 가운데 백석 시 연구에 있어 충분히 의미를 지니는 몇 권을 들어보면 다음과 같다.

- 이동순 편, 『백석시전집』, 창작사, 1987.
- 김학동 편, 『백석전집』, 새문사, 1990.
- 김재용 편, 『백석전집』, 실천문학사, 2003.
- 이숭원 주해·이지나 편, 『원본 백석 시집』, 깊은샘, 2006.
- 고형진 편, 『정본 백석 시집』, 문학동네, 2007.

  김학동의 작업은 이동순 편본에 빠진 두 편의 시 「내가 생각하는 것은」과 「박각시 오는 저녁」을 찾아 보충하는 한편 번역작업과 관련된 백석의 산문들을 상당수 추가했다는 점에서 의의를 지닌다. 김학동 편본이 보이는 가장 큰 특징은 현대어화에 따르는 자의성을 없애기 위해 가능하면 원본(시집과 잡지 발표분) 표기 그대로를 활자화하려 했다는 점일 것이다. 이때의 문제는 원본으로 삼은 판본의 가독성이 얼마나 좋은가 하는 점이다. 옛 자료들은 지질과 활자체의 종류, 보관 상태, 복사본 여부 등에 따라 가독성이 천차만별로 달라지며, 실제로 잘못 선택된 판본은 오독의 길잡이가 되기도 한다. 이를 고려할 때 원본 상태가 관건이 아닐 수 없다. 그런 점에서 보면 김학동의 작업은 그다지 만족할 만한 결과를 도출하지 못했다고 판단된다. 다수의 시 구절에서 신뢰할 수 없는 판독 결과를 제출하고 있기 때문이다. 가령 잘 알려진 2행시 「비」의 경우 "어데서 물쿤 개비린내가온다"라고 판독하는 제2행을 두고 "어데서 물준 개비린내가온다"라고 확정하고 있는데, 이는 누가 봐도 동의가 쉽지 않은 부분이라 하겠다(개별 구절들의 자세한 비교 대조는 이지나, 『백석 시의 원전비평』, 깊은샘, 2006 참조). 그러면서 낱말풀이라는 최소한의 배려도 생략해 버림으로써 독자의 접근을 더욱 어렵게 하고 있다.

  전문연구자들을 대상으로 한 책이면서도 전문성에 현저히 의문을 품게 만드는 책이 김학동 편본이라면, 김재용의 것은 처음부터 일반독자를 대상으로 삼았다는 점에서 원본에 대한 현대적 가감이 필수적으로 전제되었을 것이다. 오늘날과 현저히 다른 띄어쓰기와 맞춤법, 게다가

평북 방언의 도저한 사용이라는 백석 시의 특징은 지독히 반대중적이기 때문이다. 따라서 이 책은 연구 자료나 기초 텍스트로는 부적합하달 수밖에 없다. 그럼에도 김재용 편본이 중요한 것은, 그간 정리된 한국전쟁 이전까지의 백석 시 이외에 북한에서 쓰인 작품을 대량 발굴하여 소개하고 있기 때문이다. 1997년 이미 한 차례 백석의 북한 내 작품들을 묶어 발표했던 김재용은, 2003년에 이르러 보다 치밀한 증보판을 냄으로써 명실상부한 '전집'의 의미를 구축했다. 하지만 대중적 '전집'의 소개라는 목표와는 달리, 어휘 정보나 구절의 주해에는 아예 관심을 두지 않아 대중성과 원본에의 충실성이라는 두 마리 새를 모두 놓쳐버린 형국이어서 안타깝다.

이와 대극적인 자리에 놓이는 책이 이숭원 주해·이지나 편 『원본 백석 시집』이다. 이 책은 우선 서적과 영인 복사물의 장점을 결합하려 한 발상이 눈길을 끈다. 머리말에 의하면, 편자는 "각 도서관에 흩어져 있는 발표분을 두 번 세 번 복사하여 가장 정제된 상태로 복원해냈으며", 출판사는 "고급 스캔작업을 통하여 복사본의 크기를 조정하고 잡티와 얼룩을 지워내는 일을 하여 어느 정도 읽을 수 있는 원본 백석 시집을 만들어 내"었고, 이숭원 교수는 거기에 주해를 달았다는 것이다. 그렇게 해서, 사진화된 복사물 위에 주해를 인쇄한 서적(?)이 탄생한 것이다. 주해 부분에 대해서는 뒤에 다시 언급하겠지만, 문제는 원본 복사 부분이다. 아무리 정제과정을 거쳤다 하더라도 이는 결국 복사물일 뿐이기 때문에, 자구(字句) 판독의 정확성이 문제되면 연구자나 독자들이 다시 원본을 찾아 대조해보아야 한다는 문제가 발생한다(원본 복사 부분 가운데 누락된 페이지도 보인다). 실제로 이 책의 여러 군데에서 복사물이 지닐 수밖에 없는 한계를 찾아볼 수 있는데, 그런 경우 우리는 원본을 다시 대조하는 데에 시간과 노력을 이중으로 바쳐야 하는 것이다.

인쇄물의 형태로 원전을 펴낼 때, 편자는 어떤 원칙 아래 여러 가지 판본을 비교/대조하는 노력을 경주하여 원전의 형태를 최대한 객관적으로 확정하고자 애쓸 것이다. 이는 물론 삼중 사중으로 들기 마련인 노력의 낭비를 막기 위한 배려라 할 수 있다. 그렇게 만든 원전이 모두에게 그대로 받아들여지지는 않겠지만, 확정과정에서 발생한 문젯거리는 그대로 충분히 논의를 거친 후 다음번 확정본에 반영되며 차차 정제되어 가는 것이 아닐까. 그런데 영인본은 그런 수고의 절대량을 고스란히 독자들에게 전가하거나 방기해버린다. 사진작업의 와중에 잡티를 제거했다고는 하지만, 그것이 잡티인지 아닌지를 판단하는 주체에 대해서는 고민이 남을 수밖에 없다.

3. 고형진 편, 『정본 백석 시집』

아무래도 고형진의 작업은 지금까지 검토해본 여러 가지 백석 전집들의 문제점에 대한 인식을 바탕에 깔고 진행되었을 가능성이 높다. 표 나게 '정본'이라는 말을 앞세운 자신감이 그 증거다. '정본'이란 앞선 판본들의 잘못을 바로잡은 책이라는 뜻이 아닐까. 고형진은 1983년 석사학위논문을 통해 백석을 처음으로 다룬 장본인이다. 따라서 가장 주밀하게, 가장 오랫동안 백석을 주목하고 작품을 수습하고 해석에 고민했을 가능성이 높아 보인다. 죽은 백석이 임자를 제대로 만난 셈이다. 그는, 1935년 데뷔기부터 1948년 남한 문단에 마지막 흔적을 남기기까지의 백석 시를 모두 모아 원본과 정본을 확립했다고 머리말에서 밝히고 있다.

이 책은 크게 세 부분으로 나뉘는데, 1부는 정본 백석 시집, 2부는 원본 백석 시집, 3부는 편자가 바라본 백석 시세계의 특징을 정리한 논문, 원본 및 정본을 확정하는 데 고려한 표기법의 원칙을 밝힌 글, 작품 연보와 생애, 마지막으로 낱말풀이에 참고한 서지 사항을 밝힌

부록으로 되어 있다. 앞선 연구자들의 전집 가운데 이동순과 김재용의 책이 정본 시집의 성격을, 김학동과 이지나의 것이 원본 시집의 성격을 지닌다고 보았을 때, 고형진의 책은 이 둘의 성격을 정확히 아우르고 있다. 이때 문제 되는 것이 원본과 정본이라는 어휘의 개념일 것이다.

사실 그 동안 연구자들이 주로 사용해온 것은 '원본(혹은 원전)을 확정한다'는 용어인데, 이는 동일 텍스트가 거듭 인쇄되어 비교할 판본이 여러 종인 경우를 전제로, 본격 연구에 앞서 시인의 최종적인 의도가 실린 텍스트를 어느 한 종으로 결정하는 일을 지칭하는 말이었다. 그런데 백석은 문단에서 활동한 시기가 워낙 짧아서 하나의 시를 여러 번 고쳐 발표할 기회를 거의 갖지 못했다. 크게 개작한 경우가 한 편 정도 (1935년 11월 『조광』에 발표했던 「산지」를 「삼방」으로 크게 축소해 시집에 실은 경우)에 불과하므로, 백석의 시는 발견되는 판본 그대로가 곧 원본의 성격을 지닌다고 해야 할 것이다. 이러한 사정이 연구자의 의욕을 부추기는 원인이 된다. 백 편 안쪽의 원전이니 충분히 한눈에 장악 가능하다는 자신감이 서면, 백석 자신의 의도와 달리 당대 맞춤법의 수준 때문에 생겨난 표기상의 혼란이나 인쇄과정에서 발생한 것으로 여겨지는 오류까지를 바로잡아, 그야말로 '원본'을 넘어선 '정본(定本)'을 수립하고 싶어 하는 것이다. 고형진은 '정본'의 개념을 두고 "백석 시의 원본에서 방언과 고어는 살리고 맞춤법 규정에 위배된 표기와 오·탈자를 바로잡은"(머리말) 것이라 밝히며 이런 의도를 명확히 하고 있다.

『정본 백석 시집』(이하 『정본』으로 씀)의 핵심으로 보아야 할 정본 부분은 백석의 텍스트를 크게 세 시기로 분류해 싣고 있다. 1936년 출간된 시집 『사슴』까지의 작품을 '사슴'이라는 제하에 1부로 묶고, 시집 이후부터 대략 1939년까지 발표된 작품을 '함주시초'라는 제하에 2부로 묶었으며, 1940년 이후 작품부터 1948년 발표작인 「남신의주 유동 박시봉방」까지를 '흰 바람벽이 있어'라는 제하에 3부로 묶고 있다. 이러한 분류는 이동순의 기준을 답습한 것인데, 기준 자체가 다소 막연한 느낌이다. 「목구」는 1940년 2월 발표작인데 2부에 묶어두고 있어서, 발표 시기를 분류 기준으로 삼은 게 맞는지 판단하기에 애매한 구석이 있기 때문이다. 사실 십 년이 조금 넘게 작품활동을 한 백석의 경우 시세계의 변모를 읽어내기가 수월치 않다. 그러니 시기 구분은 누가 하더라도 외적 기준에 어느 정도 기댈 수밖에 없을 것이다. 그렇다고는 하더라도 미세하지만 보다 엄정한 잣대를 들이대는 것이 필요해 보인다.

필자는 시집 『사슴』 이전과 『사슴』, 그리고 그 이후로 구분하는 것이 그나마 가장 의미 있는 기준이 아닐까 생각한다. 남한문학사에 살아남아 제2, 제3의 선집을 냄으로써 원본을 확정해준 적이 없기에, 그의 유일한 시집 『사슴』은 그야말로 백석 시세계의 정본으로 기능할 가능성이 가장 높기 때문이다. 따라서 시인 자신의 훈김이 가장 많이 서려 있는 그의 시집 『사슴』은 원본의 형태를 고스란히 보여줄 필요가 있다. 편자 자의로 시집 이전 텍스트와 섞어 구분을 무화시킬 것이 아니라 시집의 체제를 가능한 한 살리는 것이 시인의 진의에 가장 근접하는 길일 터이다. 가령 시집의 부제만 하더라도 시인의 속생각에 대해 많은 것을 시사한다고 볼 수 있다. 부러 이름 붙인 '얼럭소새끼의영각' '돌덜구의물' '국수당넘어'라는 부제들은 그 자체로 충분히 시정(詩情)을 띠면서 각 부에 실린 시편들이 그렇게 하나로 묶인 이유를 일정하게 암시하고 있다. 1부 '얼럭소새끼의영각' 소재 시편들, 예컨대 「가즈랑집」「여우난골족」「고방」「모닥불」「고야」「오리 망아지 토끼」 등은 시인 화자의 유년 체험이 묻어 있는 시편들이므로 '얼룩송아지 울음소리'라는 부제를 붙인 것이 아닐까? 이때의 '얼럭소새끼'란 시인의 페르소나라 할 수 있다. '돌덜구의물'이라는 부제는 차갑게 갈앉은 거울상을 떠올리게 한다. '돌절구의 확에 고인 빗물'을 두고 '천상수'라 표현한 시 「초동일」의 한 구절에서 따온 이 부제는, 물거울에 비친 주위 사람들의 일상을 카메라 앵글에 포착한 영상처럼 보여주려는 의도를 반영하고 있다.

「주막」「적경」「미명계」「성외」「광원」「힌밤」 등의 시편에서 정적인 이미지로 묘사된 것들은, 쉽게 이해할 수 없는 삶의 신산하고 쓸쓸한 흔적들이다. 결국 보기에 따라서는 시집『사슴』의 체제나 부제들이 그 자체로 상당히 중요한 의미를 지니게 되는데, 아쉽게도『정본』에서는 이 점이 고려되지 않고 있다.

이러한 아쉬움에도 불구하고 고형진의『정본』은 나름의 가치를 충분히 지니는데 그 이유는, 작업을 뒤받치는 뚜렷한 기준을 부록에서 따로 제시한 다음, 그 기준을 주밀하게 적용시킨 최초의 사례이기 때문이다. 그간의 전집들이 '일러두기'를 통해 대강의 표기 원칙을 밝히기는 했지만 실제에서는 그 원칙의 적용에 우물쭈물했던 것이 사실이다. 그때문에 어휘나 어법 차원에서 적지 않은 혼란이 야기되곤 했다. 그러한 무원칙의 문제에 대해 고형진은 명확한 인식을 갖고 대응방안을 제시한다. 우선 백석 시 원본의 언어와 표기법의 특징을 개괄한 다음, 그것을 크게 방언과 고어, 표기법의 세 차원으로 나누고 있다. 그중 방언에 관해서는 "중앙어와 병행된 백석 시의 방언 구사는 음운과 어휘와 어법의 층위에서 모두 있는 그대로 살리는 것이 마땅하다"고 파악한다. 고어의 경우는 두 부류로 나누어, 백석 스스로 두 가지 용례를 섞어 쓴 경우만을 맞춤법에 따라 수정하고, 나머지는 그대로를 반영한다. 가장 복잡한 문제인 표기법의 경우에도, 편자는 문법적인 차원(이것을 다시 세분하여 연철과 분철의 혼란, 받침 표기, 된소리, 사이시옷, 'ㅓ'와 'ㅕ'의 문제, 준말 등으로 나누어 세밀하게 기준을 정하고 있다)과 한자 표기의 문제, 오자, 원고 양식과 띄어쓰기라는 항목을 따로 두어 각기 세부 기준을 정하고 있다. 이런 점들에 비추어 이『정본』은, 백석 시에 대해 그간 이루어진 연구 성과들을 충실히 반영하는 한편으로, 백석에 대한 편자 자신의 애정을 한껏 과시한 결과로 평가해도 무방하다.

그런데 생각해보면 원칙이란 참 고루한 것이어서, 지켜질 때는 아름답지만 하나라도 예외를 두기 시작하면 그 틈을 비집고 허름한 의문들이 뒤따르기 마련이다. 가령 받침 표기 혼란의 경우 문법적으로 바로잡는 것을 원칙으로 하면서, '갓갓기도하다'라는 표현만은 예외적으로(워낙 어석(語釋)에 유동성이 많아 예외가 필요하다는 점을 충분히 인정하면서도) 원문의 표기를 따르고 있다. 필자가 보기에 가장 백석다운 표기라 생각되는 것은 바로 'ㄹㄴ'받침인데, 왜 이것은 허용이 안되는지가 궁금해진다. 백석만큼 언어에 민감했던 시인의 예를 달리 찾기가 쉽지 않음을 보면, 그는 지면에 인쇄된 시어들의 형태가 주는 미감에도 일찍 눈을 떴을 것이라 예상할 수 있고, 받침 'ㄹㄴ'은 독특한 그의 미의식이 반영된 좋은 보기라는 생각이 들기 때문이다. 더불어 '낡'을 '나무'로 바꾼 이유도 납득이 되지 않는다. 고어는 가능한 한 고어체 그대로 적기로 했다는 원칙으로 볼 때나, '낡' 자체가 당시 표기법에도 위배되지 않았음을 고려할 때, 이를 '나무'로 바꿀 하등의 이유가 없기 때문이다. '낡'을 2음절 '나무'로 바꾸어도 "시의 전체적인 호흡상 크게 무리가 있는 것은 아니"라고 했지만 그 판단은 자의적일 수밖에 없다.

한자 표기의 경우에도 딴죽거리가 있다. 편자는 시 「통영」의 '柊栢(종백)나무'는 '冬柏(동백)나무'의 오기로 인정하고, "'동백'이 나무이기 때문에 백석이 '冬'자 옆에 나무 '木'변을 붙여 다른 글자로 잘못 표기한 것이 아닌가 추측"하고 있다. 그런데도 똑같은 경우로 볼 수 있는, 시 「柘榴자류」는 사전이 '석류(石榴)'의 오기라고 밝히고 있음에도 굳이 '자류'라고 확정하는 소이를 알 수 없다. 지용 시에도 동일한 경우가 있는 것으로 보아 이 어휘가 당대인들에게는 상당히 친숙한 대상을 지시했을 것으로 추정할 수 있는데, 당연히 '산뽕나무'보다는 '석류'가 그에 더 잘 부응하는 것으로 보인다. 시의 내용 또한 석류를 연상시키기에 부족함이 없다. 편자의 추정 방식을 그대로 따르면, 동백이나 석류나 모두 나무이기 때문에 '冬'과 '石'에 별 생각 없이 나무'木'변을 붙여 썼거나 그것이 당대의 유행 표기였을 가능성이 있는 것이다. 시 「광원」에도 한자음 표기 문제가 있는데, '假停車場'을 '가정거장'으로 읽지 않고 '가정차장'으로 읽는 이유가 역시 궁금하다.

띄어쓰기 문제도 관심거리다. 사소한 문제로 넘겨버릴 수도 있겠지만, 여러 증거로 볼 때 백석이 자기 시에 대단한 자의식을 가졌던 시인임을 생각하면, 이 문제 역시 숙고해보아야 할 필요가 있다. 편자 역시 인정하고 있듯이, 시집을 펴낼 단계에 백석이 가졌던 원칙은 맞춤법대로가 아니라 '시의 정서와 호흡에 맞춰' 자의적으로 띄어쓰기를 하는 것이었다. "돌다리에앉어 날버들치를먹고 몸을말리는아이들은 물총새가되었다"(「하답」의 마지막 행)라고 띄어 씀으로써 백석은 긴 여름날의 유장한 느낌을 안정적으로 구현하고 싶어 했던 것 같다. 그런데 이를 맞춤법 규정에 맞게 어절별로 끊어버리면 시인의 의도가 살아날 길이 없어진다. 편자는 시인 스스로 맞춤법에 맞춰 띄어쓰기를 하려 했다는 증거로, 『현대조선문학전집』(조선일보사출판부, 1938)에 재수록된 몇 편의 시에서는 시집에서와 달리 맞춤법에 따른 띄어쓰기가 나타나고 있다는 사실을 든다. 이것이 증거 능력을 가지려면 『현대조선문학전집』에 넘긴 백석의 재수록 원고가 있어야만 한다. 그렇지 않으면, 백석 스스로 띄어쓰기 원칙을 수정한 것인지 조선일보사출판부 직원이 자의적으로 편집한 것인지를 판단할 길이 없기 때문이다. 시집 간행 이전에 발표한 작품들이 시집으로 들어오면서 띄어쓰기가 변모되었다면 그것은 명확히 백석의 의도가 관철된 경우로 이해해야 옳다. 그런데 그 뒤의 변모를 확인하는 것이 사실상 불가능하다면, 확인 가능한 시점의 표기 원칙을 최대한 존중하는 것이 시인의 뜻에 보다 정확히 다가서는 길일 것이다.

4. 남은 문제들, 제언 하나

고민이다. 특히 백석 시에 대해서는 정확히 두 패로 나뉜다. 이동순과 김재용 등이 한 축이라면 김학동, 이숭원, 고형진 등이 다른 한 축이다. 북한에서의 저작 문제를 어떻게 처리할 것인지가 문제의 핵심이다. 배제하는 쪽의 논리는 이렇다. "백석은 분단 이후 북쪽에서도 얼마간 작품활동을 했지만, 백석 시의 본령은 그 이전에 발표한 작품들에 있다고 할 수 있다"(고형진)라거나 "북쪽에서 발표한 시는 내가 아는 백석 시의 원질을 많이 흐려놓은 것이고, 굳이 원본 형식으로 제시하지 않아도 얼마든지 접할 수 있기 때문에 수록하지 않았다"(이숭원)라는 설명이 그것. 마땅히 반박할 거리가 없긴 하지만 그래도 미심한 부분이 남는다. 그래도 괜찮은 걸까. 작품의 수준은 좀 낮다 하더라도 그 역시 시인 백석이 목숨과 생애의 나머지 전부를 걸었던 결전(決戰)의 결과가 아닌가. 그것이 잘못된 선택이자 방향이었다손 치더라도 그 부분과 관련된 우리 역사는 아직도 진행중이지 않은가. 긍정적으로든 부정적으로든 마지막 평가에 도달할 시기가 아니라는 점에서, 그의 실상을 바로 알리는 일 또한 중요하다는 생각이 든다. 시인은 (가)에서 (다)까지 썼는데(혹은 썼다고 알려졌는데) 편자들 마음대로 (다)는 마음에 들지 않으니 (가) (나)만 싣겠다고 말하는 건 대단한 오만이 아닌가 하는 궁금증. 하긴 번연히 살아서 왕성히 활동중인 사람의 전집도 만드는 판에 무언들 안 될까마는, 그래도 시(詩)에 관한 한 좀더 엄격해질 필요가 있다는 넋두리를 늘어놓아 본다.

이보다 더 격렬한 문젯거리가 있다면 단연 주해(註解) 문제일 것이다. 원본이니 정본이니 하는 타이틀을 달고 있는데다, 편자들의 만만치 않은 약력에 출판사의 위세까지 보태지면, 천둥벌거숭이 독자들은 꼼짝없이 주술에 걸리고 만다. 뭔 소리를 하는지 모를 정도로 방언에 고어에 향토색 짙은 음식 이름들이 줄줄이 나오는 마당에, 편자의 주해는 그야말로 오리무중의 독자들의에게 등대 역할을 하게 된다. 그런 만큼 당연히, 편자들의 주해까지 정통의 해석이라는 광휘를 고스란히 뒤집어쓰고 행세를 하게 된다는 뜻이다. 그러므로 편자들은 주해 부분에 있어서는 더욱 신중에 신중을 기했어야 옳다. 필자가 글의 초입에서 표 나게 머뭇거림과 주저함의 미덕을 강조했던 이유가 여기 있다. 문학이 머뭇거림이라면 그에 대한 연구에서도 그러한 태도가 견지되는 게 옳지 않을까.

가령 「산지」에 등장하는 어휘 '갈부던'의 풀이를 보자. ① "갈잎을 서로 엮어서 만든 도구인 듯하나 확실한 용도를 알 수 없음. 이 시에서는 복잡하고 얼기설기한 정경을 일컬음."(이동순) ② "갈대로 짠 돗자리, 이 시에서는 얼기설기하고 복잡한 정경을 일컬음"(이숭원) ③ "갈부전. 갈대로 엮어 만든 부전(여자아이들의 노리개)."(고형진) 이런 황망한 일이 또 있을까. '갈부던'이라는 어휘에 관한 한 해석 공동체가 공유하고 있는 부분은 '갈대'라는 소재와 '뜻을 정확히 알 수 없음'이라는 사실뿐 아닌가. 그럼에도 각각의 책들은 제각기 하나만의 뜻을 실어 해석의 정전화를 시도한다. 난감한 일이다. 잘 알 수 없다고 고백한 이동순의 태도가 그나마 진중한 편이다. 앞으로 완성도가 보다 높은 정본(이런 말이 가능한지 모르겠지만)이 탄생하려면, 편자는 이 대립되는 해석 ①②③을 모두 소개하고 그 중 자기 생각이 어느 것인지 이유를 밝혀 설득하는 태도를 취하는 것이 옳다. 그럼으로써 지면은 늘어나고 내용은 무거워지겠지만, 견강부회하는 것 아니냐는 신중한 독자들의 질정으로부터는 한결 자유로워질 수 있지 않을까.

쉬 내릴 수 없는 해석의 가부 판정에 대해서는, 관심 있는 연구자들의 집담회가 많은 도움이 될 것이라 생각한다. 학계 전체가 엄격한 고증과 다양한 해석 사례를 내놓고 자유롭게 의견을 교환할 수 있는, 너무 무겁지 않은 장(場)이 마련된다면 근사하겠다는 생각이다. 그래서 필자는, 몇몇 어휘에 관한 어석으로 채워진 짤막한 페이퍼나마 자유롭게 내놓고 논의할 수 있는 정기적인 모임의 구성을 제안한다. 그 이름 '백석 시 학회'나 '백석 시 연구 모임' 정도로 불러볼 수 있겠다. 적어도 지용이나 백석이라면 그런 대접을 받아 마땅하지 않을까. 마치 백석교의 창설을 위한 제안인 듯도 하지만, 기실은 연구자들 전체가 공동의 책임으로 만들어내는 정본의 필요성을 염두에 두고 하는 제안이다. 고형진의『정본』이 그러한 도약을 위한 구름판으로서 소중한 위치를 선점하고 있다는 사실은 분명히 밝혀 둘 필요가 있겠다.

다시 읽기와 꼼꼼히 읽기의 미덕

―정우택, 『한국 근대 자유시의 이념과 형성』(소명출판, 2004)
―조영복, 『1920년대 초기 시의 이념과 미학』(소명출판, 2004)

1. 새로운 시대, 새로운 눈

어떤 의미에서 한국문학 연구는 1990년대 들어 비로소 본 궤도에 올랐다고 말할 수 있다. 물론 이 진술이 한국 문학 연구의 신세대론을 주장해보자는 의도는 아니다. 연구의 객관적 조건 자체가 1990년대를 기점으로 크게 바뀌었음을 지적하고 싶을 뿐이다. 1990년대 이전의 한국 문학 혹은 한국 사회는 개방과 일제 강점, 해방과 전쟁, 분단 고착화 등의 정치적 격랑을 헤쳐 오며 긍정적인 의미에서건 부정적인 의미에서건 이념에 지나치게 들려 있을 수밖에 없었다. 그런데 1990년을 전후한 동구권의 붕괴는 우리 문학의 주체들 중 상당수가 기대고 있던 패러다임에 대한 심각한 재고를 요청했고, 그 결과 문학 연구는 뚜렷하게 이쪽이다 하고 내세울 방향을 잃어버린 게 사실이다. 따라서 어느 순간 강하게 한 쪽을 가리키던 사람들과 또한 그만큼 강경하게 그게 아니라고 도리질하던 사람들 모두 우두망찰할 수밖에 없었다. 그 동안 무슨 일이 일어난 것일까를 캐묻는 작업이 뒤이어진 것은 그래서 자연스럽다.

90년대 이후, 한국문학은 비로소 자기의 맨얼굴을 들여다볼 기회를 얻었다. 우리는 연구 판의 도처에서 원론으로 돌아가거나, 우리가 사실이라고 생각해왔던 것들의 근본으로 돌아가, 지금 우리를 이루고 있는 것들의 기원이 무엇인지 혹은 그로부터의 진행과정은 과연 올바른 것이었던지를 따져보려는 욕구와 만날 수 있다. 그 욕구를 한 마디로 정리한다면, 문학사적 기지(既知)의 사실이 과연 믿을 만한 것인가를 되묻는 작업이라고 할 수 있을 것이다. 이는 곧, 거칠게 보아 해방 이후 백철, 조연현, 김현·김윤식을 거치며 연구자들의 금과옥조를 이루어온 문학사의 정언명제들이 과연 명제로 성립하는 것인지를 되묻는 작업이라고 할 수 있겠다. 이 새로운 연구 풍토의 가장 강력한 무기는 선행 연구자들이 입론의 근거로 삼아온 자료들 사이사이에 묻혀 있던 자료들을 새로 발굴하거나, 기존 자료들도 기왕의 관점에 전혀 얽매이지 않고 자유롭게 해석해보려는 노력들이다.

문학사적 반성에 기초한 이들 90년대 이후의 연구들은 따라서 자연스럽게 한국근대문학의 기원이나 발생에 주로 관심을 내보인다. 어느 순간 70년대로까지 연구의 하한선이 밀려내려 왔던 저간의 사정에 대한 반발로 이해할 수도 있겠지만 이를 우리 문학 연구판에 새롭게 충전된 젊은 패기의 소산으로 보아도 무방할 것이다. 어른들의 그림자에 크게 주눅 들지 않고 자기 식으로 자료 더미를 헤쳐 보겠다는 각오의 발현인 것이다. 소설이라는 것, 서정시라는 것의 개념 자체의 성립 과정을 새롭게 탐색해보려 하거나 일상에 대한 미시적 관심을 대입시켜 문학사의 거대담론적 성격을 전복하려는 노력들이 뒤이어지는 것도 마찬가지 문제의식의 결과라 할 수 있을 것이다.

정우택과 조영복의 작업도 바로 이 지점을 향해 있다. 한국근대시문학사의 발생 과정을 재검토해 보겠다는 의지가 문면에 고스란히 드러나 있다. 1910년대 혹은 1920년대 초기의 몇 년 간에 집중적으로 조명을 비추어 한 권의 연구 서적을 엮어낸다는 것은 대단한 패기가 아닐 수 없다. 그간의 문학사에서는 이 시기가 2인 문단시대 내지는 동인지 문단 시대라 정의되어 왔다. 『태서문예신보』로부터 『창조』, 『백조』, 『폐허』로 연결되는 문학사의 가냘픈 라인(line)만이 문제되었을 뿐 다양한 자료 발굴과 해석 가능성이 엄존한 문학사의 문제 시기라고는 잘 생각되지 않아왔다. 사고의 이러한 공백지대를 향해 두 연구자가 날린 돌팔매는 따라서 참으로 신선하다. 평범하나 당연한 진리를 깨우쳐주기 때문이다. 눈이 새로운 자에게만 대상도 자기의 새로운 면모를 보여준다는 점이 그것이다.

2. 자유시와 1910년대
– 정우택, 『한국근대자유시의 이념과 형성』

정우택은 자유시라는 용어의 의미에 대한 재질문으로부터 논의를 시작하고 있다. 혹시 그간의 우리는 '자유'라는 말의 의미를 지나치게 율격적인 의미로만 제한하여 사용해 온 것이 아닐까 하는 의문이 그 내용이다. '자유'를 형식이 아니라 내용의 의미로 이해할 필요성을 제기한 경우가 시사 연구에서 아주 없었던 것은 아니지만 대부분 단편적이고 선언적 의미에서 그쳤던 것에 비해 정우택의 질문은 보다 본격적이다. 사회 역사적인 질곡과 억압 속에서 민족적, 사회적, 개성적 자아를 형성하고, 그 과정에서 마주치게 되는 분열과 갈등에 형식을 부여함으로써 근대 주체로서의 자립을 기도한 것이 한국 근대 자유시가 형성된 내적 동인(動因)이 아닌가 되묻고 있기 때문이다. 이는 정형시에 대한 근대적 대응 양식으로서의 자유시라는 개념을 받아들였던 저간의 시문학사에 대한 심각한 자기반성의 결과다.

그는 기왕의 자유시 연구가 주로 장르론적 접근 방법으로 해서, 외래적인 것과 내재적인 것, 식민지적인 것과 민족적인 것, 정형률과 자유

율, '가'와 '시'를 이분법적으로 대립시켜 절충 내지 상호 배제하는 데서 크게 벗어나지 못했다고 판단한다. 뿐만 아니라 최남선을 비롯한 1910년대 시문학이 애국계몽시가의 계몽적, 정론적 목소리에서 벗어나 내향적 목소리를 통해 리리시즘을 구현했다는 평가에 대해서도 동의하지 않는다. 근대 자유시의 본질이 리리시즘일 수가 없다는 인식 때문이다. 1910년대 이전의 신문학 운동 초기에는 '자유'의 문제를 자아의 절대 순수 개념을 제도화하는 기반으로 인식했으며 그 결과 당대 지식인들은 '개인'을 특정한 시공간으로부터 분리된 지고(至高)의 인식자로 간주했다는 것이다. 때문에 당대의 '개인'은 현실에 내재해 있는 가능성과 제약, 경향성과 무정향성에 대한 바른 인식에 도달하지 못하고 선험적 주관성만을 절대화함으로써 감상주의로 전락하고 말았다고 파악한다. 이 과정에서 자유시는 무력한 주체가 자신의 순정에 호소함으로써 고고함을 유지하기 위한 수단으로 존재했고, 이것이 한국 근대시 초기에 광범위하게 나타난 감상성의 실체인데 리리시즘이란 바로 이 지점에 연결되어 있다는 것이다. 따라서 그것은 계몽성으로부터의 자립인 동시에 고립일수밖에 없었다.

당연히 연구자의 관심은 어설픈 계몽과 고립적 리리시즘이 아니라 비록 괴물스러울 망정 그런 근대와 정면으로 맞장 뜨는 진정한 자아의식의 소유자들을 찾는 길로 나아간다. 소월 최승구와 유암 김여제, 소성 현상윤과 돌샘 김억 등이 그들이다. 정우택이 볼 때 이들은 주체와 객체의 이분화, 선험적 낙관주의와 절망적 비관주의의 극단화, 분열된 생의 인식 등을 자기화하여 시로 표현하고자 애쓴 시인들이었다. 현실세계의 분열상을 선험적 주관성으로 환원하지 않고 그것과 시적 거리를 확보하려 안간힘을 쓴 경우라는 것이다. 이 지점에 이르면 연구자가 생각하는 계몽과 현실의 의미가 보다 분명히 드러난다. 근대가 주체 세우기의 성격을 갖는 것은 분명하지만 그것이 절대성 쪽으로 기울어가서는 안 된다는 것, 어디까지나 새로운 근대문학의 주체는 식민지적 현실 자체도 근대의 일부로 인식하면서 그 현실에서 일정한 방향 감각을 획득하고 거기에 단련되어야 한다는 것을 말하고 싶었던 것이다. 개인과 주체의 절대화야말로 계몽이 그릇 나아간 지점이고, 그 밑바닥에는 식민지 상황을 조선 근대화의 특수성으로 인식하는 오류가 숨어 있었다는 것이다. 이러한 지적을 통해 정우택이 정작 경계하고자 했던 것은 근대문학사를 문학주의를 중심에 두고 파악하려는 관점이었던 것으로 이해된다.

논의의 핵심이 되는 2,3,4장을 통해 정우택은 지금까지 보아온 큰틀을 세부적으로 풀어 가는데, 2장은 1910년대에 본격적인 자유시 운동이 일어나는 전사(前史)로서의 애국계몽기 시문학을 정리하고 있다. 이 부분은 기왕에 행해졌던 다른 이들의 논의들로부터 크게 벗어나지는 않는다. 다만 새로운 것은 가사나 시조 등의 전통 형식들에 대한 논의들을 생략해버리고 창가 중심으로만 이 시기를 다룬다는 것, 그 창가가 당대의 '국민화 프로젝트'의 일환으로 기획되었다는 것을 지적한다는 사실이다. 애국계몽기로 규정된 이시기는 '국수(國粹)'로 표현되는 민족적인 것이 비민족적인 것을 배제하고 통합하려는 움직임을 드러내는 시기로 특징지워 지는데, 단재나 육당의 새로운 시도와 실패를 통해 그 특징을 관찰하고 있다. 민족과 국가의 추상적 절대화를 추구하는 과정에서, 민족과 개인의 관계 속에 존재하는 현실적인 이해 갈등이나 대립이 전혀 고려되지 않았다는 것이 연구자의 관점이다. 이러한 생각의 밑바탕에는 애국계몽기 문학의 주체와 1910년대 문학의 주체들을 일종의 세대론으로 분별하려는 의도가 깔려 있다. 개인의 자유(분열과 혼돈을 수용하고 개성의 자유로움을 추구한다는 본격적 의미)를 형식화하려는 욕구는 다음 세대로 이월될 수밖에 없었다는 것이다.

3, 4장은 그래서 이 책의 핵심이다. 그는 합방 이후와 이전을 근대의 논리로 연결하면서도 차별화하기 위하여 '식민지적 근대인'과 '근대 주체'라는 용어의 사용을 제안한다. 타락한 국민화 프로젝트에 따라 일제

에 의해 수행되는 근대화를 긍정적으로 체화하려는 도구적 근대주의자가 전자에 해당한다면, 자기성찰적 이성을 발동함으로써 세계와 자기 내부를 엄정하게 조명하려는 지식인이 후자에 대응한다는 것이다. 그런데 당대 문학인들을 이렇게 범주화하는 데는 생각보다 많은 무리가 따를 우려가 높다. 자기성찰적 근대라는 범주는 미학적 근대주의를 적시하기 위한 용어의 차용일 터인데 이 개념을 신문학의 초기에 바로 적용한다는 것이 지나친 의욕으로 비칠 수도 있기 때문이다. 거기다가 '식민지적 근대인'의 범주에 '준비론자'를 바로 대입하는 것도 동의를 구하기가 쉽지 않아 보이는 대목이다. 문학적 '준비론자'들의 내면을 상세하게 검증한 뒤라야 어떤 판단이 가능할 것이기 때문이다. 1910년대의 문학 담당 주체에 대해서는 필자 자신도 다소 혼란스런 모습을 보이는데, '근대 주체'를 구체화하는 개념으로 사용하는 '신지식인(층)'의 범주가 애국계몽기 세대에 대비되는 세대 개념으로 쓰이면서도, 때로는 당대의 속화된 근대인들과 차별화하는 내용 범주로 사용되기도 하기 때문이다.

1910년대 중반에 형성된 이 신지식층은 중세성과 식민성이 착종되어 있는 식민지적 근대성을 성찰의 대상으로 삼아 자기 정체성을 형성하고자 한 근대 주체였으며 동시에 그들은 분열하는 자아에도 관심을 기울임으로써 근대 자유 서정시의 기반을 닦았다. 말하자면 자유시란 이들 근대적 개성의 형식화가 되는 것이다. 연구자의 논의를 따라가 보면 이들 근대적 개성은 세 가지 유형으로 발현되는데, 그 첫째가 춘원, 육당, 현상윤 등의 이상주의적 경향의 시들이 되고, 둘째가 벽초, 단재, 돌샘 등의 낭만주의적 시가 되며, 셋째가 '님'을 발견함으로써 현실에 대한 자각과 전망을 모색하는 춘원, 돌샘, 현상윤, 최승구, 김여제 등의 시가 된다는 것이다. 4장에서는 이에 이어 현상윤, 최승구, 김여제의 시를 새로운 자료를 통해 집중적으로 분석하고 있다. 이로써 연구자의 의도가 보다 분명히 드러난 셈인데, 1910년대 중반에 나타나 1920년대

초를 전후해 문학사에서 이름을 지워버린 세 시인을 위해 시문학사가 이제는 걸맞은 자리를 내어주어야 한다는 점을 주장하고 있는 것이다. 따라서 만해와 소월(김정식)과 상화를 자유시의 완성자로 논하는 5장은 이 책의 체재로 보아 거의 사족에 가깝다. 기왕의 연구자들의 논의 틀에서 크게 벗어나지 않는 발언으로 마무리하고 있음을 보아도 그의 관심의 초점이 어디에 놓여 있는지를 알 수 있다.

문제는 그리 됨으로써 책의 체재 상 연구자가 의도가 오히려 흐려졌다는 점일 것이다. 근대적 개성의 형식화라는 자유시의 행로에 현상윤, 김여제, 최승구 등이 얼마나 큰 기여를 했던가를 밝히는 연구(만해 등이 뒤에 놓여 있는 이상, 언어적으로든 자유의 이행 정도로든 그들은 미숙한 시인이 될 수밖에 없다)도 아니고, 만해, 김소월, 상화 등에 의해 자유시가 완성에 이르게 되는 그 흐름을 일관되게 좇아가는 연구(이렇게 보기에는 4장의 돌출이 지나치다)도 딱히 아닌 어정쩡한 지점에 머물고 있기 때문이다. 차라리 개성 발현의 세 양상을 논의의 중심에 두고 세 시인의 시를 읽어냄으로써 그들 시에 나타난 현실 자각과 전망 모색의 노력과 그 한계를 꼼꼼히 짚어내는 것이 필요했을지도 모르겠다. 그렇다 해도 육당이나 단재, 나아가 춘원의 시편들이 신지식층의 범주에서 이들과 한가지로 설명되려면 보다 친절한 안내가 필요할 것이라는 생각을 지울 수가 없다. 세대 개념과 유형 개념이 뒤섞여 있다는 앞서의 언급이 여기 관련되어 있기 때문이다.

3. 동인지 시대 다시 읽기
– 조영복, 『1920년대 초기 시의 이념과 미학』

조영복의 눈은 좀더 조밀하다. 1920년대 초반의 몇 년간에만 초점을 맞추고 있다. 소위 동인지 시대에 태어났던 『백조』, 『폐허』, 『장미촌』

등의 문학잡지와 그 동안 상대적으로 덜 조명을 받아왔던『청년』,『삼
광』,『신생활』등의 사상잡지를 아울러, 그는 이 시기에 어떻게 근대적
미의식과 관념이 형성되었던가를 집중 조명한다. 은유의 발견 시기가
이때라는 것이다. 그는 이러한 작업을 위해 민족주의적 관점이나 윤리
주의적 관점을 끌고 왔던 선배들의 논의틀을 과감히 벗어버린다. 어떤
색안경도 끼지 않고, 1920년대 초의 2,3년간에 도대체 무슨 일이 일어
났던 것인가를 되묻고 있는 그의 태도는 따라서 다분히 도발적이다.
백철 식의 문예사조적 관점 따위는 애초부터 문제적이지도 않았다는
투다. 그에게 문제되는 것은 자료 더미의 실증적 검토이며 그 결과 오
늘날 이토록 자연스럽게 상용(常用)하게 된 문학 개념의 에피스테메가
생성된 지형을 더듬을 수 있다면 더 바랄 것이 없겠다는 생각이 이 책
을 만들게 된 동기라 밝히고 있다.

　1910년대가 과연 2인 문단시대였던가 하는 의문의 제기로 문제를 풀
어가기 시작했던 정우택의 경우와 마찬가지로, 조영복도 우리 시문학
사의 동인지 문단 시대가 과연 기왕의 평가대로, 서구 상징주의나 낭만
주의 문학의 서툰 모방이 만들어낸 윤리적 데카당스 시대였던가 하는
질문을 던지는 것으로 논의를 시작한다. 그의 질문은, 당대가 퇴폐주의
시대였다는 평가가, 사실에 입각한 정당한 것이기보다는 후대에 덧씌
워진 색칠일 가능성을 따져보는 쪽으로 내닫는다. 따라서 그는 '당대의
담론으로 당대의 문학을 이해하는 것'(63면)을 무엇보다 중요한 자신의
원칙으로 삼겠다고 선언하면서 그러한 태도를 실증적 해석학이라 이름
붙이기에 이른다. 동인지 시대의 문학에 대해 실증적 해석학의 입장에
서 다시 들여다본 결과, 섣부른 서구 모방과 관념적 퇴폐주의라는 평가
는 20년대 시를 경향파 내지 카프적 입장을 중심으로 정리하려 한 사람
들(대표적으로 백철)의 의도가 개입된 오독(誤讀)이라는 것이 연구자의
기본 입장이다.

　저자의 기본 입장에 입각해 책의 얼개를 재구성해 보면, 총 열 개의

장 가운데 이 책의 핵심은 4장과 5장에 놓여 있다는 것을 알 수 있다. 1-3장은 문제 제기와 그 구체화에 해당하고, 6장 이후는 고를 달리 하여 동인지 문단시대에 관여한 아나키즘과 사회주의 사상가들의 알려지지 않은 면면을 추적하는데 바쳐져 있기 때문이다. 4, 5장을 논의의 중심이라고 생각하는 필자의 입장에서 보자면 6장 이후의 논의들은 다소 어정쩡한 면이 없잖다. 왜냐하면 1-5장까지의 논의를 통해 신경향파적 감수성을 떠나 동인지 시대 문학의 독자적 가치를 인정할 것을 공들여 주장하다가, 6장 이후부터는 그 시대 문학이 지금까지 알려진 것과는 달리 사상사의 여러 장면들과 내밀히 연관되어 있었음을 또한 표 나게 드러내고 있기 때문이다. 말하자면 윤리주의적 입장으로 동인지 시대를 보지 말라는 주장과 그런 관점으로 보더라도 이 시대는 중요하다는 입장이 뒤섞이고 있는 것이다. 물론 이렇게 지적한다고 해서 6장 이후의 논의가 가진 중요성이 희석되는 것은 아니다. 연구자 자신의 본론이 펼쳐지는 1-5장의 내용 못지않게 이 부분 논의들이 갖는 선진성도 높이 평가되어야 마땅하다. 특히 초기 기독교 단체들과 그 단체가 만든 잡지들이 동인지 문단 시대를 만드는데 기여한 정도라든지, 『삼광』, 『신생활』 등의 사상 잡지들과 거기 관여했던 사람들이 초기 문인들과 어떤 관계에 있는지, 그에 따라 황석우나 남궁벽 등의 시인들의 시를 얼마든지 다른 각도에서 관찰할 수 있음을 밝힌다든지 하는 논의들은 책 전체의 입장과는 상관없이 저 나름의 빛을 발하고 있다. 더구나 이 모든 논의들이 치밀한 고증을 통해 뒷받침되고 있다는 것도 중요한 미덕일 것이다. 그럼에도 불구하고 필자의 관심은 1-5장, 그 중에서도 4,5장에 쏠린다. 책 전체를 통해 반복적으로 펼쳐지는 주장의 고갱이가 거기 들어 있기 때문이다. 그 논거들을 좀 자세히 들여다볼 필요가 있다.

4장의 문제의식은, 동인지 시대 3대 동인지를 두고 질적 결함을 내포했다는 의미에서 관념적(허무주의적, 퇴폐적, 낭만적)이라 비판하는 종래의 인식이, '계몽주의적 입장'에서 이들을 반(反) 계몽이라는 척도로 평가하는 환원론에 빠져있다는 데서 출발한다(97쪽). 그런데 연구자가 보기에 이 '퇴폐성'과 '데카당스'는 그 자체로 내면 표출의 한 의장이며 또 다른(이광수와) 근대 예술을 향한 계몽의식의 발로다. 주체의 발견 즉 내면의 드러냄이라는 자유시의 내용적 문제의식이 동인지 시대 시인들의 내밀한 시적 감수성을 통해 데카당스로 표출되었다는 뜻이다. 그런 점에서는 그간에 『폐허』동인들에 대한 오해가 가장 컸던 셈이다. 『백조』가 신경향파 혹은 카프 문학으로서의 다음 단계를 예비한 순기능이 있었음에 비해 『폐허』는 그야말로 관념 덩어리와 비애와 눈물의 성사를 짓고 말았다는 것이 기왕의 평가였다는 것이다. 따라서 연구자는 『폐허』의 담당자들이 지닌 인식과 시세계를 정말 그러한가 하는 의문의 눈으로 따져들어, 비록 퇴폐의 포즈를 짓고 있지만 그것 역시가 『창조』나 『백조』의 낭만성과 동궤를 이루는 것으로서 그리 못난 것도 잘난 것도 아니라 동시대 의식의 반영일 뿐임을 적시하기에 이른다. 오상순의 시세계가 대표하는 바 이들 『폐허』파야말로 "허무와 적멸과 소멸에 대한 담론으로부터 삶과 생명의 영원성을 탐구"(107쪽)함으로써 "개인의 내면을 계몽적 맥락 위에 세운 조선의 첫 파우스트 세대"(106쪽)라는 것이다. 흔히 비판 받듯 그들의 허무주의는 체질적인 것이 아니라 기획된 것으로서 이를 이광수류의 계몽과 달리 '내면성의 계몽'이라 지칭할 수 있다는 것이 연구자의 입장이다. 『폐허』파의 이러한 입장은 『창조』, 『백조』를 비롯한 동시대 낭만파 시인들에게도 거의 동일하게 나타나는 자질로서 결국 그들이 의도했던 바는 미(美) 혹은 예술이 곧 진리이자 영원성이라는 인식을 당대 문단에 심고자 했다는 것이다.

5장에서는 한걸음 더 나아가, 이들의 관념성 자체가 근대성의 한 발로라는 적극적 평가에 도달한다. 흔히들 이 시기를 관념적이라 말하고 비판하지만 우리에게는 그러한 관념에의 경사 자체가 초유의 일이었다는 것이다. 생활의 문학으로 돌아선 카프기의 눈으로 보면 불순하게 비칠지 몰라도 그들도 이미 동인지 시대의 관념 세례를 체험하여 내재화하였기에 그러한 개념 자체를 구사하게 된 것이라는 논리가 아닐 수 없다. '죽음, 영, 육, 꿈, 부활' 등의 관념은 그것을 문제 삼기 시작했다는 그 자체가 존중되어야지 후대의 다른 관점으로 평가절하 되어서는 안 된다는 것이다. 우리 시의 근대가 이들 개념과 만나 비로소 '자기'를 가다듬기 시작했다는 것은 자명한 사실이 아니겠는가. 비록 미숙하다 하더라도 그러한 관념의 시험이 있었기에 후대의 성숙한 관념 자체를 형성할 수가 있었을 것이고 언어(생활이 아니라)를 중심으로 하는 시관 (詩觀)까지도 비롯할 수 있었다는 것이다. 한마디로 동인지 문단의 관념 추구야말로 독립적이고 자율적인 것으로서의 문학을 이념화하는 행위였고, 이로써 한국 근대 시단에는 문학적 언어 즉 은유가 성립되기에 이른다고 생각한다. 그 예가 이상화의 시인데, 「나의 침실로」에 등장하는 동굴과 침실의 이미지가 곧 영원한 여성성으로서의 미와 문학과 예술의 은유인바, 연구자는 이 나르시시즘적 자기 동일화로서의 사랑 이미지가 언어를 통한 문학의 자기 회귀성을 구조화하고 있는 것에 다름 아니라고 판단한다. 그들의 예술, 문학을 위한 순사(殉死) 혹은 문학을 생활화하려는 절대주의의 태도를 단순한 서구 모방의 퇴폐주의가 아니라 계몽 의지로 읽는 이유가 이 때문이다.

조영복의 이러한 논의는 그간 연구의 권외에 다소 방치되다시피 했던 1920년대의 동인지 문단 시대를 재점검하는 매우 뜻 깊은 시도로 높이 평가되어 마땅하다. 하지만 그럼에도 몇 가지 난점은 남는다. 우선 생각해볼 것이, 그간의 연구에서 동인지시대로부터 신경향파 이후를 차별화하려고 했던 시도가 과연 문학적 퇴폐성이라는 기준에 전적으로 기댄 것이었을까 하는 질문이 그것이다. 논의의 핵심은 문학의 주체를 포함한 역사 주체의 천이(遷移)를 읽어내야만 당대의 문제의식을 바로 보는 것이라는 점에 놓여 있었다는 사실을 연구자가 놓치고 있는 것은 아닐까. 즉 부르주아 민족주의자들로부터 역사의 바통을 노동자 농민과 같은 생활 대중이 이어받았고, 그 이후의 문학은 바로 이들의 생활 세계 나아가 그들이 중심이 되는 와야 할 당위의 세계를 그리는데 역사의 많은 국면을 할애했던 것이다. 비록 경향 문학이 제대로 그 기능을 담당해내지 못하고 생활이라는 '관념'에 빠져버린 것이 탈이긴 하지만 이는 동인지 시대 관념의 '생활화'와 동전의 양면을 이루는 것으로 이해되어야 할 것이다. 이 두 계몽의지가 버무려진 연후에라야 30년대의 진전이 가능했다고 보는 것이 문학사의 구도를 재는 바른 길이라 여겨지는데, 연구자는 이 부분에 대해서는 논의를 진전시키지 않고 있다.

이러한 지적을 뒤집으면, 그간의 역사주의적 문학 논의의 폐해(동인지 시대에 대한 저평가)에 지나치게 주목한 나머지 연구자는 동인지 시대를 문학사 혹은 전체 사회사에서 고립된 특수 영역으로 분절시켜버리는 우를 범하고 있는 것은 아닐까 하는 의문으로 연결된다. 정우택이 애써 논의한 1910년대의 내면 세우기 문제라든지, 이상화의 신경향파적 변신과 같은 문학사의 주요 문제들이 이러한 논의틀에서는 모두 사상되어버리고 마는 것이다. 그리고 결과적으로는, 박영희의 전향 문제를 계몽주의에 대한 포기로 읽어 문학 절대주의의 완성에로 연결 짓는 시도에서도 보이듯이, 그간의 카프 중심 논의가 동인지 시대를 부정해온 것만큼이나 뚜렷하게 카프 자체를 부정하고(아예 언급하지 않음으로써) 문학사를 재구성하려는 논리에로 귀결하게 되는 것이다. 근대 문학사의 초기에 문학주의가 발호하고 완성되는 지점이 뚜렷했던 만큼이나 비문학주의의 활동 역시 엄존했음이 사실이라면, 그 둘의 상호 관련과 연결 고리를 제대로 탐색하는 일도 오늘날 연구자의 당연한 몫일 것이다. 우리의 근대성이 못나게도 이러한 차별성들의 혼성과 착종에 의해 이룩된 것이 분명하다면 못난 그대로를 용인하는 것도 해석학적 실증주의자의 기본 태도일 것이기 때문이다. 물론 책 자체가 애초

하나의 기획 아래 탄생한 것이 아니라는 점이 이러한 관심의 편향을 낳았으리라는 점은 충분히 짐작이 간다. 그럼에도 책의 후반부에서 논의한 사상가와 문학인의 만남이라는 주제를 연장하여 동인지와 카프 시대, 나아가, 애국계몽기, 그리고 1930,40년대를 아우르는 시문학사의 큰틀을 재구하는데 다음 연구가 바쳐지면 좋겠다는 바람을 걸게 되는 것은 연구자의 능력에 대한 신뢰가 여전하기 때문이다.

4. 작은 마무리

두 사람은 공교롭게도 거의 같은 입론에 기초해 한국근대시문학사의 어두운 부분을 조명했다. 1910년대의 몇몇 시인들과 1920년대 초의 동인지 시대 몇몇 시인들이 모두 계몽의 기획 아래 문학 활동을 했다는 점이 그것이다. 특히 이들은 공히 자유시의 문제가 정형률에 대한 반동이라는 '탈정형화'의 논의보다는 주체의 발견으로 이해되는 내면의 드러냄이라는 주제와 분리되기 어렵다는 인식으로부터 논의를 시작한다는 점에서 연장선상에 서 있다. 그러면서도 각각의 논의에서는 상대방 논의의 핵이 되는 사항들이 묘하게도 겹치지 않는다. 즉 정우택은 조영복의 관심을 그리고 조영복은 정우택의 고민을 비켜간다는 말이다. 극히 짧은 간격을 두고 문학사에서 명명해 갔음에도 이 두 논문의 큰 틀이 겹치지 않는다는 것이 다소 놀랍다. 이 말을 바꾸어 생각해 보면, 각 논의에서 연구자들 공히 앞뒤에 문학사적 시각을 덧붙여 큰 그림을 그리고 있기는 하지만, 정작 그들 자신의 관심은 미시적인데 있었던 것이 아닐까 하는 의구심을 버릴 수가 없게 된다. 그렇다면 앞으로의 연구를 위해서도 이 두 권의 책들은 상당한 정도로 상호 보완적인 성격을 갖는다. 이 두 연구자들뿐만 아니라 이 시대에 대한 관심을 붙들고 있는 다수의 동학들에게도 그 점은 마찬가지다. 관점의 미세한 차이,

내면 주체에 생활의 의미를 부여하려는 정우택의 시도나 반대로 생활이나 윤리로부터 내면 주체를 해방시키려는 조영복의 기도(이것이 과연 작은 것인가)에도 불구하고 이 두 연구서는 서로를 가로지르고 있다. 앞으로 이 시대 문학 연구의 진경이 열리는 것이 아닐까 기대하게 되는 것도 바로 이 때문이다. 다만 경계해야 할 것은 당대의 눈으로 당대의 문학을 보겠다고 말하면서도 여전히 오늘날의 바뀐 환경이 낳은 눈이 관여할 가능성의 농후함이다. 특히 조영복의 글에서 그러한 느낌을 크게 받는다면 필자가 사태를 너무 과장하는 것일까. 관심 있는 연구자들의 일독을 권한다.

'민족'이라는 이름의 신화를 넘어서

— 최현식, 『신화의 저편』(소명출판, 2007)

1. 민족과 근대화

지난 세기 한국 사회를 추동한 근원적 힘이란 한마디로 '민족과 근대화' 담론으로 요약될 수 있을 것이다. 일제 강점을 계기로 불붙어 체계화되기 시작한 민족 담론은 역사의 갈피마다 그 함의를 바꾸기도 하고 때로는 상반되는 정치 세력들에 의해 같은 시기에 전혀 다른 의미로 전유되기도 했지만 현재에 이르기까지 그 위세만큼은 여전하다. 물밀어오는 서세(西勢)나 일제라는 타자에 눈뜨면서 거기 대응하는 주체로서의 민족을 상상하며 시작된 이 민족 담론은 나라 찾기, 나라 만들기, 나라 발전시키기의 단계를 거치면서 어느 새 우리의 일상적 삶의 단위로부터 공동선으로 포장된 거대 담론의 영역에 이르기까지 그 힘이 미치지 않는 데가 없는 지경에 이르고 있다.

다른 민족은 배제하고 우리 민족은 내부 결속을 다짐으로써 우승열패의 진화론적 세계를 잘 헤쳐 나가야 한다는 이 민족 담론은 또한 근대화라는 외피를 씀으로써 한층 명확하게 우리 삶을 규정하는 지표가 되어 왔다. 도구적 합리성에 기반을 두고 얼마나 빨리 얼마나 그럴싸하게 사회 제도를 서구 근대의 모델에 맞게 재편할 것인가 하는 것이 이 땅을 거쳐 간 모든 정권들의 공통 목표였다는 점이 이를 증거한다. 개발 독재 시대를 대표하는 '조국 근대화의 기수'라는 용어야말로 이러한 저간의 사정을 함축적으로 보여주는 예가 아닐까.

민족의 이름으로 국가를 만들고 그것을 발전시켜야 한다는 논리는 아무도 이의를 제기할 수 없는 신성한 영역이어서 우리 삶은 이 목표 아래 일사분란하게 재편되어 왔다. 그런데 결과는 어떠한가. 민족 단위라는 점을 그렇게 표 나게 강조했음에도 세계에서 유일한 분단국가로 남아 있다. 남한만 하더라도 겉으로는 민족 국가 단위의 목표 수립을 위해 모두 하나 되어 결집했던 것처럼 보였지만 실상은 한심했다. 동서로는 건널 수 없을 만치 깊게 패인 감정의 골이 거의 생활의 수준에까지 가로놓여 있고 IMF를 거치며 상하의 분리 또한 심각한 수준으로 진행되고 있다. 모든 문제가 돈의 문제로만 귀결되는 이러한 해괴한 사태를 도대체 어떻게 받아들여야 하는 것인지. 결국 민족주의라는 이름으로 밀고 온 저간의 근대화주의란 천민자본주의의 저변 확대에 지나지 않는 것이 아닐까. 여기에 더해 우리를 당혹스럽게 하는 사태가 바로 다문화 가정 혹은 외국인 노동자 문제라고 할 수 있다. 오천 년 단일 민족의 신화에 이보다 심각한 도전이 일어난 적이 과거에도 있었을까.

최현식의 『신화의 저편』은 한국의 현대시와 서사물이라는 바로미터를 사용하여 바로 이러한 문제의 기원을 따져 보고 그것이 한갓 신화에 불과할지도 모른다는 사실을 암시한다. 오천년 불변의 원칙인 양 민족 단위의 사고를 우리들에게 강요해 왔지만 그것은 채 백년도 못 된 가공의 발명품이라는 것. 베네딕트 앤더슨의 문제의식, 곧 민족이란 상상의 공동체에 불과하다는 명제를 전제로, 그러한 상상이 우리 땅에 이렇게 깊게 뿌리내리도록 여건을 만드는데 육당의 공로가 어떠했던가를 우선 밝혀 보려는 지점에서 논의를 시작하고 있다.

2. 『신화의 저편』이 선 자리

책의 1부에서 저자는 소위 근대계몽기로 통칭되는 19세기 말에서 20세기 초의 기간 동안 발행된 매체들, 특히 최남선이 주관한 『소년』, 『청춘』 등의 잡지와 『매일신문』에 실린 각종의 논설과 시가, 서사물들을 용의주도하게 수집 분석하여 이 시대가 근대적 민족과 국가 개념이 상상되고 창안되는 기간이라는 점을 실증하기 위해 노력하고 있다. 이 기간에 나타난 문인들의 활동도 합방을 전후하여 그 성격을 달리하는데 합방 전에는 '신대한(新大韓)'이라는 근대 국가 개념을 수립하고 확산하는데 골몰하는 한편 합방과 함께 그러한 국가 수립의 열망이 빛을 잃자 급격히 '대조선'이라는 이름의 문화민족주의로 기울어 갔다는 것이다. 특히 이 부분을 주도한 사람이 육당인 바, 그는 잡지 『소년』을 무대로 '신대한'과 '대조선'이라는 공동체의 목표를 창안, 논리화, 확산하는 데 신명을 바치고 있다. 이쯤에서 '신대한'과 '대조선'의 차이를 기억하는 것이 중요한데, '신대한'이 일본이나 미국을 역할 모델로 하여 꿈꾼 이 땅의 새로운 국민국가 형에 대한 탐색이자 호명이라면 '대조선'은 그러한 국민국가의 여망이 무너지자 문화담론을 통해 그 활로를 개척할 수 있다는 생각으로 민족을 상상하고 호명한 결과라는 것이다. 이 변환의 과정에 그러한 논리 전파의 수단이자 매개인 시가 형태의 변화가 나타나는데 '신시'에서 '시조'로의 갈아타기가 그 증거라는 주장이다.

목표하는 공동체의 명칭을 '신대한'에서 '대조선'으로, 그리고 그것의 정체성을 드러내는 운문 형식을 신시에서 시조로 바꿔간 최남선의 노력은 조선이란 국가가 망한 자리를, 또는 근대 국가의 가능성을 민족으로 대신하고, '국수(國粹)'를 '족수(族粹)'로 대체하기 위한 것이라는 평가가 그래서 가능하다. 시조를 '국풍'으로 부르고 단군을 호명하여 '대황조'라 부른다든지 백두산을 태백으로 봄으로써 불함문화론을 역설한다든지 하는 이 모든 활동은 영웅적이며 시원적인 과거를 발굴, 재현하거나 재창조함으로써 민족을 심미화하고 그것을 근대문명을 초극하는 매개체로 동원하는 일에 해당한다고 볼 수 있지 않을까. 따라서 최남선은 식민지 상황에서의 민족의 자기 보존이란, 역사를 공유하고 그것을 성스러운 기억으로 간직함으로써 가능할 수 있다는 사실을 영민하게 간파하고 이를 최고이자 최후의 문학적 과제로 밀고 나간 사람이 된다. 문학과 역사라는 인문학의 영역에 최남선이 왜 그토록 매달릴 수밖에 없었는지를 잘 보여주는 대목이다.

이런 인식의 끝에 국토 발견이 있다. 금강산, 지리산, 백두산 등을 순방하고 그 체험을 문학화 하는 데 바친 육당의 열정이란 바로 자연 가운데서 민족의 정신과 역사가 담긴 땅이라는 이름의 '국토' 관념과 만나는 과정에 다름이 아니었던 것이다. 「심춘순례」나 「백두산근참기」라는 이름의 저 저명한 여행기의 이름들에 붙은 '순례'와 '근참(覲參)'이라는 어휘가 지향하는 목표가 이로써 명확해진다. 그런데 '대황조의 이상'과 '대조선 정신'의 내면화를 통해 건축되는 '조선주의'는 문명과 문화의 가치 역전을 통해 자민족의 우월성과 영원함을 조형하는 문화 민족주의의 전형에 해당한다. 말하자면 이러한 민족주의는 그 자체로 존속 유지되는 것이 아니라 만약 일정한 기회가 주어지면 언제든 국가민족주의로 전화될 수 있고 나아가 제국주의적 발상으로 연결될 소지가 있었던 것이다.

최현식은 책의 2부에서 계몽기 육당으로부터 발원한 민족과 국토라는 개념을 승계 내지 확장하고 있는 후배 시인들, 가령 이상화나 서정주, 신동엽, 조태일의 시를 통해 근대 문학의 장소 감각을 문제 삼고 있다. 이상화가 우리 근대시사에서 처음으로 '국토'를 '빼앗긴 땅'이라 말함으로써 순결한 처녀지와 대지적 모성의 모습으로 묘사했다면, 서정주의 경우 '국토'를 과거의 신비화와 보수적 순응주의에 바친다는 점에서 문제점을 읽을 수 있고 신동엽의 경우에는 지워진 역사와 피지배자를 심미화의 대상과 주체로 내세우고 있다는 점에서 미당보다 국토의 심미화에 훨씬 깊이 밀착되어 있다고 판단한다. 또한 조태일은 국토라는 자연의 원초성을 매개로 한 현실 환기력에 주의를 기울여 탈식민의 의도를 유토피아 충동으로 밀고간 시인으로 정의되고 있다.

3. 민족을 넘어

최현식은 『신화의 저편』을 통해 오늘날 한국 문학 연구자들의 중요 관심사가 어디에 있는가를 잘 보여주고 있다. 그의 노력이, 민족이라는 이름의 기원의 서사가 가졌던 장처와 단처를 발견, 평가함으로써 미래 한국문학의 방향을 타진해 보려는 노력을 읽어낼 수 있다면 지나친 억측이 되는 것일까. 육당 문제 삼기가 육당 문학의 실상 확인이라는 지점에만 머문다면 서글픈 일이다. 그리 된다면 미래 우리 문학에서 또 다른 육당과 만나지 말라는 보장이 없기 때문이다.

육당 논리의 가장 큰 문제점은 국가민족주의를 문화민족주의로 전환하여 밀고 나갔다는 그 자체가 아니라 국가나 문화를 꿈꾸되 제대로 꿈꾸지 않았다는 점일 것이다. 새로운 국가나 민족의 구성원을 계도나 계몽의 대상으로 이해했을 뿐 그 구성원들이 지녀야 할 자발성과 개체성에 대해서는 전혀 주목하지 않았다는 것, 다시 말해 민족 지사(志士) 몇몇이 매체를 통해 위로부터 교육하면 이루어지리라고 믿었던 순진한 발상이 문제였던 것이다. 시간의 촉급성이라는 제약 조건을 모르는 바 아니로되, 오늘날의 관점에서 보자면, 좀 길게 에두르더라도 밑으로부터의 변화를 촉구하고 기다리는 일에 매진했다면, 길게 보아 역사란 결국 제 물길을 찾아가게 된다는 신념에 보다 지구(持久)적으로 매달릴 수 있었다면 어떠했을까 하는 아쉬움을 떨칠 수가 없다(실상 이 말은 요즈음의 풍토에도 그대로 부합하는 말일 것이다).

문명으로부터 문화로의 가치 역전 현상 또한 일본에서 이미 진행된 것이었다. 독일과 일본 등 후발 산업 국가들이 선발 국가를 넘어서기 위한 방편으로 문명(civilization) 대신 문화(culture)라는 모토를 확산시켰고 육당들은 이 변화를 고스란히 이입한 것이다. 식민 상태의 극복을 위해 식민 모국의 문화 논리를 그대로 이입했다는 점에서 패배란 이미 예정되어 있었던 것이 아닐까. 훗날의 변절은 바로 이와 같은 논리의 불철저함에서 유래한 것은 아닐지 되돌아볼 일이다. 최현식의 책에서 가장 아쉬운 부분 역시 이 점과 관련되어 있는데, 육당의 훼절을 설명한 논리적 근거에는 주목하지 않고 있기 때문이다.

근대 민족주의는 국가주의이고 그것은 곧 제국주의적 발전 지상주의였음이 오늘날 곳곳에서 목도되고 있다. 과거 우리에게 일본과 같은 기회가 있었다면 우리 역시 같은 길을 걸어갔을 것이며 사실 현재 그렇게 걸어가고 있기도 하다. 그 결과 이제 우리는 전 지구적 위기에 직면해 있다. 산업혁명 전 대기 중 이산화탄소 농도가 280ppm이었던 데 반해 현재는 380ppm이며 현재도 매년 2ppm씩 증가하고 있다. 한국 근대문학의 민족 담론을 검토하는 일이 이런 위기와 무슨 상관이란 말인가 하고 반문할 수도 있겠다. 하지만 민족 혹은 국가를 단위로 하는, 너보다 더 잘 살아야겠다는 진화론적 경쟁 논리가 이 지경을 만들었으며 문학이 그러한 논리 확산에 첨병 노릇을 했다는 사실을 부인할 수 없다. 『신화의 저편』은 어쩌면 우리에게 이런 말을 하고 있는지도 모르겠다. 이제 더 이상 민족이나 국가라는 이름으로 발전이나 개발지상주의에 사람들을 밀어 넣지 말자. 필자 역시 이에 동의한다. 나는 이제 발전이 싫다.

찾 아 보 기

【ㅅ】

【ㅈ】

【ㅊ】

저자 약력

이명찬(李銘澯)

- 1961년 경남 산청에서 나고, 부산에서 초, 중등학교를 다님
- 1981년 서울대학교 인문대학 국어국문학과에 입학하여
  학부와 대학원(석사, 박사 과정)을 차례로 이수함
- 1990년 『문학사상』을 통해 등단하여
  시집 『아주 오래된 동네』(문학동네, 1997.)를 상재함
- 2000년 연구서 『1930년대 한국시의 근대성』(소명출판)을 펴냄
- 현재 덕성여자대학교 인문대학 국어국문학과 교수

한국 근대시사 톺아보기

저   자 / 이명찬

인   쇄 / 2017년 7월13일
발   행 / 2017년 7 월17일

펴낸곳 / 도서출판 청운
등   록 / 제7-849호
편   집 / 최덕임
펴낸이 / 전병욱

주   소 / 서울시 동대문구 한빛로 41-1(용두동 767-1)
전   화 / 02)928-4482
팩   스 / 02)928-4401
E-mail / chung928@hanmail.net
        chung928@naver.com

값 / 33,000원
ISBN 978-11-87869-8-5 (부가번호 93810)